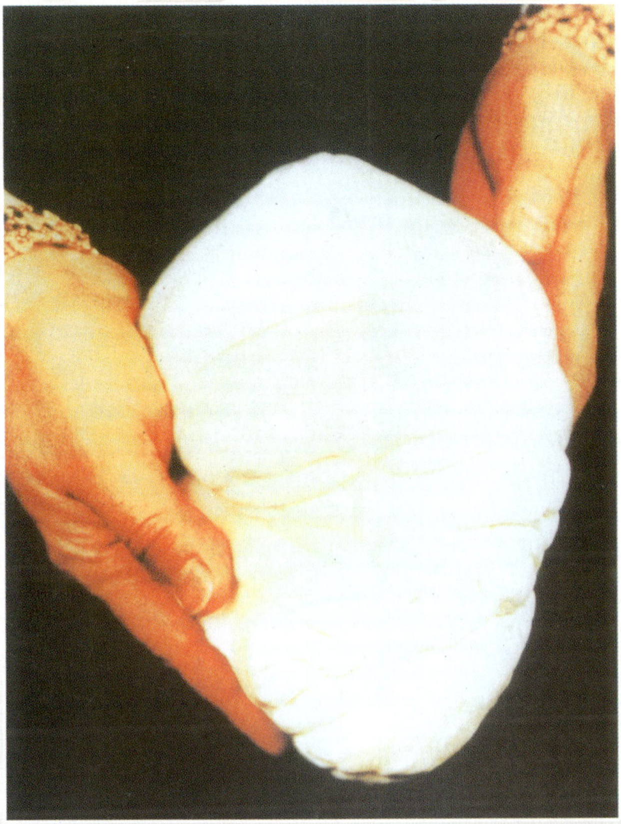

世界上最大的天然海水珍珠——真主之珠
(重 6 350g)(据何乃华《珍珠鉴赏》)

世界上最大的天然淡水珍珠
——太湖神珠(重 194.81g)
(据何乃华《珍珠鉴赏》)

大溪地黑珍珠
(据《中国宝石》杂志)

钻石——具有七彩出火的
色散效应

萤石——“夜明珠”
（北京无为提供）

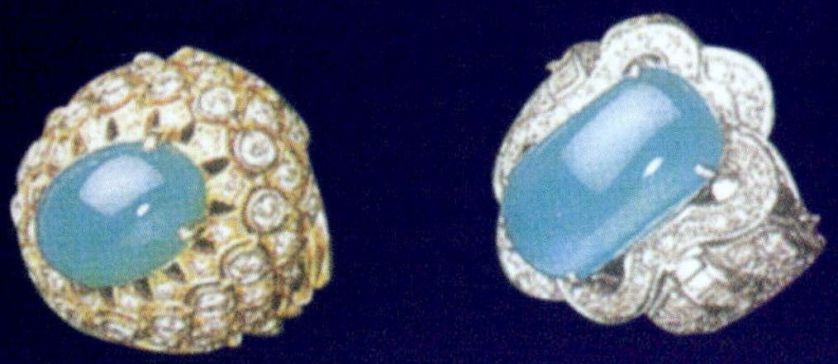

台湾“蓝宝石”（蓝玉髓）
（上海张庆麟）

有求必应——高级水晶发晶球
（直径 14.6cm）
（江苏长城水晶珠宝有限公司高岩）

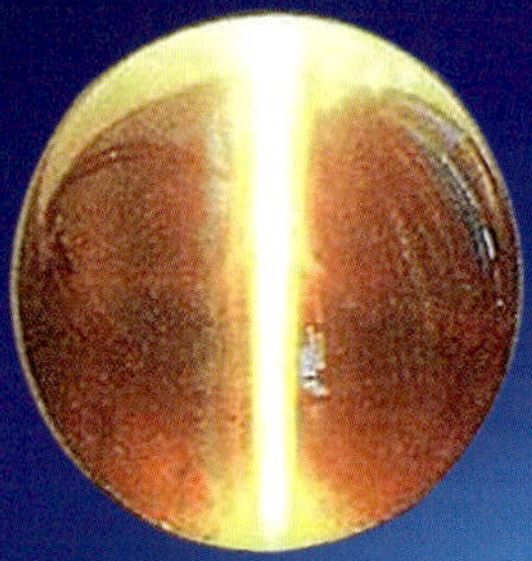

金绿猫眼
（据廖宗廷等《珠宝鉴赏》第二版））

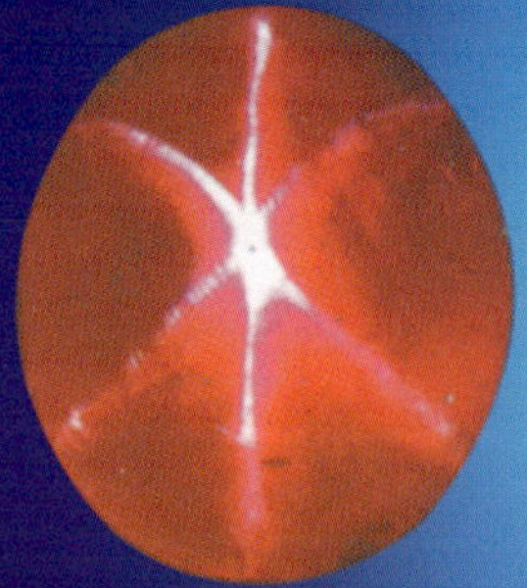

星光红宝石
（据廖宗廷等《珠宝鉴赏》）

星光蓝宝石——印度之星
（据廖宗廷等《珠宝鉴赏》第二版））

黄水晶企(立)佛
(江苏长城水晶珠宝有限公司高岩)

多色碧玺项链

重达 5kg 的红宝石
(广州市叶世松)

红珊瑚“六臂佛锁蛟龙”
(此为潘秉衡大师的国宝级精品,王明石提供)

紫罗兰老种翡翠葫芦挂坠
（广州泰源丰公司郭兰鹏）

翡翠观音玉佩
（据奥岩）

翡翠如意挂坠
（广州泰源丰公司郭兰鹏）

高绿老种翡翠笑佛
（广州泰源丰公司郭兰鹏）

黄翡金钱貔貅小摆件
（田树谷，广州林钟汉摄影）

翡翠玉佩——飞龙在天
（广东四会翠景玉器行何伟强）

气势如虹——由红翡
雕成的蜈蚣摆件，蜈蚣长 60cm
（广东四会辉玉轩磊辉提供）

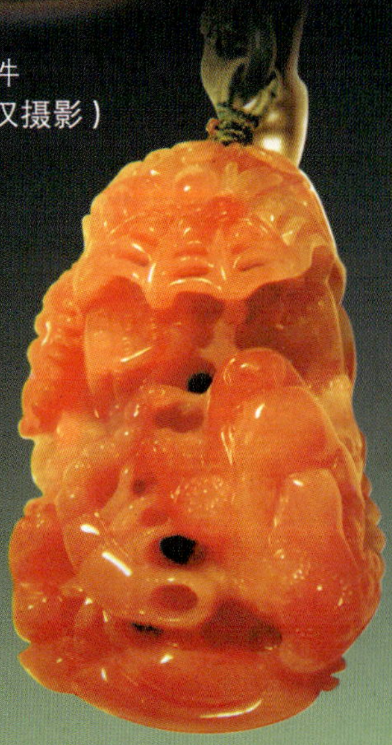

红翡“五毒”玩件
（田树谷）

满绿玻璃地手镯
（广州泰源丰公司郭兰鹏）

黄翡貔貅玩件
（田树谷，广州林钟汉摄影）

俏雕“一路连科”黄加绿翡翠摆件
（广州泰源丰公司郭兰鹏）

满绿翡翠罗汉坠
（市场参考价：RMB 10万元）
（据邱东联《中国翡翠钻石目录》）

玻璃种玉佛

福建寿山石雕寿星公
（河北邯郸沈启文高工）

翡翠艳绿手镯、戒面及挂坠
（据摩傣《摩傣识翠》）

冰种艳翠玉镯
（广州泰源丰公司郭兰鹏）

满绿翡翠套装首饰
（广州泰源丰公司郭兰鹏）

艳翠橄榄形耳坠
（市场参考价：RMB 25 万元）
（据邱东联《中国翡翠钻石目录》）

翡翠扳指
（据《百姓收藏图鉴》翡翠(二)）

满色翡翠手排
（《中国煤炭地质》杂志杨芳）

紫罗兰(红紫)
滴水形耳坠

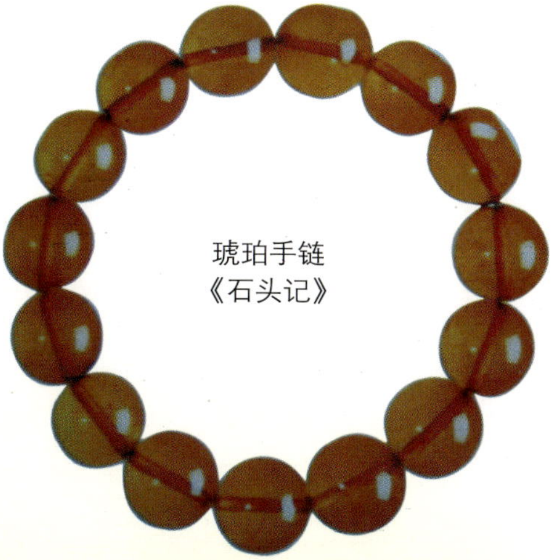

琥珀手链
《石头记》

艳翠胸花
(市场参考价:RMB 360 万元)
(据邱东联《中国翡翠钻石目录》)

翡翠艳绿如意
(市场参考价:RMB 280 万元)
(据邱东联《中国翡翠钻石目录》)

红宝石手镯(广州市叶保平)

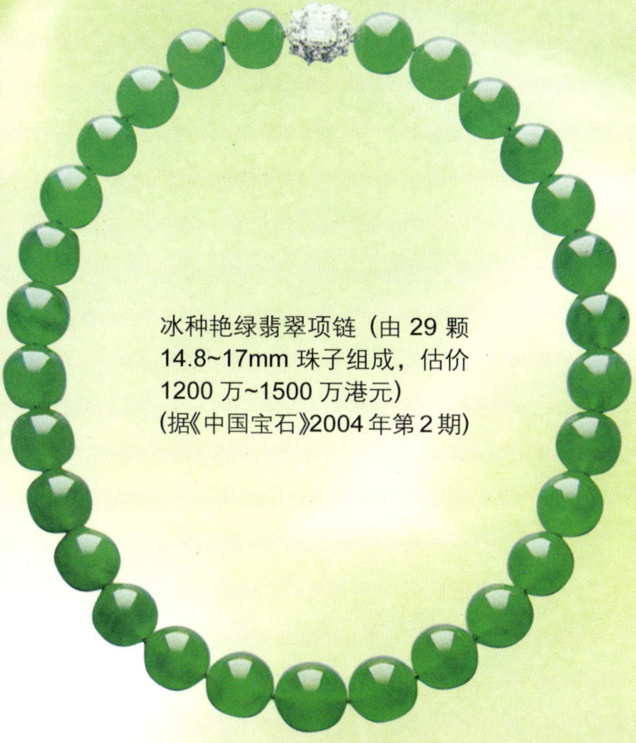

冰种艳绿翡翠项链(由 29 颗 14.8~17mm 珠子组成,估价 1200 万~1500 万港元)
(据《中国宝石》2004 年第 2 期)

翡翠马鞍形玉戒
(据《百姓收藏图鉴》翡翠(二))

满绿翡翠耳坠
(据徐军《翡翠精品投资技巧》)

昌化鸡血石黑地
牛角冻六面血方章
（据蔡国声）

犀牛角鼻烟壶
（河北邯郸市沈启文高工）

奇石——荷花仙子
（广州市罗励泽高工）

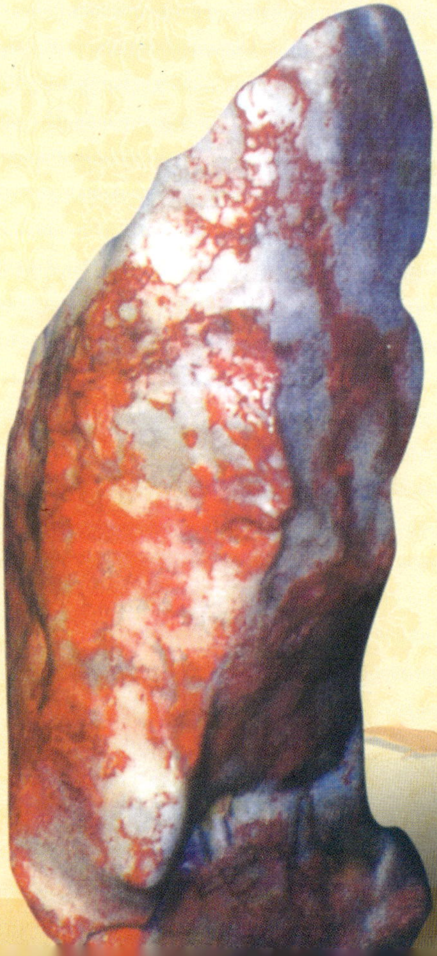

巴林鸡血石之王（重 98kg）
（内蒙古李海负提供）

珠宝千千问

ZHUBAO QIANQIANWEN

田树谷　田　园　编著

中国地质大学出版社有限责任公司
ZHONGGUO DIZHI DAXUE CHUBANSHE YOUXIAN ZEREN GONGSI

内 容 提 要

本书内容包括宝玉石基础知识和常见的逾百种珠宝玉石、印石、砚石、观赏石以及大量珠宝玉器首饰的特征、用途、识别方法与选购、保养，以及珠宝玉器的收藏、拍卖知识。对近年来的热门话题——“夜明珠”，也作了详尽介绍。本书图文并茂，是一本集知识性、趣味性和实用性于一体的科普通俗读物。

本书可作为珠宝爱好者的学习资料，也可作为从事珠宝经营者和珠宝院校学员的参考手册。

图书在版编目(CIP)数据

珠宝千千问/田树谷，田园编著. —武汉：中国地质大学出版社有限责任公司，2011.4（2015.9 重印）

ISBN 978-7-5625-2595-0

Ⅰ.①珠…

Ⅱ.①田…②田…

Ⅲ.①宝石-问题解答

Ⅳ.①TS933-44

中国版本图书馆 CIP 数据核字(2011)第 061278 号

珠宝千千问	田树谷　田　园　编著
责任编辑：段连秀	责任校对：戴　莹
出版发行：中国地质大学出版社有限责任公司（武汉市洪山区鲁磨路 388 号）	邮政编码：430074
电　话：(027)67883511　　传真：67883580	E-mail：cbb @ cug. edu. cn
经　销：全国新华书店	http://www.cugp.cn
开本：787 毫米×960 毫米 1/16	字数：500 千字　印张：24.375　彩插：8
版次：2011 年 4 月第 1 版	印次：2015 年 9 月第 2 次印刷
印刷：武汉市教文印刷厂	印数：3001—6000
ISBN 978-7-5625-2595-0	定价：49.00 元

如有印装质量问题请与印刷厂联系调换

前　言

爱宝是人的天性和本能，古有“珠宝配美人，玉器配君子”的说法，佩戴珠宝玉器自古就是身份和地位的象征，更是国人向往高雅情操和高尚品德的一种寄托。纵观如今的中国珠宝玉器市场，更是风生水起，追捧者众。同为爱宝之人，我对珠宝玉器的情感，不仅是观宝、喜宝、爱宝，更多的是寻宝、赏宝和鉴宝。从十多年深山野矿的寻宝勘探，到纵横广东珠宝界的鉴定赏析，再到三尺讲台上为莘莘学子解读珠宝玉器的独特魅力，后到现如今浅涉商海与同行切磋把玩，乐趣无穷。30 多年与珠宝玉器相伴相随，我更多的是在做一个护宝和传宝之人。希望每一次挑灯夜战的撰写，每一次口干舌燥的讲解，都能将已融入我耄耋生命的珠宝玉器知识，无一遗漏地汇总升华，成就今日精心编著的《珠宝千千问》。希望书中字里行间的经验之谈，能为每一位爱宝读者，提供最实用、最深入浅出的识宝、鉴宝知识。

爱宝容易，识宝难，识宝而又惜宝、护宝者更是难能可贵，希望《珠宝千千问》的出版，能再一次为大家奉献我的识宝、惜宝、护宝之情，让更多的人走出不懂宝的盲区，远离不懂行的被骗，从容而惬意地与作者共同分享珠宝玉器的神奇魅力。

本书第一作者　田树谷

目 录

第一章 珍珠——宝石皇后 …………………………………………… (1)
1.什么是珍珠？它在宝玉石中居何地位？ ………………………… (3)
2."珍珠"和"真珠"在含义上有何不同？ ………………………… (3)
3.自然界有多少种贝蚌可以形成珍珠？ ………………………… (3)
4.形成珍珠的"贝"和"蚌"有何区别？ ………………………… (3)
5.何谓"东珠"、"南珠"、"西珠"、"江珠"和"南洋珠"？ ……… (3)
6.何谓"孟买珠"、"澳洲珠"和"波斯珠"？ ……………………… (3)
7.珍珠按产出环境如何分类？ ………………………………………… (4)
8.珍珠按颜色如何分类？ ……………………………………………… (4)
9.珍珠按形状如何分类？ ……………………………………………… (4)
10.珍珠按大小和重量如何分类？ …………………………………… (5)
11.淡水珠的等级标准如何？ ………………………………………… (5)
12.海水珠的等级标准如何？ ………………………………………… (6)
13.珍珠的主要用途有哪些？ ………………………………………… (6)
14.珍珠表面的"虹彩光泽"是怎样产生的？ ……………………… (7)
15.珍珠为何会有多种颜色？ ………………………………………… (7)
16.珍珠的加工有哪些基本过程？ …………………………………… (7)
17.珍珠漂白处理经过哪几个阶段？ ………………………………… (7)
18.中国与日本的珍珠加工技术有何差距？ ………………………… (8)
19.中华人民共和国成立半个多世纪以来，珍珠研究及生产发展概况如何？ …… …………………………………………………………………… (8)
20.为什么说"中国只是一个珍珠大国，而不是珍珠强国"？ ……… (8)
21.珍珠与其他宝玉石相比有何特性？ ……………………………… (9)
22.广西合浦为何有"珠城"之称？ ………………………………… (9)
23.什么是"处女珠"？ ……………………………………………… (9)
24.什么是"像形珍珠"和"游离体像形珍珠"？ …………………… (9)
25.什么是"沟槽珍珠"？ …………………………………………… (9)

26. 什么是“葬珠”和“尸珠”？ …………………………………………… (10)
27. 什么是“不碎珠”？ …………………………………………………… (10)
28. 什么是“蚌佛”？ ……………………………………………………… (10)
29. 珍珠在国际市场上如何计价？ …………………………………… (10)
30. “中国珍珠”养殖业发展概况如何？ ……………………………… (10)
31. 世界上最著名的两个珍珠饰品品牌是什么？ …………………… (11)
32. 何人发明海水养殖珍珠？ ………………………………………… (11)
33. 我国淡水养殖插核珍珠新产品为何人首创？ …………………… (12)
34. 淡水珍珠是何时开始养殖的？ …………………………………… (12)
35. 海水养殖珍珠与淡水养殖珍珠的主要区别何在？ ……………… (12)
36. 什么是半边珍珠？它产于何地？ ………………………………… (12)
37. 半边珍珠是如何形成的？它有哪些形状？ ……………………… (13)
38. 半边珍珠有何特点？它的价值如何？ …………………………… (13)
39. 什么是彩霞半边珍珠？ …………………………………………… (13)
40. 什么是黑珍珠？主要产地在何处？ ……………………………… (13)
41. 椰子珍珠是怎么回事？ …………………………………………… (14)
42. 世界上真有“珍珠胎”的怪事吗？ ………………………………… (14)
43. 珍珠粉不易被人体吸收的难题是如何攻克的？ ………………… (14)
44. 珍珠也兴雕刻吗？ ………………………………………………… (15)
45. 什么是“珍珠医生”？ ……………………………………………… (15)
46. 人造珍珠如何分类？ ……………………………………………… (15)
第二章　宝石——矿物珍奇 ………………………………………………… (17)
一、宝石之“王”——金刚石 ………………………………………………… (19)
47. 金刚石和钻石在含义上有何不同？ ……………………………… (19)
48. 为何将金刚石(宝石级)称为“宝石之王”？ ……………………… (19)
49. “金刚钻”一词是怎么来的？ ……………………………………… (19)
50. 金刚石究竟有多硬？ ……………………………………………… (19)
51. 金刚石在性能和价值上有哪“五最”？ …………………………… (20)
52. 金刚石的主要用途有哪些？ ……………………………………… (20)
53. 世界上金刚石的储量和生产概况如何？ ………………………… (21)
54. 世界上盛产金刚石的国家有哪些？ ……………………………… (21)
55. 世界上产出的巨粒金刚石有多少？ ……………………………… (21)
56. 我国发现天然金刚石矿床的情况如何？ ………………………… (22)
57. 评价钻石的 4 个“C”是什么？ …………………………………… (22)

58.什么叫“火水钻”? …………………………………………………………(23)
59.什么是“莫桑石”? …………………………………………………………(23)
60.什么是“合成碳硅石”? ……………………………………………………(23)
61.合成碳硅石的研制、加工和销售概况如何? ……………………………(23)
62.合成碳硅石有哪些鉴定特征? ……………………………………………(24)
63.钻石中的包裹体对钻石质量有何影响? …………………………………(24)
64.钻石中的包裹体对鉴别天然钻石与合成钻石有何作用? ………………(24)
65.天然的宝玉石色彩与改色、染色以及人造宝石的色彩有何区别? ……(25)
66.什么是宝玉石中的“棉柳”? ………………………………………………(25)
67.宝玉石中的“包裹体”与“棉柳”有何区别? ……………………………(25)
68.宝玉石中的“棉柳”有何正负价值? ………………………………………(25)
二、姐妹宝石——红宝石和蓝宝石……………………………………………(26)
69.红宝石和蓝宝石的名称有何特殊性? ……………………………………(26)
70.为何将红、蓝宝石称为“姐妹宝石”? ……………………………………(26)
71.红宝石和蓝宝石在宝石中居何地位? ……………………………………(26)
72.红、蓝宝石的化学成分和影响其颜色的色素离子是什么? ……………(27)
73.红、蓝宝石的结晶形态和物理性质如何? ………………………………(27)
74.红、蓝宝石的主要用途有哪些? …………………………………………(27)
75.世界盛产红、蓝宝石的国家有哪些? ……………………………………(27)
76.如何区别不同国家产出的红宝石? ………………………………………(28)
77.如何区别不同国家产出的蓝宝石? ………………………………………(28)
78.我国的红、蓝宝石资源情况如何? ………………………………………(28)
79.什么是宝石的“星光效应”? ………………………………………………(29)
80.自然界能产生星光效应的宝石有哪些? …………………………………(29)
81.宝石的星光效应是如何产生的? …………………………………………(29)
82.什么是星光红、蓝宝石? …………………………………………………(29)
83.评价星光红、蓝宝石优劣的标准有哪些? ………………………………(29)
84.人造星光红、蓝宝石的产生背景和合成方法是怎样的? ………………(29)
85.蓝宝石改色的前提、原理和效果如何? …………………………………(30)
86.有人说,“几乎人人身边都有红宝石”,这话对吗? ……………………(30)
87.台湾是否出产蓝宝石? ……………………………………………………(30)
88.红宝石为何比蓝宝石稀少而珍贵? ………………………………………(31)
89.山东蓝宝石有哪些品种? …………………………………………………(31)
90.山东蓝宝石中的双重星光是如何形成的? ………………………………(32)

91.颜色偏黑的山东蓝宝石是如何进行褪色加工的? …………………………(32)
92."林肯蓝宝石"有多大? …………………………………………………………(33)
93.什么是"午夜星光"蓝宝石? ………………………………………………(33)
三、绿色宝石之"王"——祖母绿及海蓝宝石……………………………………(33)
94.绿柱石矿物宝石有哪些品种? ……………………………………………(33)
95."祖母绿"名称何来?它有哪些别名? …………………………………(33)
96.祖母绿宝石有哪些特征? …………………………………………………(33)
97.祖母绿在宝石中居何地位? ………………………………………………(34)
98.祖母绿的经济评价条件有哪些? …………………………………………(34)
99.海蓝宝石有何特征?如何评价? …………………………………………(34)
100.世界上祖母绿和海蓝宝石的主要产地有哪些? …………………………(35)
四、宝石之奇——猫眼石和变石…………………………………………………(35)
101.什么是"猫眼石"? ………………………………………………………(35)
102.哪些矿物具有猫眼效应? …………………………………………………(36)
103.什么是"真猫眼石"和"假猫眼石"? ……………………………………(36)
104.对猫眼宝石进行加工要注意哪些事项? …………………………………(36)
105.如何对猫眼宝石进行经济评价? …………………………………………(36)
106.什么是"亚历山大石"? …………………………………………………(37)
107."亚历山大石"为何能变色? ………………………………………………(37)
108.什么是"女帮主猫眼"? …………………………………………………(37)
109.世界上猫眼石和变石的主要生产国有哪些? ……………………………(37)
110.我国的猫眼宝石资源情况如何? …………………………………………(37)
五、绚丽多彩的碧玺(电气石)……………………………………………………(38)
111.什么是"电气石"?哪些品种的电气石可作宝石? ………………………(38)
112.电气石矿物有哪些特征? …………………………………………………(38)
113.碧玺的主要用途有哪些? …………………………………………………(38)
114.电气石的颜色与其价值有何关系? ………………………………………(38)
115.电气石猫眼的价值如何? …………………………………………………(39)
116.什么叫"西瓜碧玺"? ……………………………………………………(39)
117.碧玺的重要产地有哪些? …………………………………………………(39)
六、名称容易混淆的宝石——黄玉………………………………………………(39)
118."黄宝石"的名称是怎么来的? ……………………………………………(39)
119.黄宝石的名称容易与哪些黄色宝玉石混淆? ……………………………(39)
120.黄宝石因产地不同尚有哪些品种? ………………………………………(40)

121.黄宝石有哪些主要用途？ …………………………………………………… (40)
122.黄玉改色的基本方法和原理如何？ ………………………………………… (40)
123.黄玉改色的效果如何？ ………………………………………………………… (41)
124.什么是“金黄玉”？ ……………………………………………………………… (41)
125.世界重要的黄玉出产国有哪些？ ……………………………………………… (41)
126.我国的黄玉资源情况如何？ …………………………………………………… (41)
七、像彩虹的宝石——欧泊(蛋白石)…………………………………………………… (41)
127.什么是“欧泊”？ ………………………………………………………………… (41)
128.欧泊有何基本特征？ …………………………………………………………… (42)
129.欧泊为何能产生变彩？ ………………………………………………………… (42)
130.天然欧泊有哪些品种？ ………………………………………………………… (42)
131.如何对欧泊进行经济评价？ …………………………………………………… (42)
132.各国人士对欧泊的爱好和选择有何不同？ …………………………………… (43)
133.世界上产出优质欧泊的国家有哪些？ ………………………………………… (43)
134.欧泊变彩按其色彩的多少和强弱可分为哪几种类型？ ……………………… (43)
135.什么是“太阳神欧泊石”？ ……………………………………………………… (44)
八、后起之秀——橄榄石………………………………………………………………… (44)
136.橄榄石有哪些基本特征？ ……………………………………………………… (44)
137.对橄榄石有哪些工艺要求？…………………………………………………… (44)
138.什么叫“天宝石”？ ……………………………………………………………… (44)
139.我国的橄榄石资源情况如何？ ………………………………………………… (44)
九、像石榴籽的宝石——石榴子石……………………………………………………… (44)
140.什么是“石榴子石”？它有何特征？ ………………………………………… (44)
141.对石榴子石的不同品种如何评价？ …………………………………………… (45)
142.对石榴子石的质量有何要求？ ………………………………………………… (45)
143.我国石榴子石的资源情况如何？ ……………………………………………… (45)
十、最常见的宝石——水晶……………………………………………………………… (45)
144.水晶有哪些别名？它与石英有何不同？ ……………………………………… (45)
145.水晶有哪些主要特性？ ………………………………………………………… (45)
146.水晶的主要用途和分类方法如何？ …………………………………………… (46)
147.对各类水晶的技术要求如何？ ………………………………………………… (46)
148.与水晶相似的矿物有哪些？ …………………………………………………… (46)
149.水晶的重要产地有哪些？ ……………………………………………………… (47)
150.什么叫“包裹体水晶”？ ………………………………………………………… (47)

151.包裹体水晶有哪些种类？ …………………………………………………… (47)
152.什么是"彩虹水晶"？ …………………………………………………………… (48)
153.什么是"柏枝水晶"？ …………………………………………………………… (48)
154.什么是"砂晶"？ ……………………………………………………………………… (48)
155.什么是"闪光水晶"和"母子水晶"？ ……………………………………………… (48)
156.我国的"今日水晶宫"在哪里？ …………………………………………………… (48)
157.如何鉴别天然紫晶与合成紫晶？ ………………………………………………… (48)
十一、可制作"夜明珠"的宝石——萤石 …………………………………………… (49)
158.什么是"萤石"？萤石有何特性？ ………………………………………………… (49)
159.自然界萤石如何形成？有哪些矿床类型？ ……………………………………… (49)
160.我国萤石矿产地多吗？储量是否丰富？ ………………………………………… (49)
161.萤石为何又叫"软水绿晶"和"软水紫晶"？ ……………………………………… (49)
162.工艺美术上对萤石有何要求？ …………………………………………………… (49)
163.什么是"荧光"和"磷光"？ ………………………………………………………… (50)
164.什么是"夜明珠"？ ………………………………………………………………… (50)
165.哪些萤石可制作"夜明珠"？ ……………………………………………………… (50)
166."夜明珠"为何能在黑夜发光？ …………………………………………………… (50)
167.古代"夜明珠"是什么样的？ ……………………………………………………… (50)
168.自中华人民共和国成立以来最早的"夜明萤石"于何时、何地被发现？ ……
……………………………………………………………………………………………… (51)
169.中国宝玉石协会为何要召开"萤石夜明珠讨论会"？ …………………………… (51)
170.专家对"萤石夜明珠"的商业价值如何评估？ …………………………………… (51)
171.世界最大的"夜明珠"有多大？ …………………………………………………… (51)
172.什么是"现代夜明珠"——庆隆夜光合成发光宝石？ …………………………… (52)
173."庆隆夜光合成发光宝石"的发光性能如何？ …………………………………… (52)
174.有在"萤石夜明珠"商业炒作下上当的事例吗？ ………………………………… (53)
175.如何识别假"夜明珠"？ …………………………………………………………… (53)
176.即将发布的《珠宝首饰评估准则》对规范珠宝评估有何作用？ ………………… (53)
十二、其他宝石 ………………………………………………………………………… (53)
177.什么是"黄金宝石"？ ……………………………………………………………… (53)
178.什么是"日光石"和"月光石"？ …………………………………………………… (53)
179.什么是"尖晶石"？ ………………………………………………………………… (54)
180.目前已知最大的红尖晶石有多重？ ……………………………………………… (54)
181.尖晶石最易与何种宝石混淆？ …………………………………………………… (54)

182.什么是“锆石”？……(54)
183.锆石与钻石有何区别？……(55)
184.国内外的锆石重要产地有哪些？……(55)
185.什么是“二硬石”？……(55)
186.什么是“坦桑石”？……(55)
187.坦桑石的主要产地和品种有哪些？……(56)
188.什么是琥珀？……(56)
189.琥珀有哪些基本特征？……(56)
190.琥珀有哪些品种？……(56)
191.琥珀有何用途？……(56)
192.如何识别天然琥珀和压制琥珀？……(56)
193.如何保养琥珀制品？……(57)
194.世界和我国最重要的琥珀产地在何处？……(57)
195.什么是珊瑚？……(57)
196.珊瑚有哪些品种和重要产地？……(57)
197.贵重珊瑚与造礁珊瑚有何区别？……(58)
198.珊瑚是如何形成的？……(58)
199.如何鉴别炝色(染色)红珊瑚？……(58)
200.什么是“黑宝石”——煤精？……(58)
201.如何进行煤精的质量评价？……(59)
202.象牙为何也能进入宝石行列？……(59)
203.什么是狭义和广义的象牙？……(59)
204.象牙的化学成分是什么？……(59)
205.象牙有哪些外表特征？……(59)
206.象牙有哪些用途？……(59)
207.常见的象牙制品有哪些？……(60)
208.如何简便快速识别真假象牙制品？……(60)
209.日本研制的新型人造象牙情况如何？……(61)
210.什么是玳瑁？……(61)
211.玳瑁有何特征及用途？……(61)
212.玳瑁饰品和玳瑁仿制品各有哪些产品？……(61)
213.如何区别真假玳瑁？……(62)
214.什么是“硅化木”？……(62)
215.“硅化木”是如何形成的？……(62)

216.“硅化木”有哪些种类？ …………………………………………………… (62)
217.“硅化木”有何用途？ …………………………………………………… (63)
218.我国有哪些著名的“硅化木”产地？ ………………………………… (63)
十三、人造宝石和仿造宝石………………………………………………… (63)
219.何谓“人造宝石”和“仿造宝石”？ …………………………………… (63)
220.人造宝石有哪些制造方法？ ……………………………………………… (63)
221.常见的人造宝石有哪几种？ ……………………………………………… (64)
222.常见的仿造宝石有哪几种？ ……………………………………………… (64)
223.什么叫“夹层宝石”？ ……………………………………………………… (64)
224.什么是人造立方氧化锆？ ………………………………………………… (64)
225.什么是人工合成翡翠？ …………………………………………………… (65)
226.什么是仿造翡翠？ ………………………………………………………… (65)
第三章　玉——石之美者 ……………………………………………………… (67)
一、玉石之“王”——翡翠………………………………………………………… (69)
227.中文“玉”字的由来？ ……………………………………………………… (69)
228.什么是“相玉学”？ ………………………………………………………… (69)
229.什么是翡翠？ ……………………………………………………………… (69)
230.“翡翠”与“硬玉”有何区别？ …………………………………………… (69)
231.缅甸翡翠何时开始传入中国？ ………………………………………… (70)
232.有些资料提到云南产翡翠，确否？ …………………………………… (70)
233.翡翠于何时首次在缅甸被发现？ ……………………………………… (70)
234.什么叫翡翠的“场口”？ ………………………………………………… (70)
235.缅甸翡翠产地的6个场区是哪些？ …………………………………… (70)
236.如何看待“不识场口，不玩赌货”这句行话？ ………………………… (71)
237.缅甸翡翠原石产地“十大名坑”是哪些？ …………………………… (71)
238.评估翡翠价值应从哪些方面着手？ …………………………………… (72)
239.什么是翡翠的“翠性”？ ………………………………………………… (72)
240.什么是翡翠绿的偏色？ ………………………………………………… (72)
241.翡翠的各种颜色是如何形成的？ ……………………………………… (72)
242.世界最好的翡翠产于何处？ …………………………………………… (73)
243.翡翠的颜色与其价值有何关系？ ……………………………………… (73)
244.评价翡翠绿色好坏的“十字口诀”是什么？ ………………………… (73)
245.绿色翡翠有哪些主要品种？ …………………………………………… (73)
246.什么是翡翠绿色变化的“三十六水”、“七十二豆”和“一百零八蓝”？ … (74)

247.如何对绿色翡翠划分等级？ …………………………………………………… (74)
248.如何对翡翠中的黑色进行评价？ ……………………………………………… (74)
249.何谓“A货”、“B货”和“C货”？ ………………………………………………… (74)
250.香港玉器行业如何解释A货、B货和C货？ …………………………………… (75)
251.如何正确看待复杂的“B货”问题？ …………………………………………… (75)
252.什么是“老坑玉”和“新坑玉”？ ……………………………………………… (76)
253.什么叫“地”？常见的较好和较差的“地”有哪些？ ……………………………… (76)
254.什么叫“雾”？ ………………………………………………………………… (77)
255.何谓“蟒”、“松花”和“癣”？ …………………………………………………… (77)
256.什么叫“活癣”和“死癣”？ ……………………………………………………… (78)
257.什么叫“色眼”？ ……………………………………………………………… (78)
258.什么叫“椿带彩”？ ……………………………………………………………… (78)
259.什么叫“五彩玉”？ ……………………………………………………………… (78)
260.什么叫“红皮”？ ………………………………………………………………… (78)
261.什么叫“水头”？ ………………………………………………………………… (79)
262.什么叫“俏色”和“俏色绝品”？ ………………………………………………… (79)
263.什么叫翡翠的“色根”？ ………………………………………………………… (79)
264.什么叫“脏色”？ ………………………………………………………………… (79)
265.什么叫“石花”？ ………………………………………………………………… (79)
266.什么叫“广片”？ ………………………………………………………………… (80)
267.什么叫“仔料”和“璞”？ ………………………………………………………… (80)
268.什么叫“赌货”和“开门子”？ …………………………………………………… (80)
269.什么叫“半赌货”？ ……………………………………………………………… (80)
270.什么叫“明货”？ ………………………………………………………………… (81)
271.什么叫翡翠的“一分水”和“二分水”？ ………………………………………… (81)
272.为什么说“玉石无专家”？ ……………………………………………………… (81)
273.为什么说“宁买一条线,不买一大片”？ ………………………………………… (81)
274.如何理解“绿随黑走,绿靠黑长”的含义？ ……………………………………… (81)
275.什么叫“加钱不如细看货”？ …………………………………………………… (81)
276.什么是翡翠的“增色”和“减色”？ ……………………………………………… (82)
277.什么是翡翠赌石中的“一刀穷”和“一刀富”？ …………………………………… (82)
278.翡翠赌石赌涨的几率大概占多少？ …………………………………………… (82)
279.什么是翡翠毛料交易中的“相玉”？ …………………………………………… (82)
280.如何根据翡翠外皮特征推断原石内部质量？ ………………………………… (82)

281. 翡翠毛料交易为何从古到今沿袭怪异方式？ …………………………… (83)
282. 什么叫“好货富三家”？ …………………………………………………… (83)
283. 什么是翡翠的“龙种”或“神种”？ ……………………………………… (83)
284. 什么叫“砖头料”、“花牌料”和“色料”？ …………………………… (84)
285. 什么是“玉雕山子”？ ……………………………………………………… (84)
286. 什么是翡翠加工中的“过酸梅”？ ……………………………………… (84)
287. 什么是“八三玉”？ ………………………………………………………… (84)
288. 八三玉原石有何特征？ …………………………………………………… (85)
289. 八三玉成品(B货)有哪些鉴别特征？ ………………………………… (85)
290. 八三玉成品是否全都是“B货”？ ……………………………………… (85)
291. 什么是翡翠市场“四大杀手”？ ………………………………………… (86)
292. 什么是缅玉的“昆究”？ …………………………………………………… (86)
293. 什么是缅玉的“莫子石”？ ……………………………………………… (86)
294. “水沫子”玉的名称是如何得来的？ …………………………………… (87)
295. “水沫子”玉的学名应如何定？ ………………………………………… (87)
296. “水沫子”玉有何特征？ …………………………………………………… (87)
297. “水沫子”玉与翡翠如何区别？ ………………………………………… (87)
298. 什么是“天龙生”翡翠？ ………………………………………………… (88)
299. “天龙生”翡翠有何特点？ ……………………………………………… (88)
300. “天龙生”翡翠对翡翠市场有何影响？ ……………………………… (88)
301. 缅甸玉“不倒翁”因何得名？ …………………………………………… (89)
302. “不倒翁”玉有几个品种？ ……………………………………………… (89)
303. 如何鉴别“不倒翁”玉？ ………………………………………………… (89)
304. 翡翠名玉“绮罗玉”因何得名？ ………………………………………… (89)
305. 翡翠名玉“段家玉”因何得名？ ………………………………………… (89)
306. 翡翠名玉“正坤玉”因何得名？ ………………………………………… (90)
307. 什么是翡翠的“金丝种”？ ……………………………………………… (90)
308. 什么是“帝王绿”和“帝王玉”？ ……………………………………… (90)
309. 什么是翡翠表面的微波纹？如何进行观察？ ……………………… (90)
310. 翡翠表面的微波纹与翠性有何不同？ ……………………………… (91)
311. 翡翠表面微波纹的产生原因有哪些？ ……………………………… (91)
312. 识别翡翠抛光面的微波纹对鉴别翡翠真伪有何作用？ ………… (91)
313. 什么是翡翠行业的“两多两少”？ …………………………………… (91)
314. 购买翡翠玉料时，为何不宜购买赌货？ …………………………… (92)

315. 在购买翡翠玉料时，为何不宜与货主合资共同去切赌玉料？ …………（92）
316. 在购买玉料时，要特别注意哪些情况？ ……………………………（92）
317. 购买翡翠赌石时，如何出价才算稳妥？ ……………………………（93）
318. 采购翡翠玉器时，是买断好，还是代销好？ ………………………（93）
319. 采购翡翠玉器时，是成批进货好，还是挑选购买好？ ……………（93）
320. 选购翡翠玉器时，“种”重要还是“色”重要？ ………………………（93）
321. 采购翡翠玉器时，买高档货合算还是低档货合算？ ………………（93）
322. 购买翡翠玉器时，要求卖方开具质量保证书有何作用？ …………（93）
323. 近几年来，翡翠玉器的价格是升高了还是降低了？ ………………（94）
324. 确定翡翠玉器质量的鉴定费应由谁付？ ……………………………（94）
325. 经营翡翠 B 货是否有失身份？ ………………………………………（94）
326. 销售玉器时，“打折”好还是“一口价”好？ …………………………（94）
327. 买了翡翠玉器又要求退货，商家少退一部分货款是否合理？ ……（94）
328. 玉雕大师王树森的翡翠杰作有何特色？ ……………………………（95）
329. 玉雕大师施禀谋的玉雕艺术有何特色？ ……………………………（95）
330. 工艺美术大师林福照的创作经验有哪些？ …………………………（95）
331. 翡翠专家摩俸是怎样看待 B 货翡翠的？ ……………………………（96）
332. 翡翠专家摩俸是如何评价玉雕创新的？ ……………………………（96）
333. 翡翠专家摩俸是如何评价高档翡翠升值的？ ………………………（96）
334. 欧阳秋眉提出的评价翡翠成品的 4C、2T 和 1V 标准是什么？ ………（96）
335. 什么是翡翠成品评价的“十字要诀”？ ………………………………（97）
336. 能介绍一首有关翡翠的诗吗？ ………………………………………（97）
二、最古老的玉——软玉 …………………………………………………（98）
337. 我国“四大名玉”是指哪四种玉？ ……………………………………（98）
338. 什么叫“软玉”？ ………………………………………………………（98）
339. 软玉按颜色可分哪些品种？ …………………………………………（99）
340. 和田玉按产状可分哪几类？ …………………………………………（99）
341. 我国白玉如何分级？ …………………………………………………（99）
三、“南阳翡翠”——独山玉 ………………………………………………（99）
342. 什么是“独山玉”？ ……………………………………………………（99）
343. 独山玉的开采历史有多久？ …………………………………………（99）
344. 独玉在国产玉石中居何地位？ ……………………………………（100）
345. 独玉有哪些品种？ …………………………………………………（100）
346. 独玉如何分级？ ……………………………………………………（100）

四、蔚蓝色的玉——绿松石 ……………………………………………………………… (101)
347.什么是"绿松石"? ……………………………………………………………… (101)
348.绿松石还有哪些别名? …………………………………………………………… (101)
349.绿松石有哪些特性? ……………………………………………………………… (101)
350.世界上的绿松石主要产地有哪些? ………………………………………………… (101)
351.绿松石制品主要有哪些? ………………………………………………………… (101)
五、价廉色美的岫玉 ……………………………………………………………………… (102)
352.什么是"岫玉"? …………………………………………………………………… (102)
353.岫玉有哪些特点? …………………………………………………………………… (102)
354.岫玉在我国玉石中的地位如何? …………………………………………………… (102)
355.岫玉有哪些主要用途? ……………………………………………………………… (102)
356.我国的岫玉品种和产地有哪些? …………………………………………………… (102)
357.什么是"玉枕"? …………………………………………………………………… (103)
358.玉枕有哪些医疗作用? ……………………………………………………………… (103)
359.玉枕治病保健是依据什么机理? …………………………………………………… (103)
六、玉中奇葩——梅花玉 ………………………………………………………………… (104)
360.什么是"梅花玉"? ………………………………………………………………… (104)
361.梅花玉的主要物理性质如何? ……………………………………………………… (104)
362.梅花玉有哪些颜色和品种? ………………………………………………………… (104)
363.梅花玉的主要用途有哪些? ………………………………………………………… (104)
364.梅花玉工艺品和原料的价格如何? ………………………………………………… (105)
365.梅花玉的产地、规模及其发现历史如何? …………………………………………… (105)
七、品种繁多的玛瑙 ……………………………………………………………………… (105)
366.什么叫玛瑙? ………………………………………………………………………… (105)
367.玛瑙与玉髓有何区别? ……………………………………………………………… (106)
368.玛瑙的颜色与其价值有何关系? …………………………………………………… (106)
369.玛瑙有哪些品种? …………………………………………………………………… (106)
370.何谓"水胆玛瑙"? ………………………………………………………………… (106)
371.水胆玛瑙是怎样形成的? …………………………………………………………… (107)
372.什么叫玛瑙"砂心"? ……………………………………………………………… (107)
373.玛瑙染色处理技术最要注意什么? ………………………………………………… (107)
374.我国的玛瑙产地有哪些?"玛瑙之乡"在何处? …………………………………… (107)
八、其他玉石 ……………………………………………………………………………… (108)
375.什么是"芙蓉石"? ………………………………………………………………… (108)

376.芙蓉石有何主要用途? ……………………………………………… (108)
377.重要的芙蓉石产地有哪些? ………………………………………… (108)
378.选购芙蓉石的原料应注意什么? …………………………………… (108)
379.什么叫“虎睛石”? ………………………………………………… (108)
380.虎睛石有哪些品种? ………………………………………………… (109)
381.虎睛石的主要用途有哪些? ………………………………………… (109)
382.世界上虎睛石重要产地有哪些? …………………………………… (109)
383.什么叫“东陵石”? ………………………………………………… (109)
384.什么叫“密玉”? …………………………………………………… (109)
385.什么叫“蓝纹石”? ………………………………………………… (109)
386.什么叫“朱砂玉”? ………………………………………………… (110)
387.什么叫“蓝田玉”? ………………………………………………… (110)
388.什么叫“白云玉”? ………………………………………………… (110)
389.什么叫“灵璧玉”? ………………………………………………… (110)
390.什么叫“蜜蜡黄玉”? ……………………………………………… (111)
391.什么叫“木纹玉”? ………………………………………………… (111)
392.什么叫“百鹤玉”? ………………………………………………… (111)
393.百鹤玉有何主要用途? ……………………………………………… (112)
394.什么叫“丁香紫玉”? ……………………………………………… (112)
395.什么叫“贵翠”? …………………………………………………… (112)
396.什么叫“佘太翠”? ………………………………………………… (112)
397.什么叫“京粉翠”? ………………………………………………… (112)
398.什么叫“乌兰翠”? ………………………………………………… (113)
399.乌兰翠有哪些基本特征? …………………………………………… (113)
400.乌兰翠的主要用途有哪些? ………………………………………… (113)
401.乌兰翠饰品的价格如何? …………………………………………… (113)
402.什么是“华安玉”? ………………………………………………… (113)
403.华安玉可分哪些品种? ……………………………………………… (114)
404.华安玉有哪些用途? ………………………………………………… (114)
405.什么是“西藏象牙玉”? …………………………………………… (114)
406.“西藏象牙玉”的产品有哪些?销售情况如何? ………………… (115)
407.什么是“金星石”? ………………………………………………… (115)
408.什么是“澳洲玉”? ………………………………………………… (115)
409.澳洲玉适合做哪些饰品? …………………………………………… (115)

410. 什么是“孔雀石”? …………………………………… (115)
411. 什么是“蓝铜矿”? …………………………………… (116)
412. 什么是“青金石”? …………………………………… (116)
413. 什么是“墨绿玉”? …………………………………… (116)
414. 墨绿玉的加工性能和发展前景如何? ……………………… (116)
415. 什么是“台湾玉”? …………………………………… (117)
416. “京白玉”和“阿富汗白玉”是什么石料?它们与新疆“和田白玉”有何区别?
…………………………………………………………… (117)
第四章　印石·砚石·观赏石……………………………… (119)
417. 我国四大系印石是哪些? ……………………………… (121)
418. “印石三宝”是指哪些印石? …………………………… (121)
419. 什么是中国的“石帝”? ……………………………… (121)
420. 寿山石有多少品种? ………………………………… (121)
421. 田黄的萝卜纹有几种形态? …………………………… (121)
422. 何谓寿山“十六神种”? ……………………………… (122)
423. 田黄为何近年来价值倍增? …………………………… (122)
424. 印石中有所谓“晶”、“冻”,如何定义? ………………… (122)
425. 为何田黄石多见刻薄意随形章? ……………………… (122)
426. 什么叫“掘性石”? …………………………………… (122)
427. 寿山水坑中最珍贵的石种是哪一种? ………………… (122)
428. 寿山石按传统分类是否合理? ………………………… (123)
429. 鉴定田黄真伪有无科学方法? ………………………… (123)
430. 寿山石中谁是“山坑之王”? ………………………… (123)
431. 近年出现所谓“硅质田黄”究竟是何物? ……………… (123)
432. 什么是“昌化石”和“昌化鸡血石”? ………………… (123)
433. 昌化鸡血石有哪些珍贵品种? ………………………… (124)
434. 昌化鸡血石中的“鸡血”是怎样形成的? ……………… (124)
435. 什么是“巴林石”和“巴林鸡血石”? ………………… (124)
436. 巴林鸡血石是怎样发现的? …………………………… (125)
437. 巴林鸡血石可划分几个品级? ………………………… (125)
438. 巴林鸡血石按石质、血的分布和用途如何分类? ……… (125)
439. “巴林鸡血石”与“昌化鸡血石”有何区别? ………… (125)
440. 如何评价鸡血石的优劣? ……………………………… (126)
441. 什么是鸡血石中的“大红袍”? ……………………… (126)

442. 什么是鸡血石中的“刘关张”? …… (126)
443. 鸡血石的血是否会随时间而变坏? …… (127)
444. 评价鸡血石主要看它的哪些因素? …… (127)
445. 如何鉴识鸡血石血色的优劣? …… (127)
446. 鸡血石的血形如何划分? …… (127)
447. 如何根据血量多少划分鸡血石的品级? …… (127)
448. 昌化鸡血石的老坑与新坑有何区别? …… (128)
449. 如何识别假鸡血石? …… (128)
450. 我国鸡血石产地在近两年有何新发展? …… (128)
451. 除我国外,其他国家还有类似鸡血石的石头产出吗? …… (128)
452. 金顶红与我国鸡血石相比有何异同之处? …… (128)
453. 美国宝石界近期对“金顶红”进行了哪些工作? …… (129)
454. 青田石有哪些珍贵品种? …… (129)
455. 什么是“冰纹青田”和“酱油青田”? …… (130)
456. 什么是“广绿石”? …… (130)
457. 欧阳良矩大师在发展“广绿石”方面起何重要作用? …… (130)
458. 除上述四大系印石外,我国还有何处出产印石? …… (133)
459. 各种印石的雕刻性能孰好孰差? …… (133)
460. 印石上的印饰有哪几类? …… (133)
461. 如何保养印石? …… (133)
462. 什么是印石的“武打”和“文打”? …… (134)
463. 为何有些藏石家喜爱旧印石而鄙视新印石? …… (134)
464. 为何近年玩石者喜欢桃花冻? …… (134)
465. 过去名噪一时的印石,现在已十分罕见的有哪些? …… (134)
466. 我国图章石中的“三大名旦”是什么? …… (135)
467. 什么是印石“新三宝”? …… (135)
468. 近10年来有哪些比较特殊的印石新品种出现? …… (135)
469. 一方高级印章应具备哪些条件? …… (135)
470. 评价印石质地的“六德”是什么? …… (135)
471. 下品印石的“三贱”是哪些? …… (136)
472. 印章的形状有哪几种? 标准方章有多大? …… (136)
473. 我国论述印石最早的文章始于何时? …… (136)
474. 要进一步钻研印石,可参阅哪些专著? …… (136)
475. 能介绍几首有关著名印石的诗吗? …… (137)

476.什么叫“长白石”？ …………………………………………………………(137)
477.我国四大名砚石是哪些？ ……………………………………………(138)
478.我国两大奇砚石是什么？ ……………………………………………(138)
479.我国还有哪些较重要的砚石品种？ …………………………………(139)
480.我国砚石一般属何种岩石？ …………………………………………(139)
481.我国一些名砚发墨不滞、经久不干的原因何在？ ……………………(139)
482.什么叫“观赏石”？ …………………………………………………………(139)
483.观赏石为何受到全国各层次人民的喜爱？ …………………………(139)
484.我国人民爱石之风从何时开始波及全国？ …………………………(140)
485.观赏石应具有哪三大价值？ …………………………………………(140)
486.观赏石有哪些基本类型？ ……………………………………………(140)
487.现代观赏石有哪些类别？ ……………………………………………(140)
488.中国历史上的传统观赏石主要有哪些？ ……………………………(141)
489.中国园林“三大名石”是哪些？ ………………………………………(141)
490.江南园林“三大名石”是哪些？ ………………………………………(141)
491.什么是“雨花石”？它有何特征？ ……………………………………(141)
492.雨花石按其组成如何分类？ …………………………………………(142)
493.雨花石的观赏价值和经济价值如何？ ………………………………(142)
494.什么是“雨花石二十四品”？ …………………………………………(142)
495.南京雨花石究竟来源于何处？ ………………………………………(143)
496.什么是“菊花石”？ …………………………………………………………(143)
497.菊花石有何主要用途？ ………………………………………………(144)
498.我国的菊花石产地有哪些？ …………………………………………(144)
499.什么是“峡州石”？ …………………………………………………………(144)
500.我国著名的峡州石收藏家所藏最佳的奇石是什么？ ………………(144)
501.有“世界第八奇迹”之称的“琥珀宫”在何处？ ……………………(144)
502.“神州五绝石”是怎样的奇石？ ………………………………………(145)
503.呈现出“中国地图”的奇石产于何处？ ………………………………(145)
504.你知道“澳门回归纪念宝石”吗？ ……………………………………(145)
505.品评观赏石的“十二字标准”是什么？ ………………………………(146)
506.石膏矿物晶体观赏石有哪几种？ ……………………………………(146)
507.石膏晶体奇石有哪几种？ ……………………………………………(146)
508.什么是“空石”和“响石”？ ……………………………………………(146)
509.什么是观赏石中的“事件石”和“纪念石”？ …………………………(147)

510.戈壁石为何会盛行于今日之赏石界? ……………………………(147)
511.岭南蜡石的历史来源为何? ……………………………………(147)
512.岭南蜡石的成因如何?怎样观赏?………………………………(148)
513.黄蜡石的主要产地有哪些? ……………………………………(148)
514.什么是“恩州奇石”? ……………………………………………(148)
515.什么是“天珠”? …………………………………………………(149)
516.天珠的饰纹主要有哪些种类? …………………………………(149)
517.天珠的原料和质地及其价值几何? ……………………………(149)
第五章 珠宝首饰……………………………………………………(151)
一、种类和来历 ……………………………………………………(153)
518.什么叫“首饰”? …………………………………………………(153)
519.什么叫“本邦首饰”? ……………………………………………(153)
520.什么叫“洋镶首饰”? ……………………………………………(153)
521.首饰如何分类? …………………………………………………(154)
522.佩戴首饰有何作用? ……………………………………………(154)
523.首饰评价的 3 个因素是什么? …………………………………(154)
524.首饰的两项基本功能是什么? …………………………………(155)
525.珍珠首饰设计的“三大要点”是什么? …………………………(155)
526.什么是首饰设计的“三忌”? ……………………………………(155)
527.当今世界首饰发展潮流有何特点? ……………………………(156)
528.欧美等国首饰各有何特色? ……………………………………(156)
529.“首饰王国”意大利的基本情况如何? …………………………(156)
530.20 世纪 90 年代最新奇的玉雕挂件是什么? …………………(157)
531.我国宝玉石制品的主要摆件和饰件有哪些? …………………(157)
532.国际市场上的玉雕品是大件畅销还是小件畅销? ……………(157)
533.什么是男性宝石和女性宝石? …………………………………(158)
534.男性宝玉石首饰有哪些主要品种? ……………………………(158)
535.金镶宝男款戒指可分哪几类? …………………………………(158)
536.男性佩戴首饰的主要原因和目的是什么? ……………………(159)
537.什么是“多用途首饰”? …………………………………………(159)
538.多用途首饰为何能在市场受到赏识? …………………………(159)
539.珠宝首饰的不同形状各有什么含义? …………………………(159)
540.珠宝首饰的不同颜色各有什么含义? …………………………(160)
541.什么叫“足金”、“赤金”和“足赤金”? …………………………(160)

542.什么叫“K 金”? …………………………………………………………………… (160)
543.K 金中的纯金含量是如何计算的? …………………………………………… (160)
544.什么叫“黄金首饰”和“白金首饰”? …………………………………………… (160)
545.什么叫“双色金首饰”? ………………………………………………………… (161)
546.镶嵌珠宝首饰为何多用 18K 金而不用 24K 金? ………………………… (161)
547.什么是黄金珠宝首饰的“三大件”和“五大件”? ………………………… (161)
548.铂金是很稀有的贵金属吗? ………………………………………………… (162)
549.纯白金和 K 白金有何区别? ………………………………………………… (162)
550.铂金首饰为何日益走俏? …………………………………………………… (162)
551.铂金首饰为何比黄金首饰价格要高? ……………………………………… (162)
552.将贵重的钻石或翡翠镶嵌在铂金底座上安全可靠吗? ………………… (162)
553.什么叫“银白 K”? …………………………………………………………… (162)
554.什么叫首饰的“白色年代”? ………………………………………………… (163)
555.“泰国银”首饰为何能在北京形成热潮? ………………………………… (163)
556.白银首饰为何会变黑?有什么方法可以防止? ………………………… (163)
557.珍珠项链有哪几种款式? …………………………………………………… (164)
558.什么是“巴黎珍珠”和“罗马珍珠”? ………………………………………… (164)
559.什么是“科学祖母绿”? ……………………………………………………… (164)
560.什么叫“牛奶石”? …………………………………………………………… (164)
561.什么是“奥地利水晶”?如何识别? ………………………………………… (164)
562.“巴洎呤”是一种什么饰品? ………………………………………………… (165)
563.世界上最早的钻石戒指出自何年代? ……………………………………… (165)
564.最新钻石镭射刻字技术是怎么回事? ……………………………………… (165)
565.日本的塑料仿制欧泊是如何制造的? ……………………………………… (166)
566.金星石玻璃仿制品是如何制造的? ………………………………………… (166)
567.为什么说玉镯是玉器首饰的“皇后”? ……………………………………… (166)
568.什么是“三色玉镯”和“四色玉镯”? ………………………………………… (166)
569.什么是“复镯”? ……………………………………………………………… (167)
570.什么是“柔姿镯”和“牛仔链”? ……………………………………………… (167)
571.什么是“臂镯”? ……………………………………………………………… (167)
572.什么是“鹅蛋镯”? …………………………………………………………… (167)
573.什么是“防晕船手镯”? ……………………………………………………… (168)
574.玉镯的大小与粗细之间有无固定的关系? ……………………………… (168)
575.偏爱小条径玉镯的顾客该到何处购买? ………………………………… (168)

576.适应性最广泛的玉器首饰是什么? …… (168)
577.玉扣的大小有哪几种规格? …… (169)
578.玉鸡心的形式和大小有哪些品种? …… (170)
579.玉吊胆的形式和大小有哪些种类? …… (170)
580.玉观音的规格大小有何差别? …… (170)
581.玉扣、鸡心、吊胆、弥勒佛各有何别名? …… (170)
582.玉耳丁有哪些形式和基本要求? …… (171)
583.翡翠戒面有哪几种形式和规格? …… (171)
584.玉戒指有哪几种形式和规格? …… (171)
585.什么是“指甲戒”和“指链戒”? …… (172)
586.什么是“奴隶链戒”? …… (172)
587.项链、颈链和胸链三者有何关系? …… (172)
588.项链的长度有哪几种规格? …… (172)
589.什么是“裤头挂件”? …… (173)
590.什么叫翡翠花件? …… (173)
591.翡翠花件有哪些形式和内容? …… (173)
592.舌头钻孔戴金、银环安全吗? …… (174)
593.手镯的由来是什么? …… (174)
594.戒指的由来是什么? …… (174)
595.项链的由来是什么? …… (175)
596.耳环的由来是什么? …… (175)
597.胸饰的由来是什么? …… (175)
598.离婚戒指始于何时何地? …… (175)
599.中国城市的男性首饰何时开始走俏? …… (175)
600.脚链何时开始成为中国女士的新宠? …… (176)
601.防身手镯有何特殊功能? …… (176)
602.恐龙粪化石能制成绚丽的首饰吗? …… (176)
二、识伪和鉴真 …… (177)
603.为什么要用10倍放大镜观察珠宝首饰? …… (177)
604.为什么说聚光电筒是鉴别宝玉石的必备工具? …… (177)
605.如何用查尔斯滤色镜鉴别真假翡翠和其他宝石? …… (177)
606.在查尔斯镜下显红色的玉石都是加色玉吗? …… (178)
607.如何鉴别真珍珠和假珍珠? …… (179)
608.如何鉴别天然珍珠和养殖珍珠? …… (179)

609.如何鉴别仿制珍珠和染色珍珠？ …………………………………… (180)
610.市面出售的珍珠饰品是天然的吗？ ………………………………… (180)
611.市面上少见的半边珠和黑珍珠是真的吗？……………………………… (180)
612.染色黑珍珠是如何伪造的？ ………………………………………… (181)
613.如何鉴别用黑色染料染成的黑色珍珠？ ……………………………… (181)
614.如何识别珍珠的玻璃仿制品？ ……………………………………… (181)
615.常见的假钻石有哪些种类？ ………………………………………… (181)
616.真钻石与“苏联钻”如何区别？ ……………………………………… (182)
617.鉴别真假钻石最简单可靠的方法是什么？……………………………… (183)
618.如何鉴别天然红、蓝宝石与人造红、蓝宝石？…………………………… (183)
619.如何鉴别天然星光红、蓝宝石与人工合成的星光红、蓝宝石？ ……… (184)
620.何种宝石最易与红宝石混淆？如何区别？……………………………… (184)
621.如何区别祖母绿和其他的天然绿色宝石？……………………………… (184)
622.如何鉴别天然猫眼宝石与人造猫眼宝石？……………………………… (184)
623.常见的碧玺仿冒品有哪些？如何识别？ ……………………………… (185)
624.如何鉴别染色欧泊和注塑欧泊？ …………………………………… (185)
625.橄榄石最常见的仿冒品是什么？ …………………………………… (185)
626.如何区别天然水晶与合成水晶？ …………………………………… (185)
627.如何区别水晶与玻璃？ ……………………………………………… (185)
628.什么是“夹层石”？如何鉴别？ ……………………………………… (186)
629.到中缅边境购买翡翠玉料应注意什么？ ……………………………… (186)
630.在选购翡翠玉料时要防止哪些假货？ ………………………………… (186)
631.在中缅边境购买翡翠原石时，常见的假象有哪些？ ………………… (187)
632.什么是“镀膜翡翠”？ ……………………………………………… (187)
633.如何鉴别“镀膜翡翠”？ …………………………………………… (187)
634.如何识别用烧料冒称的假翡翠？ …………………………………… (187)
635.如何区别翡翠与用塑料制成的翡翠赝品？……………………………… (188)
636.如何用测定导热能力来鉴别翡翠 B 货？ ……………………………… (188)
637.如何识别翡翠 B 货？ ………………………………………………… (188)
638.如何识别翡翠 C 货？ ………………………………………………… (189)
639.人工染色的翠绿色或紫色翡翠为何会褪色？…………………………… (189)
640.翡翠的染色处理有何新进展？ ……………………………………… (189)
641.什么是“真玉”和“假玉”？ ………………………………………… (190)
642.街头“收购”玉镯者用薄布缠在玉镯上烧不着，是否就是“真玉”呢？ ………
……………………………………………………………………………… (190)

643.什么是“玉石灯”？ …………………………………………………… (190)
644.如何鉴别真假紫罗兰玉器？ …………………………………………… (191)
645.如何区别独山玉和翡翠？ ……………………………………………… (191)
646.如何区别岫玉和翡翠？ ………………………………………………… (191)
647.岫玉手镯为何在瑞丽夜市上成为畅销货？ ……………………………… (191)
648.乌兰翠与绿色翡翠如何区别？ …………………………………………… (192)
649.澳洲玉与翡翠有何区别？ ……………………………………………… (192)
650.什么是“马来西亚玉”？它有哪些别名？ ………………………………… (192)
651.马来西亚玉有哪些基本特征？ …………………………………………… (192)
652.马来西亚玉的价格如何？ ……………………………………………… (193)
653.什么是“真假琥珀检验五法”？ …………………………………………… (193)
654.常见的玻璃仿宝石有哪些？ ……………………………………………… (193)
655.佩戴珠宝首饰对人体有益还是有害？ …………………………………… (194)
656.有人说钻石和名贵宝石有害人体，这种说法属实吗？ ………………… (194)
三、习俗和传说 ……………………………………………………………… (194)
657.什么是“国石”？ …………………………………………………………… (194)
658.世界上已知哪些国家有了国石？ ………………………………………… (194)
659.我国的国石正式确定了没有？ …………………………………………… (194)
660.我国国石评选工作有何新进展？ ………………………………………… (196)
661.什么是“诞生石”？ ………………………………………………………… (196)
662.一年12个月的诞生石是哪些？ …………………………………………… (197)
663.何谓“合浦珠还”？ ………………………………………………………… (197)
664.“东坡珍珠酒”是怎么回事？ ……………………………………………… (198)
665.我国有哪些民族的男性爱戴项圈、手镯、耳环？ ……………………… (198)
666.钻石戒指为何又叫“划字戒指”？ ………………………………………… (198)
667.佩戴翡翠玉镯能否保健？ ………………………………………………… (198)
668.佩戴翡翠玉器能否避邪和防止跌伤？ …………………………………… (199)
669.我国民间关于“玉能避邪保平安”的基本内容是什么？ ………………… (199)
670.翡翠玉镯或挂件是否会越用越美观？ …………………………………… (199)
671.珠宝首饰与脸型有何关系？ ……………………………………………… (200)
672.珠宝首饰与婚龄有何关系？ ……………………………………………… (200)
673.珠宝首饰与人的气质有何关系？ ………………………………………… (200)
674.珠宝首饰与人的肤色有何关系？ ………………………………………… (201)
675.我国民间吉祥物如何分类？ ……………………………………………… (201)

676. 什么是“宗教饰物”？较适用的品种有哪些？ …………………… (201)
四、选购、佩戴和保养 …………………………………………………… (201)
677. 当前珠宝商场将珠宝首饰名称混淆的现象有哪些？ ……………… (201)
678. 什么是佩戴首饰的“T. P. O. 原则”？ ………………………………… (202)
679. 我国的金银饰品标识管理有何规定？常见的金银首饰标识含义如何？ …… …………………………………………………………………… (202)
680. 我国为何要将“24K 金”更名为“金 990”？ ………………………… (203)
681. 怎样选购珍珠饰物？ ………………………………………………… (203)
682. 原珠好还是优化珠好？ ……………………………………………… (203)
683. 香港生产的珍珠领带有何特色？ …………………………………… (204)
684. 珍珠是否很容易变黄和脱皮？ ……………………………………… (204)
685. 海水珍珠比淡水珍珠贵那么多值得吗？ …………………………… (204)
686. 珍珠饰品用久了为何会发黄？如何使它复原？ …………………… (204)
687. 如何保养珍珠饰物？ ………………………………………………… (205)
688. 怎样选购蓝宝石首饰？ ……………………………………………… (205)
689. 怎样判别和选购祖母绿宝石首饰？ ………………………………… (205)
690. 如何保养欧泊首饰？ ………………………………………………… (206)
691. 什么是翡翠颜色变幻中的“通液”和“察液”？ …………………… (206)
692. 选购翡翠玉镯有哪些诀窍？ ………………………………………… (206)
693. 什么是“当肚玉镯”和“当肚纹”？ ………………………………… (207)
694. 如何区别玉镯上的玉纹和裂纹？ …………………………………… (207)
695. 选购玉镯时,买单只好还是成对的好？ …………………………… (208)
696. 选购玉镯时,如何测试圈口大小？ ………………………………… (208)
697. 玉镯的颜色与佩戴者的年龄有何关系？ …………………………… (208)
698. 如何佩戴和保护玉镯？ ……………………………………………… (208)
699. 翡翠玉镯被碰裂或跌断了怎么办？ ………………………………… (209)
700. 怎样选购翡翠挂件？ ………………………………………………… (209)
701. 单面玉佛或玉观音的反面为何常雕一片树叶图案？ ……………… (210)
702. 双面观音和双面弥勒佛为何大受顾客欢迎？ ……………………… (210)
703. 弯弯的玉鱼是如何做成的？ ………………………………………… (210)
704. 怎样选购翡翠玉戒？ ………………………………………………… (210)
705. 怎样选购翡翠戒面？ ………………………………………………… (211)
706. 什么是戒指的“手寸”？ ……………………………………………… (211)
707. 购买翡翠戒面比戒指有何优越性？ ………………………………… (211)

708. 佩戴戒指有何讲究？ …………………………………… (211)
709. 怎样选购耳环？ ……………………………………… (212)
710. 怎样选购玉石项链？ …………………………………… (212)
711. 绿松石的加工和保养应注意些什么？ ………………… (213)
712. 怎样鉴别和选购水晶首饰？ …………………………… (213)
713. 怎样选购玛瑙原料和玛瑙首饰？ ……………………… (213)
714. 怎样选购梅花玉手镯？ ………………………………… (213)
715. 怎样选购玉石健身球？ ………………………………… (214)
716. 如何正确理解和运用“灯光底下不看玉”这句行话？ ……… (214)
717. 首饰的光泽为何会变暗淡，如何防止？ ………………… (214)
718. 玉器商店的玻璃货柜中为何要放置一杯清水？ ………… (215)
719. 在玉器选购中，“讲价不如挑毛病”这句行话真的灵验吗？ ……… (215)
720. 年轻姑娘宜戴什么玉器首饰？ ………………………… (216)
721. 为什么中学生不许佩戴首饰？ ………………………… (216)
第六章　珠宝之最 ……………………………………………… (217)
722. 世界第一金币有多重？ ………………………………… (219)
723. 我国第一座“黄金珠宝大厦”建在何处？ ………………… (219)
724. 山东招远为何被授予“中国金都”称号？ ………………… (219)
725. 世界上的“珍珠之王”有多大？ ………………………… (219)
726. 世界“十大名珠”是哪些？ ……………………………… (220)
727. 世界上最大的人工养殖珍珠有多大？ ………………… (220)
728. 世界最大的淡水天然珍珠有多大？ …………………… (220)
729. 世界最昂贵的珍珠项链有多贵？ ……………………… (221)
730. 使用珍珠最多的珍珠衣产于何地？ …………………… (221)
731. “中国珍珠第一村”在何处？ …………………………… (221)
732. 苏州“真珠舍利宝幢”是一件怎样的珍宝？ ……………… (221)
733. 最早发明养殖珍珠的国家是日本还是中国？ ………… (221)
734. 什么是“亚洲之珠”？ …………………………………… (222)
735. “南方十字架”是一颗怎样的名珠？ …………………… (222)
736. 世界金刚石之“王”究竟有多大？ ……………………… (222)
737. 世界十大钻石是哪些？ ………………………………… (222)
738. 世界上最古老的“库希努尔”钻石现在何处？ …………… (223)
739. 南非生产的世界最大人造钻石有多大？ ……………… (223)
740. 我国产出的巨粒和大粒金刚石有多少？ ……………… (223)

741.克里姆林宫钻石馆号称“七奇”的7颗大宝石是哪些？ ……………… (223)
742.“珍、翠、金大成殿”是一件怎样的大型工艺品？ ……………… (224)
743.湖南研制的“宝玉地动仪”有何特色？ ……………… (225)
744.何谓“世纪钻石”？ ……………… (225)
745.什么是“名贵精品大钻石”？ ……………… (225)
746.周大福在北京展出的千万元钻饰是怎样的？ ……………… (225)
747.价值千万美元的“千年胸衣”是怎样的？ ……………… (226)
748.世界上两套昂贵的“钻石比基尼”是哪国制造的？ ……………… (226)
749.广东南海市金镶钻女内衣是怎样的？ ……………… (226)
750.世界最昂贵的镶钻自行车价值多高？ ……………… (226)
751.世界最昂贵的镶钻手表价值几何？ ……………… (226)
752.世界最昂贵的“水晶、钻石鞋”是怎样的？ ……………… (227)
753.世界最昂贵的“芭比娃娃”价值几何？ ……………… (227)
754.世界上已发现的最大红、蓝宝石各有多大？ ……………… (227)
755.什么是“印度之星”蓝宝石？ ……………… (227)
756.什么是“昆士兰黑星”蓝宝石？ ……………… (227)
757.山东发现的“鸳鸯宝石”是什么样的？ ……………… (228)
758.我国最大的蓝宝石戒面有多大？ ……………… (228)
759.世界上著名的祖母绿珍品有哪些？ ……………… (228)
760.世界最大的黄玉宝石有多重？ ……………… (228)
761.世界最大的绿松石有多大？ ……………… (228)
762.世界最大的蛋白石有多大？ ……………… (228)
763.罕见的特大雄黄晶体何时、何地被何人发现？ ……………… (229)
764.我国“辰砂王”于何时、何地由何人采出？ ……………… (229)
765.最大的石膏巨晶观赏石有多大？ ……………… (229)
766.我国宝岛台湾为何有“珊瑚王国”之称？ ……………… (230)
767.国宝级红珊瑚“六臂佛锁蛟龙”是何人何时创作的？ ……………… (230)
768.“琥珀王”有多重？现藏于何处？ ……………… (230)
769.世界最大的优质水晶富集区在哪儿？ ……………… (230)
770.世界最大的水晶洞有多大？ ……………… (230)
771.世界最大的天然水晶和水晶球各有多大？ ……………… (230)
772.江苏东海产出的水晶“三大王”各有多大？ ……………… (231)
773.广州荔湾广场水晶市场何时成为全国最大水晶产品集散地？ ……… (231)
774.我国获吉尼斯之最的天然水晶弥勒佛有多大？ ……………… (231)

775.世界最大的“水晶龟”有多大？ …………………………………………… (232)
776.亚洲之最的“中华奇石馆”在何处？ ………………………………………… (232)
777.武汉中华奇石馆珍藏的蔷薇水晶有多大？ …………………………………… (232)
778.世界最大的人造水晶企业是哪家？ ………………………………………… (232)
779.世界最昂贵的一块翡翠原石价值有多高？ …………………………………… (232)
780.世界已发现的最大块翡翠原石有多重？ ……………………………………… (233)
781.世界上有顷刻盈利破亿元的赌石纪录吗？ …………………………………… (233)
782.世界最大的翡翠玉佛有多大？ ……………………………………………… (233)
783.世界最大金玉观音有多大？ ………………………………………………… (233)
784.我国“四大国宝翡翠”是哪些？ ……………………………………………… (233)
785.翡翠巨作“四大佛山”是哪些？ ……………………………………………… (234)
786.玉雕山子珍品《会昌九老图》的旧作和新作有何不同？ ………………………… (234)
787.《群龙护宝》玉雕为何拒绝高价出售？ ……………………………………… (235)
788.《中华魂玉龙壁》共雕多少条龙？ …………………………………………… (235)
789.“翡翠精品价格 10 年上涨 3 000 倍”是怎么回事？ ……………………………… (235)
790.岫岩县产出的三大“玉石王”各有多大？ ……………………………………… (235)
791.新疆且末县发现的巨型“和田玉”有多大？ …………………………………… (236)
792.什么是“大莫卧尔”钻石？ …………………………………………………… (236)
793.什么是“巨富钻石”？ ………………………………………………………… (236)
794.用岫岩“玉石王”雕成的大佛有多大？ ………………………………………… (236)
795.“田黄石之王”有多大？ ……………………………………………………… (236)
796.昌化鸡血石之“王”有多大？ ………………………………………………… (237)
797.巴林鸡血石之“王”有多大？ ………………………………………………… (237)
798.周总理赠田中的一对鸡血石印章有何特色？由谁治印？ ……………………… (237)
799.当今最大的石砚有多大？ …………………………………………………… (237)
800.世界最大的“端砚王”有多大？ ……………………………………………… (238)
801.什么是“世界第九大奇迹”？ ………………………………………………… (238)
802.李广岭收藏和捐献的恐龙蛋化石有何特色？ ………………………………… (238)
803.慈禧陪葬珍宝知多少？ ……………………………………………………… (238)
804.《华夏百美图》是一件怎样的工艺美术精品？ ………………………………… (239)
805.世界最大的彩石镶嵌画有多大？ …………………………………………… (239)
806.《宝玉石大典》是一部怎样的巨著？ ………………………………………… (239)
807.《中国现代玉雕精品大全》是一部怎样的新著？ ……………………………… (240)
808.香港的黄金厕所造价几何？ ………………………………………………… (240)

809.世界最大的珠宝抢劫案发生在何处？ …………………………… (240)
第七章　珠宝收藏拍卖……………………………………………………… (243)
810.什么是“收藏”？ ……………………………………………………… (245)
811.“收藏”与“集藏”有何区别？ ……………………………………… (245)
812.什么是“收藏品”？ …………………………………………………… (245)
813.收藏有哪几种方式？ …………………………………………………… (245)
814.宝玉石收藏有哪些类型？ ……………………………………………… (245)
815.宝玉石收藏有何重要作用？ …………………………………………… (246)
816.玉器有哪五大功能？ …………………………………………………… (246)
817.玉器收藏有哪 3 种偏向？ ……………………………………………… (246)
818.古旧收藏品市场有哪三大类型？ ……………………………………… (247)
819.民间收藏有哪几种类型？ ……………………………………………… (247)
820.个人收藏珠宝玉器有哪三大优势？ …………………………………… (247)
821.玉器收藏投资具有哪些增值因素？ …………………………………… (247)
822.什么是“收藏六忌”？ ………………………………………………… (248)
823.什么是收藏忌“十心”？ ……………………………………………… (248)
824.收藏投资者如何才能以低价买到精品？ ……………………………… (249)
825.名砚的用途是研墨还是收藏？ ………………………………………… (249)
826.近 50 年来，我国收藏事业的概况如何？…………………………… (249)
827.什么是“拍卖”？ ……………………………………………………… (250)
828.什么是拍卖的“三公一高”原则？ …………………………………… (250)
829.拍卖有何好处和优点？ ………………………………………………… (250)
830.拍卖的基本特点有哪些？ ……………………………………………… (250)
831.我国拍卖品的范围如何？ ……………………………………………… (251)
832.珠宝拍卖会与珠宝展销会有何区别？ ………………………………… (251)
833.如何发布“拍卖公告”？ ……………………………………………… (252)
834.拍卖会上如何进行电话竞投？ ………………………………………… (252)
835.什么是拍卖场上的“托儿”？ ………………………………………… (253)
836.拍卖师的风格模式有哪几种类型？ …………………………………… (253)
837.拍卖师采取“主持定势”好不好？ …………………………………… (253)
838.我国何时颁布《中华人民共和国拍卖法》？它有何重要作用？ ……… (253)
839.历年来，在拍卖会上售价最高的钻石价格有多高？ ………………… (254)
840.历年来，在拍卖会上售价最高的翡翠项链价格如何？ ……………… (254)
841.拍卖会上最昂贵的翡翠戒面价格有多高？ …………………………… (254)

842.近年来，田黄石精品在拍卖会上的最高价格如何？ ……………………(255)
843.近几年来，翡翠拍品的发展趋向如何？ ……………………(255)
844.世界最大的拍卖行有哪两家？ ……………………(255)
845.我国内地最著名的珠宝拍卖公司有哪两家？ ……………………(256)
第八章　珠宝古玩入门……………………(257)
846.何谓“古玩”？ ……………………(259)
847.“古玩”包括哪些内容？ ……………………(259)
848.什么是古玩商人的“代语”？ ……………………(259)
849.什么是古玩商人的“隐语”？ ……………………(259)
850.古玩商人最基本的道德标准是什么？ ……………………(259)
851.古玩界的“眼力”和“肚脐眼”如何解释？ ……………………(259)
852.古玩界隐语“掌眼”是指什么？ ……………………(260)
853.古玩界隐语“活拿”是指什么？ ……………………(260)
854.古玩界隐语“捡漏”是什么意思？ ……………………(260)
855.古玩界隐语“大号”和“邪价”是指什么？ ……………………(260)
856.什么叫古玩珠宝市场的“抄后路”？ ……………………(260)
857.什么叫古玩商人的“要奸不要赖”？ ……………………(260)
858.古玩界隐语“爬桅”是指什么行为？ ……………………(260)
859.古玩界隐语“方”和“吊”指多少钱？ ……………………(261)
860.古玩界隐语“一张”是指多少钱？ ……………………(261)
861.古玩商人常说的“卖相”是什么意思？ ……………………(261)
862.从事古玩收藏投资有哪些好处？ ……………………(261)
863.从事古玩交易必须具备哪些基本技巧？ ……………………(261)
864.购藏古玩的12个误区是哪些？ ……………………(262)
865.清代玉器生产如何分期？ ……………………(262)
866.什么是玉器制作的“乾隆工”？ ……………………(262)
867.玉器制作的“乾隆工”有何突出的特色？ ……………………(263)
868.收藏者认识“乾隆工”有何作用？ ……………………(263)
869.乾隆爱玉有何突出表现？ ……………………(263)
870.乾隆爱玉对我国玉文化有何贡献？ ……………………(263)
871.如何划分古玉和旧玉？ ……………………(263)
872.何谓“传世玉器”与“出土玉器”？ ……………………(264)
873.我国古代玉器按用途如何分类？ ……………………(264)
874.中国古玉器的鉴定包括哪些主要内容？ ……………………(264)

875.什么叫“假质古玉器”和“假代古玉器”？ ……………………………… (264)
876.什么叫“真质假代玉器”和“假质假代玉器”？ ……………………………… (264)
877.古玉有哪“四异”？ ……………………………… (265)
878.古玉有哪“三忌”？ ……………………………… (265)
879.古玉有哪“四畏”？ ……………………………… (265)
880.什么是玉雕设计的“三原则”和“四原则”？ ……………………………… (265)
881.传国玉玺今何在？ ……………………………… (265)
882.为何在我国的玉雕工艺中常爱采用龙凤图案？ ……………………………… (266)
883.什么是“怀古”？ ……………………………… (266)
884.什么是“顶子”？ ……………………………… (266)
885.什么是“龙钩”？ ……………………………… (266)
886.什么是“扳指”？ ……………………………… (267)
887.什么是“如意”？ ……………………………… (267)
888.清代如意有哪些种类和艺术特色？ ……………………………… (267)
889.如意有哪些主要用途？ ……………………………… (267)
890.我国目前还有人制作如意吗？ ……………………………… (268)
891.什么是“念珠”？ ……………………………… (268)
892.什么是“朝珠”？ ……………………………… (268)
893.什么是“金缕玉衣”？ ……………………………… (268)
894.我国已出土的玉衣有多少件？ ……………………………… (268)
895.我国古代玉衣的兴衰过程如何？ ……………………………… (269)
896.我国已知年代最早的玉衣在何时何地出土？ ……………………………… (269)
897.什么是“玉含”？ ……………………………… (269)
898.什么是玉“九窍”器？ ……………………………… (269)
899.什么是“十八子”？ ……………………………… (270)
900.什么是“鼻烟壶”？其由来如何？ ……………………………… (270)
901.鼻烟壶是用哪些材料制成的？ ……………………………… (270)
902.什么是“内画鼻烟壶”？ ……………………………… (270)
903.鼻烟壶的最早出现和成长、兴盛各在何时？ ……………………………… (270)
904.刘守本在美国表演“内画”绝技影响如何？ ……………………………… (271)
905.鼻烟壶为何至今还很流行？ ……………………………… (271)
906.什么是古代玉器的“沁色”？ ……………………………… (271)
907.古代玉器的沁色主要有哪些种类？ ……………………………… (271)
908.什么是“羊玉”和“狗玉”？ ……………………………… (271)

909."夜光杯"因何而得名? …………(272)
910."夜光杯"用何种原料制成? …………(272)
911.酒泉夜光杯厂生产的夜光杯有何特色? …………(272)
912.什么是宝玉石器物的纹饰?它有何重要作用? …………(272)
913.宝玉石文物上常见的重要纹饰有哪几种? …………(273)
第九章 珠宝产销和质量监督检验 …………(275)
914.世界五大宝石出产国是哪些? …………(277)
915.世界上还有哪些著名的宝玉石出产国? …………(277)
916.世界主要的宝玉石供应国、需求国和加工转销国有哪些? …………(278)
917.世界五大产金国是哪些? …………(278)
918.世界上出产铂金的国家主要有哪些? …………(278)
919.全世界天然钻石产量概况如何? …………(279)
920.世界五大金刚石生产国是哪些? …………(279)
921.世界四大钻石加工中心和五大宝石加工中心是哪些? …………(280)
922.世界上最大的一家未琢磨钻石购销机构在何处? …………(280)
923.世界上规模最大的金刚石公司是哪家? …………(280)
924.戴比尔斯公司的主要组织机构有哪些? …………(281)
925.戴比尔斯公司在中国有何业务推广活动? …………(281)
926."钻石恒久远,一颗永留传"这句广告词是谁提出来的? …………(282)
927.斯里兰卡出产哪些宝石? …………(282)
928.缅甸出产哪些宝石? …………(282)
929.日本的翡翠资源情况如何? …………(283)
930.日本珍珠养殖技术先进,为何近年来还要大量进口中国珍珠? …………(283)
931.金色珍珠产于何地? …………(284)
932.金色珍珠的价格高到什么程度? …………(284)
933.金刚石的6个"80%"是什么? …………(284)
934.我国最大的金刚石矿概况如何? …………(285)
935.我国最大的金刚石生产基地在何处? …………(285)
936.我国宝玉石资源最丰富的是哪个省区? …………(285)
937.我国第一个祖母绿矿的概况如何? …………(286)
938.著名的雨花石产地六合县雨花石产销概况如何? …………(286)
939.我国最大的珍珠核生产基地在何处? …………(286)
940.我国玉商在瑞丽等边城为何难觅优质翡翠原石? …………(286)
941.世界"三大珠宝展览会"在何处举办? …………(287)

942.世界七大黄金交易市场在何处？ …………………………………… (287)
943.世界三大珠宝首饰消费国是哪些？ ………………………………… (288)
944.世界三大钻石消费市场在何处？ …………………………………… (288)
945.世界消耗铂金较多的国家是哪些？ ………………………………… (289)
946.世界七大珠宝城在何处？ …………………………………………… (289)
947.缅甸每年举办珠宝玉石展销会的概况如何？……………………… (290)
948.美国的“钻石珠宝一条街”在何处？ ……………………………… (290)
949.美国图森国际宝石和矿物展销会为何闻名全球？………………… (291)
950.千禧年举办的第46届图森国际宝石和矿物展销会概况如何？ …… (291)
951.20世纪90年代在我国形成了哪些较重要的珠宝玉器市场？ ……… (291)
952.广州市番禺在首饰加工业中为何有“珠宝王国”之称？…………… (292)
953.我国产销玉器的4个重要城市是哪些？ …………………………… (292)
954.我国玉石雕六大产销基地是哪些？ ……………………………… (292)
955.我国玉雕产品存在的“三多三少”问题是什么？…………………… (293)
956.什么是珠宝漂白处理技术？………………………………………… (293)
957.珠宝漂白处理技术可用于哪些珠宝？ …………………………… (293)
958.珠宝玉石的化学处理技术得到认可了吗？………………………… (294)
959.云南省珠宝市场概况如何？ ……………………………………… (294)
960.“滇西边境三大珠宝交易市场”在何处？ ………………………… (294)
961.瑞丽翡翠市场的贸易概况如何？ ………………………………… (294)
962.腾冲珠宝贸易概况如何？ ………………………………………… (295)
963.香港著名翡翠市场——“广东道”概况如何？……………………… (295)
964.广东的“四大翡翠玉器市场”是哪些？ …………………………… (296)
965.广州“华林玉器城”为何闻名遐迩？ ……………………………… (296)
966.“阳美玉都”的翡翠玉器经营生产有何特色？……………………… (296)
967.广东阳美翡翠市场概况如何？ …………………………………… (297)
968.广东四会市玉器城有何特色？ …………………………………… (297)
969.广东平洲玉器街近几年有何新发展？ …………………………… (298)
970.广州市古玩市场概况如何？ ……………………………………… (299)
971.广东“四大宝石加工基地”在何处？ ……………………………… (299)
972.台湾的金饰和钻饰市场概况如何？ ……………………………… (300)
973.台湾翡翠市场概况如何？ ………………………………………… (300)
974.台湾同胞为何忽视祖母绿而热衷于水晶圆珠链？ ……………… (300)
975.镇平玉雕业使用哪些玉料？其来源于何地？……………………… (301)

976."中国玉雕之乡"镇平县有哪些玉雕专业村和玉器批发专业市场? ……………………………………………………………………………… (301)
977.河南镇平的"阿富汗村"因何得名? …………………………… (301)
978.扬州玉雕有何特色? ……………………………………………… (301)
979.扬州玉器厂有哪四件珍品被国家永久收藏? ………………… (302)
980.七彩云南实业公司销售翡翠玉器的五项承诺是什么? ……… (302)
981.何谓上海珠宝市场的"一城、一带、一环"? 各有何特色? …… (302)
982.商场销售的"南非钻石"都产自南非吗? ……………………… (303)
983.戴比尔斯钻石从何时开始更名为"恒久钻石"? ……………… (303)
984.评价玉雕精品有哪些标准? …………………………………… (304)
985.什么是"品牌"? 它对珠宝业有何意义? ……………………… (304)
986.消费者认识品牌有哪几个阶段? ……………………………… (304)
987.什么是"可持续发展"? ………………………………………… (305)
988.翡翠玉器商人代语中的"一元"是指多少钱? ………………… (305)
989.中国第一个国家级"钻石交易中心"将建在何处? …………… (305)
990."中国珍珠城"在何处? ………………………………………… (305)
991.我国最大的珍珠市场在何处? ………………………………… (306)
992.江苏东海水晶市场有多大规模? ……………………………… (306)
993.江苏东海水晶展示中心的概况如何? ………………………… (306)
994.我国两年一度的"水晶节"在何地举办? ……………………… (307)
995.我国最大的观赏石市场在何处? ……………………………… (307)
996.我国最大的饰品产销基地在何处? …………………………… (307)
997.我国钻石首饰消费呈现哪三大群体? ………………………… (308)
998.什么是我国珠宝市场的八大忧患? …………………………… (308)
999.当今中国人的第三大消费热点是什么? ……………………… (308)
1000.我国各种成色的黄金首饰销售比例如何? ………………… (309)
1001.我国珠宝首饰市场生意不景气的主要原因是什么? ……… (309)
1002.当今珠宝市场的发展趋势如何? …………………………… (309)
1003.中国加入了世贸组织,珠宝首饰市场已经和将要产生哪些主要变化? ……………………………………………………………………… (310)
1004.中国已经入世,珠宝首饰业为了争取市场,应采取哪些基本对策? ……………………………………………………………………… (310)
1005.我国珠宝玉石国家标准何时颁布实施? …………………… (310)
1006.三项"国家标准"主要包含哪些内容? ……………………… (311)

1007. 实施三项“国家标准”对我国珠宝市场管理有何作用？ …………… (311)
1008. 中国钻石色度如何分级？ ………………………………………… (311)
1009. 中国钻石净度分级如何规定？ …………………………………… (311)
1010. 什么是“热导仪”？ ………………………………………………… (313)
1011. 如何鉴别合成碳硅石？ …………………………………………… (314)
1012. FS-1型数字式反射仪如何鉴别合成碳硅石？ …………………… (314)
1013. 什么是镀膜钻石？如何鉴别它？ ………………………………… (315)
1014. 什么是电子探针分析？ …………………………………………… (315)
1015. 电子探针在鉴别黄金饰品中有何作用？ ………………………… (315)
1016. 电子探针对鉴别珍珠种类和提高珍珠质量方面有何作用？ ………… (315)
1017. 什么是红外光谱？ ………………………………………………… (316)
1018. 红外光谱仪能鉴定哪些宝石？ …………………………………… (316)
1019. 红外光谱仪鉴定翡翠B货可靠吗？ ……………………………… (316)
1020. 什么是拉曼光谱仪？ ……………………………………………… (317)
1021. 鉴定宝玉石需要拉曼光谱仪这样价格昂贵的精密仪器吗？ ……… (317)
1022. 拉曼光谱仪在鉴定宝玉石方面有何优异功能？ ………………… (317)
1023. 宝石防伪技术的基本要求有哪些？ ……………………………… (317)
1024. 宝石防伪标记可分哪3个级别？ ………………………………… (318)
1025. 宝石防伪标记和宝石鉴定证书有何区别？ ……………………… (318)
1026.《翡翠物语》DVD包含哪些内容？ ……………………………… (318)
1027. 什么是“珍珠检测仪”？ …………………………………………… (319)
1028. 什么是“珍珠灯”？ ………………………………………………… (319)
1029. 什么是“珍珠夹”？ ………………………………………………… (319)
1030. 什么是“珍珠内窥镜”？ …………………………………………… (319)
1031. 什么是“珍珠荧光镜”？ …………………………………………… (319)
1032. 什么是珍珠的“烛光检测”？ ……………………………………… (319)
1033. 什么是“手镜”？ …………………………………………………… (319)
1034. 什么是“钻石灯”？ ………………………………………………… (320)
1035. 什么是“三溴甲烷”？ ……………………………………………… (320)
第十章　综合信息 ……………………………………………………… (321)
1036. 什么是矿物和岩石？ ……………………………………………… (323)
1037. 矿物的主要光学性质有哪些？ …………………………………… (323)
1038. 矿物的主要力学性质有哪些？ …………………………………… (324)
1039. 什么是宝石和玉石？ ……………………………………………… (324)

1040. 什么是珠宝？ …… (325)
1041. 宝玉石的命名有哪几种方式？ …… (325)
1042. 以形态命名的宝玉石有哪些？ …… (325)
1043. 以颜色命名的宝玉石有哪些？ …… (325)
1044. 以产地命名的宝玉石有哪些？ …… (326)
1045. 宝石必须具备哪些条件？ …… (326)
1046. 宝玉石矿物有多少种？ …… (326)
1047. 世界四大珍贵宝石是哪些？ …… (327)
1048. 我国名贵宝玉石资源情况如何？ …… (327)
1049. 我国传统的“四宝”是什么？ …… (327)
1050. 透明宝石和半透明宝石的加工琢型有何不同？ …… (327)
1051. 棱面宝石有哪些主要的式样？ …… (327)
1052. 素身宝石有哪些主要的式样？ …… (328)
1053. 磨制宝石戒面的大小取决于哪些因素？ …… (328)
1054. 玉器加工的主要工序有哪些？ …… (328)
1055. 高、中、低档翡翠玉料在使用上有何讲究？ …… (329)
1056. 我国宝玉石业的十大成就有哪些？ …… (329)
1057. 中国宝玉石协会于何时何地成立？ …… (329)
1058. 河南南阳市何以被誉为中国宝玉石协会的发源地？ …… (330)
1059. “北京玉器会馆”何时创立？ …… (330)
1060. 至今已出版的全国性珠宝报刊有哪些？ …… (330)
1061. 国内已出版的珠宝书籍主要有哪些？ …… (331)
1062. 什么是“限定宝石学”？ …… (331)
1063.《中国珠宝年鉴》是一本怎样的工具书？ …… (332)
1064. 我国 20 世纪 90 年代的“珠宝首饰热”与 80 年代有何不同？ …… (332)
1065. 我国珠宝首饰业的发展具有哪些优势和有利条件？ …… (332)
1066. 河南南阳为何称为“玉器之乡”？ …… (332)
1067. 我国主要宝玉石的最重要产地有哪些？ …… (333)
1068. 20 世纪 90 年代我国宝石资源勘探取得了哪些突破性进展？ …… (333)
1069. 20 世纪 90 年代我国宝石人工合成技术取得了哪些重大成果？ …… (334)
1070. 20 世纪 90 年代我国宝石优化处理技术取得了哪些研究成果？ …… (334)
1071. 20 世纪 90 年代我国珠宝教育有哪些重大进展？还存在什么偏向？ …… (334)
1072. 我国珠宝首饰教育存在的“三重三轻”偏向是什么？ …… (335)

1073.我国入世后，珠宝首饰业应尽快实现哪些转变？ …………………… (336)
1074.发展中国珠宝业应注意哪10个问题？ …………………… (336)
1075.什么是“ICA”组织？ …………………… (336)
1076.世界珍珠协会于何时何地成立？ …………………… (337)
1077.北海国际珍珠节创办情况如何？ …………………… (337)
1078.什么是日本国的“四大国粹”？ …………………… (337)
1079.日本的“宝石日”是哪一天？ …………………… (338)
1080.戴比尔斯“国际钻饰设计比赛”从何年开始举办？ …………………… (338)
1081.什么是西方“三大有机宝石”？ …………………… (338)
1082.什么叫“金伯利岩”？它最早发现于何时何地？ …………………… (338)
1083.我国于何时开始找到金伯利岩？ …………………… (339)
1084.铂金的物理化学特性如何？ …………………… (339)
1085.我国古代的“翡翠之路”在何处？ …………………… (339)
1086.清朝官职等级与宝石有何关系？ …………………… (340)
1087.“献宝女村民”魏振芳的近况如何？ …………………… (340)
1088.什么是珠宝界的“树大引小”战略？ …………………… (341)
1089.什么是“机器宝石匠”？ …………………… (341)
1090.什么是“百宝盒”？ …………………… (341)
1091.什么叫“小黄鱼”？ …………………… (341)
1092.世上有不含钯的白色18K、14K黄金吗？ …………………… (341)
1093.什么是“水晶文身”？ …………………… (342)
1094.我国的宝石手机何时开始进入国际市场？ …………………… (342)
1095.如何查算各个人的属相？ …………………… (342)
1096.《亚洲珠宝》是一本怎样的刊物？ …………………… (343)
1097.古代“和氏之璧”的故事情节如何？ …………………… (343)
1098.“米芾拜石”是怎么回事？ …………………… (343)
参考文献 …………………… (344)
后　记 …………………… (350)
附表　常见宝玉石、印石物理特征鉴别法 …………………… (351)

第一章

珍珠——宝石皇后

“珍珠”即珍贵之珠，在日本和中国台湾地区称其为“真珠”。由于珍珠的形状优美，颜色迷人，光泽柔和，晶莹夺目，品格高雅，使人增添神韵，自古以来就受到人们的喜爱和赞赏，而且历来就与宝玉石相提并论。

珍珠主要用于首饰与服饰，不能饰用的珍珠均可作药用，珍珠一身都是宝！

本章共有 46 问，对珍珠的形成、分类、特征、用途和珍奇传闻都有全面阐述。

1. 什么是珍珠？它在宝玉石中居何地位？

珍珠是海洋或淡水中某些贝类因受到进入(或人工放入)体内的外来物摩擦刺激而分泌出珍珠液将外来物层层包裹起来形成的珠体。

珍珠的密度为2.6～2.8g/cm³，摩氏硬度(定义见第十章)3.5～4.5；颜色以乳白色为主，还有淡黄、淡粉、金黄及黑色等品种。

由于珍珠的形状优美，颜色迷人，光泽柔和，晶莹夺目，品格高雅，使人增添神韵，自古以来就受到人们的喜爱和赞赏，而且历来就与宝石相提并论。但因绝大多数宝石和玉石都是非金属单矿物或矿物集合体，而珍珠却不是矿物。于是，在多数宝玉石著作中，珍珠被列在最后边，与琥珀、珊瑚和煤精等少数非矿物宝石为伍。也有少数宝石著作将珍珠摆在卷首的第一章，中国香港张文骥先生的《世界珠宝》一书就属于这一类。

2. "珍珠"和"真珠"在含义上有何不同？

"珍珠"为珍贵之珠的意思；而"真珠"则为真正之珠的意思。正因为有假珠才有真珠之名，所以，真珠比珍珠更为贴切一些。在日本和我国台湾地区都习惯称真珠而极少叫珍珠。

3. 自然界有多少种贝蚌可以形成珍珠？

据我国著名的珍珠专家何乃华在其《珍珠鉴赏》一书中介绍，自然界有70多种贝蚌可以形成珍珠。其中产量较多、珍珠质量较好的贝蚌也不过几个品种，即马氏贝、白蝶贝、黑蝶贝、企鹅贝、鲍鱼贝、响螺贝，以及淡水蚌中的三角帆蚌和褶纹冠蚌等。它们分布在世界上不同的地区。

4. 形成珍珠的"贝"和"蚌"有何区别？

按照专家们的习惯，称淡水软体贝壳动物为"蚌"，而将来自海水的软体贝壳动物称为"贝"。生物学上则将其总称为"贝类"。所以按照珍珠生长的水域，人们将珍珠分为淡水珍珠和海水珍珠两大类。

5. 何谓"东珠"、"南珠"、"西珠"、"江珠"和"南洋珠"？

产于亚洲(日本地区为主)的白色或奶白色珍珠称东珠；产于中国广西合浦一带的珍珠称南珠；产于大西洋地区的珍珠称西珠；产于我国黑龙江的珍珠称江珠；产于缅甸、菲律宾等地的珍珠称南洋珠。

我国珠宝界在评价珍珠时，有"西珠不如东珠，东珠不如南珠"之说。

6. 何谓"孟买珠"、"澳洲珠"和"波斯珠"？

产于印度的珍珠称孟买珠；产于澳大利亚的一种银白色珍珠叫澳洲珠；产于波斯湾的珍珠叫"波斯珠"。波斯珠是世界上著名的珍珠，特别是伊朗、阿曼及沙特阿拉伯沿海，这些地区生产珍珠已有2 000多年的悠久历史。

7.珍珠按产出环境如何分类?

珍珠随其产出环境不同而有多种颜色、形状和大小,所以对珍珠有多种分类方法。按产出环境可分为三大类:

(1)海珠(即海水珠):海水中产出的珍珠,亦称盐水珠。

(2)淡水珠:即在淡水中产出的珍珠。在江河中产出的叫河珠;在湖泊中产出的叫湖珠。我国是淡水珠主要产出地,太湖、洞庭湖、鄱阳湖和洪泽湖的淡水珠产量较大。

(3)养珠:由人工培殖的珍珠。

8.珍珠按颜色如何分类?

珍珠按其颜色可分三类:

(1)白珠:质地基底颜色为白色,在此基础上出现各种颜色的珍珠光泽。这是珍珠中的主要品种,约占珍珠产出量的90%。

(2)黑珠:质地基底为黑色,在黑色的基底上出现珍珠光泽。黑色是珍珠表面的有机质引起的。黑珠主要产于黑蝶贝中,我国海南陵水养殖场已培养出黑珍珠。由于黑珍珠稀少,故比同样大小的白珠价高。

(3)杂色珠:或称彩色珠。珍珠呈现白、黑两种颜色以外的其他颜色。可根据其具体颜色来命名,如"蓝珠"、"紫珠"、"棕珠"、"黄珠"等。

9.珍珠按形状如何分类?

珍珠按形状可分为四类(见表1-1):

(1)正圆珠:长短径之差<1%。

(2)圆珠:长短径之差1%~10%。

(3)椭圆珠:长短径之差11%~20%。

(4)畸形珠:长短径之差>20%。

表1-1 珍珠形状分类

形 状	得分	长短径之差(%)
正 圆	100	<1
圆 形	85	1~10
椭 圆	70	11~20
畸 形	48	>20

有句成语叫"珠圆玉润",对珍珠形状的评价给出了恰当的标准。古人云:"一粒圆,十粒钱",可见圆珠比畸形珠的价值要高得多了。

10.珍珠按大小和重量如何分类?

珍珠按其大小可分为六类,现按广西珍珠公司的标准划分并列于表1-2中。

表1-2　珍珠的规格及其倍率系数

规　格	直径(mm)	倍率系数
厘　珠	2.0～5.0	1.0
小　珠	5.0～5.5	1.1
中　珠	5.5～6.0	1.4
	6.0～6.5	1.6
大　珠	6.5～7.0	3.5
	7.0～7.5	5.0
特　大	7.5～8.0	10.0
	8.0～8.5	14.0
超特大	8.5～9.0	20.0
	＞9.0	30.0

珍珠按重量分为四类:

(1)大珠＞15ct。

(2)厘珠1.5～15ct。

(3)毛头0.3～1.5ct。

(4)扣珠＜0.3ct。

11.淡水珠的等级标准如何?

现行的珍珠定级尚无统一的标准。淡水珠和海水珠的定级标准也不一样。现据广西珍珠公司的标准将淡水珠的等级标准列表说明(见表1-3)。

表1-3　淡水珠的等级标准

级别	形　状	颜色、光泽
一级	圆形,近圆形,重量0.5g以上	表面天然玉白色或彩色,细腻,光滑,珠光闪烁
二级	近圆形,半圆形,馒头形,大小不分	表面天然玉白或彩色,细腻闪耀珠光,光泽次于一级珠
三级	近圆形,半球形,馒头形,长圆形,蚕茧形,大小不分	表面玉白或彩色,全身光滑,有细小皱皮,有珠光

续表 1-3

级别	形 状	颜色、光泽
四级	半圆,长圆,腰鼓形,馒头形,大小不限	全身基本光滑,有珠光和细皱皮
五级	不规则形	全身有珠光,有明显皱纹或沟纹
等外	包括生珠、污珠、附壳珠	色脏皮粗珠光差

12. 海水珠的等级标准如何?

现按广西珍珠公司的标准,对海水珠的等级标准列于表 1-4 中。

表 1-4 海水珠定级标准

级别	直径(mm)	形 状	颜色、光泽
甲级Ⅰ	6.0～7.5	正圆、圆,无任何瑕疵	粉红、银白,彩虹耀目,晶莹润泽,能照见物体
甲级Ⅱ	6.0～7.5	正圆、圆,无瑕疵	粉红、银白、玉白,虹彩明显,细腻润泽,能照见物体
乙级Ⅰ	5.5～7.0	正圆、圆,极微变形,基本无瑕疵	粉红、肉红、银白、白、极好的金色,基本透净,能照见物体
乙级Ⅱ	5.5～7.0	圆,稍有变形,极少瑕疵	粉红、银白、奶黄、金黄,基本透净,能部分照见物体
丙级Ⅰ	不分大小	圆、长圆,稍有变形,少瑕疵,少尾巴	白、奶黄、黄、金黄,珍珠光泽
丙级Ⅱ	不分大小	圆、长圆,有变形,有瑕疵,少尾巴	白、奶黄、黄,杂有少量棱柱层,有少量污点,有珍珠光泽
统货	即不分级		

13. 珍珠的主要用途有哪些?

珍珠的用途很多,但可归纳为两方面:

(1)首饰和服饰用:在长期以来的首饰业中,珍珠占有重要的地位,它也是当前最流行的珍贵饰品之一。

在首饰方面,珍珠主要用来作项链、耳环、手镯、戒指、别针和袖扣等。

在服饰上用珍珠也已有了很长的历史,如皇帝穿的“龙袍”,王公贵族用的珠被、珠褥;现代的珍珠领带等,都饰以大量熠熠生辉的珍珠。

(2)医药用(不能饰用的珍珠均可作药用):珍珠的化学成分是:碳酸钙占

91.49%，有机质为 3.83%，水分占 3.87%，其他成分 0.81%。

由于珍珠含有多种为人体所需的营养素，能促进细胞再生，增加新陈代谢，使皮肤柔嫩洁白，延缓细胞衰老。

珍珠性味甘、咸、寒，故中医常用作安神定惊，清热益阴，明目去翳，消炎生肌，止咳化痰的配方药物。我国古代就已用珍珠粉做成六神丸、珍珠丸、行军散、安宫牛黄丸等。

近年来，国内采用珍珠粉制成的珍珠针，是治疗肝炎的良药；广州珠江日用化工厂制造的珍珠膏润而不腻，清香怡人，且能消除暗疮，减轻雀斑，受到国内外消费者的好评。另据新近资料介绍：人体衰老与脂褐素的增长有关，而珍珠有抑制脂褐素增多、延缓细胞衰老的功能，有助于延年益寿。

14. 珍珠表面的“虹彩光泽”是怎样产生的？

据沈才卿先生研究并介绍：珍珠之所以具有迷人的“虹彩光泽”（也叫“珍珠光泽”），是与珍珠的结构及有机物有关。珍珠的化学成分以碳酸钙为主，约占 91%～96%，有机质占 2.5%～7%，水占 1.5%～2%。“虹彩光泽”的产生主要与碳酸钙形成的两种不同结构矿物有关。碳酸钙可形成方解石和文石两种同质异构体矿物，这两种矿物以一层方解石、一层文石相互叠瓦状生长，层与层之间由有机质胶结。这样的结构使光线通过珍珠时，光在两层不同矿物间的反射和散射会引起对光线的干涉和衍射作用，这便形成了“虹彩光泽”的特殊光学现象，也是珍珠能成为名贵装饰品的主要原因。

15. 珍珠为何会有多种颜色？

在自然界中，有各种颜色的珍珠，这是由于含有其他金属元素的缘故。

珍珠的化学成分主要是碳酸钙，其中含铜的珍珠常呈金黄色；含银的珍珠呈奶油黄色；含钠的珍珠呈肉色；含锌的珍珠呈粉红色。质地纯净的珍珠洁白如玉。

在国际珠宝市场上，以粉红色的珍珠最为名贵。

16. 珍珠的加工有哪些基本过程？

珍珠加工是使珍珠增值的重要环节。加工过程可分为初加工和再加工两个阶段。

初加工包括打孔（有单头和双头两种打孔机），漂白（漂白试剂主要是由漂白剂、溶剂和表面活动剂组成，其具体配方是高度保密的）和改正色泽等过程；再加工主要是指饰用加工（包括设计和镶嵌）。

世界上珍珠加工技术以日本为最先进，我国则以上海的技术最为成熟。

17. 珍珠漂白处理经过哪几个阶段？

据王惊涛有关资料介绍：珍珠漂白处理始于 1922 年，大致经过以下几个阶段：

(1)用过氧化氢（即双氧水）作漂白剂漂白珍珠。

(2)添加表面活性剂等助剂漂白珍珠。

(3)用可见光照射提高漂白效率。

(4)采用低温漂白珍珠。

(5)应用固体漂白试剂处理珍珠。

18. 中国与日本的珍珠加工技术有何差距?

据王惊涛有关资料介绍:中国的珍珠加工业起步较晚,20 世纪 60 年代末开始进行珍珠漂白技术的研究;70 年代湛江水产学院、南海水产研究所、上海染料涂料研究所等单位协作攻关,使珍珠加工技术取得了一定进展,但与日本的差距仍然很大。

据有关专家估计对比,20 世纪 90 年代初,我国的珍珠漂白水平仅相当于日本 30～60 年代的水平。1993 年,广东尹氏家庭率先引进日本的低温漂白技术,但关键技术仍由日本控制。目前,我国从事这方面工作的单位和个人很多,但技术和资料则互相保密,因而整体水平提高得很慢。

中国与日本在珍珠加工技术方面的主要差距在珍珠加工的前处理(分选、打孔、膨化、脱水处理等)和后处理(增白、抛光、调色等)两个阶段。

19. 中华人民共和国成立半个多世纪以来,珍珠研究及生产发展概况如何?

世界珍珠协会会长何乃华先生,在其新著(2001 年 6 月)《珍珠鉴赏》一书中,对上述问题作了如下的简要介绍:

1953 年,第一任中国科学院南海海洋科学研究所所长张玺教授就开始珍珠养殖的研究,并有所成就。

20 世纪 60 年代初,国家科委成立了“养殖珍珠课题研究组”。从日本归国的熊大仁教授与张玺教授共同主持工作,并设立了湛江养殖珍珠试验站,协调我国珍珠养殖的研究和生产。此后,熊大仁教授出任“湛江水产学院院长”,继续领导珍珠养殖研究工作。1965 年,马氏贝人工育苗成功,从根本上解决了贝源难题,为大力发展海水珍珠生产打下了良好基础。20 世纪 60 年代初,我国浙江一带也开始了淡水珍珠养殖的研究和生产。

20 世纪 70 年代末期,神州大地掀起了珍珠养殖热潮。1980 年,人工繁殖蚌技术被突破,大数量、多品种的中国淡水养殖珍珠,像潮水般涌向国际市场,冲垮了日本人在该领域的垄断地位。

在今天,全世界所有珍珠总量的 80%以上产自中国。其中,淡水珍珠最多,年产 600t,占全球产量的 95%以上;海水珍珠年产 20t,已经超过日本,占全球产量的 60%以上。

20. 为什么说“中国只是一个珍珠大国,而不是珍珠强国”?

说“中国是一个珍珠大国”,是因为中国的淡水养殖珍珠虽然起步较晚,但发展迅速，年产量已经占到全世界总产量的90%以上。当前，我国的淡水珍珠凭借着规格多、产量大、颜色丰富等特点，已在世界珍珠市场占得一席之地。

说“中国不是珍珠强国”，是因为中国淡水养殖珍珠产量虽然占世界的90%，产值却仅占10%。

上述销售量和获得利润上的巨大差异原因何在呢？主要是我们一直在充当别人（指日本等地商人）的原料初级供应商，别人以低价收购中国珍珠原料后，经过精心加工即可赚大钱。这一落后现象需要尽快改变。

21. 珍珠与其他宝玉石相比有何特性？

珍珠具有与其他宝玉石不同的特性如下：

(1)现代科学证明，珍珠含有人体必需的20多种天然氨基酸及微量元素、矿物质和活性钙等，珍珠发出的光谱对人体有理疗作用。珍珠直接与皮肤摩擦所放出的珠质为人体所吸收。

(2)珍珠是“万能珠宝”，它可以与各种珠宝玉石相配合，制作多款首饰；还能用独有的珍珠串制作各种造型奇特的摆件，如珍珠船、珍珠塔、珍珠钟和珍珠王冠等。

22. 广西合浦为何有“珠城”之称？

合浦采珠历史悠久，早在秦代，采珠业便相当兴盛。因此，中国古代生产珍珠的历史以合浦珠为代表。合浦是南珠的故乡，南珠驰名于世。古籍有云：“合浦珠名曰南珠，其出西洋者曰西珠，出东洋者曰东珠”。在国际上享有“西珠不如东珠，东珠不如南珠”的美誉。南珠又以白龙海中望断池所产最佳，故合浦珍珠又称白龙珠或廉珠（合浦县古称廉州）。合浦有“珠城”之称就是名副其实了。

23. 什么是“处女珠”？

在珠宝行业，“处女珠”是指没有经过加工、打眼及加环过程的旧珍珠，这种珍珠需经重新加工处理才能成为饰品。我国民间收藏珍珠，多是较大粒的处女珠。

24. 什么是“像形珍珠”和“游离体像形珍珠”？

由人工有意促使珠贝长出人们所希望的形状的珍珠就叫“像形珍珠”。

连带造型模核一起殖入贝体培育而成的像形珍珠则叫“游离体像形珍珠”。如海南省海口市的欧阳育斌就是一位专门进行特种珍珠研制养殖的工艺师。经过他的多年研究，他培育的游离体像形珍珠成品有“十字架”游离体珍珠（长29.5mm、宽18.5mm）和“海鸥翱翔”型游离体珍珠（长52mm、宽16mm、厚5mm）等3件，已经获得2001年上海大世界吉尼斯之最证书，而且随后他又培育出了更多的同类产品，为特种珍珠养殖事业作出了可喜的贡献。

25. 什么是“沟槽珍珠”？

“沟槽珍珠”是斯里兰卡珍珠的一个等级。它也是贸易上的一个名词，指珍珠身上带有沟沟槽槽，很不美观，属次等珍珠。

26. 什么是"葬珠"和"尸珠"?

"葬珠"是指专门为保存尸体而制造的随葬珍珠制品，而并非泛指各种埋入墓中之随葬珠宝。葬珠包括珠衣、珠饰、珠鞋、珠冠，还有含珠及握珠(死者含在口中、握在手中之珠)等。这种做法的意图是使尸体不腐。据周佩玲教授考证，早在殷商时代，葬珠就有使用，并多流行于汉代，至明、清鼎盛。典型之例为清代慈禧墓中之随葬珠，其珍珠数量之多、价值之高，均创历史记录。

"尸珠"泛指陪葬珍珠，但其珍珠数量较少，至今仍流行于印度尼西亚的苏门答腊一带，当地的华侨去世后，都习惯在其嘴里及两眼内各放一粒珍珠。

27. 什么是"不碎珠"?

不碎珠是指一种人造的仿珍珠，其核是乳光玻璃，外边涂一层珍珠质物质，其质量由其涂层的厚薄来决定，其所涂的珠光质并不是不碎的。

28. 什么是"蚌佛"?

"蚌佛"是人们经过不断实践，把用铅或锡金属制成的小型佛像放到珍珠贝的贝壳内，几年之后，由于珍珠液的不断包裹，使得小佛像全身都形成了一层珍珠质，于是，一个珍珠光闪烁的佛像便诞生了。在慈禧太后的墓葬中，就有蚌佛十八尊。

目前，我国仍有珍珠养殖专业户，用淡水贝壳雕成微型弥勒佛或观音像，置于珍珠蚌中，培养成珍珠佛(蚌佛)或珍珠观音(蚌观音)出售，很受顾客欢迎。1993年的广州出口商品交易会上，就有小批量的珍珠观音展出，很快就销售一空。

1993年8月，在广州金豪商场举办的第四届"南方珠宝展销会"上，一位出售珍珠饰品的展户，展出了一件长达10cm，宽约6cm的珍珠"蚌佛"，据说是用白蜡做成小型弥勒佛毛坯，将其贴置于珍珠蚌的贝壳内侧，待形成弥勒佛后，经过多年时间，随着珍珠蚌的逐渐长大而形成了这件大蚌佛。

29. 珍珠在国际市场上如何计价?

在国际市场上，评价珍珠价值高低主要依据光、圆、大、彩四项标准。珍珠的价格，由于档次的高低而相差悬殊。其计价方法如下：

(1)低级珍珠：以千克计价，每千克在1 000～2 000美元。

(2)高级珍珠：以克计价，每克数十美元。

(3)超高级珍珠(珠径在8mm以上)：以粒计价，每粒几千美元至一万美元以上。其身价之高远远超过黄金。

30. "中国珍珠"养殖业发展概况如何?

所谓"中国珍珠"，一般指淡水养珠。全球淡水养珠的95%以上产自中国(其余来自日本)。中国年产量在600t以上。

1980年以前，因统一规划生产，统一成交出口，产量均衡增长，售价逐步提高。"中国珍珠"以"质好价高"闻名于世。

1981 年,统一经营的局面遭到破坏,于是产量猛增,质量和售价剧降,"中国珍珠"被视为"质次价低"。

1985 年,根据国际市场特点,结合我国具体情况,国务院将珍珠列为一类出口商品,实行统一经营。在有关部门和地区的支持下,生产出口秩序迅速得以治理。1986 年出口额大幅度增长,竟超出 1980 年的 3 倍以上。"中国珍珠"又成为国际市场的俏销货。

但是,好景不长。南方一些地区大面积毁稻养珠,收珠期从三夏两冬缩短至八个月,珍珠生产又失去了控制。数以千计的珍珠"倒爷"云集广州。倒爷们以其手中的"水货"(劣质珍珠)把国家的正常出口逼到了墙角。1987 年正常出口仅 30t,而"水货"每月出境达 10t 以上。1988 年正常渠道出口额降至 1986 年的 1/4。有关部门采取了各种措施堵截水货,但效果不佳。于是决定以经济手段配合行政管理变堵为疏,在"水货"集中的广州设立了珍珠贸易部,"水货"逐步得到制止。1990 年,经贸易部出口的珍珠近 200t,"中国珍珠"又一次走出低谷。

近几年来,中国在淡水珠、海水珠及南洋珠科研养殖方面均取得良好的成果。原来垄断了海水珠生产的日本,则因海水污染及劳动价格上涨等因素制约,不仅不能继续发展,且正在走向萎缩。因而国际珍珠界人士普遍看好中国的珍珠事业。

31. 世界上最著名的两个珍珠饰品品牌是什么?

品牌在世界商品市场上极为重要,很多有地位的人都重视品牌,因为品牌不仅是代表它的质量,更重要的是它还代表拥有或使用这个品牌商品者的个性、地位、风度及爱好等心理象征。对女士们来讲,珍珠首饰的品牌在她们心目中比汽车品牌更重要。

目前,珍珠饰品在世界市场上最著名的两个品牌:一个是 LUPEARL(拉帕尔);另一个是 MIKlMOTO(米琪摩托),许多海内外的名星、名模及事业有成的女士,都以佩戴这两种驰名商标的珍珠饰品为荣。

32. 何人发明海水养殖珍珠?

20 世纪早期,日本面条商御木本幸吉发现珍珠蚝可以培殖珍珠的秘密。他对我国广西合浦珍珠生长情况十分了解,于是他利用合浦珍珠去养殖日本的海水珍珠,终于在 1905 年成功地养殖出世界上第一颗圆形珍珠,一时轰动了全世界。

1914 年 10 月 16 日,御木本申请珍珠养殖专利,约两年后的 1916 年 5 月 1 日,御木本的发明专利获批准,他申请专利为养殖珍珠商业化作出了重要贡献。20 世纪 20 年代初期,日本海水养殖珍珠开始投入批量生产。珍珠养殖业为第二次世界大战后日本经济的恢复做出了巨大贡献。日本天皇为御木本授功,政府为其修建了珍珠博物馆,博物馆门口竖立着御木本幸吉巨大的雕像,日本人称他为"珍珠之父"。

33. 我国淡水养殖插核珍珠新产品为何人首创?

我国淡水珍珠养殖试验工作始于20世纪60年代,到70年代初才开始批量生产。由于以前的淡水养殖技术是“插片”,育出的珍珠形状不圆,质量不高,难以销售。

从20世纪70年代开始,就有一些科研部门和养殖单位对淡水“插核”(圆球核)珍珠进行研究试验。我国年轻的毕业于湛江水产学院的谢绍河先生,经过多年研究,终于解决了淡水珠插核的难题。他选用优质三角帆蚌为珠母蚌,以韩江优质水来养殖淡水插核珍珠获得了突破性成功。到1991年,谢绍河又解决了淡水大核珠的养殖技术难题。他不仅能在淡水里养出圆圆的类似海水珠的淡水珠,而且可以生产出大颗粒的类似南洋珠的淡水珠。这种淡水珠的直径为6～12mm,珠层厚达0.5～2mm(超过海水养殖珠);光泽强,颜色鲜艳,佩戴时间长,在国内外市场上均有强大的竞争力。

34. 淡水珍珠是何时开始养殖的?

1920年,日本最先开始养殖淡水珍珠,用珍珠母蚌,将其切碎,以极不规则的蚌内混杂物做插核材料,植入需要养殖淡水珍珠蚌体内,虽然获得成功,但所产珍珠品质不佳。

到了1940年,日本养殖者总结前期养殖淡水珍珠的经验教训,改用外套膜(即蚌肉)做核,植入珍珠蚌母体内获得成功。于是,日本淡水珍珠养殖业发展很快,到20世纪60年代,日本年产珍珠数十吨,成为当时世界上生产珍珠最多的国家。

35. 海水养殖珍珠与淡水养殖珍珠的主要区别何在?

海水养殖珍珠与淡水养殖珍珠的本质区别在于手术方法不同。海水珍珠的养殖手术叫“插核”,即将事先用贝壳加工好的一粒圆珠核插放于珠母贝体内。而淡水珍珠的养殖手术叫“插片”,即将珠母贝的外套膜(实为一块贝肉)切下插放于另外的珠母贝体内。手术之后,珠母贝分泌的珍珠成分将“核”或“片”包裹起来而形成珍珠。也正由于这一原因,故海水珍珠大而圆,其价值也高;淡水珍珠全圆者极少。

日本和中国都是生产养殖珍珠最主要国家,日本几乎垄断了海水珠的生产,而中国生产的淡水珠则占全球产量的99%以上。

36. 什么是半边珍珠? 它产于何地?

半边珍珠是由于珍珠的珠体呈现半边或圆珠的1/2而得名。

在一般人的心目中,珍珠都是圆的或稍近椭圆的,故当他们见到一些贵夫人耳环上硕大而光彩夺目的半边珍珠时,还以为是假首饰呢。

半边珍珠产于南太平洋海的某些有白蝶贝分布的地区,澳大利亚是主要产地。由于该地区环境洁静,水温适宜,水质清纯,海湾开阔,其优异的水域环境十分有利于出产最高品质珍珠的白蝶贝生活。当然也极利于半边珍珠的养殖。

半边珍珠的英文学名“Mabe”,源于日本,因为在世界珍珠养殖业一直处于领先地位的日本人首创了养殖半边珍珠这项技术。

37. 半边珍珠是如何形成的？它有哪些形状？

与养殖海水珍珠一样,养殖半边珍珠也需要植入珠核。所不同的是:一般海水珍珠的珠核是用贝壳磨成的小圆珠,而半边珍珠的珠核则是半边的,而且有(半边)圆、椭圆、水滴形、心形等多种形状,以满足不同的需要。另一个根本的区别是:一般海水珍珠的珠核是插入珍珠母贝的外套膜(即俗称的“珍珠肉”),而半边珍珠的珠核则是贴于珍珠母贝的内壳壁上。

38. 半边珍珠有何特点？它的价值如何？

半边珍珠是珍珠的一个种类,而非由圆珠剖开两半而成。它的颗粒硕大,最小的有 9mm,大者 16mm,最大者可达 20mm。

半边珍珠的颜色为白色、银白色,表面十分光滑。还由于养殖期较长,珠皮厚达 2mm,光泽甚强,不含任何杂质,所产生的银白色光泽,特别是银光之上有一层闪烁虹彩,艳丽而神秘。

取自白蝶贝体中的半边珍珠,无需经过漂白、染色等人为加工,即可直接上市。它的优良品质和稀少数量,使它的市场价格较昂贵。如一粒椭圆半边珠 350 元,一粒圆形半边珠 360 元,一颗心形半边珠 380 元,一颗水滴形半边珠 470 元。

用黄金、铂金及钻石等镶嵌的半边珠饰品,主要有胸坠、耳坠、耳丁和款式不同的戒指等。它们的价格较高,低者每件 1 000 元以上;高者每件 2 000 元以上。

39. 什么是彩霞半边珍珠？

20 世纪 90 年代后期,欧美珠宝市场上,一种被称为“香槟彩霞半边珠”(也称半面珠)成为倍受欢迎的珍珠饰品。

珍珠的皮光是评价珍珠品质的第一要素,有了绚丽多彩的皮光,自然能达到珠光闪烁、雍容华贵的效果。而该名称中的“香槟”二字,则是特指这种珍珠的近似香槟酒的颜色。

半边珍珠的珍珠质层,也是由碳酸钙($CaCO_3$)的两种矿物相——文石为主及少量的方解石所组成,故它有均匀、强烈的光泽,又因文石的比例高(含量在 90%以上),故导致发生光的干涉及衍射而出现较强的晕彩,这种晕彩漂亮迷人,是其他宝石所不具备的,这也是彩霞半边珠深受女士们欢迎的主要原因。

40. 什么是黑珍珠？主要产地在何处？

黑珍珠是黑蝶贝(又称黑唇贝)内形成的珍珠质球形凝固物。黑珍珠的产量很低,全世界每年才产几十公斤。黑珍珠的主要产地在南太平洋的塔希提(又称大溪地,属德国管辖)。此外,澳大利亚的库克岛等地也有少量产出。中国广西有一个新兴的黑珍珠养殖场,1996 年即已有小批量产出。当时一串由 66 粒直径为 6～

7mm 黑珍珠组成的重 35g 项链，售价人民币 6 000 元，此价格比国际市场低得多。

黑珍珠的化学成分为：碳酸钙 93%，有机物 5%，水及其他 2%；密度 2.65～2.75g/cm^3；折射率 1.532～1.685；硬度 2.5～4.5；韧性良好。天然形成的黑珍珠颜色是由黑色、黑灰色、黑蓝色、蓝绿色以及较暗色彩组成的暗色系列。价值最高的是具强烈珍珠光泽的纯黑色和蓝黑色两种。

由于黑蝶贝个体大，黑珍珠养殖时间长，且每个黑蝶贝内只植入一颗珠核，故育出的黑珍珠珠层较厚，颗粒也较大，一般在 10～12mm；最大者可达 20mm。这种特大粒黑珍珠价格昂贵，在国际市场上售价每颗数千美元以上。

41. 椰子珍珠是怎么回事？

据报道，在南洋群岛上的某些椰子树的果实里发现了椰子珍珠。这种珍珠十分罕见，是由于种子藏在果实里，经过了很长时间而变成，色泽像琥珀，大小似樱桃，外面长着一层层的碳酸钙质，形成了一颗美丽的珍珠。

另据报道，新加坡有一位椰珠收藏家，先后已收集到 14 颗椰珠，其中有一颗是他自己亲手采集到的。

另外，在《珍玩续考》中，也有关于椰子树生长珍珠的记载。

据《通雅》云："珍珠非独出于蚌也。陆佃云：龙珠在颔，蛇珠在口，鱼珠在眼，鲛珠在皮，鳖珠在足，蛛珠在腹，皆不及蚌珠。"这虽然是带有主观想象和神秘色彩的说法，却也道出了珍珠不仅是贝类才有，其他动植物也能产生珍珠。

42. 世界上真有"珍珠胎"的怪事吗？

据何乃华《珍珠鉴赏》一书介绍，1987 年 5 月，18 岁的日本少妇美智子因腹部阵痛和下部流血到医院求治。她已结婚一年，自信已有 7 个月的身孕。医生检查时听不到胎儿心音，于是进行剖腹手术，医生惊讶地发现，接生下来的却是一颗重达 1.36kg 的"珍珠"。当时，有人出价 20 万美元欲购这颗"珍珠"。

另据查索，1964 年，在希腊也曾有人诞下"珍珠胎"。

43. 珍珠粉不易被人体吸收的难题是如何攻克的？

据《全国宝玉石报》1998 年 10 月 23 日报道：珍珠粉对人体具有养颜、护肤、清热降火、安神定惊、补充钙质、明目消翳、延缓衰老等一系列美容和养生功效。但珍珠粉的美中不足是：难以被人体吸收和利用。有关医学文献报道：靠简单物理碾磨得到的传统珍珠粉，在人体内的吸收只有 29%，绝大部分有效成分是"穿肠而过"，被白白浪费。这个难题，千百年来始终未得到有效解决。

上海医科大学的药学专家们在珍珠研究领域处于领先地位，他们就此课题进行了长期不懈的科研工作。实验结果表明：选用先进的生物高科技酶工程，将传统珍珠粉深加工，可以成功地将其中 95%的碳酸钙和大分子蛋白质转化为适合人体吸收的活性钙和氨基酸。这一高新技术研制出的新一代珍珠粉——上海大双益牌水溶珍珠粉，入水即溶，高效吸收，吸收率是传统珍珠粉的3倍，达到90%，攻克了传统珍珠粉生物利用度低这个千年难题，美容和养生等一系列功效大大增强。

“上海大双益牌水溶珍珠粉”具有养颜护肤、清热降火、安神定惊等一系列养容和养生功效，能使秋冬的肌肤恢复原有的光泽和弹性，也有利于解除人体的疲乏症状。

44. 珍珠也兴雕刻吗？

据2000年3月17日《全国宝玉石报》的“珠宝文化”专版报道：长期以来，人们都满足于珍珠的天生丽质，习惯于将其直接制成首饰而很少另加修饰。

最近，世界知名的珍珠生产商高利洋行推出了手雕珍珠系列产品。这个系列产品的问世，在一定程度上启发了人们的创作思路。

用作雕刻的珍珠一定要有较厚的珍珠层。高利洋行所采用的均是法属玻利尼西亚所产的南洋珍珠，大部分直径达9mm左右。

高利洋行在珍珠上雕刻的题材，多取自玻利尼西亚古老的文化。雕刻图案从“山脉连绵”、“海洋历险”到“众志成城”、“万众一心”等，每一款都为优美的珍珠增添了别样的风采。

45. 什么是“珍珠医生”？

珍珠医生是指两种人：一是指有医治珍珠病技术的专门医生；二是指可以加工珍珠，整理、剥皮及漂白等技术的工人。

46. 人造珍珠如何分类？

人造珍珠，又称“仿珠”，可分为下列三类：

(1)充蜡玻璃仿制珠，即空心圆形乳白色玻璃小球中充满石蜡而成。

(2)实心玻璃仿制珠，即将白色实心的玻璃小球浸泡在“真珠精液”中制成。

(3)塑料镶层仿制珠，即在白色塑料珠外镀一薄层“真珠精液”而成。

第二章

宝石——矿物珍奇

宝石和玉石的主要区别在于:宝石都是可供制作首饰等用途的天然矿物单晶体,而玉石则是可用于工艺美术雕琢的岩石(矿物集合体)。

宝石必须具备颜色鲜艳,质地晶莹,光泽灿烂,坚硬耐久而又赋存稀少等条件。

在世界上已知的230多种宝玉石矿物(或岩石)中,最受人们喜爱的“四大珍贵宝石”是金刚石(钻石)、红宝石、蓝宝石和祖母绿。本章共180问,对珍贵宝石和常见的重要宝石均有详尽介绍!

一、宝石之“王”——金刚石

47. 金刚石和钻石在含义上有何不同?

习惯上，人们常把已经琢磨成饰品的金刚石称为钻石，而未经琢磨的天然矿物则称为金刚石，这么区别有一定的道理和好处。但也有不少人将金刚石和钻石两词随便混用而不加区别，因而引起人们的非议。两词混用是否真的错了呢？一些从事宝石翻译的同志出来说话了，他们发现，在英、美等国的外文资料中，对金刚石原矿和经过琢磨的饰品都称为钻石(Diamond)。

为了使宝石界对上述问题有一个明确而统一的认识，《宝玉石信息》报于1990年下半年开始了讨论，至今未作结论。笔者认为，在讨论文章中，陆建有同志的意见比较全面而切合实际。他认为：“金刚石是广义的矿物学名称，钻石则是指宝石级金刚石，而不宜以是否经过琢磨来区分”。这样一来，像我国的常林钻石，即使未加工就称它为“钻石”，也就没有问题了；而若达不到宝石级的金刚石，就不会有人将其琢磨成饰品，称其为工业级金刚石就很明确了。

48. 为何将金刚石(宝石级)称为“宝石之王”?

金刚石是由单一的碳(C)元素在特殊环境下结晶而成的晶体矿物，也是惟一由单元素组成的宝石矿物。

宝石级金刚石(即钻石)不仅硬度大(摩氏硬度10)，具有极高的抗磨能力和化学稳定性；光泽强，加工后不易磨损，能持久地闪耀金刚光泽；而且因其折光率大(2.42)、色散强(0.044，在天然无色宝石中是最强的)，当钻石被琢磨成几十个小面后，射入钻石的白光，在折射过程中被分散成单色光，显出七色霓虹般光彩，呈现光辉灿烂和晶莹似火的光学效应。这种强烈的色散现象，是钻石最珍贵的特征，是任何其他宝、玉石所望尘莫及的。所以，它被誉为“宝石之王”。

49. “金刚钻”一词是怎么来的?

很多人都知道：金刚石又俗称“金刚钻”。金刚钻一词是怎么来的呢？

“金刚”是外来词，随佛教从印度传入。到了明朝，李时珍研究金刚石时发现，它不但可切割玉石，还能在玉器或瓷器上钻眼，于是就称它“金刚钻”。《本草注》中有云：“金刚石砂可钻玉补瓷，故谓之钻”。

50. 金刚石究竟有多硬?

金刚石是自然界中最硬的物质，是摩氏硬度10级的惟一的矿物，所以被誉为“硬度之王”。它的抗磨硬度是刚玉的140倍，超过石英的1 100倍，因而其无与伦比的硬度可想而知。

应当指出：这里说的金刚石硬度特别大，是指它抵抗外力刻划的能力强；但它又具有脆性，怕重击，重击或跌撞后将会顺其解理破碎。因此，佩戴钻石首饰时，应特别注意保护。

51. 金刚石在性能和价值上有哪“五最”?

吴瑞淇高工在2000年8月31日的《宝玉石信息》报发表“金刚石之最”一文,对誉为“宝石之王”的金刚石之特点研究甚详,现将其中的“五最”摘录于下:

(1)成分最简单的宝石。金刚石是由自然元素碳(C)组成的非金属矿物,杂质元素的含量不超过0.05%。除金刚石以外的其他透明的宝石都是由多元素组成的矿物。

(2)自然界最硬的物体。金刚石在“摩氏硬度”(又叫“相对硬度”)的10种代表矿物中的硬度为10,属最硬的。而在“绝对硬度”中测出的“诺普”值(单位:kg/mm^2),金刚石为8 000,刚玉2 000,石英(或水晶)1 000,金刚石也是最硬的,所以它是自然界最硬的固体材料。

(3)密度最稳定的矿物。透明金刚石因化学成分单纯和结构紧密,其密度具有最大的稳定性,含杂质时密度变化范围仅0.01%左右。这个特性对宝石鉴定有特殊重要意义。

(4)热惰性最高的物质。热惰性就是保持物质热运动状态的性质,热惰性越大越难改变热状态。

金刚石具有物质的最高热导率和最高热惰性,任何金属和非金属矿物都不能与它相比。这就为热测试仪器的设计提供了依据。利用热导仪鉴别金刚石与其他宝玉石是迅速而有效的。

(5)最具战略意义的材料。纯净的金刚石是最好的绝缘体,掺有杂质的金刚石(如II_b型钻石)是电子类或空穴类半导体。这种半导体晶体可耐1 000℃的侵蚀性介质(如碱液、酸液),还能经受高剂量的放射性辐射。

金刚石可用于机器制造业、激光技术、电子学、声学、化学和医学等领域。金刚石片主要应用于集成电路和冷阴极电子管,有利于大大缩小设备外形尺寸,使计算机的运算速度提高一个等级。

52. 金刚石的主要用途有哪些?

金刚石按其用途,可大致分为宝石级(饰用)金刚石和工业级金刚石两大类。

宝石级金刚石主要用于作钻戒、项链、耳环、胸花等饰品和王冠、权杖等特殊用品以及原石收藏等方面。据统计,在全世界每年的珠宝贸易总额中,钻石交易额约占80%。

工业级金刚石的用途日益广泛,当前主要用于作车刀、锯片、拉丝模、扩孔器、玻璃刀、钻探(镶在钻头上),金刚石粉则用作高级研磨材料。此外,还可用于军事工业和空间技术等方面。

随着科学技术和现代工业的迅速发展,金刚石的用途将越来越广,用量也会越来越多，而天然金刚石资源十分稀少，加强人造金刚石的生产和科研，将是世界各国的奋斗目标之一。

53. 世界上金刚石的储量和生产概况如何？

世界上已探明的天然金刚石储量约 25×10^{8}ct，其中占首位的澳大利亚为 6.5×10^{8}ct；占第 2 位的扎伊尔为 5.5×10^{8}ct。

世界上金刚石自开采以来，总共生产了大约 350t，即 17.5×10^{8}ct。目前，世界上每年金刚石总产量一般在 0.9×10^{8}ct 左右，其中宝石级(钻石)约占 17%，为 $1\,530\times10^{4}$ct 左右。在金刚石的总产量中，约有 80%用于工业，20%用于首饰和收藏。但这 20%的价值却相当于 80%的工业级金刚石价值的 4 倍。

目前，世界上出产金刚石的国家有 20 多个；从事钻石加工业的国家则有 30 多个，加工人员在 250 万人以上。

54. 世界上盛产金刚石的国家有哪些？

目前，金刚石的开采已遍及各大洲，年产量居前五位的是澳大利亚、扎伊尔、博茨瓦纳、俄罗斯和南非(阿扎尼亚)，这 5 个国家的产量共占世界总产量的 90%左右，现简介如下：

(1)澳大利亚：自 20 世纪 70 年代以来，连续发现一批原生金伯利岩型金刚石矿床，近几年来，储量和产量都跃居世界第一。1987 年产量为 $3\,000\times10^{4}$ct，但宝石级金刚石仅占 5%；40%～45%为准宝石级，其余为工业级。

(2)扎伊尔：1987 年产量为 $2\,000\times10^{4}$ct，大部分为工业级，仅约 5%为宝石级，20%～25%为准宝石级。

(3)博茨瓦纳：1987 年产 $1\,300\times10^{4}$ct，一半以上为宝石级。这个不足 120 万人口的国家，1990 年出口总收入为 20 亿美元，钻石约占出口收入的 70%。

(4)俄罗斯：金伯利岩岩管型金刚石矿床主要产于西伯利亚，1987 年产量为 $1\,200\times10^{4}$ct，粒度较小(90%不到 1ct)，但优质透明者多。

(5)南非(阿扎尼亚)：是最早发现金伯利岩型金刚石矿床的国家。该国产出的金刚石，素以颗粒大、质量优而著名。其产量中，有一半以上可以切割成钻石，所以它在近几十年来一直是最大的钻石出口国。1987 年产量约为 $1\,000\times10^{4}$ct，约为世界总产量的 10%。在 10 年前，它的年产量曾居世界首位。

55. 世界上产出的巨粒金刚石有多少？

凡达到 100ct 的天然金刚石即称“巨粒金刚石”。世界各国已产出的巨粒金刚石究竟有多少呢？这是宝玉石爱好者最感兴趣的问题之一。但在近年来出版的书刊报纸上介绍的数字往往众说纷纭，莫衷一是。总的说是数目偏小，例如，大于 500ct 的巨钻已发现有 20 颗，便被误认为大于 100ct 的巨钻只有 20 颗，以致闹出“我国山东产出的 158.786ct 的‘常林钻石’在世界上排第 14 位”(见《矿产开发报》

1991 年 5 月 6 日第三版“钻石——4 月生辰石”一文)，甚至说它是“有史以来人类发现的第二颗特大钻石”(见《中国青年》1987 年 8 月号)一类的笑话来，而且以讹传讹，发展到难以纠正的程度。所以，笔者强调指出，纠正这个几乎已经误传到全国范围的偏差是十分必要的。

根据地质出版社 1979 年出版的《宝石和玉石》一书，当时世界上产出的大于 100ct 的巨粒金刚石已经接近 1 900 颗之多。其中：

大于 500ct 的有:20 颗；

400～500ct 的有:21 颗；

300～400ct 的有:42 颗；

200～300ct 的有:162 颗；

100～200ct 的有:1 600 多颗。

1979 年以后的 20 多年又增加了多少颗巨钻，目前尚无法统计。由此可见，将“常林钻石”排为世界第 2 号或第 14 号巨钻都是毫无根据的。

56. 我国发现天然金刚石矿床的情况如何?

20 世纪 50 年代，先后在湖南沅江流域(常德地区)和山东临沂地区发现并开采了天然金刚石砂矿床;60 年代在贵州省和山东蒙阴县发现了我国第一、二个天然金刚石原生矿床:70 年代又在辽宁瓦房店发现了第三个天然金刚石原生矿床。瓦房店金刚石矿已于 1990 年 10 月 24 日建成投产，该矿储量占全国已探明金刚石储量的一半以上。目前，我国金刚石探明储量居世界第 10 位。

57. 评价钻石的 4 个“C”是什么?

评价一颗钻石的价值，往往取决于 4 个因素，即克拉、洁净度、颜色和切磨。而代表这 4 个单词的英文是:Carat、Clarity、Color 和 Cut。由于 4 个英文单词的第一个字母都是“C”，在国际首饰行业中，就普遍称之为“4C”。这 4 个“C”在评价钻石饰品中都很重要，缺一不可。

(1)克拉:即钻石的重量，钻石是以较小的单位克拉(1ct＝0. 2g)计价的。钻石珍贵的原因之一就是稀罕，重量大者就更稀罕，一般达 1ct 以上的就属大钻。钻石价格与大小的关系是按平方关系增长的。其公式为：

N(钻石价值)＝m^2(克拉数的平方)×K(每克拉市价)

例如每克拉钻石单价为 1 万元，一颗 3ct 钻石的价值就是:3^2×1 万元＝9 万元。

(2)洁净度:亦即纯度或透明度。洁净度极高的钻石，由于无杂质、无瑕疵，应当是完全无色透明的，其价值就很高。金刚石原石中含杂质、包裹体和裂痕等严重时，则不宜切磨首饰，而只能用于工业方面。

(3)颜色:钻石的颜色非常重要，国际珠宝界对钻石颜色的分级十分严格，故颜色一直是决定钻石是否名贵和价值高低的基本和首要的因素。作为宝石级钻石，仅限于无色、接近无色、微黄色、淡浅黄色、浅黄色 5 种。除此 5 种外,粉红色、蓝色、绿色、紫色和金黄色的比较罕见,可作为稀有珍品收藏。其他颜色的金刚石,只能在工业中使用。

(4)切磨:由于钻石本身的物理特性,在工匠们长期探索和不断改进下,钻石琢磨的式样和标准已逐步完善和定型。因此,看一颗钻石的切磨工艺水平,主要决定于角度和比例是否正确、式样是否新潮、琢磨是否精巧等因素。如若角度不适、比例不当、式样陈旧、琢磨粗糙,就将使钻石的价值大为降等,甚至成为无人问津的滞销品。

58. 什么叫"火水钻"?

钻石中一种最好的色级常被称为"蓝白钻",由于它的颜色很像煤油那种淡蓝色,所以北京人称它为"煤油钻",上海人称之为"火油钻",广州人则称其为"火水钻"。按广州方言,煤油是一种能着火的水,所以叫"火水"。有人不解其意,误以为火和水是指两物,而且可以随便颠倒,于是在某些科普文章中就出现了"水火钻"一词,使人莫名其妙,这是明显的错误。

59. 什么是"莫桑石"?

莫桑石即碳硅石,又名碳化硅,是 1904 年由法国化学家、诺贝尔奖获得者亨利·莫桑(Henri Moissan)于坠落在美国亚利桑那州某峡谷中的陨石内发现的。1905 年,该新矿物被命名为 Moissanite(直译为莫桑石)。

碳硅石常与金刚石伴生,在山东金伯利岩中,碳硅石作为副矿物产出。

60. 什么是"合成碳硅石"?

1998 年 6 月,美国 C3 公司推出了一种新的钻石模仿品——合成碳硅石。它的各种特性比合成立方氧化锆更接近钻石,其硬度高达 9.25,尤其导热性也接近钻石,在热导仪的测试下,已无法将它与钻石分辨,初时竟有许多商家及顾客被骗。今后只有依赖新研制的克星仪器和其他方法来识别合成碳硅石了。

61. 合成碳硅石的研制、加工和销售概况如何?

据有关资料报道:目前能达到钻石效果的,用于首饰镶嵌加工的碳硅石单晶体是由美国克瑞研究公司,按合同生产 C3 公司所需的合成碳硅石晶体,由 C3 公司将晶体加工后进行销售,它们分别持有生产专利权和加工专利权。

C3 公司的加工地主要在泰国、韩国和中国青岛等地。美国 C3 公司为了保持合成碳硅石的稀有性及价格稳定性,严格控制产品上市量。1998 年上市量还不到 18 000ct。批发价 178 美元/克拉;零售价 500~800 美元/克拉,约为近似大小天然钻石价格的 1/10。

目前,合成碳硅石在美国 29 个州和世界上 23 个国家和地区都有销售计划。美国 C3 公司在中国已有总代理,进行批发和零售。

62. 合成碳硅石有哪些鉴定特征?

董振信研究员和李胜胜总经理在其专著《钻石》一书中,对合成碳硅石的鉴定特征作了全面介绍,现转录如下:

(1)成分:分子式为 SiC。含 Si 约为 65%,含 C 约为 35%,并含 Al、Fe、Ca 和 Mg 等微量元素。

(2)晶系:合成碳硅石为 α-碳硅石。六方晶系,一轴晶,正光性。

(3)颜色:目前市场上的合成碳硅石近似无色者少见,多呈灰蓝、灰绿等色。

(4)折射率及反射率:合成碳硅石的折射率为 2.65~2.69,反射率为 20.4%~20.98%。

(5)双折射现象:合成碳硅石为非均质体,在非光轴方向上可见双折射重影。

(6)色散:合成碳硅石的色散强,为 0.104,比钻石色散(0.044)高。

(7)荧光效应:在长、短波紫外灯照射下,均无荧光。

(8)密度:合成碳硅石的密度为 $3.22g/cm^3$,比钻石密度($3.52g/cm^3$)小。

(9)硬度:硬度高,其摩氏硬度为 9.25。故加工后的合成碳硅石的刻面较平坦,面棱也较锐利和平直。

(10)导电性:可导电。

(11)多色性:用二色镜观察,带色者具弱二色性。

(12)热导率:合成碳硅石的热导率为 230~490W/(m·K),比钻石的热导率[670~2 010W/(m·K)]低。合成碳硅石为非均质体,热导率的大小在不同方向上不同,平行 c 轴方向最大,垂直 c 轴方向最小。

(13)内含物:合成碳硅石内,见助熔剂微小金属颗粒及白色粉末状原料残留物。

63. 钻石中的包裹体对钻石质量有何影响?

钻石中的包裹体对钻石质量有许多不良影响,主要是:①钻石中的包裹体使钻石净度变差,其质量相应降低;②钻石中的包裹体降低钻石的透明度,影响钻石的颜色和火彩,因而使其价格降低。

64. 钻石中的包裹体对鉴别天然钻石与合成钻石有何作用?

在鉴别天然钻石与合成钻石时,包裹体能起非常大的关键性作用。

由于天然钻石与合成钻石的形成条件有明显不同(前者形成于复杂的地质环境,后者形成于较简单的实验室);二者形成的物质来源不同;二者形成的时间长短和生长速度也不同,因而二者的包裹体种类、成分、形态及分布特征也有明显差异。

在宝石显微镜下可看到:天然钻石中含有特征性的橄榄石、铬尖晶石、镁铝榴石、辉石等矿物包裹体;而合成钻石中含有尘埃状原料残留物和合成过程中加入的助熔剂 Ni、Fe、Mn 及 Co 金属或合金残留物。

65. 天然的宝玉石色彩与改色、染色以及人造宝石的色彩有何区别?

两者的区别可由具有丰富宝玉石知识又有长期实践经验、功底深厚,因而眼光敏锐的行家通过肉眼鉴定得出下列几点准确的结果:

(1)宝玉石的天然色彩、色调柔和,从内到外色调自然一致;而改色、染色宝玉石的色彩外深内浅,色泽呆板,色调飘浮。

(2)宝玉石的天然色调有深有浅,色纹色块深浅过渡自然。而改色、染色宝玉石的色调单一,无色纹或色纹混乱无序。

(3)宝玉石的天然色除主色外,往往还有一种或一种以上的复色,使整个色调显得柔和,看了悦目、畅快,具有一种自然协调的韵味,俗称"过渡色"。改色、染色宝玉石以及人造宝石的色调单一,虽鲜艳而不耐看,很容易给人一种"假"的感觉。

(4)人造宝石色调内外均一,色泽单纯,缺乏天然宝石色调深浅的自然变化,缺乏"复色"的调和作用。

66. 什么是宝玉石中的"棉柳"?

"棉柳"一词是我国宝玉石业内人士对宝玉石内部结构中的一种"细长丝柳状、棉絮状"结构现象的笼统的俗称。据曾卫胜先生研究认为:棉柳不属于色体范畴,而是一种内部结构现象。

67. 宝玉石中的"包裹体"与"棉柳"有何区别?

包裹体是矿物形成过程中,由于内部的物理、化学条件不同,所造成的晶格缺陷被另一种物质所充填,由此而形成的一种独立于主矿物本身的物质形态。它的本质特征是:物理、化学性质和赋存形式独立于载体矿物。它可以分为固态、液态、气态、气液态等四种相态。

棉柳则是矿物形成中(或之后),由于外部的物理、化学条件或人为因素所造成的晶格或晶粒间隙缺陷,而形成的一种结构现象。它没有与载体矿物相对独立的成分和赋存形态。由于入射光线遇到了上述的间隙缺陷而产生折射、散射或漫反射现象,形成一条条极细小的反射带(或面),肉眼下或在放大镜下可见呈棉状、柳絮状、柳丝状特征。

68. 宝玉石中的"棉柳"有何正负价值?

棉柳的正价值是:这种结构特征充分反映了矿物或岩石(宝石或玉石)内部结构的基本特性,尤其是一些结晶较粗大的晶体宝石,其棉柳的结构特征常能反映其成矿类型、产地类型、交代完全程度等。故棉柳是宝玉石鉴定中观察其内部结构特征的重要依据,在鉴定工作中具有重要的参考价值。如对其进行深入细致的研究,更对原料的设计与加工有所帮助,从而达到有效利用原料的目的。在少数情况下,当棉柳构成一种独特的奇异造型时,其收藏价值和经济价值可能大大提高。

棉柳的负价值是:它往往与裂隙、裂痕等相联系,并影响宝玉石内部的净度、透明度和坚韧度等，从而影响宝玉石的审美价值和经济价值。例如，制作一个有三点翠绿的白底青玉镯，无棉柳时价值约 2 000 元，而若棉柳（俗称白泡或筋渣）较多时，则其价值仅为几百元而已。

二、姐妹宝石——红宝石和蓝宝石

69. 红宝石和蓝宝石的名称有何特殊性？

简单地说：红宝石和蓝宝石都是色美而透明的刚玉。然而古代所称的“红宝石”，却是泛指多种红色宝石，其中包括红色刚玉、红色尖晶石和红色石榴子石等。到了科技发达的近代，宝石名称大都有了确切的含义，红宝石（英文名 Ruby）规定为专指红色的刚玉宝石，其他任何红色宝石，不管其红得如何鲜艳可爱，都不能称“红宝石”，而只能称作“红色××石”。蓝宝石（英文名 Sapphire）一词的演变则更为复杂，即先由泛指各种蓝色宝石，变成专指蓝色的刚玉宝石；近年来这一涵义又改变为泛指宝石级刚玉中除红色以外的其余各种（包括蓝色、淡蓝色、绿色、黄色及无色等）刚玉宝石而言。因此，对黄色或无色品种就应分别称为黄色蓝宝石及无色蓝宝石。

顺便介绍一下，在香港、澳门和台湾的珠宝界中，对红宝石和蓝宝石的称呼是“刚玉红宝”、“刚玉蓝宝”，或简称“红宝”和“蓝宝”。

70. 为何将红、蓝宝石称为“姐妹宝石”？

近几年来，在国内一些宝石书刊上，已经多次出现将红、蓝宝石称为“姐妹宝石”或“姊妹宝石”的情况，这主要因为红宝石和蓝宝石都是刚玉矿物，二者的基本化学成分都是 Al_2O_3，它们的摩氏硬度都是 9（仅次于金刚石）。

然而，这一对宝石“姐妹”却不像“夫妻矿”雄黄和雌黄、“孪生矿”方铅矿和闪锌矿一样地经常共生在一起，而往往是各居一方。其原因是二者形成的环境不同：红宝石多产于高温和富铝缺硅并有铬元素的地质地球化学条件下，而蓝宝石则常产于高温和富铝缺硅并有铁、钛元素的地质地球化学条件下。难怪 1991 年在山东昌乐县发现一颗原石重达 13.5g 的红蓝宝石连生体时，会被命名为“鸳鸯宝石”并当作世界罕见的奇迹来宣传报道。

71. 红宝石和蓝宝石在宝石中居何地位？

如前所述，美观、耐久和稀罕是决定宝石价值的三个基本条件。由于红宝石和蓝宝石二者的颜色都很美观（优质者透明、光泽好或兼有星光）；二者的硬度（摩氏硬度 9）仅次于硬度之王金刚石；且在世界各地都很稀罕（红宝石更稀罕），故二者都被列入世界公认的“四大珍贵宝石”之中。

据中国香港和中国台湾地区的资料介绍：在国际珠宝市场，重量超过 10ct 的优质红宝石，其售价比最好的钻石或祖母绿还高出一倍以上。

72. 红、蓝宝石的化学成分和影响其颜色的色素离子是什么?

红宝石和蓝宝石的化学成分都是三氧化二铝(Al_2O_3),质纯时应是无色的。但在自然界中,完全透明无色的蓝宝石是很少见的。相反,刚玉矿物往往因含微量的色素离子而呈不同的颜色,如含铬呈红色,含铁呈绿色或黄色,含钛和铁则呈蓝色。当同一种色素离子的含量不同时,其颜色的深浅就不同。以红宝石为例:红宝石中的氧化铬一般含量为 0.1%~3%;深红色微透明红宝石中的氧化铬含量可达 4%,而缅甸特产的优质品种"鸽血红"红宝石中含氧化铬为 2%。

红、蓝宝石的化学性质稳定,在空气中经久不变,熔点高达 2 050℃,不溶于酸。

73. 红、蓝宝石的结晶形态和物理性质如何?

红、蓝宝石均属三方晶系,晶体多呈柱状或桶状形态。

红宝石的颜色呈纯红、鲜红、血红、紫红或玫瑰红色,有"玫瑰紫宝石"的别称。其中以"鸽血红"红宝石最珍贵。蓝宝石呈靛蓝、蓝、天蓝、淡蓝、绿、黄等色,以鲜艳的天蓝色且色调均匀者为最佳。

二者都为透明至半透明,玻璃光泽,在二色镜下有明显的多色性;硬度为 9,密度为 $4g/cm^3$;贝壳状断口,无解理;在紫外光照射下,红宝石有明显的红色荧光;蓝宝石除产于斯里兰卡和克什米尔的个别品种外,都不发荧光。

74. 红、蓝宝石的主要用途有哪些?

红、蓝宝石的开采利用,已有 2 000 多年的历史。它们的传统用途是作装饰宝石。如在我国清代,官员的顶带服饰制度规定:亲王以下至一品官的官顶均用红宝石,而且一般每颗都在 100ct 以上。但有些近期书刊中的作者对此表示怀疑,认为当时即使有钱,也不可能买到这么多大粒的红宝石,故其中的多数都可能是用大红宝石(尖晶石矿物)制作的。笔者认为这种推测是有道理的。而在慈禧太后的殉葬品中共有各种大小的红、蓝宝石 3 790ct,则是可信的。

从 20 世纪 50 年代以来,西方国家广泛流行生辰石(诞生石),红宝石被列为 7 月份生辰石,蓝宝石为 9 月份生辰石。于是,二者都被更多地制成男、女性戒指和胸花、领带夹等高级饰物而深受顾客青睐。红、蓝宝石全身都是宝,即使是加工首饰切磨抛下的碎料和粉末,仍然可作高级磨料,其中稍大的碎料则可用作电唱机或录音装置的针头。

在现代科技中,用红宝石晶体制成的激光仪,可用于测量地球与月球的距离,为人类登月创造有利条件。近年来,瑞士生产的一些"永不磨损型"高级手表,其表壳用钨钛合金制成,硬度超过摩氏 9,与其相配的表面"宝石玻璃",就是由硬度为 9 的人造无色透明蓝宝石经加工而成。

75. 世界盛产红、蓝宝石的国家有哪些?

世界上产出红宝石和星光红、蓝宝石的主要国家是缅甸、斯里兰卡和泰国;产出蓝宝石的主要国家是澳大利亚、泰国、缅甸、斯里兰卡、柬埔寨和中国。

此外，在美国的蒙大拿和印度的克什米尔，还有非洲的肯尼亚和坦桑尼亚，也有多处矿山产出红宝石和蓝宝石。

76. 如何区别不同国家产出的红宝石？

世界上优质红宝石的产地不多，在国际市场上交易的红宝石，主要来自缅甸、斯里兰卡和泰国。

缅甸莫谷（或译抹谷）所产的红宝石，多呈鸽血红、玫瑰红和粉红色。颜色鲜明但不均匀，经常可见到平直的色带。用肉眼从不同的方向观察，常可见到不同的两种颜色。宝石中均不同程度地含有纤维状金红石包体，有利于琢磨成星光红宝石戒面。

斯里兰卡所产红宝石，除具有与缅甸产品相似的金红石包体外，并含有锆石和磷灰石包体。它与缅甸产品相比，颜色较浅，透明度较好。

泰国红宝石呈带褐的红色或玫瑰红色，色带和生长线平直，包裹体较少。

77. 如何区别不同国家产出的蓝宝石？

世界上的蓝宝石产地远比红宝石产地多，李兆聪先生在 1991 年出版的《宝石鉴定法》新著中，将不同国家产出的蓝宝石按颜色深浅为主线，明确地划分为两类：

一类是缅甸、斯里兰卡和印度克什米尔的蓝宝石，因其含钛致色而呈鲜艳的蓝色，并含绢丝状金红石包体，可产生六射或十二射星光，均属优质品种。此外，斯里兰卡蓝宝石还常有绿色或黄色的所谓“艳色蓝宝石”。

另一类是澳大利亚、泰国和中国的蓝宝石，因其中含铁较多而钛较少，故宝石呈深暗的蓝色，澳大利亚的产品甚至呈墨黑色，故一般均需加热改色后，才能加工成美丽的首饰。

78. 我国的红、蓝宝石资源情况如何？

20 世纪 70 年代后期以来，在中国东部沿海一带的玄武岩中，相继发现了许多处有工业价值的蓝宝石矿床。其中以山东省昌乐蓝宝石质量最佳，结晶颗粒较大（一般重 10～25ct），多呈深的靛蓝色，包裹体及内部缺陷极少，经改色后属优质品。海南省蓬莱和福建省明溪所产蓝宝石色美而透明，粒径小于 5mm 的晶体内部缺陷少，而较大者则裂隙较多。黑龙江省所产蓝宝石色艳而透明，但颗粒细小。江苏省的部分产品虽色美而透明，但常有裂纹，加工取料较难；该省六合县砂矿中所产蓝宝石（最大一颗重 54.27ct），则因色深而不能直接使用；但已取得成功的改色经验，质量和经济效益显著提高。此外，在安徽省西南部、吉林省南部、辽宁省东北部和西藏曲水县都发现了蓝宝石产地。

与世界各地情况相似，中国的红宝石产地比蓝宝石产地少。到目前为止，仅在海南省文昌县（1978 年发现）、安徽省西南部（1981 年发现）、黑龙江省东部（1986

年发现)和云南省哀牢山等四处发现了有工业价值的红宝石产地。

79. 什么是宝石的“星光效应”?

凡存在两组或两组以上方向大致定向排列的包裹体的宝石，当其被磨成素面型(即蛋面型)后，在光的照射下，宝石顶部会出现几条亮带(组成四射或六射星光)，随着光的照射方向不同，亮带位置也不同，这种现象就叫“星光效应”。

80. 自然界能产生星光效应的宝石有哪些?

自然界中能产生星光效应的宝石较多，目前已知有以下 10 种：蓝宝石、红宝石、铁铝榴石、绿柱石、海蓝宝石、尖晶石、透辉石、堇青石、柱晶石和顽火辉石。其中以蓝宝石的星光效应最常见和颗粒大而引人注目。

81. 宝石的星光效应是如何产生的?

以产生星光效应最为显著的蓝宝石为例，在其形成的过程中，若在成矿母液中存在着含量较高的杂质，如钛离子，在其结晶过程中，这些钛离子有可能形成针状金红石晶体，并以包裹体的形式按三组不同方向排列于蓝宝石晶体中，并互成 120°角，当垂直于 c 轴将蓝宝石切磨成素面型(即蛋面型)时，宝石的顶部就形成了互成 120°角的三条亮带，便产生了六射星光效应。它相当于三组相交的猫眼效应。

82. 什么是星光红、蓝宝石?

在天然的红宝石和蓝宝石中，经常含有大量的细小针状金红石(成分为 TiO_2)或细小的管状裂隙。由于红、蓝宝石都是三方晶系，针状金红石或管状裂隙常沿六边形方向定向排列，故在将宝石切磨成半球形的素身宝石时，常会出现六射甚至十二射的星光，从而使宝石显得更加美观动人。当宝石的透明度较差而颜色又稍暗时，星光效应反而更明显。因此，对透明度和颜色均佳的红、蓝宝石，常被琢磨成棱面宝石而不追求其星光效应。

83. 评价星光红、蓝宝石优劣的标准有哪些?

评价星光红宝石和星光蓝宝石优劣的标准主要有两条：

(1)星光要明显，位置要居中，并且没有断缺的射线。

(2)星光清晰，使人感到它是来自宝石内部，而不是浮在弧面形(即蛋面)宝石的表面。

84. 人造星光红、蓝宝石的产生背景和合成方法是怎样的?

由于天然的星光红、蓝宝石人见人爱，十分迷人，但却价格昂贵而不易获得。于是，人工合成的星光红、蓝宝石就应运而生。1947 年，美国林德公司首先合成星光红、蓝宝石成功，1949 年开始在市场上倾销，由于其售价远低于天然的星光红、蓝宝石且星光效应明显，因而受到人们的欢迎。

这类人造星光宝石成分中含有 0.1%～0.3%的二氧化钛，经 1 100℃～

1 500℃的高温热处理析出二氧化钛(即金红石)针状晶体。其基本方法是:在1 500℃时加热2小时,再降温到1 100℃,停留72小时,以使金红石有充分的时间沿六方柱的每两个面的平行方向沉淀析出,形成具星光效应的刚玉,再经合理的技术加工后,就可得到六射星光的红、蓝宝石戒面。

我国已有人工合成的六射星光红、蓝宝石的成批生产,并已在市场及珠宝展销会上出售。

85. 蓝宝石改色的前提、原理和效果如何?

由于优质的天然蓝宝石供不应求,而一些国家如澳大利亚、泰国和中国所产的大部分蓝宝石因含铁较多,以致呈深暗的蓝色,透明度差,刻面宝石的反光效果也不佳,故需经过加热改色处理,才能达到宝石级要求。

世界上一些先进的国家,在蓝宝石的优化改色技术方面已有几十年的历史,我国在这方面起步晚,但在近几年来已有较快的进展,一些科研单位在蓝宝石改色中已陆续获得成功。

蓝宝石改色的基本原理是:通过改变和控制外界条件,打破宝石中色素离子种类和价态原有的平衡,促使离子性质和组合形式发生变化,从而导致宝石的整体颜色和透明度向优化方面发生改变。

一般经加热改色成功以后的蓝宝石,其蓝色都变得更鲜艳,透明度也随之增加,从而使宝石的质量改善,价值提高,经济效益显著。

86. 有人说,"几乎人人身边都有红宝石",这话对吗?

凡未接触过宝石的人,都觉得宝石很神秘。其实,多数人的身边的确都有许多颗红宝石。那就是我们手表中被称为"17钻"或"21钻"等的所谓钻石。应当指出:除极少数名贵手表中采用天然钻石作表面字盘和表带装饰外,大量的普通手表都是采用坚硬耐磨的人造红宝石作轴承(每条轴的上下各有一颗轴承),故当我们打开手表后盖时,就可看到其中一部分红光闪耀的人造红宝石了。

87. 台湾是否出产蓝宝石?

近年来,国内一些报刊多次提到台湾发现蓝宝石矿床。如1985年3月13日《羊城晚报》上的"奇异的海蓝宝石"一文,就曾提到:"云南省南部发现一个以海蓝宝石为主的多种宝石矿带,这是我国继安徽、台湾发现蓝宝石之外的又一新矿区。"台湾真的出产蓝宝石吗?据笔者掌握的资料,答案是否定的。

按照宝石学的观点,蓝宝石一词,是专指蓝色刚玉宝石而言,非刚玉(Al_2O_3)成分的其他蓝色宝石,不管其蓝得如何可爱,都不应称为"蓝宝石",而只能叫做"蓝色宝石"或"蓝色××石",例如蓝色的金刚石,则可称作"蓝钻"。

台湾出产的所谓蓝宝石,在台湾或香港被简称为"蓝宝"。据悉:台湾的这种蓝色宝石,原本是一种铜矿石变化而成的硅酸铜,含有相当高的水分,实为一种浅蓝色或蓝绿色的硅孔雀石，且含有较多的杂质，硬度仅为 2～4，本不宜作宝石用，只是偶尔挑选一些作陈列品用。但有些部位由于有二氧化硅的加入，并有部分二氧化硅结晶成很细的水晶，从而大大提高了原有硅酸铜的硬度（达到 7），于是有人就将它称之为“水晶翠”，且得到人们的承认。台湾大学黄春江教授则称其为“蓝玛瑙”。1982 年成都地质学院编著的《东南亚国家宝石资源》一书中指出，台湾东部海岸山脉产出的蓝色宝石是“蓝玉髓”。“水晶翠”、“蓝玛瑙”和“蓝玉髓”3 个名称是很接近的，并且都说明它并不是真正的蓝宝石。

台湾蓝玉髓的主要特征，一是颜色艳丽，多呈蓝绿色；二是质地均匀，便于加工，且比较透明，其透明度超过了硬玉中的翡翠，所以适合用作宝石。当其被加工成戒面或鸡心等饰物在香港首饰市场出售后，其身价渐高，以至大受欢迎，且有供不应求之势。

88. 红宝石为何比蓝宝石稀少而珍贵?

据郭涛在 1993 年 6 月 28 日《宝玉石信息》报上介绍：要形成高质量的宝石级晶体，需要有两个条件，即自由生长空间和一定量的色素离子（即物质来源）。就生长空间来看，条件从优到劣，依次是伟晶岩、玄武岩、接触变质岩和区域变质岩。

在伟晶岩中，晶体虽具有足够的生长空间，但适当的色素离子特别是 Cr 离子进入晶格的可能性非常小，而 Fe 和 Ti 离子却有可能进入晶格。因此在伟晶岩中寻找到红宝石的机会极小，寻找到蓝宝石则有可能。

在玄武岩中，自由生长的空间和 Fe、Ti 离子进入晶格的可能性都有，所以在这种条件下可以发现优质的大颗粒蓝宝石，偶尔也可发现少量红宝石。

在接触变质岩和白云岩中，Cr 的含量较 Fe、Ti 含量高，红宝石产出的可能性远大于蓝宝石。但这种情况下，晶体生长空间远远小于在伟晶岩和岩浆岩中，因此大颗粒的红宝石十分稀少。

在区域变质岩中，晶体是穿过固体颗粒的边缘空隙生长的，因此常包含有大量的固体包体，当然产于其中的红宝石或蓝宝石的透明度将大受影响。

从上面的简单分析中可知，与蓝宝石相比，各种生长环境都较难满足红宝石的生长条件，要么是生长空间不够，要么是色素离子来源不足，使寻找到色纯、粒大、透明红宝石的机会十分难得，于是高质量红宝石也就变得十分稀少而珍贵。

89. 山东蓝宝石有哪些品种?

据朱而勤教授的研究，山东蓝宝石现在已知的品种共 19 个，可将其划分为普通蓝宝石和特异蓝宝石两大类共五个系列，现简介如下：

（1）普通蓝宝石大类：此大类是本区的主要类型，约占本区蓝宝石产出总量的 98%以上，分为 3 个系列：

①蓝色蓝宝石系列：即普通蓝宝石，是本区的主要品种，占总产量的 80%以

上。分布广,颜色正,裂纹少,品质优良,为出口的主要品种。

②艳色蓝宝石系列:是品种最多(7 种)的一个系列。除一些单色的艳色蓝宝石外,还有多色和变色蓝宝石品种。品种虽多,但产出量少,较珍贵。

③星光蓝宝石系列:为具有星光效应的各色蓝宝石,包括单星光及双重星光两个亚系。

(2)特异蓝宝石大类:本大类蓝宝石产出量不足总产量的 1%,但价值昂贵。分为两个系列。

①画意蓝宝石系列:指具有一个以上画面的蓝宝石,按其构成画面的成因,可分四个类型(四个品种):

a. 光干涉型:指因规则或不规则裂隙引起光的干涉效应所形成的画面。

b. 异形包体型:某些液态包体具有不规则形态,它与周围负晶轮廓一起构成画面。

c. 色块配置型:宝石中两种以上对比明显的色块分布不规则而构成画面。

d. 生长带组合型:因平行于不同单形的生长带彼此组合、生长速度快慢不均、生长带接触部变异而形成图像。

②艳丽蓝宝石系列:本系列只有一个品种,指具有三种或更多种颜色,且艳丽而变幻莫测者。

90. 山东蓝宝石中的双重星光是如何形成的?

双重星光蓝宝石,是指由两套六射星光的中心重合地叠置在一起,且两套星光的星线彼此相交 30°的十二射星光宝石。

山东蓝宝矿区发现的双重星光蓝宝石,有单色十二射蓝宝及双色十二射蓝宝之分。据朱而勤教授的研究,该矿区十二射星光蓝宝石的形成,是由于金红石包裹体按 C 型定向排列发生定向反射所致。

91. 颜色偏黑的山东蓝宝石是如何进行褪色加工的?

山东蓝宝石大部分是不透明或半透明的深墨水蓝色晶体,直观表面全黑色,在聚光灯下呈黑蓝色,加工成产品也呈蓝黑色,戒面则小部分反蓝,但很不理想。其褪色处理过程是:将蓝宝石切成坯料,用物理化学加温恒温、冷却、净化、清洗褪色。

近十几年来,国内不少单位都在对山东蓝宝的褪色技术进行研究,并取得不同程度的进展。据悉:北京有色金属研究院和信通宝石厂在 20 世纪 90 年代初期,应用熔盐氧化技术对山东蓝宝石改色取得了新成果。多数蓝宝石经电解后颜色均由深蓝变为纯蓝,透明度也大大提高。此项成果为今后蓝宝改色开拓了广阔途径。

对褪色处理后的山东蓝宝毛坯,可按"标准切磨工艺"加工成戒面、项坠(4mm×6mm~8mm×10mm),颜色艳丽、纯正、清晰。在室内自然光下,用肉眼可看到每粒戒面反射蓝光,在聚光灯和紫外线照射下,可反出点点白光(俗称出火)。

蓝宝石成品也可以褪色。由于是用物理化学方法处理，褪色后，表面会有腐蚀痕迹，故要重新抛光、清洗。但不影响蓝宝石的结晶，效果也同上述一样。

92.“林肯蓝宝石”有多大？

林肯(1809—1865 年)是美国的第 16 任总统(1861—1865 年)，很有政绩和声望。

雕刻林肯肖像的蓝宝石，产自澳大利亚昆士兰，毛重 2 302g；雕刻完毕后的净重 1 318g，其尺寸为高 2.06 英寸，厚 2 英寸，宽 1.75 英寸。雕刻成林肯的半身塑像，是由美国洛杉矶的一位珠宝商创建的一个非盈利慈善机构，送给美国人民的礼品。目前，“林肯蓝宝石”保存在华盛顿史密斯学院。

93. 什么是“午夜星光”蓝宝石？

“午夜星光”是一颗非常少见的蓝宝石紫色星光石，重 117ct。它是金融家摩根先生的藏品，现存于美国自然历史博物馆。

三、绿色宝石之“王”——祖母绿及海蓝宝石

94. 绿柱石矿物宝石有哪些品种？

凡是透明的绿柱石矿物，均可用来作宝石。由于其中含有不同的金属元素，故呈现不同的颜色，从而出现不同的品种，主要有：

(1)祖母绿——含铬的翠绿色绿柱石。

(2)海蓝宝石——含铁的天蓝至海蓝色绿柱石。

(3)金色绿宝石——含铁的金黄色绿柱石。

(4)暗褐色绿宝石——含钛铁矿具星光效应绿柱石。

(5)玫瑰绿宝石——含铯、锂或锰绿柱石。

95.“祖母绿”名称何来？它有哪些别名？

“祖母绿”的名称来自波斯语助木鲁(Zumurud)的译音，我国古代将其称作“子母绿”或“芝麻绿”，都是它的谐音。祖母绿又名翠绿宝石、绿刚玉，矿物学名纯绿宝石，俗称吕宋绿。

值得注意的是，国际市场上多种名为“××祖母绿”的商品，如“非洲祖母绿”(其他绿色宝石代用品)和“美国祖母绿”(翠绿锂辉石)等，都不是真正的祖母绿宝石。

96. 祖母绿宝石有哪些特征？

祖母绿的化学成分是硅酸铝铍($Be_3Al_2Si_6O_{18}$)；晶体呈六方柱状，属六方晶系；它呈翠绿或浓绿色，通常含 Cr_2O_3 为 0.15%～0.20%，浓绿色者含 Cr_2O_3 可达 0.5%～0.6%，在专门鉴别祖母绿与其他绿色矿物的“查尔斯滤色镜”下，占世界总产量 90%左右的哥伦比亚祖母绿呈现粉红色，其他大多数绿色宝石则仍呈现深浅

不同的绿色。它的密度为 2.6～2.8g/cm^3；硬度 7.5～8；性脆，易碰碎；透明，玻璃光泽。色美、硬度大，是祖母绿最可贵的特性。

此外，祖母绿的内部一般都不同程度地存在一种类似水晶的"绵"一样的"蝉翼"（俗称蔗渣纹），这是祖母绿真品的重要标志之一。而要严格鉴定哥伦比亚祖母绿时，则要认真观察内部微小的包裹体，当固、液、气三态包体同时存在，则可确定其为哥伦比亚所产，因为其他各地所产祖母绿至今尚未发现这一特征。

97. 祖母绿在宝石中居何地位？

祖母绿是所有的绿色宝石中最美丽的，故被称作"绿色宝石之王"。古代罗马学者普林尼评价祖母绿时就说过："的确，没有任何一种宝石更具有赏心悦目的颜色，而祖母绿总是发出柔和而又浓艳的光彩，使人百看不厌。"加之祖母绿在世界的产量极为稀少（比金刚石产量还少得多），据有人估计：世界上每 100 万颗绿柱石矿物中，仅有 1 颗是祖母绿宝石，所以，重 0.2～0.3ct 的优质祖母绿成品，即可镶嵌高级首饰；2ct 以上的优质祖母绿已是难得的珍品；10ct 以上的优质祖母绿，其售价比"宝石之王"的钻石还要昂贵。因此，从史前时期至今，它一直是珍贵宝石中的佼佼者，当今更被公认为世界四大珍贵宝石之一。尤其可贵的是，当今宝石界改色、固色之风盛行，连四大珍贵宝石中的钻石、红宝石和蓝宝石都不能例外（系指其中一部分需改色），惟独祖母绿例外，它不论翠绿、浓绿、苍绿都很美丽，且都不影响它的透明度，所以几乎不存在改色的必要，至今亦未见有人工辐射祖母绿之类的报道。祖母绿被视为坚贞和爱情的象征，而将其定为 5 月份的生辰石。

98. 祖母绿的经济评价条件有哪些？

祖母绿的经济评价条件主要有 4 项，即：①颜色：以翠绿、浓绿色为佳，绿色偏蓝、偏黄者较次；②透明度：晶莹通透、清彻明亮的为最佳，半透明者只能列入三级品；③纯净度：祖母绿多有瑕疵，纯净者罕见而珍贵，属特级品；一、二、三级品含裂隙分别不得超过原石总体积的 5%、10%和 15%；④重量：祖母绿的晶体或块度都很小，一般 5ct 以上已是难得的珍品，如果是成品或半成品，则在 2ct 以上已经很有价值了。

除了考虑上述基本条件外，不同产地的祖母绿价值差别也很大，如巴西祖母绿每克拉只值 10～20 美元，而哥伦比亚的优质祖母绿每克拉平均为 400～600 美元（重量在 10ct 以上的，每克拉竟可超过 1 万美元），即高出巴西产品的 40 倍以上。

祖母绿性脆，容易产生裂纹，故在琢磨和镶嵌时，均不宜温度太高，以免过热而出现裂纹，首饰在使用中也要提防碰撞，避免损伤。

99. 海蓝宝石有何特征？如何评价？

海蓝宝石是指美丽的天蓝色至海蓝色的绿宝石变种，也可称它为天蓝宝石和水蓝宝石，我国宝石界还称其为"蓝晶"。它被认为象征"沉着、勇敢"、"幸福长寿"，并被定为3月份的生辰石。

海蓝宝石由于具有一种中空或充满液体的细长管状包体，当其密集排列时，即可琢磨出猫眼效应。不久前，在我国新疆阿勒泰地区就发现了这种少见的海蓝宝石猫眼，这种宝石不完全透明，反而有利于产生猫眼效应。

对海蓝宝石的质量要求是清彻通透，颜色以较深的海水蓝为佳，晶体要较大，最好能切出10ct以上的戒面。

海蓝宝石是近期崛起的绿宝石新品种，它的价值虽然远不如祖母绿珍贵，但因其具有美丽而柔和的天蓝至海蓝色，且十分透明（有猫眼效应者例外），因而受到人们的普遍喜爱，尤其受到欧美人士的青睐。

100. 世界上祖母绿和海蓝宝石的主要产地有哪些?

世界上祖母绿的主要产出国为哥伦比亚和俄罗斯，共占世界产量的90%以上，其他尚有南非（阿扎尼亚）、印度、巴西、坦桑尼亚和赞比亚等。哥伦比亚的祖母绿被公认为是世界上最好的，其颜色纯绿，少数为黄绿或蓝绿；呈自形六方柱，直径1～2cm，长3～5cm，晶体重10ct至几十克拉，巨大的可达几千克拉。哥伦比亚的祖母绿不仅质量好，而且产量多，一般每年产出高档祖母绿2 000ct以上，中低档的1万至数万克拉，占全世界年产量的90%左右。俄罗斯和南非的祖母绿质量好，颜色比哥伦比亚的稍淡，内部瑕疵较多。巴西和印度的产品则质量较差，价格也低得多。

海蓝宝石主要产于巴西、俄罗斯、纳米比亚、马达加斯加、莫桑比克和津巴布韦，印度和斯里兰卡也有产出。中国已于20世纪90年代初，在云南省南部大丫口找到具有一定规模和较高经济价值的祖母绿矿，矿体不少于6个，长20～280m，宽20～120cm，延深50m左右。晶体最长20cm，直径2.2～2.5cm。可加工成素面（即光身）饰品出售；少数标本可作观赏石珍品。此外还发现新疆、内蒙古、云南和湖北等多处海蓝宝石产地，其中以新疆阿勒泰区产量最丰富，质量也佳，1986年曾产出重达8.8kg的大晶体，整个阿勒泰山区有“中国海蓝宝石宝库”之美称。

四、宝石之奇——猫眼石和变石

101. 什么是“猫眼石”?

宝石学所谓的“猫眼石”，是专指具有猫眼效应的金绿宝石而言，而其他任何具有猫眼效应的宝石矿物，都不能笼统地直称为“猫眼石”，而必须在其名称前面冠以矿物名称，如“祖母绿猫眼”或“石英猫眼”等。

金绿宝石的化学组成为铍铝酸盐（$BeAl_2O_4$），晶体呈柱状或板状，可有棕黄色、绿黄色等几个品种；呈玻璃光泽，硬度8.5，密度3.73g/cm^3；贝壳状断口，条痕白色。当它的内部具有密集定向排列的纤维状和针状矿物包裹体或管状孔洞时，就会由于光线的反射而产生一条像猫眼瞳孔一般的光亮带，这就是猫眼效应。当转动宝石时，这条光亮带会在宝石表面移动，故又称为“游彩”，这是猫眼石最重要的特征。

由于最好的猫眼石（即金绿猫眼石）产自东方的斯里兰卡，故又称为“东方猫眼”或“斯里兰卡猫眼”（旧称“锡兰猫眼”）。

102. 哪些矿物具有猫眼效应?

据不完全统计，在 230 余种宝玉石矿物中，已知有 20 余种具有猫眼效应，而且这一数字还有缓慢增加的趋势。这些具有猫眼效应的宝石矿物名称是（金绿宝石除外）：

变石猫眼石（既有变色现象，又有猫眼效应，非常罕见而珍贵）、红宝石、蓝宝石、祖母绿、碧玺（电气石）、海蓝宝石、石英、锆石、锡石、透辉石、透闪石、月光石、拉长石、橄榄石、阳起石、方柱石、绿帘石、红柱石、顽火辉石、蛇纹石、磷灰石、硅灰石、针铁矿、孔雀石猫眼等。

103. 什么是“真猫眼石”和“假猫眼石”?

由于世界上已发现 20 多种具有猫眼效应的宝石矿物，而它们的美丽和价值都远远不及金绿猫眼石，故有人将金绿猫眼石称为“真猫眼石”，而将其他的各种具有猫眼效应的宝石均称为“假猫眼石”。但在具体称呼具有猫眼效应的某种猫眼宝石时，只在其名称前面冠以该矿物的名称，再加上“猫眼石”即可，而不必笼统地都泛称其为“假猫眼石”。

104. 对猫眼宝石进行加工要注意哪些事项?

对猫眼宝石进行加工是很有讲究的，由于在它的内部有由金红石（成分为 TiO_2）晶体组成的包裹体，并形成无数细小的纤维状空心管平行晶体 c 轴作有规则的排列，反射光线，产生强烈的猫眼闪光，故首先要善于找好最佳的宝石面进行琢磨，同时，要注意以下 3 点：

（1）弧面的弧度要大些而不宜太平，其表面表现的光线才会细小而清晰。

（2）要设法保持宝石的半透明状态，因为透明度越高，其光亮度就随之减弱而影响猫眼效应。

（3）猫眼宝石的底部一般不宜抛光，以增加光的反射，减少光线的穿透和散失。

105. 如何对猫眼宝石进行经济评价?

对猫眼宝石的经济评价主要有以下两个方面，但这只是专对金绿猫眼石而言，对其他“假猫眼石”则仅供参考或不适用。因为像低级的木变石猫眼（每个戒面仅值几元至几十元）之类虽然也有猫眼效应，但根本不可能显示“活光”。

（1）从颜色看：葵花黄色是猫眼石的最佳颜色，一颗具有这种颜色和活光的斯里兰卡最优质猫眼石戒面，重 5ct 以上者，每克拉价值可高达 1 万美元；淡黄绿色的次之;白黄色和白绿色者价值较低;最差的是灰色猫眼石。

(2)从线的形状看:上等的金绿猫眼石,猫眼的亮线应位于宝石弧面的中央,并要竖直、强烈、细窄而界线清晰,且显彩色活光。

总之,评价猫眼石除讲究颜色外,还以光带居中、竖直为正品,以闪光强弱分贵贱。

106. 什么是“亚历山大石”?

亚历山大石也称“变石”,是金绿宝石中一个因含铬而具有变色效应的品种;如果既有变色效应,又有猫眼效应,则称“变石猫眼石”,是非常罕见和极其珍贵的品种,重达 5ct 者,每克拉价值 5 000 美元以上。

亚历山大石具有在阳光下呈绿色和在白炽灯或烛光下呈红色的变色效应,有人形容它为“白昼的祖母绿,黑夜的红宝石”。相传,1830 年在俄国乌拉尔山首次发现这种会变色的宝石时,正值亚历山大成年日,便以这位皇太子的名字而命名为“亚历山大石”。

变石被西方一些国家定为“6 月诞生石”,佩带它象征“健康”、“长寿”和“富贵”。变石由于罕见而珍贵,其色美而变色效应明显者,每克拉售价可达 3 000 美元以上。

107. “亚历山大石”为何能变色?

由于含铬的金绿宝石具有一种特殊性能,即在它的透明晶体中能够同时通过红光和绿光,但当光源中红光成分多时,它就呈现红色,绿光成分多时,它就呈现绿色。因为日光中绿色成分多,白炽灯或烛光中红色成分多,所以它在日光或日光灯照射下呈绿色,而在白炽灯或烛光照射下呈红色。这种“魔术师式”的变色特征是亚历山大石的“专利”,可以与自然界任何宝石相区别。

108. 什么是“女帮主猫眼”?

“女帮主猫眼”是一粒产自斯里兰卡罕见的重达 58ct 的绿色金绿玉猫眼宝石。现该宝石被收藏于美国华盛顿史密斯学院。

109. 世界上猫眼石和变石的主要生产国有哪些?

世界最负盛名的金绿猫眼石生产国是斯里兰卡;其次,在巴西、印度也有出产。变石的主要生产国是俄罗斯和斯里兰卡。

110. 我国的猫眼宝石资源情况如何?

我国已在新疆阿勒泰地区的花岗伟晶岩中发现葵花黄色的金绿宝石,但尚未发现具有猫眼效应和变色效应的品种。至于其他具有猫眼效应的宝石则已陆续有所发现,如宝石学家栾秉璈于 1986 年在广东阳春县首次发现了孔雀石猫眼,现已小批量生产孔雀石猫眼戒面出售;不久前,在新疆阿勒泰地区已发现海蓝宝石猫眼;而用河南淅川木变石(虎眼石)加工的廉价猫眼戒面,在河南南阳和镇平等地的珠宝商店都有出售。

五、绚丽多彩的碧玺(电气石)

111. 什么是"电气石"? 哪些品种的电气石可作宝石?

电气石的名称来源于它自身所具有的受热生电和摩擦生电的性质。电气石的英文名称来源于斯里兰卡语,原意为"锆石",是因当时人们不认识这种宝石矿物的缘故。

电气石用来作宝石的历史并不长,但由于它鲜明的颜色和透明度所显示出来的美丽,很快就成了人们喜爱的中档宝石,并被一些国家选定为"10 月诞生石",佩戴它象征"安乐"与"和平"。

电气石的品种较多,其中用来作宝石的最佳品种是红色电气石,其次是绿色、蓝色和杂色电气石,电气石猫眼也颇受欢迎。这些宝石级电气石的宝石工艺名称统称为"碧玺",具体称呼时,可在碧玺前边加以颜色,如红碧玺、绿碧玺及猫眼碧玺等。

112. 电气石矿物有哪些特征?

电气石矿物的主要特征有以下几点:

(1)成分复杂:电气石是一种极为复杂的硼铝硅酸盐矿物,是自然界中化学成分最复杂的宝石矿物。其中可含镁、铁、锂、钾、钠等元素的一种或数种,由于这些元素的含量比例不同,故常使电气石具有不同的颜色。如含锰即成红色或粉红色碧玺,含铬与钒可使碧玺呈现祖母绿色,含铁和钛可使碧玺呈黑色。

(2)形态简单:电气石属三方晶系,晶体呈长柱状或针状,柱体两端常呈不同的锥面。晶面常有纵纹,晶体的横截面为等边三角形,三角形的每边又向外凸出,故较易识别。

(3)颜色多样:碧玺是色彩最丰富的一种宝石,可有无色、粉红、红、绿、蓝、黄、褐等色,有时同一晶体可出现多种颜色,或在同一晶体的两端具有截然不同的颜色,故称"多色电气石"。

(4)其他性质:硬度 7~7.5,密度约 $3g/cm^3$,贝壳状断口,玻璃光泽,透明或不透明,有热电性。经 γ 射线照射后,电气石可因所含杂质不同而有不同的变色现象。

113. 碧玺的主要用途有哪些?

碧玺主要用于作戒面和项链等首饰;色巧的可雕琢成工艺品。电气石猫眼主要用作戒面。

由于电气石具有压电效应和热电性,在科学技术中也有重要用途。

114. 电气石的颜色与其价值有何关系?

电气石的颜色与其价值关系甚大,如黑色或无色的电气石在珠宝界几乎没有用处，而红色、绿色或多色的电气石则是珠宝界追寻的目标。在1990年底举办的一次国内珠宝首饰展销会上，一块长约8cm、短径约2cm的不透明黑色电气石柱状晶体，售价仅10余元人民币，而另一块同样大小的透明淡红色碧玺（宝石级电气石），则标价1 000元。棕色电气石除了颜色淡而特别透明的以外，价值也很低。

总的说来，颜色美观又透明的碧玺，其价格略高于海蓝宝石，如中国所产透明的绿碧玺每千克价格约10 000元。具有明显变色特征的“变色碧玺”很稀少，成为收藏家追求的对象，其身价甚高而无定价。

115. 电气石猫眼的价值如何？

大多数电气石猫眼（猫眼碧玺）常因包体粗大，使闪光宽而分散，因此价值甚低。少量包体细小因而猫眼闪光窄尖、灵活者，其价格每克拉15～20美元，比没有猫眼效应的优质碧玺高出10倍以上。

116. 什么叫“西瓜碧玺”？

据陈建华先生在“新疆阿尔泰碧玺宝石”（《中国宝玉石》2002年第2期）一文中报道：新疆阿尔泰山内广泛发育着花岗伟晶岩矿脉，其中凡含稀有元素多的伟晶岩矿脉中，均有彩色碧玺产出。其中产出一种双色碧玺，在同一个碧玺晶体上，中间为红色，外围为绿色，形成包心碧玺，有人称其为“西瓜碧玺”，是一个较罕见的品种。

117. 碧玺的重要产地有哪些？

世界上的碧玺产地甚多，如俄罗斯乌拉尔的红碧玺、斯里兰卡的黄碧玺、巴西的多色碧玺、意大利爱尔巴岛的无色碧玺都很有名。此外，美国、澳大利亚、瑞典和马达加斯加也产优质碧玺。我国新疆地区近几年陆续发现了粉红、紫红、绿、蓝绿、天蓝等色和无色碧玺，也有美丽的多色碧玺。

六、名称容易混淆的宝石——黄玉

118. “黄宝石”的名称是怎么来的？

黄宝石（Topaz）英文名称的来源有两种说法：一种说法是来源于红海的一个小岛的旧称“托帕兹”，该岛并不产黄宝石而盛产橄榄石，当地人把其中黄色的橄榄石品种称为“黄宝石”，因而得名。另一种说法是，黄宝石的英文名称乃由梵文“Topas”衍生而来，有“火”的意思。

119. 黄宝石的名称容易与哪些黄色宝玉石混淆？

黄宝石古称“黄精”，人们也常按其译音称为“托帕石”。

在当今宝石界，对黄宝石的概念是很明确的，即黄宝石是专指矿物学名称为黄玉（又名黄晶）的宝石而言，但并不限于黄色，它还包括属于“黄玉”矿物的各色品种。如粉红、红褐、天蓝、淡绿等色的黄玉，均属黄宝石范畴，但常见的黄玉宝石，则以无色透明的居多。

有几种宝玉石的名称常易与黄宝石混淆，这几种宝玉石的鉴别特征列于表2－1中(表中的2、3、4容易与真正的黄宝石混淆)。

表2－1　黄宝石及相似宝石鉴别特征表

容易混淆的名称	矿物学名称	主要鉴别特征
1.黄宝石	黄玉，黄晶	硬度8，密度3.5g/cm^3；斜方晶系，短柱状，晶面有纵纹，有一组平行底面的解理
2.黄宝石	刚玉	硬度9，密度4.02g/cm^3；三方晶系，桶状，晶面有斜条纹
3.黄晶	黄水晶	硬度7，密度2.65g/cm^3；三方晶系，六方柱锥体，晶面有横纹，贝壳状断口
4.黄玉	软玉	密度2.9～3g/cm^3，硬度6～6.5；致密块状

120.黄宝石因产地不同尚有哪些品种?

在国际宝石市场上，根据产地不同，尚有“乌拉尔黄宝石”、“西伯利亚黄宝石”、“萨克森黄宝石”(产于德国东部)、“斯里兰卡黄宝石”和著名的“巴西黄宝石”等，但有一些冒牌黄宝石，则为价值低廉的黄色水晶，可从其晶形、硬度、密度和晶面花纹与黄宝石加以区别。

121.黄宝石有哪些主要用途?

由于黄宝石透明洁净，反光效果好，且硬度高，粒度较大，琢磨抛光性能好，故主要用做宝石，加工成各种戒面，鸡心及吊坠等挂件，尤其是天然产出的酒黄色及天蓝色品种，更是深受人们欢迎。此外，美丽而晶形完整的较大晶体，常成为收藏家和博物馆寻觅的珍品；晶形不完整而质地优良的黄玉，则可用作精密仪器的轴承。

122.黄玉改色的基本方法和原理如何?

由于天然产出的黄玉多数为无色透明，必须通过人工改色，使之具有外貌酷似海蓝宝石般漂亮且不易褪色的产品，且由于这种改色黄玉产品价格仅及海蓝宝石的1/5左右，故深受广大消费者的青睐。

目前，国际上对黄玉改色的通用方法是：用辐照或辐照热处理方法，使无色黄玉改变为美丽的天蓝色。这些方法的基本原理是：在高能粒子的作用下，使黄玉晶体内造成较多的点阵缺陷——空位和离位原子，产生色心，使之呈色，通过热处理，去掉杂色，稳定色心。

123. 黄玉改色的效果如何?

经原地质部矿产综合利用研究所和核工业第一设计研究院一所等单位利用先进的仪器设备,对改色后的蓝黄玉进行照射和观察证实:改色产品色泽稳定,在日常条件下不会褪色;经对样品在高温(100℃)和低温(-20℃)下较长时间存放及酸、碱、盐中浸泡,均未见黄玉色彩有变化。此外,经电子探针等多种仪器检查,证实改色后的黄玉的其他性能和成分、结构等亦均无变化。无疑,改色黄玉的经济效益也将是良好的。

124. 什么是"金黄玉"?

金黄玉是指一种金色的黄玉,这种黄玉大多数是天然产出的白色黄玉(又名黄晶)经热处理后出现的黄色。也有人将一种天然的黄水晶叫成金黄玉,正确称呼应为金黄水晶。

125. 世界重要的黄玉出产国有哪些?

巴西出产举世闻名的特级酒色黄玉;俄罗斯的西伯利亚伟晶岩中出产淡黄色黄玉大晶体;斯里兰卡和缅甸的宝石砂矿中出产优质黄玉;此外,美国、澳大利亚、巴基斯坦等国也有大量的黄玉产出。

我国的新疆、内蒙古、广东、云南、福建等省(自治区)都有较多的黄玉产出,但大多数为无色透明的产品,需要进行改色处理。

126. 我国的黄玉资源情况如何?

中国已在内蒙古、山西、甘肃、新疆、四川、云南、广西、广东、湖南、江西、福建10余个省(自治区)发现黄玉矿藏,其矿床成因类型以花岗伟晶岩型占绝对优势,其次为气化-高温热液型、矽卡岩型和砂矿型。其中比较重要的产地是内蒙古的二连浩特、察哈尔右翼中旗、集宁、阿拉善左旗;新疆的阿尔泰地区及广东的台山(海滨砂矿)等。

七、像彩虹的宝石——欧泊(蛋白石)

127. 什么是"欧泊"?

"欧泊"一名本为蛋白石(Opal)的英文译音。英文名称源于拉丁文Opalus,意思是"集宝石之美于一身"。

普通蛋白石多呈乳白色,只有少数能做宝石,具有变彩的蛋白石称为"宝石蛋白石",旧称"贵蛋白石",即"欧泊"。

欧泊的名称很多,主要有"白宝石"和"五彩石"等,在我国南方则称其为"闪山云",来源于澳大利亚的著名产地"闪电岭"。欧泊被国际珠宝界列为10月诞生石,象征希望和幸福。

欧泊是宝石中颜色最为绚丽者,古罗马自然科学家普林尼早就说过:"……欧泊五彩缤纷，美不胜收。有些欧泊石之美不亚于画家的调色板，另一些则不亚于硫磺之火焰或燃油之火舌。”

128. 欧泊有何基本特征？

欧泊的化学成分为 $SiO_2 \cdot nH_2O$，通常含水量在 4%～9%，最高可达 20%。

欧泊主要由非晶质二氧化硅组成，无固定的外形，通常为致密块体或结核状等，有的孔隙较多，选料时要注意。

普通蛋白石多呈乳白色，欧泊（火欧泊例外）一般都有变彩，基底有白、蓝、黑三种，在基底上可闪烁出“火焰般的闪光”。

欧泊的硬度 5.5～6.5，密度 2.0～2.23g/cm^3，玻璃至油脂光泽，半透明至不透明，透明者罕见。大多数欧泊在长波紫外光下有很强的荧光。

129. 欧泊为何能产生变彩？

欧泊（贵蛋白石）的最大优点，是具有绚丽夺目的变幻色彩，叫做“变彩”。

在很久以前，由于科技水平所限，人们对于欧泊变彩的原因一直弄不清楚，即使用光学显微镜将欧泊放大到 2 000 倍，也看不出什么特殊之处。后来，科学家用电子显微镜将欧泊放大到 10 000 倍以上，才发现了它的奥秘。原来作为欧泊原料的蛋白石可分成两类：一类是具有“变彩”的贵蛋白石；另一类是没有变彩现象的普通蛋白石。贵蛋白石是由无数个极小的非晶质二氧化硅小圆球组成，小圆球的直径都相同或相近，并能在三度空间作整齐的排列。这些整齐排列的小球像光栅一样，当白光射在上面后即发生衍射，散成彩色的光谱。

对于普通蛋白石，它也是由二氧化硅小圆球组成，但小球的直径大小不一，分布杂乱无章，排列无一定方向，因而只会呈现一种暗淡的白色，故不能作为宝石原料。

130. 天然欧泊有哪些品种？

天然欧泊是赋存在蛋白石中的变彩块体，根据颜色特征和光学效应，主要有 4 个品种：

（1）黑欧泊：是在蓝色、黑色或绿色基底上出现强烈变彩的宝石蛋白石，半透明至不透明，变彩深而鲜艳，是欧泊中最珍贵的品种，在我国南方称之为“黑山云”。

（2）白欧泊：是在白色或灰色基底上出现变彩的宝石蛋白石，半透明至不透明，变彩较浅。

（3）火欧泊：在红色或橙红色基底上出现少量变彩现象，半透明，是欧泊中的特殊品种。

（4）晶质欧泊：通体透明无色，彩色较浅，较为少见。

131. 如何对欧泊进行经济评价？

欧泊是以“整颗粒”、二层石和三层石 3 种形式在市场出售，其中以整颗粒的价值较高。

李兆聪研究员在其《宝石鉴定法》一书中指出：对欧泊的经济评价应考虑3个主要因素。现摘要介绍如下：

(1)体色：以黑色或深色欧泊为佳。

(2)变彩：变彩应遍布整个宝石，均匀而完整。不带无色的"死斑"或劣质欧泊。

(3)坚固性：以无裂纹、致密无破损者为佳品。

132. 各国人士对欧泊的爱好和选择有何不同？

对于欧泊，不同国家或地区的人士，就其色调有着不同的讲究。美国人大多数喜爱红色和桔红色的火欧泊，因为这种强烈的色调很符合西方人冲破束缚的心理。日本人普遍喜爱有蓝、绿火的欧泊，因为它能给人们宁静之感，这对高度紧张而繁忙的日本人来说，是一种调剂和享受。韩国人由于深受日本人的影响，也喜爱蓝色或绿色为主的透明或不透明的欧泊。

133. 世界上产出优质欧泊的国家有哪些？

目前，欧泊的主要产出国是澳大利亚、墨西哥和美国。澳大利亚是全世界欧泊资源最丰富的国家，其欧泊年产量占世界总产量的90%～95%，其南威尔士州的闪电岭，更是世界著名的优质黑欧泊产地。墨西哥则以产出透明度好的火欧泊而名闻全球。

134. 欧泊变彩按其色彩的多少和强弱可分为哪几种类型？

首先，欧泊变彩按其色彩的多少可划分为4种类型：

(1)七彩欧泊：转动欧泊时，具有6～7种色彩，即色彩丰富，变化奇异者。如具有红、橙、黄、绿、蓝、紫或褐色变彩的黑欧泊。

(2)五彩欧泊：转动欧泊时，具有4～5种色彩，即色彩较丰富者。如具有红、橙、黄、绿或蓝色变彩的黑欧泊或白欧泊。

(3)三彩欧泊：转动欧泊时，具有2～3种色彩，即色彩欠丰富者。如具有绿或蓝绿，蓝或黄色变彩的白欧泊或黑欧泊。

(4)单彩欧泊：转动欧泊时，变彩微弱或较单一，即色彩单调者。如火欧泊或蓝欧泊。

其次，欧泊变彩按其强弱又可划分为3种类型：

(1)强变彩欧泊：在白天散射的日光下，变彩明显；即色彩耀眼，转动欧泊时，在各个方向上呈现层层色彩。

(2)中等变彩欧泊：在100W的白炽灯光下，距离15～20cm可见好的变彩；即色彩较明显，但不悦目，层次较分明。

(3)弱变彩欧泊：在白天散射的日光或100W的白炽灯光下，变彩欠佳；即可见色彩，但很淡，且无层次感。

135. 什么是"太阳神欧泊石"?

太阳神欧泊石是一粒欧泊石的专有名称。它重达32ct,质地非常好,是一粒火欧泊石,已被雕刻成一尊墨西哥太阳神的头像。

在珠宝行业内,常将一般的火欧泊石称作"太阳欧泊石"。

八、后起之秀——橄榄石

136. 橄榄石有哪些基本特征?

橄榄石以它特有的橄榄绿色而得名。其化学成分是硅酸铁镁,是超基性岩的主要组成矿物。斜方晶系,晶体呈短柱状或长柱状,但常以粒状产出。硬度6.5～7;密度3.3～4.4g/cm^3;玻璃光泽至油脂光泽,常透明。

在外观上与橄榄石相似的宝石有黄绿色的金绿宝石、锆石、石榴子石、碧玺等,可根据晶形、颜色、硬度、密度和晶体光学性质(主要是折射率)之差异加以鉴别。

137. 对橄榄石有哪些工艺要求?

对宝石级橄榄石的工艺要求是:①颜色浓绿而鲜艳者为佳,黄绿色为次;②要求裂纹少,直径(粒度)至少在3mm以上,愈大愈好;③由于晶体一般都透明,故主要加工成棱面型或祖母绿型,而不加工成弧面(即蛋面)戒面。

138. 什么叫"天宝石"?

天宝石也称"天上宝石",是指陨石中具宝石级条件的橄榄石,有时在某些陨石中可以找到,但十分稀少罕见。

139. 我国的橄榄石资源情况如何?

我国已在河北、山西、内蒙古、辽宁、吉林、黑龙江、福建、海南、云南、新疆等省(自治区)发现宝石级橄榄石。

河北的橄榄石产于张家口地区万全一带,是我国宝石级橄榄石的重要产地之一。宝石级橄榄石为镁橄榄石,赋存于新近纪的碱性橄榄玄武岩中。其颜色主要呈深浅不等的黄绿色,少量为绿色;呈玻璃光泽至油脂光泽,透明度好,质量甚佳。1979年发现一颗重约130ct的大粒橄榄石,被命名为"华北之星"。

吉林省蛟河市大石河一带,也是我国宝石级橄榄石的重要产地之一。矿体赋存于晚第三纪碱性玄武岩中,属镁橄榄石。粒径5～8mm,大者可达20～50mm。呈黄绿、草绿及翠绿色,透明至半透明。质量较好,含矿率也较高。

九、像石榴籽的宝石——石榴子石

140. 什么是"石榴子石"? 它有何特征?

石榴子石英文名称的意思是"像种子",亦即说它很像石榴中的"籽"。通常简称为"石榴石"。我国石榴子石宝石的工艺名称是"紫牙乌"。

石榴石子是个大家族，可分两个系列六个品种。即：①铝系石榴石，包括镁铝榴石、铁铝榴石、锰铝榴石；②钙系石榴石，包括钙铝榴石、钙铁榴石、钙铬榴石。石榴子石密度为3.5～4.3g/cm³；它的硬度大(6.5～7.5)、折射率高(1.74～1.89)、光泽强，颜色美丽，是现代人喜爱的宝石品种。可以作宝石又较常见的主要是镁铝榴石和铁铝榴石。

141. 对石榴子石的不同品种如何评价？

石榴子石依颜色、透明度和粒度的不同而经济价值各异，其主要因素是颜色。其中以翠绿色的钙铁榴石、含铬钒钙铝榴石价值最高，透明无瑕的价格与祖母绿相当，但很少见。其次是红色的镁铝榴石、橙黄色锰铝榴石颇受欢迎。如果带有褐色色调，价值就会降低。半透明的钙铝榴石，多用来作玉料，价值较低。

142. 对石榴子石的质量有何要求？

对宝石级石榴子石总的要求是颜色浓艳均匀，光泽强烈，透明度高，无裂纹及其他缺陷。但对不同颜色的品种，其具体要求又不相同。如对红色品种，要求其最佳颜色为血红，次为纯红、淡红、浓红、紫红；对绿色品种，则要求其颜色为祖母绿，次为绿、浅绿、黄绿等。对石榴子石的粒径要求则应大于3mm，特别优质者可略小。

143. 我国石榴子石的资源情况如何？

我国已在新疆、甘肃、青海、陕西、辽宁、吉林、黑龙江、内蒙古、山西、河北、河南、山东、江苏、浙江、福建、江西、湖北、湖南、广东、广西、贵州、四川、云南、西藏等24个省(自治区)发现石榴子石矿藏，其中一部分达到了宝石级要求。而以新疆和江苏两省(自治区)所产的宝石级石榴子石比较重要。

十、最常见的宝石——水晶

144. 水晶有哪些别名？它与石英有何不同？

水晶是一种很古老的宝石。在我国古代的《广雅》等著作中，对水晶有“水玉”、“水精”、“玉晶”、“千年冰”及“放光石”等多种称呼，其中的“水精”和“千年冰”等别名，显然是由于对水晶的成分和成因缺乏正确了解所致。

水晶的化学成分为二氧化硅。它是石英族矿物中透明如水的结晶体(虽结晶而不透明者，只能称石英晶体)。若因含有杂质而形成紫色、茶色或黑色时，则分别称其为紫晶、茶晶和墨晶；内部含有针状或纤维状矿物包裹体的特殊品种叫“发晶”。

145. 水晶有哪些主要特性？

水晶的形态多种多样，但最常见的是六方柱构成的柱面和六方锥构成的锥面所组成的六方柱锥体。水晶最常见的结晶习性有柱状、短柱状、长柱状、宝塔状和双锥状等几种。在水晶的柱面上，常有平行分布的横纹。

水晶的颜色变化多端，有淡黄色、茶色、烟灰色、紫色和黑色等，而以无色透明为常见。

水晶晶面呈玻璃光泽，其贝壳状断口面则呈油脂光泽；硬度为 7，密度 2.66g/cm^3，并具有特殊的压电性和光学性质。

146. 水晶的主要用途和分类方法如何?

根据水晶的特性和用途，可分四类：

(1)压电水晶：水晶中有一部分具有十分有趣的压电效应，即对压电水晶切成的薄片施加的压力(或拉力)越大，所产生的电荷就越多。它的这种特性，使其能制成石英谐振器、滤波器、超声波发生器和各种测压仪器等。

(2)光学水晶：具有透过红外线和紫外线的良好性能，可以帮助人们利用红外线和紫外线。

(3)熔炼水晶：用透明无色的熔炼水晶(多为手选敲下的碎块)制作的石英玻璃和石英管等，在国防工业、冶金工业、化学工业和电气工业上有广泛用途。

(4)工艺水晶：包括无色水晶、紫晶、茶晶、墨晶和发晶(内含针状、纤维状金红石、电气石、角闪石等矿物包体)，可用于制作水晶球、人物和各种动物等工艺品以及项链、鸡心、吊坠、戒面、胸花等首饰。

147. 对各类水晶的技术要求如何?

(1)压电水晶：工业部门对压电水晶的要求十分严格，首先必须是结晶完整的单晶，且不能带有包裹物、裂隙、双晶和节瘤。

(2)光学水晶：要求不能带有包裹物、裂隙、双晶、节瘤以及肉眼易见的各种颜色。

(3)熔炼水晶：要求化学成分要纯，不能带有任何固体包裹物和外壳，但允许有双晶、节瘤和裂隙。

(4)工艺水晶：其价值取决于下列 4 个因素：①颜色——紫晶价值较高，其次为茶晶和无色水晶；②透明度——越透明越好；③重量(即大小)——一般直径大于 2cm 的晶体或晶体碎块均有价值；④纯净度——要求不带斑点和其他杂质。

148. 与水晶相似的矿物有哪些?

对有经验的专业人员来说，水晶是最易识别的矿物之一。但对初学者或刚接触宝玉石的新手来说，水晶常易与下列几种透明和具有玻璃光泽的相似矿物混淆，故列表(见表 2－2)对比如下。

表 2-2 水晶及相似矿物对比表

宝石矿物	形　态	晶面特征	硬度	密度/(g·cm^{-3})	其他特征
水　晶	六方柱锥体	常有横纹	7	2.66	在三溴甲烷中漂浮
黄　玉	短柱状	常有纵纹	8	3.59	在三溴甲烷中迅速下沉
绿柱石	六方柱状	常有纵纹	7.5～8	2.8	
萤　石	立方体、八面体		4	3.18	紫外线长波下发荧光
冰洲石	菱面体等		3	2.7	加盐酸起泡

149. 水晶的重要产地有哪些?

紫水晶的重要出产国有巴西、乌拉圭、俄罗斯的乌拉尔山、印度、马达加斯加、美国和墨西哥，这些国家也都出产无色透明的水晶。

中国的山西、山东、新疆、内蒙古、广东等省区均有紫水晶产出。出产无色水晶的省份则更多，但其中最著名的为下列两处：

(1)海南省的羊角岭：在仅 0.2km^2 的面积和 150m 的深度范围内，共产出压电水晶近百吨，熔炼水晶 2 000t 以上，被誉为全世界优质水晶最富集的矿区。

(2)江苏省东海县：1958 年曾产出一个长 1.7m、短径 1.2m、重 3.5t 的中国"水晶王"，1973 年、1978 年和 1983 年又多次开采出重量在 1～3t 的巨大水晶而被誉为"水晶之乡"。据探明在数百平方千米范围内，水晶储量达几百万吨。近 20 年来，国家每年在东海县的水晶收购量均约占全国收购量的一半左右。

150. 什么叫"包裹体水晶"?

自然界产出的水晶，在结晶过程中，有时会出现其他物质(矿物晶体和液体，气体等)的渗入，形成各式各样的包裹物体，就叫包裹体水晶，其中有一部分包裹物形态奇特，颜色美观，或能引起特殊效应，因而具有观赏、收藏或研究价值，于是成了观赏石或奇石。

151. 包裹体水晶有哪些种类?

包裹体水晶较常见的有以下几种：

(1)发晶和鬃晶：水晶晶体中有电气石、金红石或其他矿物包裹体，如包裹物细如头发便叫发晶；包裹物较粗如猪鬃者便是鬃晶。其颜色有黑、红、紫、绿和白色。在特殊情况下，甚至可以由自然金组成金丝发晶。

(2)水胆水晶：水晶晶体中有一颗或数颗能自由滚动的水珠，可分别叫其一胆水晶、双胆水晶、三胆水晶和多胆水晶(水胆超过 3 个)。在无色、紫色和茶色等水晶中均可见到水胆。

(3)景物水晶:水晶晶体中的包裹物自然形成山水、人物、花鸟等造型,比较罕见,因而很珍贵。

152. 什么是“彩虹水晶”?

“彩虹水晶”是水晶中的贝壳状次生裂隙充填有气体或液体,它的作用恰似天然棱镜,将入射的自然光分解为七彩虹状而形成的一种奇异现象。

彩虹水晶石虽然是由水晶中的裂隙瑕疵形成,但因其具有良好的观赏性,故受到不少收藏者的欢迎。这使它成为化腐朽为神奇、化瑕疵为优点的典范。

彩虹水晶中的裂隙既可以天然产生,也可以人为地加热后突然冷却产生。

153. 什么是“柏枝水晶”?

含有柏树枝状假化石包裹体的水晶,称为柏枝水晶或松枝水晶。它的成因是由于含锰溶液淋滤、干涸后形成模树石(即假化石),一旦被水晶包裹,即身价大增,如一块 5cm 长的柏枝水晶吊坠,售价可达几百元人民币。

154. 什么是“砂晶”?

“砂晶”是水晶晶体中包含有粒状矿物及矿物碎片形成的。一般有金红石砂晶、磁铁矿砂晶、碎云母砂晶、石榴石砂晶、绿泥石砂晶、赤铁矿砂晶等。

矿物颗粒在水晶中有群体状,也有单个的,显现出红、绿、紫、金、黑等色彩,有时发出耀眼的星点反光或闪光。

155. 什么是“闪光水晶”和“母子水晶”?

当水晶中含有云母碎片和(或)赤铁矿,可使水晶呈现黄色到淡黄色,且闪耀这些包裹体矿物的光亮,即称为“闪光水晶”,它是“砂晶”中的一种。

当水晶中含有天然水晶籽晶石,则称“母子水晶”。

156. 我国的“今日水晶宫”在哪里?

江苏省东海县,这个闻名遐迩的“水晶之乡”,在 1992 年建成了一座东海水晶专业市场,被人们誉为“今日东海水晶宫”。

这栋设有近千个摊位的水晶市场,是一个集加工、销售、观赏、科研、食宿和娱乐为一体的综合性国家级大型市场。

这里不仅销售东海县出产的各种水晶及其成品,云南、贵州、河南、甘肃、内蒙古等省(自治区)及国外的水晶也源源不断地涌进市场。

157. 如何鉴别天然紫晶与合成紫晶?

根据严阵先生综合介绍,有 5 种方法:

(1)天然紫晶颜色不很均匀或很不均匀,有时形成深浅相间的色带;合成紫晶颜色均匀、呆板。

(2)天然紫晶中有云母、黄铁矿、磁铁矿、金红石等矿物包体;合成紫晶中仅有籽晶片及面包屑状的固体杂质。

(3)天然紫晶中的气液包体成群出现，有时呈面状分布并具有流动状态；合成紫晶中的气液包体呈孤立的圆球形。

(4)天然紫晶绝大部分具有巴西双晶；合成紫晶绝大部分为单晶。此项特征要在正交偏光镜下观察。有时在抛光面上见有水波纹，也是天然紫晶的特征。

(5)合成紫晶的红外光谱在 3 450cm^{-1} 处有一个吸收峰；天然紫晶无此吸收峰。

十一、可制作“夜明珠”的宝石——萤石

158.什么是“萤石”？萤石有何特性？

萤石是氟化钙(CaF_2)组成的矿物，又称“氟石”，含杂质较多。其晶体多为立方体或八面体，集合体为晶簇状或块状。质纯者透明无色，含杂质者常呈绿、蓝、紫、玫瑰红等多种颜色。显玻璃光泽，透明至半透明。硬度 4，密度 3.18g/cm^3。在阴极射线和紫外线照射下，能发出紫色荧光；在太阳光曝晒下能发磷光。在萤石矿物中，有很少一部分能发较强的磷光者，即可用于制作夜明珠，而成为具有重要价值的夜光宝石。

159.自然界萤石如何形成？有哪些矿床类型？

自然界的萤石主要是热液作用形成，分布较广。萤石矿床类型有矽卡岩型、热液型、层控型和沉积型等，其中以热液型居多。

160.我国萤石矿产地多吗？储量是否丰富？

据有关资料的不完全统计，世界萤石总储量约 9.35×10^8t，中国约占世界储量的 35%，是世界上萤石储量丰富的国家之一。

中国各个省区几乎都找到了萤石资源，其中宝石级萤石主要分布于浙江、江西、福建、内蒙古、河南、湖北、湖南、广西、广东、四川、贵州、青海、新疆等地。广东粤北某有色金属矿山的副产矿物萤石在夜间能发光(即有“磷光效应”)的消息，早在 10 多年前就曾有过报道。最近，在“夜明珠”热波及全国之际，《宝玉石周刊》(2002 年 7 月 25 日)报道的“210kg 巨型夜明珠惊现京城”，沈先生的这颗夜明珠，就是从内蒙古购来的一块 800kg 的大块萤石矿加工而成。

161.萤石为何又叫“软水绿晶”和“软水紫晶”？

由于萤石的颜色和外观乍看起来颇似水晶，而其硬度又比水晶低，故中国工艺美术界将宝石级绿色萤石称为“软水绿晶”，紫色者称为“软水紫晶”。

162.工艺美术上对萤石有何要求？

工艺美术上要求萤石晶体无色，或颜色鲜艳、均匀，其中以呈绿色和紫色者最佳。并要求玻璃光泽强，透明度好，无解理、裂纹，杂质、脏点越少越好。粒径 2cm 以上，可做刻面或弧面型宝石(戒面或吊坠)；块度大者可做大、小摆件。

163. 什么是“荧光”和“磷光”?

在自然界中，宝石的发光现象有两种，当光照或紫外线照射时有发光现象，关闭光源后发光现象即消失的称为“荧光”;若关闭光源后仍然保持发光现象(时间长短不限)的称为“磷光”。在现实生活中，人们利用荧光鉴定宝石，利用磷光合成发光宝石或生产发光工艺品。

164. 什么是“夜明珠”?

据《宝玉石周刊》2002 年 6 月 20 日的长篇报道称:在 6 月 11 日的专家研讨会上，多数专家认为，“夜明珠”主要是指具有“磷光现象”(即关闭光源后仍然保持发光的现象)的矿物和岩石。仅有“荧光现象”者不能称为夜明珠。

165. 哪些萤石可制作“夜明珠”?

我国的萤石矿储量丰富，产地分布很广，但在这些萤石资源中，能制作“夜明珠”的仅仅是其中极少的一部分。

具体地讲，只有那些具有“磷光效应”的萤石，才能制作“夜明珠”。

评估“夜明珠”的质量时，不仅要测定其夜间(或黑暗环境中)发光的强度，还要测定发光衰减时间的长短，发光时间越长价值越高。

一般老百姓如何识别萤石矿物(或萤石球)是否具有“磷光效应”呢? 首先将待测萤石用验钞灯(荧光灯)去照射，如照射时发光(紫色或绿色)，光源关闭仍然发光，就是“磷光效应”，即如同夜光表一样，无光线照射也一样发光，就是“夜明珠”。反之，光源关闭就不再发光，便是“荧光效应”，即如同钞票中的“100”之显示现象一样，那就不是“夜明珠”了。

166. “夜明珠”为何能在黑夜发光?

2001—2002 年间，在我国发现了较多的“夜明珠”。据现代技术测试得知，萤石“夜明珠”出现磷光的原因，是由于矿物在结晶过程中，稀土元素进入晶格时形成的“发光中心”所致。

167. 古代“夜明珠”是什么样的?

2002 年 6 月 11 日在北京召开的有 10 位专家学者参加的关于夜明珠的专题研讨会上，资深宝石学家、中国宝玉石协会副会长栾秉璈说，夜明珠古有“夜光璧”、“明月珠”等名称。春秋战国时有“悬黎”、“垂棘”、“随侯珠”等夜明珠，被誉为“天下名器”。古代夜明珠在正史、稗史、小说、诗赋中均有记载。虽然迄今没有考古发掘出夜明珠，但夜明珠确实存在，只是古代夜明珠到底是什么样，谁也没见过。他又指出:古代夜明珠是中国玉文化的重要组成部分，已成为一种夜明珠文化。由于古代科技不发达，不能正确认识夜明珠发光的原因，所以夜明珠被蒙上一层神秘色彩。

168. 自中华人民共和国成立以来最早的“夜明萤石”于何时、何地被发现?

据广东省地质学会科普委员会于 1983 年 4 月出版的《地球趣谈》(第二辑)刊登的“广东有‘夜明珠’吗?”(作者:霍永锵)一文指出:“1982 年 11 月,终于被我们在广东某钨矿床中找到了能在晚上发光的萤石。在该矿床中,除了主要的黑钨矿外,还有……,并伴生有好几种颜色的萤石,……。但惟独浅棕色萤石能在无阳光或灯光(包括紫外灯)照射下,在黑暗的夜晚发光。……在相距二三米远处仍可清晰见其夜光。靠近时,可借助其光亮分辨出报纸上有字与无字两部分。”

据笔者所知,这就是中华人民共和国成立以后最早发现的“夜明珠”。这一消息,著名宝玉石专家栾秉璈先生曾经在其他报刊上公开介绍过。因此,广东首先发现夜明萤石,以及一些书刊资料中对中国古代“夜明珠”的介绍,对 2001—2002 年在内蒙古等地相继发现大块夜明萤石,可能具有一定的启示作用。

169. 中国宝玉石协会为何要召开“萤石夜明珠讨论会”?

据《宝玉石周刊》2002 年 6 月 20 日记者无为报道:最近两年来,珠宝及收藏市场涌现出许多夜明珠,不仅个头一个比一个大,估价一个比一个高,而且频暴天价,最高竟达 7.8 亿美元。

为了公正、客观、科学地评价与宣传夜明珠,正确引导市场,中国宝玉石协会和国土资源部珠宝玉石首饰管理中心、中恒誉资产评估有限公司、《中国宝石》杂志社于 2002 年 6 月 11 日在北京专门召开了“萤石夜明珠讨论会”,邀请了 10 位专家、学者和首都部分新闻媒体的记者,就夜明珠的历史记载、夜明现象、磷光产生机理、检测情况和商业价值等进行了科学的分析与探讨。

170. 专家对“萤石夜明珠”的商业价值如何评估?

在中国宝玉石协会等数个单位于 2002 年 6 月 11 日在北京召开的萤石夜明珠专家讨论会上,多数专家都认为,具有“磷光效应”的萤石做成的“夜明珠”,因其具有特殊的光学效应,产量又很少(只占全部萤石储量中的极少一部分),故具有较重要的经济价值,但通过商业炒作将它捧成天价,或将其贬成一钱不值都是不对的。

专家们认为:现在是市场经济社会,优胜劣汰,物以稀为贵,公认的价值只有在市场交易中得到市场的认同和买卖双方的共同认可,即由供需双方共同来定价。

笔者认为,上述的专家意见虽然符合经济规律和评估原则,但都不够具体,对于大多数并非行家的珠宝爱好者来说,仍然有“一头雾水”的模糊感。故笔者建议,在我国的《珠宝首饰评估准则》尚未公布之前,对价格高昂、真假难辨的“夜明珠”之交易,应持十分慎重的态度。

171. 世界最大的“夜明珠”有多大?

自 2002 年 1 月以来,有关“夜明珠”惊人报道累见报端,并且个头一个比一个大,都说自己拥有的是“世界之最”,但有时还不到一个月,其纪录又被打破,看来尚未到“尘埃落定”之时。下面摘录2002年1月至8月的三则新闻以供参考，对上述情况可见一斑。

(1)2002年1月16日，《羊城晚报》陈辉报道：1月15日，重14.35kg、价值至少5亿港币、号称世界最大的夜明珠首次在深圳露面。该夜明珠呈深绿色，直径21cm，已通过北京大学宝石鉴定中心鉴定。

(2)2002年7月25日，《宝玉石周刊》以“210kg巨型夜明珠惊现京城”为题报道：该夜明珠直径达50cm，通体深绿色。放置暗室，关闭灯光，珠体即发白光，光度渐强。

据携带巨型“夜明珠”的江苏人沈先生介绍：这颗夜明珠重达210kg，系今年从内蒙古买回的重达800kg的磷光萤石加工而成。沈先生认为：这是目前已知世界最大的“夜明珠”。

(3)2002年8月22日，《宝玉石周刊》记者胡立坤报道：近日又爆新闻，河南南阳市李先生家藏两颗巨型夜明珠，其中大的一颗重达345kg，直径为60cm，能在暗室中发出很强的白光。

收藏者李先生告诉记者，这两块萤石是今年春季发现的，两块原料分别重约1t和1.5t。经过4个多月加工，琢成两颗巨型夜明珠。

看来，世界最大“夜明珠”的谜底，还远远未到揭晓之时！

172.什么是“现代夜明珠”——庆隆夜光合成发光宝石？

据沈才卿先生在《中国宝石》2001年第4期的专题文章中介绍：20世纪60年代，人们用掺有硫化物的材料制造成夜光材料，用来制作毛主席像章，但其磷光辉度较小，持续发光时间短。随着科技的发展，人们改用以碱土铝酸盐为母体，加入稀土元素激活剂生产的新型夜光材料，比60年代掺硫化物的发光材料发光强度高了近30倍。庆隆夜光合成发光宝石就是在此基础上，用硼铝酸盐为母体添加稀土元素作为激活剂合成的新型发光材料，其中不含任何放射性物质，使用绝对安全可靠。

像庆隆夜光合成发光宝石这样强的磷光辉度和如此长的发光时间(详见173问)，在国内外均属首创，此项技术已在国内外申请了专利。

173.“庆隆夜光合成发光宝石”的发光性能如何？

由北京华隆亚阳技术开发有限责任公司发明的“庆隆夜光合成发光宝石”比传说中的夜明珠更亮，保持亮度的时间更长。

根据实验，将庆隆夜光合成发光宝石进行24小时遮光保存，然后用27W的荧光灯在60cm处照射30分钟，测量其磷光辉度(亮度)为11 570mcd/m^2(注：法定亮度单位)；庆隆夜光合成发光宝石保持亮度的余辉时间可以超过10小时，最长可达60～70小时。

174. 有在“萤石夜明珠”商业炒作下上当的事例吗?

2002 年 6 月 11 日,由中国宝玉石协会、国土资源部珠宝管理中心等单位在北京召开的萤石夜明珠专家讨论会上,有一位教授讲,“听说有人用两套房子换了一颗重量不到 1kg、质量并不好的夜明珠”。这是否可算一宗在商业炒作下吃亏上当的典型事例呢? 读者可以想一想。

175. 如何识别假“夜明珠”?

大约自 2001 年以来,我国珠宝及收藏市场突然涌现出许多大大小小的萤石夜明珠,而且价格炒至几亿元一颗的天价。这样一来,即使有许多爱宝者,对天价夜明珠也几乎无人问津。于是,仿制而成的假“夜明珠”就应运而生了。

据核工业部高工沈才卿先生介绍:他的一个学生一次花了 100 多元,在北京一古玩市场买了一颗假夜明珠,通过检测发现,发光的都在裂纹中,原来从裂纹中灌进了夜光材料。

类似上述事例的现象,在其他大、中城市的古玩市场或水晶市场也时有所闻。故无论单位或个人购进“夜明珠”时,必须把好检测关,未经省、市级正规检测部门科学检测认定的“夜明珠”,不应盲目购买,以防“鱼目混珠”,受骗上当。

176. 即将发布的《珠宝首饰评估准则》对规范珠宝评估有何作用?

据有关媒体报道,当前之所以频频出现天价夜明珠现象,主要是由于珠宝玉石评估尚不规范,其次与对夜明珠认识不足和宣传上的神秘倾向也有关。为此,国家有关部门正在制定《珠宝首饰评估准则》。随着该法规的颁布,今后只有具备珠宝评估师的专业人员和相应资质的评估公司,才能出具有法律效力的珠宝评估证书。可以期望,目前珠宝评估缺乏规范的现状将告结束。

十二、其他宝石

177. 什么是“黄金宝石”?

据张庆麟在《珠宝科技》2002 年第 1 期介绍:在珠宝行业中,黄金是一种最重要的载体,它用于珠宝的镶嵌,能起到陪衬作用,并使钻石、翡翠和各种宝玉石得以固定于首饰上。

不久前,在国外已有人用黄金磨制宝石,其成品被称为“黄金宝石”。不过,用于磨制宝石的并不是纯黄金,而是含有自然金的石英脉。这种“黄金宝石”制品,最初由澳大利亚东南部的吉姆派金矿山开发生产。他们选择含金最高,肉眼可见明金的石英脉岩作为原料来磨制宝石。据说可以获得金光灿灿的良好光学效应,因而受到众多珠宝爱好者的欢迎。

178. 什么是“日光石”和“月光石”?

日光石和月光石都是长石类宝石中比较重要的品种。

日光石也叫“砂金石”，是一种含有分布很均匀的鳞片状镜铁矿微细包体的更长石(奥长石)，呈金黄色或灰红色闪光，是名贵的工艺品和首饰材料。硬度 6～6.5，玻璃光泽，主要产于碱性岩、酸性岩及相应的伟晶岩中。

月光石亦称“月长石”，古有“白宝石”之称。它是拉长石的透明—半透明，色美而符合工艺要求者。硬度 6～6.5，玻璃或珍珠光泽。由于在解理上具有显著而强烈的变彩，转动时呈美丽的淡蓝、淡绿、淡黄等变色，是制作蛋形戒面的理想材料。

据我国地质界前辈章鸿钊先生考证认为：我国战国时代一块很著名的璧玉——和氏璧，就是一块美丽的月光石。但和氏璧是外面包有一层“皮”的“璞”玉，与月光石的特点不符，故有待进一步考证。

179. 什么是“尖晶石”?

尖晶石俗称大红宝石，也有人称之为“晶宝石”。它是一族矿物，包括十几个品种。但其中只有镁尖晶石($MgAl_2O_4$)能作为宝石原料，因为它经常是透明的，并且有鲜艳的红色(含有微铬所致)或蓝色(含有二价铁及锌之故)。

尖晶石属等轴晶系，晶体多为八面体，硬度 8，密度 3.58g/cm^3。

180. 目前已知最大的红尖晶石有多重?

目前已知最大的红色尖晶石叫泰米尔红宝石。公元 1851 年，英国的东印度公司赠送给维多利亚女王的一批礼物中，有 4 颗大粒的红色尖晶石，其中一颗就叫“泰米尔红宝石”，重 361ct，其他 3 颗分别为 96ct、74ct 和 35ct。

181. 尖晶石最易与何种宝石混淆?

尖晶石最易与红宝石(Al_2O_3)混淆。大约在 150 多年前，当矿物学才刚刚建立起来的时候，人们还不知道尖晶石是一族独立的矿物，它又常与红宝石在一起伴生和产出。因此，人们就把透明而具有鲜艳红色的尖晶石当作红宝石，二者混在一起往往不加区别。如在我国清朝时，官员品级的高低是用帽子顶上的“顶子”来表示的。凡是皇族封爵(如亲王、郡王等)和一品官，帽子上都用红宝石顶子。从故宫等地保存下来的大量红宝石顶子看，几乎都是用红色尖晶石制成的。

在珍贵程度上，红尖晶石比红宝石价值低多了，所以从古至今都有不少人用它来冒充红宝石，值得购买者注意。

182. 什么是“锆石”?

矿物学中的锆英石，简称锆石，又叫锡兰石或风信子石。它的成分是硅酸锆，密度 4.2～4.7g/cm^3，硬度 7.5～8，常透明，金刚光泽，有无色和红、蓝、黄、紫等各种颜色，而以红色锆石为宝石中的代表。

锆石因其折射率高达 1.916～1.991，与钻石较接近，色散又很强烈，将无色透明的锆石琢磨成圆钻型刻面宝石后，也具有类似钻石的那种闪烁的彩色光芒。大约在 20 世纪 50 年代以前，这种透明无色的锆石，就成为天生的钻石冒充品了。

183. 锆石与钻石有何区别?

锆石虽与钻石有相似之处,但仍然有很大区别,主要是:

(1)锆石属非均质体,从琢磨好的锆石刻面石顶面往下看,可以见到底部的棱面具有清晰的双影,而钻石则无此双影。

(2)钻石的硬度为10,而锆石的硬度为8。用锆石来刻划硬度为9的标准硬度片刻不动,便可与钻石区别。

(3)钻石的密度为$3.52g/cm^3$,而锆石的密度则达$4.2g/cm^3$以上。

184. 国内外的锆石重要产地有哪些?

锆石在国外的产地主要有斯里兰卡、泰国和澳大利亚。

中国的宝石级锆石主要产地有两处:

(1)福建省明溪蓝宝石砂矿中的锆石。

(2)海南省文昌蓝宝石砂矿中的锆石。

这两处宝石级锆石砂矿的成因为残坡积型,品位较高,达到$200g/m^3$以上。两处都是晶质锆石,透明度佳,硬度亦高,易采好选,具有重要的工业价值。

185. 什么是“二硬石”?

“二硬石”是众多矿物中惟一在一种矿物上具有两种不同硬度的蓝晶石的别名。

蓝晶石是一种含铝的硅酸盐矿物,化学成分是$Al_2O[SiO_4]$,常呈厚板状或柱状集合体产出,多为淡蓝色,并因此而得名。具玻璃光泽或珍珠光泽,透明至半透明,密度为$3.56\sim3.68g/cm^3$。

蓝晶石的最大特征是,在平行晶体延长方向上的硬度为4.5;而在垂直这个方向上的硬度则高达6.5~7,这是由于此种矿物在不同方向的内部结构有差异而引起的结果。

蓝晶石是高铝矿物之一,是一种优质的耐火材料。透明而颜色美观的蓝晶石晶体可作宝石,但较罕见。已知加工后的最大蓝晶石宝石仅重20ct。

我国目前规模较大的蓝晶石矿位于江苏省沭阳县。

186. 什么是“坦桑石”?

坦桑石是一种黝帘石质宝石。黝帘石是一种较普通的矿物。长期以来,人们并不把黝帘石当作宝石矿物,直到1960年,在坦桑尼亚发现了蓝至青莲色的透明黝帘石晶体,才开始琢磨出少数宝石戒面。它虽然很美,但一时仍不为世人承认,因而未能引起注意。直到1967年,成立了一个名叫“泰芬尼”的著名宝石公司,它注意到这种宝石的颜色可与蓝宝石媲美,因此取名为“坦桑石”,并广为宣传,从此坦桑石即身价十倍,供不应求,升至中上等宝石之列。

黝帘石的化学成分是硅酸钙铝,属斜方晶系,常呈柱状,柱面常有条纹,有一组解理，断口参差状，硬度 6，性脆，一般不透明至微透明，透明而呈蓝、青莲及紫罗兰色的均可作宝石原料。

187. 坦桑石的主要产地和品种有哪些？

至今所见的黝帘石宝石，主要都来自坦桑尼亚。坦桑石虽然有灰、绿、蓝、褐、淡黄、青莲、紫罗兰等各种颜色，但以蓝色、青莲色和紫罗兰 3 个品种的颗粒较大，最大可达 100ct 以上，而且还有 10ct 以上的蓝色猫眼坦桑石产出；其他颜色的坦桑石颗粒都不大。其他国家所产的黝帘石，其颜色和透明度都差，故不能与“坦桑石”相比。

188. 什么是琥珀？

琥珀是自古至今的传统玉料。它是地质年代中的第三纪松柏科植物的树脂，经地质作用掩埋在地下石化而成，故被称为“树脂化石”或“松脂化石”。当时有些树脂在溢出时包裹了一些小动物和植物，使琥珀在观赏性和科学性上更有价值。

自然界的琥珀常产于煤系地层和滨海砂矿中，在成因上分别属于生物化学沉积矿床或滨海砂矿床。

189. 琥珀有哪些基本特征？

琥珀是碳氢化合物，化学成分为 $C_{10}H_6O$，其中含碳 79%，氢 10.5%，氧 10.5%。非晶质体，密度 1.1g/cm^3，硬度 2～3，加热到 150℃软化，250～300℃熔融燃烧。琥珀呈油脂光泽，透明至半透明，性脆，贝壳状断口。琥珀的颜色有黄、褐、淡红等几种，也发现过罕见的蓝色和浅绿色琥珀。

190. 琥珀有哪些品种？

我国划分的琥珀品种有 10 余种，现择其要者介绍如下：

(1)金珀：晶莹如同黄水晶，很珍贵。

(2)虫珀：包裹有昆虫的琥珀。

(3)香珀：具有香味的琥珀。

(4)灵珀：蜜黄色透明度高的琥珀。

(5)花珀：有黄白相间的花纹，形如马尾松的琥珀。

191. 琥珀有何用途？

一般琥珀多用于制造项链和小吊坠等首饰，也用于雕制工艺品。包有完整的昆虫遗骸的珍贵琥珀，则可作为陈设品或收藏品。

饰用品琥珀要求透明和有一定的块度，色浓且透明度高者为佳。

192. 如何识别天然琥珀和压制琥珀？

压制琥珀是将块度很小的琥珀集中在一起，加热到 200～250℃，使它熔化，冷却凝固而成，它与天然琥珀很相似。

识别的方法是，压制琥珀中有拉长或扁平的气泡，显示一种流动构造，其价值低于天然琥珀。

193. 如何保养琥珀制品?

琥珀属有机质，怕高温，忌曝晒，过分干燥易生裂纹，琥珀制品不宜放在阳光直接照射的地方。

琥珀易溶于有机溶剂，如酒精、汽油、煤油、重液和指甲油等，应尽量避免与这些溶剂接触。

194. 世界和我国最重要的琥珀产地在何处?

世界上最重要的琥珀产地在波兰西北部波罗的海南岸一带。矿区范围很大，琥珀矿体多呈脉状、团块状，其上下围岩疏松，开采方便，产量大。

波兰第二大城市格坦思克市是波兰琥珀加工企业最集中的地区。由于政府限制在首饰工业中使用黄金和白金，当地的厂家几乎都只用白银和琥珀两种原料，但其产品的款式和花色却千姿百态，琳琅满目。

波兰对琥珀的开采、加工与市场经营已有悠久的历史和传统风格。波兰的琥珀原料或首饰工艺品已经出现在世界大多数国家及其珠宝展销会上。

我国最重要的琥珀产地是辽宁省抚顺煤矿，所产琥珀质量甚佳，且常见包有古代各种完美的昆虫遗骸，更具观赏和收藏价值。抚顺琥珀主要产于新生代早第三纪含琥珀地层中，伴煤玉产出。我国另一个琥珀重要产地是河南省南阳地区的西峡县和内乡县境内。这里产出的琥珀因性脆、块小，主要用来入药或加工成“压制琥珀”。

195. 什么是珊瑚?

珊瑚是一种有机质宝石。但只有颜色美丽的特殊品种才有价值。

珊瑚的化学成分为碳酸钙。颜色多种多样，常见的为白色。而以肉红、深红和浅玫瑰色者较为珍贵。

珊瑚形态多呈树枝状，横断面有同心圆层的花纹结构和心点。玻璃光泽至暗淡光泽。硬度 3.5～4，密度 2.62～2.7g/cm^3。质地细腻，柔韧均一，断口平坦，不透明。

196. 珊瑚有哪些品种和重要产地?

珊瑚多呈白色，珍贵而罕见，品种有如下 3 种：

(1)红珊瑚：呈粉红、肉红、玫瑰红色，由淡红到深红都有，有一种暗红色的珊瑚，在国外被称为“牛血珊瑚”。

(2)黑珊瑚：呈灰黑到黑色，比较罕见。

(3)蓝珊瑚：呈蓝色，非常罕见。

珊瑚的重要产地，在国外有日本和地中海产出的红珊瑚，喀麦隆产出的黑色和蓝色珊瑚都很珍贵，主要用于工艺品和首饰。

我国海南岛和西沙群岛盛产白珊瑚，其颜色洁白，呈各种树枝状，主要用于作盆景和旅游纪念品等。

197. 贵重珊瑚与造礁珊瑚有何区别?

贵重珊瑚与造礁珊瑚的主要区别，在于造礁珊瑚会建造珊瑚礁，这些珊瑚礁广泛分布在热带的浅海，其骨骼粗糙，属自然生态保护资源。贵重珊瑚大多生长在深海，数量很稀少，质地细致，价格昂贵。最重要的是贵重珊瑚不会建造珊瑚礁，而以其质地细致、色泽鲜艳及纹理细密的特质，在宝石中占有一定的地位。

198. 珊瑚是如何形成的?

珊瑚是一种圆筒状腔肠动物。在幼虫阶段，它可以自行游动，但管状的成虫早期便自动固定在先辈珊瑚的石灰质遗骨堆上。珊瑚是靠管口上段的触手捕捉微生物送入口腔中，内腔将食物消化掉，同时分泌出一种石灰质来建造自己的躯壳。

珊瑚能靠自己的无性生殖——分裂增生方法迅速繁殖。为了追求食物和阳光，珊瑚就像树木抽枝拔芽一样向高处、向两旁生长，越长越高，越长越大，形成了树枝状的群体，取出其中一束即婀娜多姿、美丽动人，成为天然的艺术品。

以上所述，是人们常见的珊瑚礁的成因，珊瑚礁质地疏松，无法加工成饰品；另一类贵重珊瑚则色泽丰富多彩，质地坚实致密，是宝石级珊瑚，也是人们十分喜爱的“海中珍宝”。但这种贵重珊瑚生长极为缓慢，产量也少。

就珊瑚的生态环境而言，它只选择在洁净温暖的清静海域栖息，大多分布于南北纬 30°之间，地中海沿岸及太平洋水深 200～2 000m 之间海域范围。

199. 如何鉴别炝色(染色)红珊瑚?

由于红珊瑚产量少而价值高，故往往有人用低价的白珊瑚染成红色来冒称天然红珊瑚。

要鉴别上述的假红珊瑚，可用蘸有丙酮的棉签擦下染色剂。由于人工染色的赝品颜色单调呆板，表里不一，用 10 倍放大镜可见染料在珊瑚的小裂隙中和粒间浓集，其红色外深内浅，显示出着色不均匀的破绽。

200. 什么是“黑宝石”——煤精?

煤精是古代树木被石化而成的一种煤，在矿物学中称为贝褐煤。用作工艺玉雕原料者是非常致密无裂纹的块状或厚板状煤精，被叫做“煤玉”。

煤精的成分是碳，含有机质。通常为集合体或块体。呈黑色或黑褐色。光泽暗淡，抛光后具有玻璃光泽。硬度 2.4～4，密度 1.3～1.35g/cm^3，性脆。用于雕刻小动物和飞禽等工艺品，漆黑光亮，别具风格，在国际市场上很受欢迎。

煤精的著名产地有美国犹他州和科罗拉多州、新墨西哥州及西班牙、法国和俄罗斯。我国抚顺煤田西部古城子露天矿和胜利矿产出的煤精也很著名。

201. 如何进行煤精的质量评价?

据尹继才先生在其有关“煤精”的专题文章中介绍，煤精的质量评价可从以下五个方面进行，即颜色、光泽、质地、瑕疵、块体。

颜色越黑越好，纯黑色者为佳品，带褐色者则较差。光泽以明亮的树脂光泽或沥青光泽为好，光泽弱者为次。质地致密细腻者是上品，无裂纹杂斑者质量为好。块体则愈大愈好，色黑质佳的小块体也不应抛弃，可用于雕制小巧玲珑的工艺品。

202. 象牙为何也能进入宝石行列?

象牙的成分为碳酸钙和蛋白质等有机物。它是一种重要的工艺品原料，在广义上被列入宝石范畴。在国外，象牙被列为“有机质宝石”的一种。

由于大象是禁猎动物，故象牙原料将越来越稀贵。

203. 什么是狭义和广义的象牙?

象牙是一种珍贵的有机宝石。狭义的象牙是指大象的大门牙和小牙；广义的象牙则包括与象牙类似质地的猛犸、河马、海象、雄性野猪和鲸的牙。

随后将要介绍的“如何识别真假象牙”中，所指的真象牙专指狭义的象牙，广义的象牙及国内外大量出现的代用品（如象骨、鲸骨和牛骨等）、仿制品（塑料），均属假象牙。

204. 象牙的化学成分是什么?

象牙的化学成分主要包含无机和有机两部分：无机成分中主要有 CaO、P_2O_5、Na_2O、Fe_2O_3、MgO、SiO_2 等；微量元素有 Sr、Mn、Zn、Ti 等；有机成分主要为胶质蛋白和弹性蛋白，其中含有甘氨酸、丙氨酸、谷氨酸等 17 种氨基酸。在象牙中，无机物与有机物之比约为 2∶1（65%与 35%）。

象牙化学成分的特点，可作为科学系统鉴定象牙真伪的重要依据之一。

205. 象牙有哪些外表特征?

象牙的形态一般呈牛角状，多为弧形弯曲。每一支象牙（指大门牙）平均重约 6kg 多；牙长一般为 1.5～2m，但生长时间短的仅 60～70cm 长。象牙新鲜时呈白色、奶白色、瓷白色；陈旧后多为浅黄白色、淡黄色、黄色、浅褐黄色。具美丽柔和的油脂或蜡状光泽，透明至半透明或微透明，象牙的密度为 1.7～1.9g/cm^3，硬度为 1.95～2.5，折射率平均约 1.54，具弹性和发光性，象牙不耐酸，遇酸易软化或溶解，但软化后极易在上面绘画或浮雕，很适于下刀施艺，可精雕细琢成各种艺术珍品，如雕成几十层可以互相转动的象牙球等。

象牙由于具有微细孔隙及强吸收性，可以按需染成各种颜色，还可进行优化处理——漂白达到去黄增白的效果。

206. 象牙有哪些用途?

象牙具有洁白无瑕、温润细腻、柔和纯真的美感，因而是雕制象牙球、筷子、扇子等工艺品和手镯、项链等多种首饰品的上佳材料；象牙还是一种名贵的中药材，对镇静安神、收敛消炎、止血有特效，市场需求量很大。因此，国内外都出现大量代用品和仿制品，这些假货充斥市场，给政府商检和海关检查都带来难题，经营者和顾客也怕上当受骗。于是，学习简便快速辨认真假象牙便成了有关人员的紧迫任务。

207. 常见的象牙制品有哪些？

中国是象牙文化古国，对象牙利用有悠久历史，加工雕琢技艺精湛，饰品千姿百态，款式推陈出新。象牙制品可划分为以下类型：

(1)首饰工艺品类：又可细分成手镯、项链、挂件、戒指等几个小类，每个小类还有各种款式。

(2)实用工艺品类：如象牙筷子、扇子、烟嘴、笔筒、花瓶、果盒、首饰盒等。

(3)珍品类：用大料雕琢的多层象牙球、“龙的传人”等专题摆件；用较小料雕制的观音、弥勒佛和各种人物、仕女等小摆件，其中不少参加国际比赛获大奖，或作为赠送给重要国宾的礼品等，常会获得外宾的高度赞赏。

208. 如何简便快速识别真假象牙制品？

桂林工学院周佩玲教授于 1994 年 2 月 13 日在《宝玉石信息》报上发表了《象牙饰品真伪辨》专题文章，对象牙饰品的真伪鉴别提出了多种有效方法，现转载如下：

(1)从颜色看：象牙饰品颜色纯正，洁白无瑕，多呈白色、乳白色、瓷白色；骨制品色偏黄，多带浅黄、黄白色；人造象牙饰品的白色欠纯正，多呈灰白、淡蓝白色。

(2)从光泽看：象牙饰品油润光亮，具强蜡状光泽或脂肪光泽，半透明至微透明；骨制品则干涩无光或弱蜡状光泽，微透明至不透明；人造象牙饰品为强亮光，透明至半透明。

(3)从质地看：象牙饰品滋润柔和，极为致密细腻；骨制品则欠致密具粗糙感；人造象牙表面极为光滑平整。

(4)从做工看：象牙饰品做工好，精雕细琢；骨制品做工比较粗糙；人造饰品则往往留有模具痕迹。

(5)从发光性看：象牙饰品在荧光灯紫外线照射下能发出较强的蓝白色荧光；骨制品的荧光较弱；人造象牙的荧光无或很强(加入荧光剂者)。

(6)从密度看：象牙饰品密度稍小于骨制品(前者为 1.7～1.9g/cm^3；后者为 2.0～2.1g/cm^3)，而大于人造象牙饰品(1.3～1.5g/cm^3)。

(7)从截面纹理线看：象牙截面均具肌理纹理线，但不同方向其纹理线形态有别。如象牙的横截面上显示出两组呈斜十字弧形交叉均匀分布的纹理线(亦称勒兹线)，且其呈菱形会聚线之钝角总是大于 115°，纵截面上则呈现近于平行的波状纹理纹。还有，完整的横截面从中心至外表存在着致密状→细勒兹线→粗勒兹线→同心圆状致密状的分层结构，这是辨别真假象牙的惟一特征标志和关键。骨制品中含有细小的孔道，于横截面上这些孔道像小圆点状；纵切面上则似线条状。人造象牙(塑料品)虽也可以模仿象牙的肌理纹理线纹路，但这种纹理纹的结构常常很不均匀，且缺乏真象牙的会聚线。

209. 日本研制的新型人造象牙情况如何?

1991 年，日本研制出两种新型人造象牙，其优异的特性可与真正的象牙媲美，并能制作精美的首饰。

这两种人造象牙中，一种是由耐熔的陶瓷树脂制成；另一种是用鸡蛋壳、牛奶及二氧化钛制成。它们的外观和真象牙几乎无区别。

210. 什么是玳瑁?

在宝石分类中，玳瑁被列入有机宝石类。它之作为有机宝石，是指玳瑁龟的上壳或甲壳。玳瑁龟为栖息在热带、亚热带海域的一种海龟，其体重常在 50～100kg 之间。

玳瑁龟的上壳与下壳的龟甲各由三行具有美丽斑纹呈叠瓦状覆盖的龟板组成。中间一行有 5 块龟板，两侧两行各有 4 块龟板，每块龟板重约 250g。

211. 玳瑁有何特征及用途?

玳瑁为非晶质体，多呈黄褐色斑纹，由角质和骨质组成；具油脂光泽至蜡状光泽，半透明至微透明；折射率约为 1.55，密度为 1.29g/cm^3；硬度为 2.5；韧性相当好，断口不平坦；可被硝酸浸蚀，但不与盐酸反应；黄色或蓝白色荧光；具可切性和热塑性。

玳瑁的用途较广：除用于首饰外，还可制吉他拨子、小提琴紧弦螺母、鞋扣、毛刷柄、刀柄、镜框等，工业上用作精梳机器的梳齿，医学上用作刮痧板等。

212. 玳瑁饰品和玳瑁仿制品各有哪些产品?

玳瑁饰品种类如下：

(1)首饰类：素身(即光身)戒指、手镯、耳坠、胸坠等。

(2)头饰类：发夹、发髻之头簪、玳瑁栉(梳、篦之总称)。

(3)实用工艺品：眼镜框、折扇等。

(4)服饰：领带夹、衣扣等。

玳瑁仿制品种类如下：

(1)压制玳瑁：用玳瑁龟甲的碎片，加热、粘合在一起而成。

(2)拼合龟甲：有以一片薄的龟甲被胶合在塑料底座上，或以“三合板”方式作伪，即把二片极薄的真玳瑁片分别从底或面粘在颜色相近的塑料上，使之变厚。

(3)塑料仿制品：用以仿玳瑁的“酪素塑胶”、“安全赛璐珞”、“电木赛璐珞”以及多色塑料等制品。

213. 如何区别真假玳瑁?

桂林工学院周佩玲教授多年来致力于有机宝石的研究,并于 1995 年由中国地质大学出版社出版了她的专著《有机宝石与投资指南》。下面列举的区别真假玳瑁的宝贵经验,就是周教授研究成果的一部分:

(1)强光照射法:将玳瑁在强光或电筒光下透射,真品可见通透的美丽花纹,其色斑呈无数圆点状,如靡子小点聚集一起,形成边界参差不齐的不规则状。仿制品的斑纹呆板或呈团块状。

(2)抛光法:玳瑁片经抛光后呈现一种独特的光彩和神韵;仿制品则不具备这一特征。

(3)燃烧法:刮屑末点燃或以热针触之,真品散发出头发燃烧的气味;仿制品则为异味;电木发石碳酸气味;赛璐珞呈樟脑气味;安全赛璐珞和酪素塑胶则呈醋味。

(4)手掂法:玳瑁密度为 1.29g/cm^3;塑料仿制品为 1.05~1.10g/cm^3,手感易分出。

(5)切片观察法:将玳瑁用温水浸泡软化后,切片用放大镜或显微镜观察,可见红褐色球状颗粒,色斑呈圆形色素小点,具清晰的斑纹结构;塑料制品具条带状,可见界限明显的色带。

(6)天然玳瑁与压制玳瑁的区别在于:压制玳瑁因受热后颜色变深,且有空气泡,呈拉长状;天然玳瑁则相反。

(7)拼合玳瑁是为了看上去很厚,但从侧面观察,就可见不同片间有色泽区别;用放大镜观之,有粘胶痕迹及气泡残存。

214. 什么是"硅化木"?

硅化木是指古代埋藏在地下的树木,由于受到硅化作用,其次生木质部组织被二氧化硅所交代,并保留木质残留结构的一种木化石。

215. "硅化木"是如何形成的?

当植物(主要是较高大的乔木)被沉积物掩埋后,因处于缺水的干旱环境,木质不易腐朽,而在漫长的石化过程中,被二氧化硅等矿物交代了木质的纤维结构,并保存了枝干的外形。它的化学成分以二氧化硅为主,常含铁、钙、磷及其他成分。颜色有淡黄、黄褐、灰白等色,抛光后具玻璃光泽,不透明,硬度 7,密度为 2.65~2.91g/cm^3。

216. "硅化木"有哪些种类?

按交代物的成分,硅化木可分为下列几种:

(1)玛瑙硅化木——以玛瑙成分为主。

(2)蛋白石硅化木——以蛋白石成分为主。

(3)玉髓硅化木——致密二氧化硅交代成的硅化木。

217.“硅化木”有何用途?

硅化木大者可作陈设品或观赏品,如在北京西四羊肉胡同的中国地质博物馆内,就有数条高达几米的硅化木,可供众多的游客观赏。

硅化木小块者可作玉雕材料,如雕制成各种小动物、十二生肖以及制作红、蓝宝石摆件和玉雕、水晶雕摆件的座架等,显现古香古色,别有一番风味。

218.我国有哪些著名的“硅化木”产地?

据周佩玲教授的《有机宝石与投资指南》一书介绍,中国的硅化木主要产于山西、新疆、甘肃、辽宁、江西、云南、四川、福建等地,而以新疆和山西最为著名。

新疆最重要的硅化木产地位于奇台县城北150km处的将军戈壁滩上,分布有1 000多棵大小不等的侏罗纪(地质年代名称)硅化木,最大者长20m,最大直径2m,年轮清晰,树皮有纹理。一些树枝、树叶也成了化石,叶脉清晰可辨,真可说是虽死犹生,景象十分壮观。2002年春节期间,在广州芳村举办的大型花卉展上,有两条直径约0.5m,高约3～4m的硅化木直立在花卉展上,围观的群众络绎不绝,这两条硅化木观赏石(化石)就来自新疆。

十三、人造宝石和仿造宝石

219.何谓“人造宝石”和“仿造宝石”?

人造宝石也称人工合成宝石,是人们在实验室里用人工制造出来的与天然宝石物理化学性质相同的宝石。如人造红宝石、人造紫晶等。

仿造宝石指与天然宝石物理化学性质不同的人造仿制品,即赝品。如仿钻石的立方氧化锆;仿玛瑙的塑料等。

220.人造宝石有哪些制造方法?

人造宝石已经历了近百年的研究和发展。目前,工艺日趋完善,产品十分精美,尤其是合成的宝石,已经达到了与天然宝石真假难分的境地。为了准确地鉴别人造宝石,掌握因生产环境的局限性,而出现的与天然宝石不同的微小差别,就必须了解人造宝石的制造方法。目前常见的人造宝石制造方法有以下4种:

(1)焰熔法:将合成宝石化学组成所需要的固态粉末原料混合在一起,在氢氧高温火焰下熔融,溶液随着温度的降低,而结晶成为合成宝石晶体。具体方法如维纽耳氏法。

(2)熔融法:将合成宝石化学组成所需的固态物质放在高温下熔融,溶液随着温度的降低,结晶成为合成宝石晶体。具体的方法如:提拉法和冷坩埚法。

(3)水热生长法:将合成宝石化学组成所需要的固态原料,置于高温高压条件下,溶解于水中。随后在较冷的部位,以晶种为核心,结晶成为合成宝石晶体。具体方法如高压釜法。

(4)助熔剂熔化生长法：将合成宝石原料，在常压高温条件下借助熔剂熔解，随后随着温度降低，以晶种为核心，结晶成合成宝石晶体。

221. 常见的人造宝石有哪几种?

当今，绝大多数高贵宝石都有与其相似的人造宝石或仿制品。

常见的人造宝石矿物有：祖母绿、金刚石、红宝石、蓝宝石、星光红宝石、星光蓝宝石、变石、石榴子石、蛋白石(欧泊)、水晶、金红石、尖晶石、电气石(碧玺)、绿松石等。

222. 常见的仿造宝石有哪几种?

常见的仿造宝石主要有如下一些：

(1)仿造钻石。

玻璃钻——用玻璃为原料，有铅玻璃和普通玻璃之分。

仿造钻——用无色透明宝石代替钻石。如无色透明的锆石、锡石、闪锌矿等。

(2)其他仿造宝石。

料制仿造品——用玻璃仿造红宝石、蓝宝石、祖母绿、碧玺等。

矿物玻璃仿造品——利用质差的宝石(如海蓝宝石、绿柱石、电气石等)原料，熔融成矿物玻璃，然后将这些有色的矿物玻璃加工成各种宝石，作为相似宝石的仿制品。这种仿造宝石比普通玻璃硬度大，颜色自然。

223. 什么叫"夹层宝石"?

夹层宝石是用真宝石与玻璃或真宝石与水晶等胶合而成的一种复合宝石。

识别这种宝石(如戒面)，需从侧面观察，以便从两层宝石的不同性质发现胶合面在宝石边部留下的痕迹。

制作双层宝石的好处是，可以把材料不够厚或颗粒不够大的珍贵宝石，用此法变成颗粒或重量较大的宝石，故属于仿造宝石。如果价格大大低于天然宝石，也是可以购买的。

224. 什么是人造立方氧化锆?

人造立方氧化锆是当前一个新的锆石代用品，于 1976 年由前苏联科学家用冷坩埚高频融熔法合成，故称"苏联钻"。除前苏联外，美国、瑞士、德国也相继研制成功。我国北京人工晶体研究所经过 1982—1983 年两年时间也研制成功，并由北京首饰加工厂琢磨出像钻石一样美丽的宝石，取名"宝光钻"，并已批量生产，投入市场。

立方氧化锆的化学成分为 ZrO_2，与自然界的斜锆石成分相同，但斜锆石是单斜晶系，而立方氧化锆是等轴晶系，所以特称"立方氧化锆"。它的晶体无色透明，加入相应的微量元素，可获得桔红、玫瑰红、黄、紫、绿等色晶体。硬度 7.5～8.5，密度 5.5～6g/cm^3，折光率 2.15～2.22，具有良好的耐高温性能和化学稳定性。很难看出其与天然钻石的区别。

它与钻石的主要区别是硬度低于钻石和密度大于钻石。

225. 什么是人工合成翡翠？

据有关资料介绍，美国化学工程师罗纳德·伦斯在他的实验室里奋斗了 14 年，终于制造成虽不光彩夺目，但确实是翡翠的颗粒，他并与人合作，在法国开办了一家实验机构，最近制造出颗粒较大的翡翠，从而获得了国际发明奖。人造翡翠与天然翡翠具有同样的特征：化学结构、色泽、形态、硬度、密度和韧性等均相同，只是在浓艳绿色和透明度质地方面还赶不上天然翡翠。

由于人工合成翡翠工艺复杂、成本高，甚至远不如天然翡翠来得容易，所以很难推广。

226. 什么是仿造翡翠？

仿造翡翠有料制品和天然石代用品两类。料制品，以往主要是玻璃制品，由于其质地呆板，性脆而缺韧性，目前已少见。

可以仿制翡翠的天然石有以下几种：

(1)坦桑石：为绿色集合体（黝帘石集合体），呈暗绿色，硬度 6～7，密度 3.15～3.38g/cm^3。

(2)河南独山玉：其中深蓝绿色的品种，颜色和质地有些似翡翠，硬度 7.5～8，密度 2.9g/cm^3，有“南阳翡翠”之美称。

(3)钙铝榴石：呈绿色和翠绿色，硬度 6.5～7.5，密度 3.65g/cm^3。它在非洲有“德兰士瓦翡翠”和“南非翡翠”之称。

第三章

玉——石之美者

东汉许慎撰著的《说文解字》有云:“玉,石之美者”。另有一说:王者天天怀抱喜爱之物曰“玉”。

民间俗语有称:“千般玛瑙万种玉”,虽显过于夸张,但足以说明玉石种类之多。而在众多的玉石之中,翡翠是一个最优的品种。翡翠虽是玉石中的后起之秀(与软玉相比),但从玉质及其价值来看,翡翠具有很高的经济价值、装饰价值、欣赏价值和收藏价值,它已成为宝玉石界公认的“玉石之王”。

本章是全书的重点之一,共有190问,其中仅翡翠部分就有11问,真可谓是“打破砂锅问到底”了!

一、玉石之“王”——翡翠

227. 中文“玉”字的由来?

《说文解字》有云:“玉,石之美者”。古人认为,玉石坚精乃诸物所不及,故应为“石中之王”。据考证,玉在采用之初,其名曰“王”,字与帝王之“王”相同,后人为使之与人相别,才在“王”字右侧加一点曰“玉”,这便是“玉”字大概的由来。另有一说:王者天天怀抱喜爱之物曰“玉”,也是一种有趣的解释。

228. 什么是“相玉学”?

据中国台湾翡翠专家周经纶先生研究认为:“相玉学”是近500年来,经营玉石翡翠的云南滇西人凭着中国文化意识发明出来的一种对翡翠玉石的砂发皮壳、内皮雾、玉肉的颜色、毛病和厂口区别的优劣判断的学问。这些宝贵经验,在保守的旧社会,只是单传亲传,严防外传。直到1989年6月,周经纶先生的《玉石天命》一书的出版,才总结成文字问世。

229. 什么是翡翠?

翡翠的主要组成矿物是硬玉,其化学式为 $NaAl(Si_2O_6)$,理论成分是 SiO_2 59.44%;Al_2O_3 25.22%;NaO 15.34%。天然翡翠除含硬玉之外,还含有1%~52%的辉石族其他矿物,如透辉石、钙铁辉石等。

翡翠是由无数细小的纤维状微晶纵横交织而成的致密块状集合体,具有毡状构造,十分坚韧,能耐相当高的撞击力和压力,其制品经久耐用。翡翠的摩氏硬度为6.5~7,密度 $3.3g/cm^3$,玻璃光泽或珍珠光泽,常呈半透明,少数为透明(全透明的称“玻璃种”),断口参差状。

在我国玉石界,素有红色为翡,绿色为翠的概念和说法。近年来,“翡翠”一词成了泛指各种颜色的缅甸玉的广义术语。

翡翠虽然是玉石中的“后起之秀”(与软玉相比),但从玉质及其价值来看,它已成为世界宝玉石界公认的“玉石之王”,具有很高的经济价值、收藏价值和欣赏价值。

230. “翡翠”与“硬玉”有何区别?

我国一些著名的宝玉石专家,大都将“翡翠”一词解释为“以硬玉矿物为主的辉石类矿物组成的纤维状集合体”,这种说法是相当全面的。但也有一些作者将“翡翠”和“硬玉”等同起来,或干脆将“翡翠”叫做“硬玉”,这种概念是不准确和含糊的。

严格说来,硬玉是含钠铝的碱性辉石类矿物的名称,而翡翠则是以硬玉矿物为主,常常夹杂有少量其他辉石类矿物,钠长石和闪石类矿物的多矿物集合体,应属于岩石的范畴。一般情况下,质量愈差的翡翠,含其他杂质矿物也愈多。故翡翠不能与硬玉划等号,就像不能将大理岩和方解石划等号一样。

231. 缅甸翡翠何时开始传入中国?

世界优质翡翠主要产自缅甸,中国的翡翠公认为由缅甸传入,但最早传入的时间一直不详。英国历史学家李约瑟认为:18世纪以后,硬玉才从缅甸产地经云南传入中国。我国宝石学家栾秉璈指出:我国到目前为止,考古出土及宫廷珍藏尚未发现明朝以前有翡翠制品。地质学家夏湘蓉认为:"这是一个尚待探讨的问题"。

232. 有些资料提到云南产翡翠,确否?

中国史书记载:翡翠产自云南省。近年来,也有个别作者在文章中公开提到"我国云南省有翡翠产出"。然而,经过地质部门多年的找矿勘探,在云南省至今尚未发现翡翠产地。这究竟是怎么回事呢?据宝石学家栾秉璈考证:这是因为缅甸产翡翠之地在历史上曾经属中国云南省永昌府管辖。

233. 翡翠于何时首次在缅甸被发现?

据有关史料表明:翡翠在缅甸被首次发现,当在13世纪。这一发现纯属偶然,具体经过如下:当一位云南商人回国经过中缅边境时,发现一只驮骡一边的负荷过重,为使负荷平衡,他顺手拾起一块石头,并将它装在骡子一边的背袋里。他回到中国后才发现,拾回的石头居然是一块色彩鲜艳的玉石。但当他再折回捡到玉石的地点,却未找到第二块玉石。

14世纪,云南政府另派使者前往寻觅,亦未能发现有价值的玉石。

史料记载:中缅之间正规的玉石贸易在18世纪才正式开始。

234. 什么叫翡翠的"场口"?

"场口"就是翡翠的产地,缅甸翡翠产地也称矿区、场区。

据著名翡翠专家摩傣先生介绍,缅甸翡翠的产地共分六个场区,每个场区又分许多场口。各个场区所产翡翠的外观、质地、颜色都有各自的特点。根据场区场口所产翡翠的特殊性,来观察判断这块翡翠是否可赌。场区又分老场区、新场区及新老场区。

235. 缅甸翡翠产地的6个场区是哪些?

据著名翡翠专家摩傣先生在2002年第3期《中国宝玉石》上的介绍,缅甸翡翠产地的6个场区(场区以下分场口)如下:

老场区(也称老坑老厂):

(1)帕岗场区:著名场口有灰卡、木那、大谷地、四通卡、帕岗等28个以上。

(2)木坎场区:著名场口有大木坎、雀丙、黄巴等14个以上。

(3)南奇场区:著名场口有南奇、莫罕等9个。

(4)后江场区:著名场口有后江、雷打场、加莫、莫守郭等5个以上。

新场区(也称新坑新厂):

(5)新场区:著名场口有马萨厂、凯苏、度冒、目乱岗等11个以上。

(6)新老场区:著名场口有龙塘场口等。

236. 如何看待“不识场口,不玩赌货”这句行话?

场口即指缅甸翡翠矿区的采玉坑口。各场口所产翡翠原料的好坏有别,表现不一,但各有一定的特征。因而识别赌石场口,对推断赌石的玉质好坏,有很大的帮助。但也有反常情况,如有些历来产玉质量不高的场口,有时也能爆出冷门,挖出高质量的翡翠;同样道理,一些以玉质上乘而闻名的场口,也可能产出并不理想的翡翠来。因此,我们看问题不能绝对化,否则就容易走入误区。

237. 缅甸翡翠原石产地“十大名坑”是哪些?

缅甸翡翠矿区主要位于缅北孟拱西北部的乌龙河上游,长约 250km,宽约 15km,面积 3 000km^2。各个矿山不同坑口所产翡翠各具特色,质量好坏不同,因而识别赌石场口(即采玉坑口),对推断赌石玉质的好坏,有很大的帮助。玉石行业有一句名言,即“不识场口,不玩赌石”。故在选购翡翠原石时,一定要懂得玉料的产地和特征,否则就无条件做赌石生意。

现据几种有关资料,对缅玉原石产地的十大名坑所产玉石作一简介,以供参考:

(1)后江玉石(也称坎底玉):分老后江玉和新后江玉,均产于河床冲积砂中。其中,老后江玉产自冲积层之底部。皮薄呈灰绿黄色,个体很小,很少超过 0.3kg,水好底好,常产满绿高翠,少雾,多裂纹,做出成品的颜色比原石更好(即增色),且加工性能好,是制作戒面的理想用材。

新后江玉的皮较老后江玉厚一些,个头较大,一般在 3kg 左右,水与底均比老后江玉差,密度及硬度也略小,裂纹多,成品抛光后不及原石色彩好,即使满绿、高翠,也难做出高档饰品。

(2)帕岗玉石:属历史名坑,开采最早。帕岗玉皮薄,皮以灰白及黄白色为主,玉石结晶细,种好,透明度高,色足;个头较大,从几千克到几百千克,呈各种大小砾石。一般以产中低档砖头料为主。老帕岗以产皮壳乌黑似煤炭的黑乌砂玉著名,但已全部采完,目前市场所见乌砂玉均产自麻蒙。

(3)灰卡玉石:皮壳杂色,以灰绿及灰黑色为主,透明度好坏不一,水底好坏分布不均,但有绿的地方水常较好。玉石个体大小悬殊,大件的可达几百千克至上万千克的。

(4)麻蒙玉石(也称乌砂玉):黑乌砂黑中带灰,水底一般较差,且常夹黑丝或白雾,绿色偏蓝。

(5)打木砍玉石(也称刀磨砍玉):皮壳多为褐灰色、黄红色,一般水与底均较好,但多白雾、黄雾。个头较小,一般 1～2kg。此地还产如血似火之红翡玉石,也较名贵。

(6)抹岗玉石(也称抹港玉):皮较粗,皮色灰黄或灰白;玉石水与底均较好,裂纹少,为绿或满绿夹艳绿之高翠品种,很少含杂质,玻璃底较常见,但产量少。

(7)自壁玉石(又称次卑玉):皮壳以黄灰为主,水底均佳,裂纹少,但有白雾,其产品以蓝花水好闻名,有少量作高档手镯的绿花玉料产出,腾冲有名的绮罗玉即产于此坑。

(8)龙塘玉石(也称龙坑玉):以黄砂皮或灰白鱼皮为主,皮壳较粗。大部分水与底均好,绿色很正,常出高翠玉料。

(9)马萨玉石:属新厂玉,无皮或少皮,绿较浅淡,水与底有好有差,主要用作低档手镯料或大型摆件料。

(10)目乱干玉石:为新厂玉,无皮,水好底好,有白雾。以产出紫罗兰及红翡玉为主,一般在一块玉料上有紫、红及淡翠并存,但裂纹多。

238. 评估翡翠价值应从哪些方面着手?

据我国翡翠鉴定专家摩傣先生的经验,评估翡翠价值应从下列8个方面着手:①翡翠绿色的偏与正;②绿色的浓淡均匀程度;③绿的形状;④绿的水头;⑤绿内杂质及干净程度;⑥绿内裂绺白绵石花的多少;⑦翡翠的新种老种;⑧绿色的多少。

239. 什么是翡翠的"翠性"?

翡翠的"翠性"是组成翡翠的矿物之晶面及解理面在翡翠表面的片状闪光。翠性是翡翠独有的特征,宝石界称之为"苍蝇翅"或"沙星"。其他绿色的岩石都没有翠性,故它是识别翡翠的重要标志,然而,"翠性"并不是肉眼在所有的翡翠中都能见到的,因为有些优质翡翠(如老坑玻璃种或冰种)的结晶颗粒特细,肉眼看不清它的晶面及解理面闪光。相反,在一些结晶颗粒较粗且半透明的豆青种翡翠中,就很容易见到"苍蝇翅"现象。

240. 什么是翡翠绿的偏色?

据翡翠专家摩傣先生的意见:硬玉(翡翠)除纯正的翠绿以外,还有其他的绿,如暗绿、油绿、蓝绿、水绿、瓜皮绿等,这些都是较差的绿,商业价值不大。

241. 翡翠的各种颜色是如何形成的?

翡翠的颜色是翡翠质量、品级的重要标志和参数。关于翡翠的呈色机理,一般认为与呈色离子的种类、含量和价态形式有关。当呈色离子含量很低或不含呈色离子时,翡翠呈白色或透明无色。

根据原地质部矿床研究所石桂华等提供的资料,翡翠中的主要呈色离子是Cr、Fe、Mn等。翡翠呈绿色与Cr、Fe离子含量有关,当Cr含量明显高于Fe时,翡翠呈翠绿色;随着Fe含量的增加,绿色逐渐变浓,由深绿进而变为黑绿。翡翠呈红色则与铁离子含量高有关;呈淡紫、浅蓝则与含少量Fe、Mn离子有关。另据曹建功的研究与试验,翡翠绿色与Ti、S、Cl也有关,亦即翡翠的绿色是Cr、Fe、Ti、S、

Cl 各因素共同起作用的结果。

此外，还有人认为，翡翠呈蓝绿、蓝色与含 Ti、Fe 有关；呈黄色则与含 Co、Ni、K 离子有关。

242. 世界最好的翡翠产于何处?

目前，世界 90%以上的翡翠产自缅甸。而缅甸最著名的翡翠产地在其北部密支那勐拱地区乌龙江流域的度冒和缅冒等地。产区方圆约 13km 范围，距离中国云南边境只有 150km。

此外，俄罗斯、美国、日本、危地马拉和新西兰也有少量翡翠产出，但其质量都远不如缅甸翡翠。

243. 翡翠的颜色与其价值有何关系?

翡翠的颜色与其价值的关系十分重大，例如有几件质地相同、大小和工艺水平相似的玉器，其价值的高低就主要在颜色了。一般地说，翠绿色最贵，紫罗兰、翡红、花青、豆青、油青、瓜皮绿等次之，灰色和白色等最便宜。

各种翡翠的不同颜色，是由于含不同的杂质所致。尤其是其中所含微量的铁元素和铬元素，造成了翡翠颜色的千差万别，不同颜色玉器的价值也随着而大不相同了。现以一个翡翠手镯的单价为例，最高档的比最低档的价钱可以高出几百倍甚至上万倍。如一个灰白色且不透明的低档手镯，最低价可在 100 元以下；一个透明的紫罗兰手镯，售价可达几千元；一个通透无瑕且全部(或大部)为宝石绿的超高档手镯，其售价最高可达十几万元至 100 万元以上。翡翠颜色对其价值的影响之大，由此可见一斑。

244. 评价翡翠绿色好坏的“十字口诀”是什么?

因为翡翠绿色的名称太复杂，又繁多，珠宝贸易界常用“浓、阳、俏、正、和、淡、阴、老、邪、花”10 个字来评价，可称之为“十字口诀”。

“浓”，指颜色深绿而不带黑。反之是“淡”，指绿色浅，显示无力。

“阳”，指颜色鲜艳明亮。反之是“阴”，指绿色昏暗而凝滞。阳绿即使淡一些，也令人有新鲜感，惹人喜爱。阴绿即使深浓，也不受人欢迎。

“俏”，即绿色显得美丽晶莹。反之是“老”，即绿色显得平淡呆滞。

“正”，指绿色鲜艳纯正。反之，绿色中泛有黄、青、蓝、灰、黑等色均为“邪色”，邪色价值明显降低，尤其要注意细微之间的邪色差别。

“和”，指绿色均匀而不花之意。如绿色呈丝条状或有散点、散块就是“花”，会不同程度地影响玉料或玉器的价值。

245. 绿色翡翠有哪些主要品种?

在各种颜色的翡翠中，绿色是最受人们喜爱和最有经济价值的，纯净的翡翠原本是无色的，但当有铬元素混入时，则呈现绿色。根据铬的含量不同，就形成了各种深浅不同的翠绿色美玉。在我国宝玉石界，将绿色翡翠分为下列一些主要品种，从而有助于分别评定其价值：

宝石绿（翡翠中的最佳颜色）；艳绿；阳俏绿；玻璃绿；黄阳绿；菠菜绿；浅阳绿；蛙绿（蛤蟆绿）；瓜皮绿；梅花绿；油绿（也称油青）。还可细分出更多的绿色品种来。

246. 什么是翡翠绿色变化的“三十六水”、“七十二豆”和“一百零八蓝”？

翡翠绿色变化中的“三十六水”、“七十二豆”和“一百零八蓝”，据周经纶先生推断，可能是洪门帮会中的文人智士发明的。因为三十六天罡，七十二地煞，合共一百零八天地，寄意翡翠中的种种翠绿变化，以附和帮会宗旨。如豆绿中有淡豆、水豆、艳豆、阳豆、生扬豆、黄扬豆和芙蓉豆等多个名称，每一名称再分十数级，则七十二豆将有可能，但并非一定是七十二豆，只是一个大概数字，说明种类繁多而已。

247. 如何对绿色翡翠划分等级？

翡翠的绿色是决定翡翠价值高低的关键因素，在当今对翡翠产品需求量不断增长的情况下，不仅很难找到整体通绿的高档玉器，即使一件小玉器上有一小点翠绿（俗称“辣椒青”），也会使其身价成倍地提高。但翡翠仅有好的颜色还不行，还得种分好，亦即要“有种有色”，否则，“有色无种”或“有种无色”的翡翠玉器价值都不可能很高。

现将翡翠的绿色程度和种分结合起来对绿色翡翠进行列表（表 3－1）分等（据张竹邦资料简化）。

表 3－1　绿色翡翠的分级

	超高档	高　档	中　档	低　档
绿的程度	宝石绿	翠绿	绿中稍夹蓝	绿中显黑或多蓝、闪灰
种分	全透明，质地细而坚	基本透明，质地较细坚硬	半透明，质地坚实	微透明，质地一般有夹棉

248. 如何对翡翠中的黑色进行评价？

一般说来，翡翠中有黑色是不好的，因为它将严重地影响最有价值的绿色的美观。然而，在一些透明度好的老坑绿色玉料中，常常会有黑点或黑丝相伴存在，所以应在加工玉器的过程中设法将黑色剔除，以使绿色生辉。

另外，当一块玉料缺乏绿色时，只要有黑色存在，就往往有绿色出现，这就是由于黑色的存在而使绿色有了来源与变化的可能，产生了变坏事为好事的效果。

249. 何谓“A 货”、“B 货”和“C 货”？

A、B、C 货是 20 世纪 80 年代以来出现的三个新名词，由于 B 货与 A 货较难区别，因而在玉石行业中造成了一些混乱，而不识货的顾客也不免吃亏上当，现分别解释如下：

"A 货"：指未经过任何做假处理的正宗原色天然翡翠。其中的高档品青翠欲滴，色正而不邪，水头好，无杂质，无绺裂，长期不会变色，具有良好的保值和收藏价值。

"B 货"：指原来有绿色（或黑绿色）的低档翡翠，经化学处理去除杂质，使玉器原有的绿色变得均匀，且整体透明起来，使档次显然提高。即由一块"干巴绿"经捣弄后变成了通透的"高绿"翡翠。这种玉经过一段较长的时间后，其色和质都会变差，因而对不识货的顾客来说，具有很大的欺骗性。

"C 货"：指经过人工加色的假色玉。其方法是借高温高压将氧化铬或硫酸、镍等染色剂渗入到原来无色的翡翠中，使它的全部或局部变为翠绿色。若被加色的翡翠为透明和无瑕疵的好料，则做成的"C 货"也很美观，甚至与"A 货"很相似，如果冒称"A 货"出售，就具有更大的欺骗性。但其颜色很快（一般在半年左右）就会变淡。至于在广州等地街边地摊上大量出售的低级"C 货"（染色翡翠），一般群众大都知道是假色玉，且其零售价每个小挂件仅 5～6 元，就不存在受骗上当的问题了。

250. 香港玉器行业如何解释 A 货、B 货和 C 货？

据《香港珠宝》杂志介绍，香港玉石制品厂商会对玉石种类之分类解释如下：

(1)A 类（笔者注：即相当于 A 货）。天然真色翡翠，简称翡翠，即没有任何化学人工处理的天然翡翠。

(2)B 类（相当于 B 货）。人工处理的漂白注胶玉，简称"漂胶玉"。经漂白人工处理加工，注入环氧树脂类物质之玉，其结构在漂白时已受破坏（若长期处于强光照射或热的影响下，会加速其变化，出现微黄褪色的现象）。

(3)B 类＋C 类（相当于 B＋C 货）。人工处理的漂白注胶染色玉，简称"漂胶染玉"。按照处理 B 玉之方法注入有色的环氧树脂（若长期处于强光照射或热的影响下，会加速其变化，出现微黄褪色的现象）。

(4)C 类（相当于 C 货）。染色玉：古老方法染色也要破坏其玉质，再加入染料，其颜色只能维持一段很短的时间，所染的颜色，尤以绿色和紫色最为普遍，其次常见的有红、黄等色。

251. 如何正确看待复杂的"B 货"问题？

近 20 多年来，由于 B 货的出现和泛滥，已使世界玉器市场一阵迷乱，因而 B 货成了一个相当复杂的问题。1991 年 4 月 23 日的《羊城晚报》上，发表了何厚础先生的"玉器墟上的舌战"一文，具体而生动地介绍了香港玉器商人钱先生与广州玉器墟郭、汤两位老师傅对 B 货的一场大争论。钱先生的观点是：由于高品质的翡翠产量极少，而现代科学昌明，已可能做到经过特殊处理，为玉器保留原有的绿色而去除杂质，又何乐而不为呢？但在出售时要注明B货，合理标价。而郭、汤两位师傅则激烈反对，其论点是：翡翠玉器是我国传统的特种工艺品，驰名中外，如搞B货，大损声誉；其次，B货出笼，与A货鱼龙混杂，很难分辨，必将严重扰乱我国的玉器市场。此外，近年来海外B货横行，真假难辨，顾客纷纷来广州购买玉器，这就说明“诚招天下客”，只有不搞B货，才能永立不败之地。

争论的结果是：双方各执己见。

此外，有的专家指出：B货翡翠应是从事珠宝首饰的正当经营者小心提防和不愿涉足的品种。然而，就以广州市和广东一些传统出产玉器的县市玉雕厂和玉器商店的情况来看，却仍然有3种情况同时并存，即：①坚决不生产、不经销B货，当顾客询问其店内是否出售B货时，其回答是十分明确的：本店玉器一律为A货，如有B货，一件赔10件；②A货与B货并存，但分开摆放，B货是B货的价格，虽不写明是B货，但当顾客询问时，就公开说明哪些是B货；且其售价也明显低于A货；③B货与A货鱼龙混杂，不少店摊的各种翠绿色的戒面甚至全部为B货，且标价与A货无异。为了赚钱而不顾商业道德，当顾客追问其是否为B货时，才回答说：“你看货买货啦！”意即后果自负。其实，这种做法对店主本身也是很不利的，因为顾客上一次当就不会再光顾其商店了。

252. 什么是“老坑玉”和“新坑玉”？

一般将缅甸所产的经过机械风化和河水搬运至河谷、河床中的翡翠大砾石（大者直径可达数十厘米）称为“老坑玉”，在我国南方称为“老山玉”，也叫“仔玉”。这种玉的特点是“水头好”、质坚、透明度高，其上品透明如玻璃，故称“玻璃种”或“冰种”，其中的翠绿绿得可爱，被称为“高绿”或“艳绿”。红色的翡玉就是这种玉石被氧化的一层内皮，俗称“红皮”，用于制作玉扣、马鞍戒指或各种巧色小花件，往往受到人们的喜爱。

在原产地新开采出来的翡翠玉料，没有风化表皮，其水头和光泽都比老坑玉差，被称为“新坑玉”，在南方称为“新山玉”，也称“山料”。

253. 什么叫“地”？常见的较好和较差的“地”有哪些？

“地”就是玉石的底色，或称“底”。北方称其为“地子”，南方则称为“地张”。例如，在细白地上有青辣椒一般翠绿的玉，就可称之为“白地青”或“白底青”。一般地说，翡翠玉中除翠绿色以外的部分都被称为地子。地的优劣与整件玉器的价值有很重要的关系。

翡翠玉的地子种类很多，据张仁山先生归纳，较常见的地子有23种，现将6种较好的和4种较差的地子介绍如下：

(1)玻璃地——透明，明亮如玻璃般的地子，这是所有的地中最高级的一种地子。

(2)藕粉地——透明或半透明,像熟莲藕色的地子,其特点是呈紫色或粉色。透明的很有价值。

(3)豆青地——半透明,像豆青色的地子,常常带有白色点状石花。绿色豆青中,透明的价值相当高,一只好的玉镯可值数万元以上(石花越少、翠绿越多越好)。而有浓翠绿的玉叫豆青出翠(或称出彩)。

(4)紫花地——半透明或透明,间有紫花的地子。

(5)青花地——广东称花青地,半透明或透明,飘青花或黑绿色的花。

(6)细白地——半透明,质细润而色白的地子。

(7)瓷地——半透明或不透明,质地发死如瓷器,使人有凝滞感的地子。

(8)干白地——不透明,水头差的白色地子。

(9)糙豆青地——不透明,质粗糙,石性石花粗大,一种粗糙的豆青地。即使其中出翠,价值也很低。

(10)狗屎地——不透明,质粗水差,呈黑褐色或黄褐色,其形态如狗屎的地子。

254. 什么叫“雾”?

在翡翠的玉肉与砂发皮壳之间,有一层环包的内皮层,云南玉人称其为“雾”。

翡翠的老厂玉中,分“有雾玉”与“无雾玉”,二者各占一半比例。

“雾”有“白雾”、“黄雾”、“红雾”、“黑雾”等多个品种。白雾、黄雾最好;红雾次之,黑雾最差。

255. 何谓“蟒”、“松花”和“癣”?

这是指一般情况下,翡翠原石在内部存在翠绿颜色时,在其表面常具有的几种重要的表现形式,也是有经验的翡翠商人赌色的重要依据。现分别介绍如下:

(1)蟒:亦称“蟒带”,是原石外表出现的与其他地方不同的由细砂形成的细条或块状物。这是判断原石内部有无翠绿的一种重要的标志。它在颜色上与周围并没有多少明显的差异;其纹带有时明显,有时却隐约难辨。必须是有经验的行家,并特别仔细观察才不致有误。有蟒的石头有的可以据此下赌,但有的则必须在蟒上找到了松花方可下赌,否则把握不大。因为有蟒无松花的石料除个别场口外,大部分只有淡淡的绿色。

(2)松花:原石内部存在颜色(主要指绿色)时,所反映在皮壳上的一种现象。一般在表面所具有的颜色色调,是与其内部的颜色相一致的,所以松花是赌色的最重要的依据。松花的分布有疏有密,其颜色有浓有淡,一般讲越绿越鲜越好,外表没有松花的玉石,其内部很少会有绿色。根据赌石大王 H. 高先生的总结,松花的表现有:点点松花、谷壳松花、柏枝松花、一笔松花、带形松花、包头松花、丝丝松花、春色松花、乔面松花、蚯蚓松花、蚂蚁松花、大膏药松花、毛针松花和癞点松花等。

各种松花对玉石的作用，是一个很复杂的问题，要熟练地掌握它们，绝非一日之功。其具体运用方法，可参考徐军（根据 H. 高口述）《翡翠赌石技巧与鉴赏》（云南科技出版社）一书，其中对蟒和松花的各种表现形式和特征都有详细介绍。

（3）癣：指在翡翠原石外皮上出现的一种特殊的大小不等、形状各异的黑色或灰色砂粒。虽然它本身是无价值的，但却与绿色的存在有很大的关系，常被行家看作一种重要的标志或印记。一般有癣常有色，但同时癣又吃色。尤其是直癣容易钻进玉石内吃色，如有一种像猪鬃一根根扎进去的“猪棕癣”，其破坏性大，因此不能当色料还价。

256. 什么叫“活癣”和“死癣”？

据翡翠专家摩傣先生的经验介绍：癣与绿虽有较密切关系，但有时有癣不一定有绿，有绿不一定有癣，而要看癣的生成环境与时间以及癣内是否有铬元素的存在等因素。故民间有“死癣”与“活癣”之说。

若癣与翡翠共生，有利于铬元素释放的地质条件、热液活动，癣内的铬不断释放致色，当地质环境改变、不利于铬元素释放致色时，终止致色，就会产生黑随绿走的现象，称“活癣”。

生成翡翠以后产生的“癣”，没有铬元素释放的地质条件产生的癣，称“死癣”。

根据翡翠原料上的绿与癣、小构造与癣、翡翠矿物与癣的穿插关系，有经验的人士可以准确地判断出“活癣”与“死癣”。

257. 什么叫“色眼”？

“色眼”是翡翠皮壳上出现的有像漏斗形的凹坑特征。它常被行家视为一种与绿色有关的好现象，故也有人称它为色根。

258. 什么叫“椿带彩”？

椿指紫色翡翠，也称紫罗兰，彩代表纯正绿色。“椿带彩”是指一块翡翠上或一件翡翠首饰上有紫并带有翠绿。当前，优质的椿带彩翡翠是十分少见的，所以售价不低。

259. 什么叫“五彩玉”？

“五彩玉”就是在一块翡翠原料上或在翡翠饰品（或称玉器）上同时具有五种颜色即称“五彩玉”。例如具有绿、红、黄、紫、白等。在评价时，除其他条件外，主要看绿色的多少及水的好坏，若绿占很大比例且水好，此五彩翡翠是非常值钱的。

260. 什么叫“红皮”？

翡翠中的红生于玉肉中，亦生于内皮或外皮，生于内皮“雾”中者称为“红皮”，亦称“翡红”。玉雕师往往利用“红皮”巧色来做成全翡红玉镯或与黑色配合做成刘（白色）关（红色）张（黑色）玉镯。也常利用红皮来做成翡红马鞍戒指或马鞍戒面；也可做成全翡红或半翡红玉扣等挂件，深受一部分顾客的喜爱和欢迎。

261. 什么叫“水头”?

在玉器行业中,把透明度叫做“水头”,透明度好的叫“水头足”,透明度差的叫“没水头”(或叫“干巴”)。

对一件翡翠玉器来说,当其颜色好(有翠绿),水头足,便叫“有色有种”,其价值就高;反之,颜色好而水头差的叫“有色无种”,水头好而颜色差的则叫“有种无色”,后二者的价值都低。

262. 什么叫“俏色”和“俏色绝品”?

“俏色”是中国玉器行业中一个通用的专业名词。特指在一块玉料上的颜色被运用得非常巧妙,对这样的玉雕作品,即可称作“俏色”。例如在将一件含有一小块浓翠的翡翠玉料雕琢成一个观音座件时,特将那一小块浓翠雕成握在观音手中的小葫芦,这就是“俏色”作品。

对于世上绝无仅有、只此一件的高级俏色品,便叫“俏色绝品”。

自然界产出的多色玉石(两种颜色以上),常可为利用俏色提供机会,如能多动脑筋,充分利用,并在工艺上精益求精,就能大大提高玉雕产品的观赏价值、收藏价值和经济价值,为祖国、为人类作出重大贡献。

263. 什么叫翡翠的“色根”?

在一件全绿(或大部分绿)的翡翠饰品上,见一点或一条略深一些的绿,这略深的绿渐变过渡到相对较浅的绿内称“色根”。色根是判断翡翠绿色真伪的一个标志。但也不是绝对的,即不等于没有色根的都是假绿,例如有些高档特级翡翠,其绿色非常均匀,并无深浅之分,亦即没有色根,它却是最真的真货。从另一角度看,色根多了并不好,因为其绿色不均匀而会影响翡翠的质量和价格。故在鉴定和评价时应综合考虑。

264. 什么叫“脏色”?

有经验的玉石行家认为,选择单一颜色的玉石,要求色正、色纯、色浓。因为色正就能艳,色纯才无瑕,色浓才醒目,但往往一块玉料中不免存在一些黑点或黄点,不仅不能作俏色利用,反而大大影响产品的质量和价值。这些有害的脏点,就叫“脏色”。

在选料时,应尽量避开原料上的脏点,或在可能情况下先将脏点钻去,才进行加工。

265. 什么叫“石花”?

翡翠中常有透明度稍差的小团块与纤维状晶体交织在一起的现象,称为“石花”。由于其形状和特征不同,可分为下述几种类型:

比较干巴死板的叫“石脑”;比较散碎的叫“芦花”;状似棉絮的叫“棉花”,白色与绿色混在一起的叫“韭菜拌豆腐”。

总的说来，石花的存在对玉器的透明度和完美性都不利，且容易对绿色产生不良影响，从而使翡翠玉器的价值明显下降。如一只石花较多的玉镯，比一只质地相似而透明无瑕的玉镯的售价要低一半左右。

266. 什么叫“广片”?

在《宝玉石信息》报总第12期(1990年2月号)第一版上，李建珍女士在其“中国珠宝首饰开拓世界市场之浅见”一文中曾提到：我们在“欧切法”的基础上首创了适合欧美客户的“广片”宝石切割加工法，得到了欧美大批发商的认可。

于是，一些读者提出了什么是“广片”的问题。其实，“广片”是早年具有我国南方(这种工艺可能起源于广州——目前尚无据可查)特点的极薄的(厚度在1mm左右)翡翠制品的通称。其作用是在加工透明度差、颜色黑绿的翡翠玉料时，巧妙而恰当地应用厚薄与颜色、透明度的关系，由于厚度薄而使翡翠制品颜色中的黑色减弱甚至消失了，而绿色则突出且变得浓艳了，水头也相对地足了。由于加工“广片”的技术难度大，目前这类产品已很少见，但在广东一些玉雕厂加工黑绿色的长方形或椭圆形翡翠戒面时，还常常用到这种技术。

267. 什么叫“仔料”和“璞”?

目前中缅边境出售的翡翠原料多是缅甸河床里的翡翠大砾石块(滚石)，其块度以20～50cm的为多，这类翡翠原料便叫“仔料”。

由于上述河床大砾石经历过漫长的风化搬运作用，其表面均有一层与内部特征不太相同的外皮，这层外皮便称为玉“璞”。

268. 什么叫“赌货”和“开门子”?

由于购买翡翠原料——仔料时，外边都有一层厚薄不等的皮(璞)与内部相隔，故对玉质优劣很难推测，如果在不开口的情况下进行贸易，对买卖双方都有很大的冒险性，故行家们称之为“赌货”。

为了显示翡翠仔料(大砾石块)内部的颜色和质地，一般都在靠皮的地方锯开一个大小不等的口子，就叫“开门子”，也叫“开天窗”。

为了减少买卖双方的冒险性，近年来，在中缅边境市场上出售的仔料，赌货越来越少，开天窗的玉料越来越多。然而，开了天窗并非就算可靠，因为一则天窗只能反映仔料内部的局部现象，例如有的仔料的绿仅仅集中在外部附近，翡翠商便在靠皮处“开天窗”，如买主不善于识别，就肯定会吃亏上当。另外，近年来翡翠商对“天窗”做假的手段五花八门，加上他们的花言巧语，更是防不胜防。初涉玉料市场的买主，宜以多看少买为佳，逐步积累经验，才能大胆选购，否则难免受骗。

269. 什么叫“半赌货”?

将皮壳擦开一个或几个小口(小窗)的毛料叫半赌货。其实，小窗口全是开在水和色最好的地方，让人看并引人上钩。小窗口又有很多做假的方法，因此更加危险。虽然行家们不断地警告:“大石头开小口不能买”,但却永远会有冒险家去上当。

有些已经切开的毛料,有着大面积的玉肉断口可供观察,但仍然难以判断未切开部分的优劣,行话说“还有赌性”,也属半赌货。

270. 什么叫“明货”?

当翡翠毛料切开后,玉肉的情况已经明朗化,就称其为“明货”。买卖双方对明货的质地容易达成共识而无争议,双方甚至可以同坐一条船上共同讨论这块毛料的用处和价值,估计可获利几何,最后成交。

明货虽然不刺激,不可能暴富,但也不会吃大亏,做的是明白生意,这种交易方式易为多数人接受,故如今做明货交易者远多于做赌货者。

271. 什么叫翡翠的“一分水”和“二分水”?

翡翠的透明度如何,一般凭肉眼估计,珠宝界称作“几分水”。“一分水”是指3mm 厚的翡翠是半透明的;“二分水”指 6mm 厚的翡翠半透明。有二分水的翡翠已是透澈明亮,达到“玻璃地”的程度,可以认为是上上等质量了。

272. 为什么说“玉石无专家”?

“玉石无专家”这句话,主要是针对人们在选购翡翠毛料时任何人都没有绝对把握这一情况来说的。因为在缅甸产出的翡翠毛料(原石),绝大部分都有一层叫做“璞”的皮壳。即使用聚光电筒或强灯光,也只能看到很浅的表皮。因此,就只能从皮壳的特点,大致推断内部玉质的好坏,而这样做往往是没有把握的,因而将其叫做买赌货或叫“赌石”。这种商贸活动的风险性是很大的,一些老行家也难免失败,于是就出现了“神仙难断寸玉”和“玉石无专家”这两句行话。

273. 为什么说“宁买一条线,不买一大片”?

在中缅边境的瑞丽等地购买翡翠赌石时,有些赌石在表面开了一个小窗口,能看到一条宽窄不等的翠绿色线条(呈带状),说明绿色进到了层状翡翠肉内,呈稳定的层状分布,可以确定将它切开后是不会落空的,因此可赌。

有些赌石在切开一个小天窗后,看到表面一大片翠绿,但绿色只是呈膏药状贴于天窗表面,而并未吃进去,估计玉料内部有翠的可能性甚小,故不可赌。

274. 如何理解“绿随黑走,绿靠黑长”的含义?

当翡翠不含杂质时,呈无色透明或白色半透明状。但当该玉内含微量的铬时,会呈现绿色。当玉含铬较高(百分之几)时,便会呈现黑色或黑绿色。因此,有“黑”是赌石中含铬较高的证据,在铬降低的部位就会出现绿。也可以说,“黑”是“绿”的指示剂。因此,在开了小天窗的赌石上见到有“黑”或黑绿色,并非坏事而是好事。

275. 什么叫“加钱不如细看货”?

这是宝玉石行业对选购者(买主)很有用的一句行话。它既适用于购买宝石或玉石原料，又适用于选购宝石或玉石制品，而尤以购买翡翠原料和翡翠玉器最适用。因为“黄金有价玉无价”，翡翠玉料和玉器价格的弹性是很大的，如经买主仔细看货以后，发现裂纹或瑕疵并能准确地指出，则只要你有心买，卖主是可以大大地降低售价的。相反，如果你一眼看中了货，并不仔细地观察，出价又不被卖主所接受，你再一点点加钱也无济于事。当你指出翡翠原料或制品上的缺陷或较隐蔽的瑕疵后，就不需加价而可能大幅度减价；若被你识破是经过改造的B货甚至是其他作伪的赝品时，价格再低你也可能不感兴趣了。当然，有些货经你细看后确实很好，卖主要价又不高，你就不必再犹豫，而应果断成交。

276. 什么是翡翠的“增色”和“减色”？

有些缅甸翡翠，如老后江玉，当其做成成品后(如光身的玉扣，或花牌雕件等)，其绿色比原石更绿，便叫“增色”。情况相反，如新后江玉，当其成品抛光后，其绿色不及原石色彩好，便叫“减色”。这便是新后江玉原石的价格低于老后江玉的原因之一。当然，还有另外一些重要原因是，新后江玉的翠、水头和地(底)都比老后江玉要差。

277. 什么是翡翠赌石中的“一刀穷”和“一刀富”？

由于在翡翠赌石场上存在“神仙难断寸玉”的客观事实，因而赌石的风险性极大。有时买家看到原石(即毛料)的皮壳特征很好，出价几十万、几百万买下，一刀解开玉肉却很差，只值几万、几千或几百元，叫做“解垮”。原石解垮了会使买主顷刻之间血本无归，倾家荡产，这就叫“一刀穷”。相反，有时看来皮壳一般，谈成小价钱买下，一刀解开，只见玉肉的种水色都好，价值几十万、几百万甚至上千万元，叫做“解涨”，买主于是在一夜之间暴发，这就叫“一刀富”。

一般来说，“一刀穷”或差不多够本钱的情况居多；“一刀富”的出现几率甚少，亦即常常赌涨的“赌石大王”只能是凤毛麟角而已。

278. 翡翠赌石赌涨的几率大概占多少？

据我国著名翡翠专家摩傣的估计，从事翡翠赌石赌涨(即赌赢)的大概只占万分之一(指色料)，而在开采翡翠的矿山现场，赌涨的几率要高得多。摩傣先生又指出：“赌涨一玉，一夜暴富，但绝大多数都以失败而告终。忠告玩玉者，赌石要慎重。”

279. 什么是翡翠毛料交易中的“相玉”？

在观看翡翠毛料时，用水将石头淋湿，在日光或灯光下，用铁片或纸片放在石头上隔光观察，或用一盏有灯罩的台灯，灯罩便是隔光板，放在石头上，对毛料的皮壳、开窗口处玉石的种、水、色仔细地进行观察，这个过程便叫“相玉”。

280. 如何根据翡翠外皮特征推断原石内部质量？

据翡翠专家摩傣先生等行家的经验总结，根据翡翠原石皮的颜色、致密程度、光润度、凸凹度,可大致估计出原石内部的色彩、水头好坏、地的好坏、种的老嫩及裂绺的多少。如皮上表现致密细润,通常显示其内部透明度好、杂质少;皮表面为不明显之苔状物,常反映显示其内部可能有绿;皮面凹凸不平并粗糙者,显示其内裂绺多,质地疏松、水差。再如翡翠皮上颜色变化大,且有黑癣之类的条带斑块者,就应注意有绿出现的可能。黑皮乌砂含铁等杂质很多,即使其内有绿,也大多为偏蓝的绿。黄白砂皮上水后有手感细砂脱落者,一般水头足。褐色皮称之黄鳝皮,一般种很老,若皮细嫩并见苔藓状及黑色条带者,显示其内水好可能有高绿。

关于翡翠的皮的学问很多,要综合判断估计其内的情况。虽然前辈的经验很有参考价值,但不能生搬硬套,而要根据原石的具体情况和自己的实践经验,才能得到较好的效果。

281. 翡翠毛料交易为何从古到今沿袭怪异方式?

在中缅边境的瑞丽、盈江等翡翠毛料交易市场,当买主相中一块毛料时,会用行内暗语表示,货主心领神会,双方就开始"谈"价。而这种"谈"并不开口讲话,而是双方伸手到一方的衣袋里或衣襟下,互相捏手指,以行内的指法讨价还价,旁人根本不知他们"谈"得怎样,而他们的交易却已"谈"成了。

为何要用这种怪异方式进行交易呢?杨德立先生在其"赌石与翡翠毛料"(《中国宝玉石》2002 年第 3 期)一文中介绍了他总结的四点原因,现转录如下,涉足者不可不知:

(1)体现这块玉石(毛料)和赌石行业的神秘和高贵。

(2)每块玉石在各人心中价格不同,一旦看走了眼而轻易讲出来,就会招人耻笑。

(3)某些行家高手砍价时出过的价一旦传开,这块玉可能再也抬不起价来。

(4)十万百万随便讲出来,易招致双方露富,一旦应了"大玉大祸"的古训,麻烦就大了。

282. 什么叫"好货富三家"?

这句行话是指好的翡翠原料可以连续转手获利。例如第一次购买到好货的人,以低价买进高价转手售出,富了第一家。购到转手货的人,将玉料解剖开来,果然表里如一,甚至里面更佳,这样以其中几片甚至最好的一片售出,即可收回全部成本,其余均为利润,富了第二家。购到解剖的玉片的人,再以其做成玉镯、玉扣、鸡心或花件等大小不同的玉器,其中一项即可获利,另几项全是赚的,富了第三家。购到优质翡翠制品的人,再利用厂与店和甲地与乙地的差价,异地出售,又可不同程度地赚钱。这样一来,致富的就不止三家了。

283. 什么是翡翠的"龙种"或"神种"?

据摩傣先生的权威性解释:"龙种或神种是指翡翠的绿色完全溶化于地内,绿色均匀,色与地配合协调。色调不浓不淡,不见色根。从翡翠的地内显露出艳丽润亮的华贵美,是翡翠最高质量的品种。”

284. 什么叫“砖头料”、“花牌料”和“色料”?

据摩傣先生的解释,“砖头料”是指一些透明度差、杂质多、有色有绿或无绿的翡翠原料。砖头料通常以千克计价,是只能做一般工艺品的低档原料。

“花牌料”是指一些点绿、花绿、有一定的水头或无绿但水很好的中档翡翠原料。

“色料”是指高档或特高档的翡翠原料。它能做高档戒面、手镯等饰品。

摩傣先生指出:“砖头料、花牌料、成色料在赌石切割的过程中会有变化,有时一块不显眼的砖头料,切开后出现团块状艳绿;一块色料看似很好,但切开后不能做高档首饰,这也是常有的事。”

285. 什么是“玉雕山子”?

“玉雕山子”以立体雕山水为主,缀以车船、建筑、人物。有的山子以著名画稿为底本再行设计制造,题材极为广泛,工艺十分复杂。如著名的“大禹治水图”、“会昌九老”、“采药图”、“采玉图”、“观瀑图”、“赤壁泛舟图”和近几年问世的大型系列雕件“四大国宝翡翠”以及“四大佛山”等,都是国宝级的玉雕山子。

286. 什么是翡翠加工中的“过酸梅”?

由于翡翠原石在出土之后,其表面可能不干净;翡翠原石在被机器切割时,机中的油可能渗入翡翠孔隙中。于是有些师傅在加工翡翠前,用温和的酸性溶液——酸梅汁或醋酸来洗净翡翠玉料,这个过程叫“过酸梅”。

因酸梅汁或醋酸均为温和的有机酸,若只是一种清洗的过程(包含浸泡几小时),对翡翠是没有破坏作用的,这是长期以来被商业上接受和认可的过程。

287. 什么是“八三玉”?

“八三玉”是1983年在缅甸一处无名矿山首次发现的一个新玉种。

几年前,由于人们对它缺乏了解,这一玉种在我国的名称是相当混乱的,它在不同的论文或新闻报道中,被称为“爬山玉”(或“爬山石”)、“巴山玉”、“八三花青”或“八三种”,至20世纪90年代后期,它已在我国宝玉石界被通称为“八三玉”。

目前,“八三玉”产品正源源不断地在云南各玉器市场出现,在广东的广州、四会、南海平洲等地的玉器市场上,八三玉(大多数为B货)的货源也很充足,且正处于方兴未艾的势头。

八三玉B货由于其晶莹通透,且常飘蓝花,初看很美观,故易为人们喜爱。它的售价仅为正常翡翠A货的1/3~1/5,如不考虑收藏及保值因素,也是可以选购的。但一些不法商人常将它以高于本身价值几倍至10倍的价格当翡翠A货出售,故要小心上当。

288. 八三玉原石有何特征？

八三玉原石有以下几个特征：

(1)含有很多硬玉矿物(按照人们对翡翠概念的理解，含有硬玉矿物必须在70%以上)，钠长石及其他矿物不足30%。若当钠长石及其他矿物含量超过30%，就不属于八三玉了，可称为硬玉质钠长石玉。

(2)玉石矿物具有中粒或粗粒结构，等粒或不等粒，硬玉矿物内部解理发育，晶粒间微裂隙明显。

(3)岩石的密度、硬度、折射率和荧光反应等均符合硬玉岩的特征。由于含钠长石和微裂隙，密度和硬度比纯硬玉岩稍低。

(4)岩石呈白色，局部有淡紫色或淡绿色或蓝灰色及灰色的斑块。

(5)八三玉原石由于透明度差(水头差)，不具备“翠性”(即“苍蝇翅膀”)的条件，故在一般条件下只能称为硬玉岩，而不能称为翡翠，但有人称其为缅甸新山玉(即新玉种)。

但也正因为其内部硬玉矿物具有中粒或粗粒结构的特征，故比较容易进行化学处理(即漂白注胶处理)，做成八三玉B货。

289. 八三玉成品(B货)有哪些鉴别特征？

(1)放大镜下可见玉石的反光表面分布有微细的网状裂纹。

(2)玉器水头一般较好(半透明至亚透明)，但光泽比正宗的天然翡翠(A货)要暗淡，甚至稍有模糊感。

(3)局部可见淡绿色或淡紫色的斑块。常有蓝灰色的飘花(由碱性角闪石等引起)。

(4)放大镜下难见条柱状硬玉矿物晶体结构(又称“翠性”或“苍蝇翅膀”)。

(5)将玉镯敲击时，发出的声音不清脆而较沉闷，这是一个很重要的鉴别特征。

290. 八三玉成品是否全都是“B货”？

如前所述，由于八三玉原石具有中粒和粗粒结构的特征，有利于进行化学处理(酸洗、注胶)；且其透明度较差，又很需要通过处理增加其透明度，故市场上所见八三玉的玉器成品中，约有95%以上是经过处理的B货。但当八三玉局部结晶粒度细，且具有较好的透明度时(仅占5%以下)，也有直接将其加工成手镯、玉扣或花牌等挂件的。

另外，笔者在广东市场上见到少量的八三玉手镯(尤其是用大手镯心制作的儿童手镯)及一些小挂件，其中往往有飘翠绿色花斑的，这种翠绿色与原石特征不符，个别商家在私下也承认是B+C八三玉，但作为赠品的儿童手镯仍然是较受欢迎的，因为婴幼儿用品往往在使用几天内就被损坏(跌破或碰撞弄断)。

291. 什么是翡翠市场“四大杀手”?

翡翠市场“四大杀手”是云南的张竹邦先生在 1997 年第 2 期《珠宝科技》上首先提出来的。他指出:水沫子、不倒翁、昆究 3 种缅玉和 1 种质地较软的青玉——莫子石,这 4 种玉石都是缅甸产的天然品,这 4 种都可笼统称其为缅甸玉,但又都不是正宗翡翠,初学者常为其栽倒,故将其称为翡翠市场“四大杀手”,以提高人们的警惕,这是很有好处的。关于这 4 种缅玉的基本特征和识别方法,本书中将分别作介绍,可供参考。

张竹邦指出:“这四种玉与真翡翠之间有时界限不很明显,似是而非,可称之为‘魔界’。以制成手镯而称雄的腾冲绮罗段家自璧玉,最早就是被人看成水沫子而不注重的。可见,在它们的似是而非之间,确实存在着某种不可思议的玄机,让人发幽探微,并使人感到主观武断,盲目轻率的可憎。”

292. 什么是缅玉的“昆究”?

昆究玉也称困究玉,是汉语直译缅语的名称。

昆究玉与水沫子玉一样,很早就进入边境市场。它外形似水玉,剖开有青色的带状花纹及较多的杂质。很温润,重量手感同于翡翠,目前市场已不多见,只有昔日遗留下来的原石,偶有流入市场鱼目混珠。

受近年的“玉石热”影响,昆究玉被新开采出来推向市场。它的外形似水石,比较美观,因其绿色少,故制成玉器进入市场的亦不多,受累的商家面就不大。

293. 什么是缅玉的“莫子石”?

“莫子石”是一种绿得发黑的缅甸杂玉。它的质地不佳,只是绿而无水(即水头差),故俗称“干青玉”。若质地灰暗,间有绿点或绿皮,则被做假者购去“穿衣戴帽”做上假皮,经抛光后露出绿点、绿面,冒充乌砂、帕橄石或高档货色,成为中缅边境玉市场黑社会的尤物。

购玉者应对这类玉进行认真区别,不要见绿就失去冷静的头脑。

据广西的陈志强和袁奎荣先生对缅玉莫子石的研究,证实它貌似翡翠又与翡翠共同产出。它的主要矿物是地球上罕见的钠铬辉石和少量的角闪石,有时出现硬玉(10%~30%)和蛇纹石,它呈不同程度的绿色,当其含角闪石较多时,则呈墨绿色。

陈、袁二位认为:莫子石如果主要由钠铬辉石和硬玉组成,可以认为是翡翠的一个变种,列入翡翠范畴。

莫子石中含钠铬辉石越多,则密度越大(接近 3.5g/cm^3),但当其含角闪石和蛇纹石较多时,则密度较轻(2.8g/cm^3),故其密度在 2.8~3.3g/cm^3 之间。

莫子石的硬度常在 6~7 之间,但当其呈孔雀绿色时,则硬度只有 4 左右。

294.“水沫子”玉的名称是如何得来的?

“水沫子”是云南瑞丽和腾冲一带民间流行的俗称,它是根据此玉石的外貌特征而得名,即在白色或灰白色透明的底子上分布一些白脑或绵,形似水中翻起的水花表面的泡沫。

20 世纪 90 年代以来,在云南昆明、瑞丽、腾冲等地的珠宝玉器市场上,水沫子玉器普遍出现,在内地的一些大城市珠宝市场上,也偶然可以见到。

1999 年秋天,笔者在广东南海市平洲镇某玉器店拿两个“水沫子”手镯到广州去代销,其质地透明、飘暗蓝花、白绵较多,虽价格仅为同样透明而飘蓝花的正宗翡翠玉镯价格的 1/3,但仍然不容易为买主所接受。

295.“水沫子”玉的学名应如何定?

据北京大学王时麒教授等的专文介绍,目前对水沫子的宝玉石学名称有两种说法。

(1)将其定名为“钠长石翡翠”,理由是水沫子产于翡翠矿床中与翡翠共生,两者有相同的成因,故可将其看成翡翠的一个变种。

(2)将其定名为“钠长石玉”,其基本依据是水沫子的主要组成矿物为钠长石。

王时麒教授等赞同第(2)种看法,认为此名称一针见血,一目了然,符合一般宝玉石学定名原则。他们明确指出:虽然水沫子与翡翠共生,两者成因相同,但两者的根本性质不同,翡翠主要由硬玉组成,水沫子主要由钠长石组成,其主要的物理和化学性质就相差甚远,属于两个根本不同的玉种。如将水沫子定名为钠长石翡翠,按一般岩石学定名原则会被误认为此种玉为以硬玉为主,钠长石为次。另外,也容易在商贸活动中不正当地使用而造成不必要的混乱与麻烦。

296.“水沫子”玉有何特征?

“水沫子”玉的突出特点是水头很好,为透明或半透明,接近正宗翡翠的玻璃地,颜色为白或灰白,常飘蓝花而使色调偏暗,且多白绵,折射率为 1.52~1.54。密度 2.57~2.64g/cm^3,硬度 5.3~5.9,明显比翡翠轻且软。由于其外观特征酷似水头好、飘蓝花的翡翠,往往被冒称翡翠在市场以较高价格出售,具有较大的欺骗性。

在偏光显微镜下观察,水沫子玉的主要矿物成分为钠长石,含量在 90%左右;其次有少量的辉石矿物(含量 2%~5%)和闪石类矿物(含量 5%~8%);岩石的总体结构为粒状变晶结构,局部为斑状变晶结构。

据王时麒教授等研究得知,水沫子主要产于钠长石带中,与翡翠伴生,故在开采翡翠的同时,可一并开采水沫子,从而加以综合利用。

297.“水沫子”玉与翡翠如何区别?

简易鉴定有以下几种方法:

(1)水沫子主要为钠长石组成,故不显翠性,并常有较多白色的石脑或绵。

(2)水沫子的密度比翡翠小,故用手掂之会感觉明显轻于翡翠。

(3)水沫子的敲击声较沉闷,不如翡翠清脆。

(4)如条件允许(测试原料或半成品,但不宜损坏成品),可用石英(或水晶)刻划,如为水沫子则易划动,而对翡翠则较难划动。

此外,如使用仪器鉴定,测定其折射率和密度值,就更容易加以区别。

298. 什么是"天龙生"翡翠?

天龙生翡翠是1994年在缅甸北部帕敢矿区北部的龙背场区发现的一个满绿色的新坑(原生矿床)翡翠新种。缅甸矿工原称之为TELONASEIN,中文音译为"铁龙生"或"天龙生"。中国香港珠宝专家欧阳秋眉女士在其"天龙生翡翠及其对市场的影响"专题文章中认为:这种翡翠中含铁量不多(小于1.8%),而是含铬的硬玉。同时,在缅甸优质翡翠资源日渐枯竭的情况下,此种新翡翠的发现乃是一个天降福音,故她认为定名为"天龙生"较恰当,在意义和声调上都比较协调。

299. "天龙生"翡翠有何特点?

天龙生翡翠的化学成分为:$Na(AlCrFe)SiO_6$;主要矿物成分为硬玉,硬玉含量在纯的部位达95%,多色性强,其他矿物有少量含铬闪石、铬铁矿等;密度3.30~3.33g/cm^3;折射率1.66左右;结构特征全晶质等粒半自形柱状变晶结构,颗粒粗细变化较大。

从红外光谱分析,比较接近于硬玉的吸收谱线,只是稍有位移。

欧阳秋眉女士在取得不少标本,并做了密度、折射率测试和薄片观察及电子探针等试验后,肯定地下了一个"天龙生翡翠是含铬的硬玉质翡翠"的结论。

由于天龙生翡翠虽为满绿色,但其绿色偏暗,故多用于制作薄水雕件,然后再镶金佩戴,显得十分典雅耐看。

300. "天龙生"翡翠对翡翠市场有何影响?

在20世纪90年代后期,由于金融风暴的袭击,翡翠市场在1999年初已陷入谷底,加之缅甸矿区中高档翡翠原料愈来愈少,故翡翠市场常常是B货充斥,好货难求。

1999年3月,在缅甸仰光举办的第27届翡翠原料拍卖会上,出现了大量的满绿天龙生翡翠,其中有40t被我国香港商家买走。随即,便在香港掀起了一股"天龙生"旋风,而且这股旋风从香港吹到台湾和广州等地的翡翠市场,并对市场产生很大的冲击。

从1999年夏天以来,香港市场上很快就出现了大量薄水蝴蝶形、秋叶形、雕花珠子、雕花手镯等满绿色的天龙生翡翠产品。在广州及广东四会等玉器市场上,用天龙生翡翠制作的满绿色薄水花件、观音和佛公等也陆续涌现。这就使沉寂多时的翡翠市场掀起了不小的波澜，可以说是下了一场活跃翡翠市场的及时雨。

但后来的事实证明，天龙生由于其质地和透明度不佳，终究远不如正宗翡翠受顾客欢迎。

301. 缅甸玉"不倒翁"因何得名?

"不倒翁"是一种绿色玉石，产于缅甸北部帕敢东北的葡萄，葡萄是当地名称的汉语标音，因其音近似"不倒翁"，故在云南市场上俗称为"不倒翁"。这种玉在河南、广东等盛产玉器的地区比较少见。

302. "不倒翁"玉有几个品种?

据北京大学王时麒等同志在云南珠宝市场调查研究认为：从收集到的标本看，称之为"不倒翁"的缅甸玉至少有两种。

第一种"不倒翁"水头较差，半透明至不透明，绿色多呈斑点状或条带状，在滤色镜下变红色；第二种"不倒翁"水头较足，半透明至透明，绿色比较均匀。经研究，第一种"不倒翁"为含水钙铝榴石玉，在显微镜下观察薄片，粒状石榴石约占 90% 左右，其次为少量的斜黝帘石和符山石，其硬度为 6.5～7，密度 $3.42g/cm^3$。第二种"不倒翁"为蛋白石玉髓类，主要由非晶质的蛋白石和微粒的玉髓和石英组成，其硬度为 5.5，密度 $2.13g/cm^3$。

303. 如何鉴别"不倒翁"玉?

在中缅边境，常有缅商或二道贩子将"不倒翁"玉毛料或成品冒称翡翠出售，很多人都不免上当。

对"不倒翁"玉的鉴别方法是：①原石矿物组合中常有肉红色钠长石出现，有人误将其当成"藕粉地"翡翠，故要小心观察；②绿色含水钙铝榴石常以条带状集合体或细脉浸染状分布。浸染状绿色的中心部位，色泽浓艳呈绿黑色，有些玉商诡称其为"茴香丝"，实际是巧立名目以假乱真的一种手法，应引起注意；③"不倒翁"在查尔斯滤色镜下呈浅红色或暗红色；内行人肉眼可看出其种嫩，有皮没有雾等特征。

304. 翡翠名玉"绮罗玉"因何得名?

清朝嘉庆年间，绮罗人尹文达，其祖上从玉石厂带回一块玉，解(剖)开来呈灰暗的黑色，只好扔在马厩里。后被马踩崩下一小片，尹拾起来看，照起来透明有翠绿，摆在台面却不好看。于是，尹用它做成一盏宫灯，挂到绮罗水映寺，整个庙内都被映绿了，非常稀奇。尹本想将宫灯进贡皇上，拿到昆明，巡抚看后说："好是好，不成双，不如云南货留在云南。"此后，这块玉的其他碎料大都做成耳片(耳饰)，戴着能将耳根映绿。这就是价值昂贵、驰名遐迩的绮罗玉。

305. 翡翠名玉"段家玉"因何得名?

绮罗人段盛才，他从玉石厂买回一块玉料，一般玉商都把它看成水沫子而不重视。段将其做成手镯，非常漂亮，通透似玻璃又飘蓝花，似绿色的鱼草在清澈的水中飘荡，几乎人见人爱，其价值逐渐上升，价格随蓝花多寡而波动。“段家玉”的美名也随之传开。

后来，在瑞丽一带传出的抢宝事件，据说其中就有段家玉。

306. 翡翠名玉“正坤玉”因何得名？

莲山县老华侨王正坤，1910年在老厂挖得一件大玉，在勐拱解开成八大片，都是水色俱佳的绿玉，俗称铁化水起绿丝，可制围屏，可惜绿色不够艳，不能做挂件和玉珠等贵重饰品，只能做手镯和其他较好的艺术品。王正坤曾用一大片制作手镯，在缅甸出售价格较高，其余七片运到了上海。这就是民间所说的正坤玉。

正坤玉为百年来在腾冲玉市所罕见，堪称上乘，满绿夹艳丝文，无杂质，无瑕疵，像化学烧料一样。腾冲行家龚子俊说，他活了90多岁，只见过4只正坤玉手镯。

据传，正坤玉围屏后来在广东准备卖给港商时，周恩来总理听到后说，卖它做什么，留作国宝。

307. 什么是翡翠的“金丝种”？

翡翠中的金丝种色泽鲜阳明亮，使人觉得翠中含金光，其绿色呈丝状断断续续排列，水好、地好，颇受行家青睐。

根据金丝种绿色丝路条纹的生长方向，可作如下划分：

(1)顺丝翠：翠丝十分幼细，丝路顺直平行，具有明显的方向性，是最美的金丝种，价值较高。

(2)乱丝翠：翠丝杂乱如麻，或似网状的瓜果筋络，无明显的生长方向性。

(3)黑丝翠：内部间杂有黑色丝纹，质量差。

(4)丝片翠：绿色丝排列极密，平行排列且连接成片，肉眼看去，不似丝状却似片状，肉眼难见翠丝方向，但用10倍放大镜观察，仍可见一定的方向性。

评价：颜色条带粗，所占面积比例大，绿色又较鲜艳纯正的，属高档品；反之，绿色色带稀稀拉拉，绿色又浅淡的，价值就低。

308. 什么是“帝王绿”和“帝王玉”？

“帝王绿”是翡翠交易中的专用名词。它代表颜色和质地，总的来说，它是翡翠中的珍品。它的突出特色是深翠绿、玻璃地、无瑕疵，常有人称它为“绿宝石玉”，此词在美国使用最广。其实，这种翡翠的产量是很少的，因为自然间的产物往往没有这么理想，例如我们到厂家或商场去选购翡翠玉器时，常常见到玻璃地却无色或有翠而不浓；反之，常可见到具有浓翠绿的玉器，却又种质差、水头短。

“帝王玉”则指的是一种绿色东陵石，或指绿色的澳洲玉，而不是指翡翠。

309. 什么是翡翠表面的微波纹？如何进行观察？

通过肉眼和放大镜下观察，翡翠玉器的抛光表面一般都可见到微波状起伏，这就是翡翠表面的微波纹。

观察翡翠抛光面微波纹的方法很简单，通常只需一只10～20倍的放大镜，对玉器反光表面进行仔细观察，就可找到翡翠A货玉器表面普遍存在的微波纹。

310. 翡翠表面的微波纹与翠性有何不同？

翡翠抛光面所见到的“翠性”和微波纹都是翡翠的重要特征，但却是两个不同的概念：即微波纹是硬玉矿物力学性质的表现形式；翠性则是硬玉矿物晶体的晶面及解理面的闪光。

311. 翡翠表面微波纹的产生原因有哪些？

翡翠表面产生微波纹的原因主要有：

(1)硬玉矿物的不同晶面具有不同硬度的影响：矿物的硬度与矿物的化学成分及晶体结构等因素有关；也与同一晶体的不同晶面及同一晶面的不同方向有关，这就是硬度的各向异性。通常等轴晶系矿物的硬度在晶面的不同方向上十分接近，而非等轴晶系矿物的硬度之各向异性则常有表现，翡翠中的硬玉晶体就属于单斜晶系，故存在不同方向的硬度异向性。

(2)抛光时，硬玉矿物沿解理方向容易剥落，当抛光面平行于部分硬玉矿物的解理面时就会造成这些硬玉矿物的一些微细薄片剥落下来，形成微小的凹纹。

(3)与翡翠表面抛光的精细程度有关。一般抛光粗糙则微波纹不明显，抛光良好则微波纹清晰。

312. 识别翡翠抛光面的微波纹对鉴别翡翠真伪有何作用？

翡翠抛光面的微波纹对鉴别翡翠真伪有以下作用：

(1)它是鉴别翡翠与相似玉石和仿冒品的重要根据：抛光面微波纹现象是翡翠的重要特征，而许多的相似玉石和仿冒品都没有或见不到微波纹(它们包括澳洲玉、东陵石、青海鸟兰翠、独山玉和岫玉等玉石，以及马来玉、玻璃、塑料等仿冒品)。

(2)是鉴别翡翠A、B货和镀膜翡翠的重要根据：翡翠B货(漂白加充填处理翡翠)和翡翠B+C货(经过漂白加充填，并经染色的翡翠)除表面由于酸的腐蚀而存在网状裂纹或橘皮纹外，均无微波纹，故可与翡翠A货常有微波纹相区别。

(3)有利于快速识别镀膜翡翠：镀膜翡翠由于有了镀膜层的覆盖作用，使一些原本有微波纹的翡翠戒面等玉器的微波纹显示不出来，从而有助于识别镀膜翡翠的真面目。

313. 什么是翡翠行业的“两多两少”？

翡翠行业的“两多两少”即买玉器和赌石都适用的“多看少买”和买赌石时的“多磨少开”。

玉器和赌石中都有不少的假货(赝品)或次品，如果见货就买多半会上当。因此，你就要耐心、仔细地多观察，不要急于求成。

至于“多磨少开”，是指买赌石（翡翠原石）时，要把找到的绿（翠）都磨出来，不要急于切开。因为切下去就出现“一刀富”或“一刀穷”的结果，是非同小可的。

314. 购买翡翠玉料时，为何不宜购买赌货？

玉料赌货是指未开口（又称“开门子”或“开天窗”）的整块玉料，凡是有经验的玉商，都不愿或不敢购买这种冒险性太大的玉料。因为缅甸有许多玉石高手，他们对每块玉璞（即翡翠砾石的外皮）都进行了仔细的研究，哪块玉料能动刀，从什么地方动，都是很有讲究的。他们认为没有赌头的玉料才拿到边境出售，而且价格也不低。因此，购买赌石者能实现“发财梦”的人极少，而失败的例子就太多了。于是，便有了“十赌九输”的说法。

315. 在购买翡翠玉料时，为何不宜与货主合资共同去切赌玉料？

这是因为一些货主早已知道自己的货不好卖，于是便从买主身上打主意。他们把自己的货说成很容易赚钱，并利用买主急于赚钱的心理状态，鼓吹与买主双方合作，各出一半资金共同切开赌石。并说：“我们的利益是拴在一起的，你还怕什么？”而实际上，他从收回买主投入的那一半资金中，已经赚了不少，或者至少也能保他买入玉料的本。

我国著名的翡翠专家摩傣先生，在《翡翠及商贸知识》一书中讲了一个典型事例，就是发人深省的，现转载于下：“有一块玉料，货主不给我看，并向我保密，怕我泄漏天机。实际上，我早就通过关系看过了，只是不说而已，静静看着谁会上钩。此玉为新后江玉，重 3kg 多，未开口，有一点绿的表现，但我一点都看不出其内会有什么大的气候。果然，货主与一家公司经理谈好，此玉定价 50 万元，再加税收 5 万元，双方各出一半，拿到省城去切割，若涨了（即有赚）双方分利，若改垮了（即亏本），中方公司应出 27.5 万元，结果切割下来不值 1 万元。实际上，货主收公司的 27.5 万元已经赚了许多钱。”

316. 在购买玉料时，要特别注意哪些情况？

在我们购买玉料时，要特别注意以下情况：

(1)大块玉石开小窗、擦小口。这种玉料一般是因为裂纹较多，或底较差，故不敢开大口。

(2)本是新厂玉，但为了叫人看上去像老厂玉，往往用火烧；或因开口处水不好，绿不正，用火烧可使人看不清，从而高价出售。

(3)在购买玉石时，不能只看开口处，因为开口处是选择在最好部位，故要对整块玉石详细观察，从工艺角度来定价。

(4)购买高档玉料时，一定要看切口的盖子。因有时盖子上有许多颜色（指翠绿色），而在主体原料上的颜色十分稀少，一看盖子即知越靠里边颜色越少，故卖主往往拿开切下的盖子不让人看。我们对这种切了口而没有盖子的高档料，在购买时应特别小心。

317. 购买翡翠赌石时，如何出价才算稳妥？

据翡翠专家摩傣先生的经验：做玉石生意的人首重“眼力”，这是知识、经验与细心的结合力。他认为：购买翡翠赌石时，最稳妥的办法是“见多少绿，出多少价”。他说：“能出得起高价买货的，不见得是英雄，要常年不断地能来买货的，才是好汉。”他的以上论述已是至理名言，且不难理解，但却令人回味无穷，故笔者无必要作进一步的解释。

318. 采购翡翠玉器时，是买断好，还是代销好？

“买断”和“代销”，是购销翡翠玉器的两种基本方式，一般地说，代销价贵一些（可能比买断价贵10%～50%）。因此，遇到物美价廉的玉器，最好立即买断，由于进价较低，赚钱就方便得多。当然，立即买断要担较大的风险，要有一定的实践经验和胆略才行。代销也有它的好处，虽然价格较贵，但若卖不出去，还可以退回货款，就不至于压住资金。

319. 采购翡翠玉器时，是成批进货好，还是挑选购买好？

这主要是根据进货者的销路情况来决定，如有成批的销货渠道，当然以成批进货为合算。因为成批进货符合生产厂家的要求，他们即使在价格很低的情况下，也愿意成批成交。如进货者主要是零售经营，则尽量采用挑选的方式，选购一些精美玉器，即使比成批购买的平均价高出不少，也还是合算的。

320. 选购翡翠玉器时，“种”重要还是“色”重要？

这里所谓的“种”，是指翡翠玉器的质地和透明度之好坏；所谓“色”，是指翡翠玉器的翠绿颜色之多少和浓淡。

玉器行业有句俗语：“内行看种，外行看色。”亦即有经验的内行人士在选购玉器时，首先考虑的是玉器种质的好坏，然后才是翠绿颜色的有无和浓淡及其分布情况。如果“种”不好（质地粗糙，不通透，没有“玉味”），即使有翠，也卖不起价，而若两件同样有翠的玉器，“种”好的可以比“种”差的卖高一倍至几十倍的价钱，可见“种”的作用多么重要，也就是说，有“色”无“种”的玉器是不受顾客欢迎的，即使便宜，也不宜多进货，否则势必造成积压。

321. 采购翡翠玉器时，买高档货合算还是低档货合算？

这个问题其实很简单，例如买进100个单价为80元的低档玉镯，再成批卖出去，每个赚20元，共赚2 000元。而若购进一个3 000～5 000元的有种有色的玉镯，卖到好价时即可赚2 000元以上。因此，如果有销路，又能找到货源，当然以购销较高档货为有利。

322. 购买翡翠玉器时，要求卖方开具质量保证书有何作用？

在购买较贵重的翡翠玉器时，要求卖方开具质量保证书（或在发票上写明保证事项)有两点好处:①可以防止购货受骗而又索赔无据;②这也是对卖主的一种考验,如果老板明知自己的货是经过处理的B货,在顾客要求他用白纸黑字写明保证为A货时,绝大多数老板是不敢贸然瞒骗的。

323. 近几年来,翡翠玉器的价格是升高了还是降低了?

一些不懂内情的人,看到那些无种无色的低档玉器在街边地头到处拍卖,价格越来越低,便以为玉器在不断地降价。其实,这只是问题的一方面。的确,低档玉器的价格是在逐年下降,甚至快到无人问津的地步。但在另一方面,有“种”有“色”的中、高档翡翠玉器则由于资源日益减少,正处于不断地升价和供不应求的局面。《全国宝玉石报》于1996年12月13日(总第133期)曾报道一则最突出的消息:在1995年秋季举办的中国香港克里斯蒂拍卖会上,一件翡翠手镯以1 200万港元成交,而同样质地的手镯,1983年在云南德宏地区只要4 000元就能买到,相比之下,其价格竟上涨达3 000倍。

324. 确定翡翠玉器质量的鉴定费应由谁付?

一般说来,卖方在出售玉器时,对中档以上(或实价在2 000元以上)的玉器最好附有质量检测“鉴定书”。但若在出售时并未进行检测鉴定,而卖主又在保单或发票上保证为A货时,当买主自己送检结果为A货时,鉴定费应由买方付;若被鉴定为B货或C货时,则鉴定费由卖主付,并负责退货及按约或按工商部门规定向买主交付赔偿费。

325. 经营翡翠B货是否有失身份?

目前,玉器商店经营的货品主要有3种情况:①专营翡翠A货;②专营翡翠B货及仿造宝石;③A、B货兼营,但混乱摆或分开摆放。

有人认为:有身份、有面子的人经营翡翠B货,便是有失身份。其实不然,专营A货的商店固然信誉最高,但专营B货或以A货为主兼营少部分B货,并且按质论价而不欺瞒,让顾客自由选购,是无可指责的,更谈不上“有失身份”了。

326. 销售玉器时,“打折”好还是“一口价”好?

根据广东玉器市场的情况来看,若像国营百货公司购物时的一口价销售玉器,是很难行得通的。打折(包括从9折至3折都有)是否属于售货的正当行为,近几年来在多种珠宝报刊上都曾进行过讨论,目前尚无定论。

笔者认为,“打折”只是一种销售手段,折扣的高低是商家早已计算好的,并不能直接说明其售价是贵是平,更不像有些人认为的打八九折就可信,打3折就可能是假货。关键是看最终成交价是否偏高和物有所值。当然,打的折扣太大(如5折或3折)容易使顾客产生疑虑,可能对销售产生负面影响,是值得卖主考虑的。

327. 买了翡翠玉器又要求退货,商家少退一部分货款是否合理?

一般情况下,只要不属假货,翡翠玉器售出后是不能退货的。如若买方一定要退货,并愿吃一点亏,而卖方也愿意退货时,则在双方协商下,以20%左右的扣款方式进行退货,往往是双方可以接受的,笔者认为也是无可非议的。

328. 玉雕大师王树森的翡翠杰作有何特色?

新中国第一代最著名的玉雕大师王树森,9岁从父学画,13岁开始进“玉坊”做活,在整整60年的玉雕生涯中,他从琢制翠玉小花件开始,一步一个脚印不停地向上攀登,或松石佛人,或珊瑚仕女,或水胆玛瑙,或俏色绝品,或件件价值连城的高翠别子(花牌),直至领衔设计制作巨型翡翠国宝,他终于登上了自己梦寐以求的艺术顶峰。

王树森的创作思路非常宽广,章法变化多端,使料绝巧,善用俏色,这在同业中是有口皆碑的。为使每一件作品能更多地出口创汇,他一向积极主张取材于我国古典名著中的人物、典故和炉、瓶、熏、爵等各种传统器皿造型;他又不拘泥于传统题材,对于创新,对于现代题材的创作,他也一向不甘落后,而且他的创新之作,多半独具一格,有他自己的个性和特色。如水胆玛瑙《群山巨瀑》、《旭日东升》以及《俏色五鹅》和岫玉《攀登珠峰》等作品,行家一见到这些佳作,就会认定这些题材和选型只能出自王树森大师的思路和手笔,完全不同于他人的作品。

当巨型国宝翡翠《岱岳奇观》、《含香聚瑞》、《群芳揽胜》和《四海腾欢》(详见本书784问)于1989年10月下旬公开展出的前4个月,领衔制作这4件国宝的王树森大师却不幸与世长辞。他本人虽没能目睹这些珍宝的全貌,但他的名字将与这些国宝永世长存。

329. 玉雕大师施禀谋的玉雕艺术有何特色?

《财富珠宝》报特约记者何双及,在2000年6月15日的《财富珠宝》上发表了“玉苑奇才施禀谋”一文,对施禀谋先生的玉雕业绩和艺术特色作了较详细而全面的介绍。现摘要简介于下:

施禀谋,福建晋江籍中国香港玉石雕刻家,中华人民共和国同龄人。他长期爱好并从事俏色玉雕,不拘一格之见,融汇百家之长,推陈出新,自成一家。其作品曾多次获奖,业外人士说他的作品很“酷”,业内人士赞他的作品很真、很美、很神。

施禀谋雕刻善用俏色,是其玉雕艺术的重要特色。翡翠和其他的玉料,因含杂质而出现黑、红、黄等杂色,俏色雕在某种意义上说,便是充分利用玉料上的缺点,做到化丑为美。俏雕艺术家施禀谋就能在山水、花鸟、人物各领域左右逢源。他不是见“斑”无奈,而是驱“斑”为我所用,变杂质为“点睛”之笔,这便是施禀谋的技艺过人的一个重要方面。

330. 工艺美术大师林福照的创作经验有哪些?

陈墨先生在《中国宝石》2001年第4期上,撰写长文对浙江省青田县的4位工艺美术大师的创造业绩和经验作了介绍,其中林福照先生的创作经验最为深刻感人。

林福照先生从艺40余年，好学多思，潜心创作和理论研究，在山水、花鸟、人物创作上独树一帜，成绩斐然，获奖众多。1995年，他被联合国教科文组织授予“中国一级民间工艺美术大师”称号；1998年，被授予“浙江省工艺美术大师”称号。他对自己的创作经验归纳为三句话：一是艺术来自自然，对自然规律既要知其然，又要知其所以然；二是立意选型师法自然，要懂得其意其法精神所在之所以然；三是造型立意要超脱自然，既要尊重客观现实，又要超越客观现实。

331. 翡翠专家摩傣是怎样看待B货翡翠的？

1996年1月30日，我国著名翡翠专家摩傣在广西宝石研究所作翡翠专题报告中指出：“话说回来，中国12亿人，大多数人买不起几万元一粒的高翠戒面（指A货），而几十元至几百元一粒的B货翡翠却很有市场。B货虽不经久，但享受几年还是可以的。为什么不试着做做B货呢？在开始积累资金时，一定不要怕面子难堪，只要明确地告诉消费者，B货并非毒品，是允许上市的。做B货的料，最好选择新厂玉。新厂料软一点，价钱低，制作方便一些。那些透明度差、杂质多的料没人要，但绿却很好，有时是带黑的绿，化学处理一下，绿就变好了。低价卖出，又有什么不好！”

332. 翡翠专家摩傣是如何评价玉雕创新的？

摩傣先生在广西宝石研究所作翡翠专题报告时说：“国内的玉雕制品，现已落后港台等地。现在的玉雕艺术品，一定要新和奇，要有创意，要和现代气息相吻合，不能一辈子只雕‘福禄寿喜’，因为国内外收藏家已经看腻了这类产品。”他又说：“香港的艺术大师施禀谋先生的玉雕作品在港展出，轰动港台，就是因为有新意，把中华古文明与现代文明相结合，给人以从未有过的新鲜艺术享受，这就是我国玉雕发展的方向。”

333. 翡翠专家摩傣是如何评价高档翡翠升值的？

摩傣先生在广西宝石研究所作翡翠专题报告时说：“这几年来，随着亚太地区各国经济的迅速增长，特别是中国经济的发展，翡翠自然地走向了世界，价格直线上升，高档翡翠的价格更是成千倍地增长。原先几千元一粒的戒面，目前要卖到几百万元；原先5 000～6 000元的手镯可卖到1 000多万元。翡翠能有今天，全赖祖国的强盛。”

334. 欧阳秋眉提出的评价翡翠成品的4C、2T和1V标准是什么？

香港宝石学院院长欧阳秋眉女士在《亚洲珠宝》杂志上提出的评价翡翠成品的4C是指颜色（Colour）、净度（Clarity）、切工（Cutting）及裂纹（Crack）；2T指透明度（Transparency）及结构（Texture）、1V是体积（Volume）。

她同时指出：在评价翡翠的4C之中，颜色应居首位，因颜色是价值所在。颜色主要指翡翠的绿色，而绿色要绿得纯正、深浅适当、鲜艳及均匀。即要符合正、浓、鲜、匀的原则，任何偏黄、偏蓝、偏灰、偏黑都会降低其级别和价值。其他条件也要相应配合，任何一个 C 或 T 有明显的不足，都不能达到高档翡翠玉器的要求。

至于体积（V），同等质量的翡翠玉器，体积大者用料多，价值亦随之提高。

335. 什么是翡翠成品评价的"十字要诀"？

杨德立先生在《中国宝石》2002 年第 1 期上发表了"翡翠成品评价的'十字要诀'"，现简要介绍于下，建议广大读者参考试行。

杨先生主张将翡翠的优点和缺点各概括为 5 个字，然后针对实物（翡翠成品）进行综合分析评价，即先以优点确定其大概价值，再以缺点往下论价，从而可得出一个大致的档次和价格范围。

翡翠成品的 5 个优点是：①种：主要指翡翠的质地，晶粒细，结构致密的种就好，反之就差。最好是玻璃种，其次是冰种。②水：指翡翠的透明程度，透明度好叫水头好，反之叫水头干。③色：红为翡，绿为翠，紫为春，蓝为水。四色齐全为"四喜"（福禄寿喜），再有黄色叫"五彩玉"，价值更高，所有颜色中，绿色最贵，绿色越正、越阳、越满，价值越高。④工：即做工要好，才能使玉器增值。⑤重：成品品质相近时，大而重者为贵。

翡翠成品的 5 个缺点是：①裂：成品中的裂纹，明显、严重者随眼可见，隐蔽的暗裂对光可见，有裂者价值猛跌。②癣：翡翠中的黑色叫"癣"，要看癣的位置和多少来降价。③棉，翡翠中的白色杂质叫"棉"，也要视其位置和多少来论价。④脏：玉器上有灰暗的杂质叫"脏"，对价格影响也不小。⑤缺：其他影响美观的缺点。

336. 能介绍一首有关翡翠的诗吗？

《宝玉石信息》报于 1998 年 12 月 30 日刊登了李学中的《谈翡翠》七言长诗一首，比较全面地介绍了翡翠的产地、品种和特征，可供读者参考。因限于七言诗的每句只允许 7 个字，故有些句子显得不够完整而颇费思索，如诗中"摩氏硬度六五七"，竟是摩氏硬度 6.5～7 之意，希读者明察。

谈翡翠

李学中

缅甸北部密支那，乌龙江域出翡翠；
度冒潘冒南山冒，东北西南几公里。
红色为翡绿为翠，玻璃光泽彩多姿；
老坑质硬份量重，新坑轻嫩价值低。
只因可遇不可求，定价无一没法比；
常有假冒要警惕，染色石英和玻璃。

识别他山水沫子，轻重对比也容易；
黑蓝色多八三玉，质嫩多裂注胶蔽。
新坑无皮颜色浅，石质较粗水头次；
老坑多呈黑黄皮，绿浓水足结晶细。
天然加工是A货，酸洗注胶人称B；
烤炝染色乃C货，A正C邪要牢记。
浓正阳匀老坑种，透如玻璃水欲滴；
织纤结构白底青，含铬不透色鲜极。
晶体显粗叫豆种，芙蓉淡绿底可以；
脉状绿色曰花青，油青幼洁似瓜皮。
物理承压胜钻石，摩氏硬度六五七(6.5～7)；
选购毛料有学问，片色如雾浅入底。
条带丝丝金丝种，马牙无种像瓷器；
欧美垂青紫罗兰，钠铬辉石干青奇。
自古东方爱翡翠，常戴藏玩嗜入迷；
文人雅士竞佩带，妇女儿童皆适宜。
辟邪压惊皆传说，养颜健身却灵气；
保值增值世无双，通灵宝玉真神秘。

二、最古老的玉——软玉

337. 我国“四大名玉”是指哪四种玉？

一般所称中国“四大名玉”，是指新疆产出的“和田玉”、河南南阳产出的“独山玉”，辽宁岫岩县产出的“岫玉”和湖北郧县等地产出的“绿松石”。

此外，也有人认为中国“四大名玉”中应列入“蓝田玉”，而不列“绿松石”。据资料介绍，“蓝田玉”确系中国古代主要名玉之一，但因古代的蓝田玉矿藏早已被采空，故今日之中国“四大名玉”以不列入蓝田玉为宜。

338. 什么叫“软玉”？

软玉简称“玉”，或称和田玉。世界软玉产地并非外国没有，但却以中国新疆和田所产的软玉应用历史最久，质量最佳，故前苏联著名的地质矿物学家费尔斯曼称软玉为中国的“国石”。

软玉是由闪石类矿物组成的特殊集合体，它是我国古代玉制品的主要材料。软玉的化学成分是硅酸钙、镁、铁，摩氏硬度6～6.5，密度2.9～3.1g/cm^3，断口参差状，油脂光泽，半透明至不透明，颜色有白、青、黄、黑、红等多种，它的化学性质稳定，除氢氟酸外，能耐强酸、强碱。中国软玉主要产于新疆昆仑山、天山和阿尔金山三大地区。

339. 软玉按颜色可分哪些品种?

软玉按颜色可分为白玉、青玉、黄玉、碧玉和墨玉五类,其他颜色可适当归于此五类中。

(1)白玉:洁白而质地极细腻无瑕的凝脂玉,水头足,裂纹少,是软玉中最名贵的品种。其上品称“羊脂白”,是“软玉之王”。

(2)青玉:深青绿色的软玉,因颜色不如白玉,故质量比白玉低一级,仍属高档玉料。

(3)黄玉:由淡黄至黄绿色,色佳者不亚于白玉,故属高档玉料。

(4)碧玉:由深绿到暗绿色,质地不够均匀洁净,黑斑和玉筋较多,属中档玉料。

(5)墨玉:由墨色到淡黑色,质地细腻,价值低于白玉。

340. 和田玉按产状可分哪几类?

和田玉按产状可分为3种类型:

(1)仔玉:从河流中捡出的玉石,它是原生玉石经过剥蚀、冲刷搬运到水系中的大卵石。这种玉小块多,大块少,质地好,水头足,色泽洁净,其中常有羊脂玉仔出现。

(2)山料水玉:经冰川和洪水等搬运的软玉,其特点是块度大,表面光滑。

(3)山料玉:指直接从玉石矿中采出的原生玉石。

341. 我国白玉如何分级?

李兆聪在其专著《宝石鉴定法》一书中,对中国白玉提出了合理的分级标准:

一等品:颜色洁白、细腻、无裂纹、无杂质,块重在5kg以上。

二等品:色较白、细腻、无裂纹、无杂质,块重在3kg以上。

三等品:色青白,质地较细、无裂纹、稍有杂质,块重在3kg以上。

三、“南阳翡翠”——独山玉

342. 什么是“独山玉”?

独山玉因产于河南省南阳市东北约8km处的独山而得名,也称“南阳玉”。它是一种黝帘石化斜长岩,属多色玉石,简称“独玉”。

独玉色彩鲜艳,花样齐全,浓淡兼备,而且质地细腻,致密坚硬,摩氏硬度6~6.5,密度2.9g/cm^3,玻璃光泽或油脂光泽,不透明、微透明至半透明,有少量优质品接近透明。

343. 独山玉的开采历史有多久?

独山玉被开采和利用的历史悠久。据南阳县黄山出土的文物“南阳玉玉铲”考证,应属新石器时代,距今约6 000年。又据我国第一部纪传体断代史《汉书》记载推测，现在独山脚下的沙岗店村，汉代叫“玉街寺”，是当时生产和销售玉器的地方，也已有 2 000 多年的历史。

344. 独玉在国产玉石中居何地位?

独玉在我国有重要的历史地位，早在五六千年前，古人就已开始采用独玉，“殷墟”出土的玉器中，有不少的独玉制品。

独玉是我国“四大名玉”之一，且其产量超过和田玉和绿松石，而在“四大名玉”中居第二位。

高档独玉的翠绿色品种，与翠绿色的缅甸翡翠有些近似，故有“南阳翡翠”之美称。但独玉的玉质(结构、透明度和光泽)和翠绿颜色则很难与优质缅甸翡翠媲美。例如一只高档的独玉手镯，价值虽可达人民币 1 万元以上，而一只高档的翡翠手镯，则可高达 500 万元以上。

独玉主要用于雕琢各种较大的玉器摆件，在国内外市场均受欢迎，其中的俏色玉雕更获广泛好评。块度较小而质优者，则用于制作手镯、戒指、玉扣、鸡心和项链等饰物，主要销于国内市场。

345. 独玉有哪些品种?

独玉是一种多色玉石，细分可有 20 余种颜色，但主要由红、白、黄、绿、青、黑、紫等 7 种颜色组成。

从颜色和雕刻工艺特性可分为 7 个品种：

(1)红独山玉(芙蓉玉)。

(2)白独山玉(包括透水白玉、干白玉、奶油白玉)。

(3)黄独山玉(橙玉)。

(4)绿独山玉(包括绿玉、绿白玉、天蓝玉、翠玉)。

(5)青独山玉(青玉)。

(6)黑独山玉(墨玉)。

(7)紫独山玉(紫玉)。

其中，以透水白玉、绿玉、绿白玉和芙蓉玉价值较高。

346. 独玉如何分级?

独玉以其颜色是否均匀、质地好坏和块度大小不同可分为四个等级：

特级：单一的绿色或绿白色，质地细腻，无白筋，无裂纹，块体在 20kg 以上。

一级：白色、奶油白色或绿色，色泽鲜艳，无裂纹，无杂质，块体在 5kg 以上。

二级：干白色、绿色或杂色，色泽鲜艳，无裂纹，无杂质，块体在 3kg 以上。

三级：色泽较鲜艳，稍有裂纹，稍有杂质，块体在 1kg 以上。

独山玉属中档玉料，各个品级价格相差甚大，特级品比三级品价格可高出 10 倍以上。

四、蔚蓝色的玉——绿松石

347. 什么是"绿松石"?

绿松石的工艺名称为松石,是一种具有独特蔚蓝色的玉料。它的英文名称为Turquoise,即"土耳其石"或"突厥玉"。土耳其并不产绿松石,据资料介绍,由于古代波斯出产的绿松石经土耳其运往欧洲,被人们误认为产于土耳其而得此名。

绿松石是一种深受古今中外人士喜爱的传统玉料,被列为我国的"四大名玉"之一。绿松石是世界穆斯林及美国西南部人民特别钟爱的玉石品种;在我国,藏族和蒙族人民也很偏爱绿松石。绿松石在世界珠宝习俗中象征成功与必胜,被定为12月的诞生石。

348. 绿松石还有哪些别名?

在元代,绿松石被称作"甸子"或"碧甸子"。由于我国的绿松石主要产于湖北省的荆襄一带,故又名"荆州石"或"襄阳甸子";而产于波斯的绿松石,则被称为"回回甸子"。

349. 绿松石有哪些特性?

绿松石是一种含水的铜铝磷酸盐。它多呈蔚蓝色(天蓝色)、淡蓝色、绿蓝色、绿色或带蓝的苍白色。在颜色均一的块体上,常有分布不均的白色条纹和斑点,或有黑色至褐黑色的铁线,这些铁线往往在绿松石上形成美丽的黑色花纹,从而受到一部分人的特别喜爱。

绿松石的晶体很微小,质地很细腻,优质品经抛光后好似上了釉的瓷器,故被称为"瓷松石"。

绿松石的硬度差异很大,最硬的"瓷松石"硬度5.3～6;"硬绿松石"硬度4.5～5.3;风化后的"泡松石"硬度在4以下。绿松石的密度2.6～2.9g/cm^3。蜡状光泽,在酸中能溶解。

350. 世界上的绿松石主要产地有哪些?

目前,世界绿松石产出大国有伊朗、智利和美国;其次有中国、澳大利亚、墨西哥、秘鲁和俄罗斯。

我国绿松石的主要产地为湖北郧县,其次有郧西县和竹山县;陕西、河南、云南等地也有绿松石产出。

351. 绿松石制品主要有哪些?

我国目前生产的绿松石制品主要有两大类:

(1)绿松石工艺品:绿松石因色蓝如天,其作品多以善与美的内容为主,一般以造型独特、新颖的民族风格、神话故事为题材,雕琢佛像、仙人、仙鹤、仕女、童子、山水、花卉等作品。

(2)绿松石饰品:优质绿松石主要用于制作蛋形戒面、胸坠、耳坠等;质量一般的绿松石则用于制作各种款式的项链。

五、价廉色美的岫玉

352. 什么是"岫玉"?

岫玉现为我国蛇纹岩玉石总的工艺名称。广义的岫玉包括辽宁岫岩玉、广东南方岫玉、四川会理岫玉、新疆昆仑岫玉和北京十三陵所产京黄岫玉等。狭义的岫玉则专指辽宁岫岩县所产的岫岩玉(简称岫玉)。

353. 岫玉有哪些特点?

岫玉是一种蛇纹石类矿物的集合体(蛇纹岩),是由细小的纤维状和叶片状蛇纹石晶体组成,是一种十分细腻的致密块体。它的颜色多种多样,但以白色、淡绿色和黄绿色为常见。它的硬度为2.5～4.5;密度2.5g/cm^{3}左右,油脂光泽或蜡状光泽,半透明至不透明,也有极少数为透明的,与有机玻璃比较相似。

354. 岫玉在我国玉石中的地位如何?

岫玉是我国早已被发现的一种重要的玉器原料,是中国"四大名玉"之一。由于它的颜色美观,加工性能良好,且原料价低,故在全国已有20多个省市的大批玉雕厂用岫玉作原料,制作各种玉器首饰和工艺品。岫玉的产量之大和用料之多,在"四大名玉"之中均占首位。但因其硬度低(4.5以下),在玉器被擦拭保洁的过程中,容易被磨损而使本来不强的光泽逐渐变暗淡,远不如翡翠玉器那样越擦越闪亮,故岫玉属低档玉料。而在制作大型玉雕座件和中小型摆件中,因对玉的硬度要求较低,所以仍是颇受欢迎的玉种。

355. 岫玉有哪些主要用途?

岫玉的用途很广,大量的优质岫玉主要用于雕琢成各种山水盆景、人物、动物和茶具、酒具等工艺品,由于其美丽的淡绿色及柔和的光泽很可爱,颇受人们青睐,因而在国内外都很畅销。另外,接近透明的优质岫玉还广泛用于制作手镯、项链珠、各种小挂件(观音、弥勒佛及玉元宝等)和健身球等,在低层次的消费者中有一定的市场。

356. 我国的岫玉品种和产地有哪些?

由蛇纹岩形成的岫玉,在我国各地有许多品种。据宝石专家栾秉璈先生在其《宝石》一书中介绍,国内主要的岫玉品种有如下10种。

(1)岫岩玉:是由纤维蛇纹石和叶蛇纹石为主组成的致密块体,其颜色不下10余种,辽宁岫岩县是我国岫玉的主要产地。

(2)南方岫玉:简称"南方玉",主要产地在广东省信宜县,故又称"信宜玉"。是一种呈暗绿色至淡绿色的致密块状蛇纹岩。由于其具有较美丽的绿色花纹,故适合做大型玉雕摆件。

(3)酒泉岫玉：简称“酒泉玉”或“祁连玉”，是一种含黑色斑点和不规则黑色团块的暗绿色致密块状蛇纹岩。

(4)陆川岫玉：简称“陆川玉”，是一种在黄绿色基底上常见有黑斑的致密块状蛇纹岩。产地在广西陆川县。

(5)昆仑岫玉：简称“昆仑玉”，玉质与辽宁岫岩玉很相似。产地在新疆的昆仑山麓。

(6)会理岫玉：简称“会理玉”，是一种外观似碧玉的暗绿色块状蛇纹岩。产地在四川省会理县。

(7)云南岫玉：是一种绿色的块状蛇纹岩，常含绿泥石。

(8)莒南岫玉：简称“莒南玉”，是一种黑绿色的块状蛇纹岩。产地在山东省莒南县。

(9)京黄岫玉：简称“京黄玉”，是一种黄色、淡黄色或柠檬黄色的蛇纹岩。产地在北京十三陵老君堂。

(10)都兰岫玉：是一种具有竹叶状花纹的块状蛇纹岩，故也称“竹叶玉”。产地在青海省都兰县。

357. 什么是“玉枕”？

以辽宁岫玉保健制品厂的“长寿”牌保健玉枕为例，它是由数十块直径约 3cm、厚度约 3cm 的岫岩玉圆柱块或长方块(在同一个玉枕上只用同一种形状)，在其腰部刻一条横槽沟，然后一块块嵌入有着与玉块相同大小的圆孔的长方形绒布中，就成了嵌满一行行玉块而以绒布为依托的玉枕。其总的形状与枕巾相似，将玉枕置于普通睡枕之上，头部直接接触玉，便可产生医疗作用。

据史书记载，中国古代皇帝使用御枕，已有 2 000 年的历史。如中国几位高寿皇帝武则天、乾隆、康熙、慈禧太后均终生以玉为枕。中国中医巨著《唐本草》、《神农本草》、《本草纲目》，均对玉枕的医疗健身功效有详尽论述。

358. 玉枕有哪些医疗作用？

辽宁岫玉保健制品总厂出品的“长寿”牌保健玉枕，是依据中国中医基本理论和外治疗法的基本原理，在总结古代御用玉枕的基础上研制而成的专利产品。1991 年经对 100 名患者临床实验证明，使用玉枕 2～10 个月，对头痛、头晕、失眠、神经衰弱、高血压和脑血管动脉硬化等疾病均有疗效，并无副作用。

359. 玉枕治病保健是依据什么机理？

据辽宁岫玉保健制品总厂的研究资料介绍，保健玉枕治病保健的机理是：玉能降低头温，稳定脑压；玉含有对人体有益的多种元素，人脑接触玉枕会产生静电磁场，可疏通大脑的中枢经络。由于玉枕的每个小玉块与人脑多点接触，对脑部神经穴位具有刺激按摩作用，且能促进脑血管血液循环，从而起到镇静安神、疏通经络、气血流畅、脏腑安和的作用。

六、玉中奇葩——梅花玉

360. 什么是"梅花玉"？

梅花玉是由火山中喷流出的岩浆冷凝而成的岩石。由于这种火山岩在冷凝的过程中，大量的气体逃逸后形成了许多奇特的气孔，这些气孔被后来生成的多种矿物所充填，便形成了地质科学中所谓的杏仁状安山岩。这种安山岩中的奇形怪状"杏仁"经加工磨光后，便形成了好似梅花的花朵，而各个气孔之间的细裂纹被矿物充填后，便是梅花的枝干。

梅花玉中除奇妙的梅花图案外，还常见各种珍禽异兽和人物隐匿其间，十分神奇。遇有这种天然造型的梅花玉手镯或工艺品，就更具观赏价值和收藏价值，因而被许多国内外人士所喜爱或收藏。

361. 梅花玉的主要物理性质如何？

梅花玉的硬度为摩氏6～7，密度2.74g/cm^{3}左右，但其硬度和密度与其所含"杏仁"的多少有关。

梅花玉的质地细腻，光泽明亮，花纹别致，具有较良好的工艺性能。

362. 梅花玉有哪些颜色和品种？

梅花玉的颜色要将底色和花色（即杏仁状安山岩中的"杏仁"颜色）分别介绍，才能说得清楚。

梅花玉的底色有黑色、褐红色和灰绿色三种，而以黑色最常见、最美观和最受大多数人喜爱，褐红色和灰绿色都显得不高雅，故在制作工艺品和首饰的选料中，都尽量少选或不选后两种底色的玉料。

梅花玉中的花纹（即"杏仁"）的颜色，则有红色、绿色和白色三种。其中红色为正长石；绿色为绿帘石或少量为绿泥石；白色为石英或方解石。具体到某一件工艺品（如茶壶、手镯或健身球）上面，则有时全部为绿色花纹或全部为红色花纹；有时则红、绿、白三色花纹俱全。大多数人都偏爱三色花纹同时出现在黑底色上的多色梅花玉精品。

363. 梅花玉的主要用途有哪些？

梅花玉自20世纪80年代重新发现以来，其用途日益广泛，概括起来，约有下列六方面：

(1)制作仿古玉器：有玉佩、玉璧、护身符、熏炉、玉鼎等。

(2)制作多种动物：有梅花鹿、鱼、龟和十二生肖等。

(3)制作生活用品：有茶具、酒具、咖啡具、餐具和健身球等。

(4)制作各种首饰:有玉镯、戒指、玉扣、鸡心、长命锁等。

(5)制作各种板材:用于建筑装饰。

(6)制作多种特殊纪念品:如1988年国际象棋大赛奖杯;1990年第11届亚运会奖杯;高档国际礼品——杜康酒瓶等。

另据报道,梅花玉所含多种微量元素与神奇药石——麦饭石相似,长期使用或接触梅花玉制品,具有防癌、防痔等医疗保健功效,是一种美观、实用、长寿和吉祥的玉石。

364. 梅花玉工艺品和原料的价格如何?

由于梅花玉中的梅花图案是天然形成的,因此,梅花玉工艺品的价值以有无梅花图案、有多少梅花朵和是否枝干齐全而定。如图案选在工艺品的醒目位置,或有人物或动物造型图案,则其价值可达千元或数千元;若花纹少,图案残缺不全,则其价格要低于优质品数倍或数十倍。如一只梅花玉手镯,最低价仅在10元左右(指产地价,而在广州及深圳等南方城市则高出2～3倍以上),最高价则可达几百元。在某些旅游商场,一件具有特殊花纹图案的梅花玉鸡心,售价在100元左右也不足为奇。

梅花玉原料目前的价格一般都很低,即使是具有红、绿、白3种花色的优质品,每千克也仅十几元。由于梅花玉产地不仅在中国,也许在全世界至今仅有一处,资源将越来越少,预计其价格将会有所提高。

365. 梅花玉的产地、规模及其发现历史如何?

目前,梅花玉的产地仅有一处,即河南省汝阳县上店乡关帝沟。其赋存层位是在熊耳群火山岩中,矿层出露长度约150m,厚度约20m,倾角20°左右,矿体向两侧相变为全晶质火山岩。据孟宪松先生的资料,目前已知梅花玉的储量为$40\times10^4m^3$左右。若按$2.74t/m^3$计算,约为110×10^4t。

据有关史料记载,河南汝阳梅花玉的开采利用始于商周时代,鼎盛时期是东汉初期。《伊阳县志》载:“汝水南有汝玉洞,民曰汝石洞,汉光武帝刘秀曾避难于其中,见汝玉,册封为国宝。”后来,梅花玉曾因战乱被乱石埋没而失传。后考古学家在汉墓中发现了梅花玉珍品。

1983年,河南省地矿局地调四队在汝阳搞宝玉石普查时,重新发现了梅花玉矿体。近十几年来,梅花玉的开发利用已经有了多方面的长足进展。

七、品种繁多的玛瑙

366. 什么叫玛瑙?

玛瑙是指具有纹带构造的玉髓,它是一种胶体矿物,其主要成分为二氧化硅。“玛瑙”一词源于佛经,梵语本称“阿斯玛加波”,意为“马脑”。古人因不了解玛瑙纹带的成因，故有“马脑变石”之误解。

汉朝以前，玛瑙有“琼玉”和“赤玉”之称，实指现今的红玛瑙而言。

玛瑙的物理性质如下：硬度 6.5～7，密度 2.65g/cm^3，断口呈贝壳状，透明至半透明，玻璃光泽。

367. 玛瑙与玉髓有何区别？

玛瑙的组成矿物以玉髓为主，有时含有少量蛋白石及微粒石英，呈纹带状的隐晶质块体，如果块体无纹带构造即为玉髓。有人将无纹带构造的普通玉髓也称为玛瑙，乃是一种误称。

玛瑙和玉髓质纯者皆应为白色（或无色），因含有色素离子或其他杂质，才会出现灰、褐、红、蓝、绿、黑等色。

368. 玛瑙的颜色与其价值有何关系？

玛瑙的颜色与其价值的关系很大，如血红玛瑙就属于优质玛瑙。“玛瑙无红一世穷”（此语原出自《格古要论》），这是玉雕行业的一句口头禅；蓝色玛瑙也是优质玛瑙；黑花玛瑙是指有黑白两种或两种以上颜色对比强烈的玛瑙，用它琢制熊猫等动物，很受人们欢迎。

白玛瑙产量大，但在工艺上用途很少，大多用于制作仪表、轴承、天平刀或研钵等。但自从有了人工染色的新工艺以后，质纯的白玛瑙的地位就大大提高，需求量也在不断增加。

369. 玛瑙有哪些品种？

中国有句俗话：“千般玛瑙万种玉”。说明玛瑙的品种繁多。玛瑙的主要品种如下：

(1)缟玛瑙：有特别细的纹带。其中最珍贵者称“红缟玛瑙”，由于珍奇而被列为“8 月诞生石”。

(2)带玛瑙：有带状构造的玛瑙，有单色或多色等不同品种。

(3)苔藓玛瑙：因含绿泥石或沿裂纹有氧化锰（黑色）的渗入，出现树枝状或苔藓植物状花纹。

(4)火玛瑙：在条带层中含有氧化铁板片状矿物晶体的玛瑙，能闪烁火红的光泽。

此外，日本产的红色玛瑙称“东红玛瑙”；一些无纹带的玛瑙工艺品，多为玉髓或仿造玛瑙雕制的产品。

370. 何谓“水胆玛瑙”？

凡天然产出之玛瑙，中空而有水者谓之“水胆玛瑙”，以胆大水多为妙（按水胆数目可分为“一胆”、“双胆”和“多胆”）；其透明度越好越佳。无裂纹、无瑕疵的水胆玛瑙，是玉雕良材。

水胆是玛瑙中的最宝贵部分，在加工水胆玛瑙雕件时，应注意取材的部位和角度，尽量将水胆部分表露于外，使人容易观察得到，而又决不能将水胆磨破。

371. 水胆玛瑙是怎样形成的？

玛瑙是一种二氧化硅(SiO_2)胶体矿物，它的形成与火山活动有密切关系。当成分复杂的地下岩浆在地质作用的影响下，冲破其上覆岩层的薄弱部位而喷出地表时，由于温度和压力的骤降，岩浆就迅速冷却凝固，同时析出温度较高的含有大量二氧化硅的水溶液，这种热水溶液（简称“热液”）沿着周围岩石的裂缝和空洞流动充填，并继续冷却凝固，便形成了玛瑙。如在岩石空洞中原来有水分存在，这种二氧化硅热液就会把空洞中的水分包裹在其中而形成所谓的“液态包体”，这就形成了人们所说的水胆玛瑙。

其他如水胆水晶和水晶海蓝宝石的形成原理和过程，也都与此相似。

372. 什么叫玛瑙“砂心”？

在玛瑙的同心环带状花纹的最内层有时会有石英晶体，这就是工艺美术人员所称的玛瑙“砂心”。

玛瑙砂心有实心的，也有空心无水的和空心含水的。如果砂心中的石英晶体结晶程度好，色泽艳丽，透明度高，各个晶体之间结合得很牢固，这种玛瑙即为很好的玉雕材料。如果砂心的空心中间包藏有水，便叫“水胆玛瑙”，也是很有用的玉雕材料或收藏品（奇石）。

373. 玛瑙染色处理技术最要注意什么？

玛瑙染色处理在我国历史悠久，已有传统经验，并被人们广泛接受，所以属于“优化”技术。

玛瑙染色工艺有的要进行加热处理，有的不需进行加热处理，但由于玛瑙的传热性能差，所以在对玛瑙加热时最要注意的是必须慢慢加热，慢慢降温，否则容易因内应力而产生破碎，造成前功尽弃。

关于玛瑙染色的配方（包括染多种颜色）和有关操作工艺流程，沈才卿先生在其“珠宝玉石的化学处理技术”（《中国宝玉石》2002 年第 3 期）一文中作了全面而具体的介绍，可供参考。

374. 我国的玛瑙产地有哪些？“玛瑙之乡”在何处？

我国的玛瑙产地分布广泛，几乎各省区都有，主要产地有辽宁、黑龙江、内蒙古、河北、湖北、山东、宁夏、新疆、西藏和江苏（所产雨花石以玛瑙为主）等 10 省区。

我国辽宁省的阜新市，早有“玛瑙之乡”的美称。该地区玛瑙资源的开发与利用历史悠久，从清代（公元 1636 年）起，当地群众就有采拾玛瑙的记载。

目前，各乡共有数千人从事玛瑙的开采和加工，每年可采玛瑙 500t 左右，年产值达 1 000 万元以上。

阜新地区生产玛瑙首饰工艺品的品种繁多，款式齐全，主要有：

(1)玛瑙工艺品：有人物、花鸟、动物、围棋子和纽扣等。

(2)玛瑙首饰：有手镯、手链、项链、鸡心、吊坠等。

(3)玛瑙工业用品：有玛瑙研钵、工业轴承标准件和玛瑙研磨料。

八、其他玉石

375. 什么是“芙蓉石”？

芙蓉石是一种粉红色半透明至透明的石英块体，也称“蔷薇石英”。其化学成分主要为二氧化硅(SiO_2)，除呈粉红色外，也有深粉红色者。其致色与含有钛金属色素离子有关。硬度为7，密度2.65g/cm^3左右。断口贝壳状，呈油脂光泽。芙蓉石主要分布在伟晶岩中，少数呈石英脉状产出。

376. 芙蓉石有何主要用途？

在工艺玉雕界，芙蓉石被称为“芙蓉玉”，优质的芙蓉石不仅色深而美观，而且完全透明，用它雕琢玉器，富有轻快的风韵，与其他的深色玉器形成鲜明的对照。

芙蓉石在玉雕行业主要用于雕琢中、小型摆件和项链(用量很大)，也有用于制作鸡心和耳坠等饰物的，但做饰物挂件时，更要求具有深粉红色，如近于白色的淡粉红色则价值甚低。

377. 重要的芙蓉石产地有哪些？

在国外，优质的芙蓉石产于巴西，中国几乎年年都由巴西进口较大量的优质芙蓉石。

已知中国的芙蓉石产地有新疆、云南、内蒙古和河北平山县，皆产于花岗伟晶岩中。

378. 选购芙蓉石的原料应注意什么？

在选购芙蓉石的原料时，首先要求其粉红色愈深愈好，对于那些采自地表的经受过褪色作用甚至半风化状态的原料不宜进货。同时，要求晶体要透明、无裂纹、无杂质、块度在0.25kg以上者，才可列入优质原料。

379. 什么叫“虎睛石”？

虎睛石又名“虎眼石”。因其外观类似木质而被人们称为“木变石”。

虎眼石原来的矿物为钠闪石，属于链状硅酸盐矿物，这是它经常呈纤维状的原因。

钠闪石若呈石棉状，则称为青石棉，商业上又被称之为蓝石棉，硬度为5左右，密度3.3g/cm^3。当其发生热液交代作用，热液中的二氧化硅逐渐代替了钠闪石后，就变成了硅化青石棉，便成了虎睛石。因为成分已变成石英，所以硬度上升为7，密度下降为3.1g/cm^3左右。

380. 虎睛石有哪些品种?

虎睛石按颜色的不同可分为三类:

(1)黄色和黄褐色而具有猫眼效应的称为虎睛石。

(2)以蓝色调为主,具有猫眼效应的称为鹰睛石(或鹰眼石)。

(3)褐色与蓝色斑杂在一起的称为斑马虎睛石。

其中以鹰睛石的价值较高。

381. 虎睛石的主要用途有哪些?

具有猫眼效应的虎睛石,主要用于制作项链珠及手链珠,价廉物美,在国内外市场上都比较受欢迎。猫眼效应较好的大粒原料,也可制成男性蛋形戒面,但因猫眼的眼线较宽而散,且缺乏活性,故售价甚低,与斯里兰卡的金绿猫眼是无法比拟的。

具有美丽的靛蓝色调的优质鹰睛石,可用于制作手镯、戒面和印章等,其售价远高于黄褐色的虎睛石饰品。

382. 世界上虎睛石重要产地有哪些?

虎睛石的产地甚少,最著名的是南非好望角西北面的葛利兰。此外,纳米比亚、澳大利亚和巴西均产出质量较好的虎睛石。

我国仅有河南省淅川县到内乡县一带出产虎睛石和鹰睛石,但质量好的不多。

我国市场上较好的虎睛石项链、手链和戒面等饰品,其原料主要来自巴西。

383. 什么叫"东陵石"?

东陵石在地质学中称铬云母石英岩,曾有人称之为"印度玉",这是因为印度盛产这种"玉"。

东陵石的硬度 7,密度 $2.65g/cm^3$,性脆,半透明,断口参差状。

东陵石按其颜色可分为绿色东陵石、蓝色东陵石和红色东陵石。

东陵石易与河南玉(密玉)相混淆,但二者仍有区别,主要是河南玉砂性特点明显,而东陵石晶性特点较足。

384. 什么叫"密玉"?

密玉又称河南玉,因产于河南省密县而得名。密玉属石英岩类,是一种含铁锂云母的石英岩。半透明,性脆,硬度 7,密度 $2.65g/cm^3$,玻璃光泽,有砂性特点。颜色主要有苹果绿和橙红色,以绿色艳者为珍贵。

密玉与东陵玉都是云母石英岩,故很相似,但密玉的砂性特点明显,而东陵玉的晶性特点较足。密玉可用于制作首饰或摆件,较受顾客好评。

385. 什么叫"蓝纹石"?

蓝纹石是四川省地质矿产局于 1980 年在四川旺苍县新发现的玉种。它是一种"方钠石化磷霞岩",由于块体上有蓝色的云雾状条纹而称蓝纹石。

该玉石主要由霞石、磷灰石和方钠石组成。颜色为灰至蓝色，其色分布不均，在灰白色的基底上，出现云雾状不均匀的带纹或色块，其界线不清。由于含有少量钛辉石已蚀变成黑云母，故玉质有黑色斑点。微透明或不透明，硬度 5.5～6。按颜色的差异，有浅蓝色蓝纹石和蓝色蓝纹石之分。

蓝纹石主要用途是制作玉器，优质者可作戒面、项链等首饰。

386. 什么叫“朱砂玉”？

朱砂玉又名“牡丹玉”，是 1981 年由吉林省地质矿产局发现的一个新玉种。

朱砂玉是一种含辰砂的石英脉，坚硬致密，多不透明，但具暗淡的玻璃光泽。由于辰砂非常细小且均匀地分布在石英脉中，而呈细腻的紫红色到鲜红色块体。硬度 7，密度大于 $3g/m^3$（因含辰砂）。可做首饰镶嵌品，大块者可做玉雕工艺品。目前已知产地仅在吉林省有一处。

387. 什么叫“蓝田玉”？

蓝田玉以产于蓝田而得名，已有悠久的历史，是中国古代的主要名玉之一。但“蓝田”所指何地？古今学者说法不一。据估计，古代的蓝田玉矿藏早已被采空。本书所指的蓝田玉是 20 世纪 80 年代初，由陕西省地质矿产局在蓝田县玉川、红星一带所发现的新的蓝田玉。

新“蓝田玉”矿体赋存在太古代片岩、片麻岩中，呈夹层出现，计有 3 层，玉石主要为黄色、米黄色和苹果绿色的蛇纹石大理岩。其矿物成分主要为方解石，次为叶蛇纹石等，其质地细腻、洁净，加工性能良好。陕西省工艺美术家利用它生产出大批的玉枕、玉镯、健身球和茶具、酒具等首饰和工艺品，畅销国内外，广获好评。

388. 什么叫“白云玉”？

白云玉又称“白云鄂博玉”，产于内蒙古白云鄂博稀土元素矿床顶部的富钾岩系中，为钾长石板岩。1988 年，由冶金部天津地质研究院孙未君高级工程师发现。

白云玉主要由钾微斜长石组成（占 80%～90%），另含少量黄铁矿、钠闪石等。其主要组成矿物粒度微细，镶嵌紧密，岩石硬度高（7.5～8），质地细腻，抛光性能好。有的白云玉在灰绿色的基底上，由于浸染状黄铁矿斑点或细脉的点缀，可以出现绚丽的“金星”或“金线”效应。

用白云玉雕制的砚台、笔架和鸟兽等工艺品，已经受到国内外人士的青睐。

389. 什么叫“灵璧玉”？

灵璧玉以产于安徽省灵璧县而得名，为中国历史上的名玉之一。它是元古代地层中的碳酸盐类岩石（石灰岩或白云质石灰岩），其品种较多，最著名的有红皖螺、灰皖螺和磬云石。红皖螺和灰皖螺均为含蓝绿藻低等植物群体的遗迹——叠层石；磬云石为含有金属矿物及有机质的隐晶质石灰岩，上述三者的密度均为 $2.73g/cm^3$ 左右，硬度 3～4，经加工抛光后，镜面异常光亮，能显映物影。

我国对灵璧玉的开发利用始于战国时代，至今仍大量加工成山水、花卉、人物和动物等工艺品，其优质产品畅销国内外。

390. 什么叫“蜜蜡黄玉”？

蜜蜡黄玉是不久前由新疆地质矿产局在新疆发现的新玉种，因其色如蜜蜡而得名。此玉经琢磨抛光后，有光亮的蜜蜡色光泽，在玉石制品中独具一格，因而受到工艺美术单位欢迎，其产品也得到国外友人好评。

蜜蜡黄玉的矿物成分为白云石，是一种具有强蜡状光泽的蜜蜡黄色白云岩。性脆，硬度 4.2；密度 2.9～3.1g/cm^3。由于硬度低，属低档玉料。

蜜蜡黄玉产于古老的震旦系地层中，目前已知产地仅有新疆。

391. 什么叫“木纹玉”？

木纹玉是我国地质工作者在黄河岸边发现的一种布满木纹的岩石，故取名为黄河木纹玉。

木纹玉的岩性为白云岩，矿物成分以白云石和方解石为主，石中的红色纹理十分清楚而美丽，其色泽系由铁染而成，但木纹玉中含 Fe_2O_3 却只有 1% 左右。

木纹玉的纹理有红黄相间和红白相间两种，都很似松木板上的木纹，故在河南南阳和镇平等地的玉雕工人和玉器商贩们将前者称为“红松玉”，后者称为“白松玉”。

木纹玉的花纹绚丽多彩，矿物粒度为 0.02～0.04mm，石质致密细腻，易于开采加工。在发现和开采初期，人们将它当成建筑石料和工艺彩石，用于加工成桌面、茶几面等，美观大方，经久耐用；用它刻制成斑马等工艺品，形象逼真，栩栩如生，逗人喜爱，别具情趣；后来，玉雕师们便挑选优质的木纹玉加工成有龙凤等形象的茶具、酒具和花纹奇特的手镯等玉器出售，价廉物美，颇受顾客欢迎。但由于木纹玉的最大弱点是硬度低(3～3.5)，做成的玉器光泽不强，且易磨损，故只能列入低档玉料。

392. 什么叫“百鹤玉”？

百鹤玉也叫百鹤石，当地群众称之为“五花石”，是一种含海百合茎化石的石灰岩，产于湖北省鹤峰县距今 4.3 亿年前的古生代地层中。矿体呈层状，长约 1 000m，厚 13～24m。

百鹤玉主要是密集分布的海百合茎化石的碎屑组成的生物礁石灰岩，其胶结物为石英粉砂、碳酸盐等。它呈白、灰、红、褐等色，质地致密细腻，经加工后花纹美丽，圆形、椭圆形、圆锥形、长条形等图案清晰；霞红、果绿、奶白等色彩交相辉映，加工性能良好，艺术价值甚高。按其色泽、纹饰等的差异，可分为红百鹤玉、褐百鹤玉、灰百鹤玉、白百鹤玉等品种，而以红百鹤玉质量为最优。

393. 百鹤玉有何主要用途?

百鹤玉可作高级装饰材料,据英国皇家科学院的鉴定报告称:“19世纪中叶,曾有与百鹤石类似的大理岩装饰于伦敦皇家节日大厅的室内墙壁,而后一直无法获得,中国的发现可以填补这一空白。”它也可用于工艺品,如雕制金钱豹、龟和蛙等,因其天然的斑点和环状花纹(即海百合茎化石的横断面)而显得栩栩如生,耐人寻味;瑞炉、宝塔、花瓶等仿古工艺品更是典雅别致;健身球、手镯、项链等首饰也各具特色,受到国内外顾客好评。

394. 什么叫“丁香紫玉”?

丁香紫玉简称“丁香紫”,是不久前在我国新疆发现的玉石新品种。

丁香紫玉为显微鳞片状锂云母集合体。颜色为玫瑰色或丁香紫色,淡紫灰到灰色。珍珠到丝绢光泽。单晶体透明,玉石半透明;硬度2.22～3.67;密度2.85g/cm^3;性脆。由于它的硬度较低,易于琢磨抛光,加工后的玉石工艺品或戒面等首饰光洁照人,色泽柔和而受到人们喜爱。但硬度太低,容易磨花,是其缺点。

395. 什么叫“贵翠”?

贵翠即贵州玉。它是一种微透明的硅质岩,化学成分为SiO_2。呈淡绿色,娇艳可爱。硬度6～7,密度2.65g/cm^3,玻璃光泽。

贵翠于20世纪60年代由贵州省地质矿产局等单位发现,并经勘查。它虽然颜色翠而润,有点似翡翠,但于1983年经北京玉器厂和苏州玉器厂试用后,认为“砂眼多”,属低档玉料。

396. 什么叫“佘太翠”?

在内蒙古自治区乌拉特前旗发现的一种天然绿色石英岩,成分颇似北京的东陵石、河南的密玉和贵州的贵翠,并有其独到之处。由于它产自佘太镇附近,且绿似翡翠,故名佘太翠。

佘太翠产于中元古代渣尔泰群地层中,为沉积变质石英岩。矿物成分主要为石英(占89%左右)及少量的白云母和绢云母。颗粒细小,粒度均匀,彼此镶嵌紧密。

佘太翠结构致密,质地细腻,较透明,半油脂光泽。密度2.65g/cm^3,硬度为7,属中档玉料。用它制作的玉雕品晶莹剔透,翠绿娇艳,十分可爱。

397. 什么叫“京粉翠”?

“京粉翠”属粉翠的一种,是我国蔷薇辉石玉料的工艺名称。因20世纪60年代在我国北京昌平地区发现而得名,又称“桃花石”或“桃花玉”。致密块体可作玉料,透明单晶体属珍贵宝石。

京粉翠的硬度5.6～5.8,密度3.62～3.64g/cm^3。颜色为紫红、粉红和淡红色。块体主要由蔷薇辉石组成,偶有少量透辉石和菱锰矿等。

首都的京粉翠未利用前，我国的蔷薇辉石玉料主要由澳大利亚进口。俄罗斯乌拉尔曾产出重达 47t 的特大蔷薇辉石块料，后加工成重达 7t 的石棺，被传为奇闻。

我国青海和吉林等地也有桃花玉产出。

398. 什么叫"乌兰翠"?

乌兰翠为含铬尖晶石的矽卡岩，是青海省地质矿产局于 1981 年在乌兰县发现的一个玉石新品种。因其中含有翠绿色铬尖晶石斑点，能显出不同程度的翠绿色，故名"乌兰翠"。20 世纪 90 年代，在广东省一些地方，可能是有些人为了提高该玉石的身价而有意把乌兰翠讲成外国玉；也可能是某些人缺乏辨玉知识，以讹传讹，竟将乌兰翠称为"巴基斯坦玉"。

399. 乌兰翠有哪些基本特征?

乌兰翠的矿物成分有钙铝榴石、透辉石、符山石、铬尖晶石等，呈灰白、灰绿、暗绿和翠绿等色。按其色泽、纹饰和质地可分为白乌兰翠、绿乌兰翠、花乌兰翠和花白乌兰翠等品种。以底色淡绿而有浓绿翠块的绿乌兰翠和底色白而翠点粗大的花白乌兰翠价值较高。

乌兰翠的硬度 6～7，密度 $3.5g/cm^3$，油脂光泽，微透明至半透明。由于其结构不够致密，故加工抛光性能较差。

400. 乌兰翠的主要用途有哪些?

在白地底上显示粗点状翠绿花斑的优质乌兰翠，可用于加工玉镯、玉扣、鸡心及戒面等光身玉器；也可加工翠白菜、玉佩及其他小挂件。但由于乌兰翠的抛光性能不佳，尽管经过玉雕工人耐心抛光，玉器表面仍然显得粗糙不平和光泽不佳，所以始终不过是低档玉料而已。有个别商贩将乌兰翠玉镯冒称缅甸翡翠出售，并有少数群众上当受骗，但多数对翡翠较熟悉的顾客，一接触乌兰翠玉器就能知道它不是翡翠。

401. 乌兰翠饰品的价格如何?

乌兰翠中的上等品翠绿可爱，远看很像翡翠，所以有时被某些不讲商业道德的经营者冒称翡翠出售，每个手镯要价竟高达二三千元(1993 年)。所以具有很大的欺骗性，值得购买者特别注意。

其实，由于乌兰翠的玉质远远不能和翡翠相比，故其上等品的售价也仅及中档翡翠玉器价格的 1/5～1/10，即每个手镯的价值不过 300 元左右而已。若与高档翡翠玉器相比，则翡翠的价值高出乌兰翠何止千倍万倍?

402. 什么是"华安玉"?

华安玉又名"九龙璧玉"或"五彩玉石"，产于福建省西南部的华安和漳平一带。其分布面积约 $94km^2$，储量 $1\times10^8m^3$ 以上。

华安玉性状颇似碧玉，地质学上称为钙硅质角岩。它质地细腻(密度2.8～3.1g/cm^3)、坚硬(摩氏硬度5.8～6.8)，色彩丰富，纹理多变，光泽强，加工性能好，制作成各种工艺品深受人们喜爱，成为我国的一个重要玉种，并在2001年的国石候选石评选中，被推荐为10种国石候选石之一。

经中国科学院及原地质矿产部测试，华安玉含有多种有益人体健康的微量元素。

403. 华安玉可分哪些品种?

据福州大学汤德平教授等研究，根据华安玉的颜色与花纹，可将其划分为5个品种：

(1)青色华安玉——以绿色为主，颜色可由灰绿色至暗绿色，含有白色条带。

(2)粉红色华安玉——以粉红色为主，含有少量其他颜色的条带。

(3)墨色华安玉——黑色。

(4)虎皮华安玉——由粉红色、淡绿色条带组成，二者比例相近，形成虎皮花纹图案。

(5)水墨华安玉——由粉红色、淡绿色、黑色和白色等条带构成，条带多呈不规则状排列，构成水墨山水画图案。

404. 华安玉有哪些用途?

华安玉有以下四方面的用途：

(1)做高级饰面板材——根据其独特的颜色和纹理，切磨拼接出各种水墨山水的图案。

(2)做实用保健工艺品——根据其含有多种有益人体健康的微量元素的特征，可加工茶具、酒具等工艺品。

(3)雕制艺术精品——根据其奇妙的多种颜色和条纹，可雕制人物、花鸟虫鱼、斑马、台灯、笔筒、花瓶等多种艺术精品。

(4)天然石玩珍品——有些华安玉块体或河床卵石选型奇特，本身不需加工便是石玩珍品。

405. 什么是"西藏象牙玉"?

据《宝玉石周刊》记者子实等于2001年11月10日报道："西藏象牙玉"是河南省区域地质调查队于1992年在西藏东部他翁山发现的一种乳白色玉石。其成因系由地幔侵入到地表的超基性岩分泌物，经过多期强烈地质作用改造而成。

经北京大学、中国地质大学等单位鉴定，"西藏象牙玉"的特征如下：颜色纯白，隐晶质结构，玉质微透明，朴实中透出高洁，是优质的白色玉种，雕刻精美工艺品的上等材料。该玉种的密度为3.0～3.1g/cm^3，摩氏硬度6～6.5，成分为硅质碳酸镁。

406.“西藏象牙玉”的产品有哪些？销售情况如何？

据《宝玉石周刊》报道，“西藏象牙玉”已由西藏金玉源珠宝工艺品公司进行开发生产，其产品品种有佛像、牦牛、大象、仕女人物等，还有手镯、项链、挂件等，产品共六大系列，上百个品种。

上述产品已远销北京、上海等大城市；运往欧美及东南亚一些国家试销也获得成功，今后还将向港、澳、台地区开拓市场。

407.什么是“金星石”？

金星石，又名砂金石或金砂闪矿，是一种含云母片或氧化铁矿物细片的石英岩，因闪耀金星般的光芒而得名。由于金星石的色泽较美观，故可用于制作腰圆（蛋形）戒面、鸡心、吊胆或做图章料。到目前为止，中国尚未发现天然金星石的产地，但由于中国产石英岩广泛，发现天然金星石的可能性很大。

目前国内市场上出售的金星石制品，一般都不是天然品，而是用褐色玻璃和铜粉等原料经人工烧制而成的假金星石，亦称“玻璃金星石”或称“金星石玻璃”。

408.什么是“澳洲玉”？

澳洲玉又名英卡石，化学成分主要为二氧化硅（SiO_2），矿物学中称“绿玉髓”。由于其主要产地在澳大利亚，故名澳洲玉。澳洲玉的硬度为7，性脆，密度约$2.6g/cm^3$，半透明，断口贝壳状，玻璃光泽，颜色鲜嫩绿色，接近翡翠的葱心绿，故有“假翡翠”之称。

409.澳洲玉适合做哪些饰品？

澳洲玉一般可制作各种镶嵌品或小型玉制品，绿色较浓的可作鸡心、观音等挂件，尤以做吊胆为宜，较大的吊胆用于挂在项链上，小巧而能配对的则用作耳坠，由于其颜色美丽动人，颇为部分女士所喜爱。

410.什么是“孔雀石”？

孔雀石古称“绿青”或“石绿”，化学成分是$Cu_2(CO_3)(OH)_2$，是一种铜矿次生矿物。颇似绿孔雀尾羽的翠绿色，故名。

孔雀石的单晶体（柱状或针状）极少见，通常为钟乳状、葡萄状、肾状、皮壳状、同心环带状及放射状等集合体。它呈玻璃光泽或丝绢光泽，微透明至半透明（少见）。它的密度$4\sim4.5g/cm^3$，硬度$3.5\sim4$，遇盐酸起泡而被溶解。属低级玉石原料。

孔雀石鲜艳、纯正而均匀，加上有同心环带状构造者，可用于雕制鸡心、吊胆、项链等首饰和图章料等工艺品，极少数具有猫眼效应的，还可加工成蛋形戒面。孔雀石颜色和光泽较差，但造型奇特者，可作观赏石。个别罕见者更是身价昂贵，甚至用两台汽车也换不到一块孔雀石。

世界上出产孔雀石的国家不少，其产地都与铜矿有关。中国最著名的孔雀石产地为广东阳春县石菉铜矿区和湖北大冶铜绿山铜矿区。

411. 什么是“蓝铜矿”?

蓝铜矿亦称“石青”,化学成分为 $Cu_3(CO_3)_2(OH)_2$,是一种铜矿的次生矿物。晶体常呈板状或棱柱状,或呈块体出现。呈靛蓝色晶簇出现的情况也不少见。它呈玻璃光泽,硬度 3.5～4,密度 3.77g/cm³。最大的特点是颜色美丽,缺点是硬度小、性脆,故难以加工成佩戴宝石,而成为一种高雅的欣赏石。中国广东石菉铜矿区产出的蓝铜矿晶簇十分美观,它被宝石专家栾秉璈先生形容为“仿佛一簇簇未加工的蓝宝石,给人一种天然色彩和天然造型之美”。他并指出:“遗憾的是大块晶簇越来越少,……资源已面临枯竭,大块的美丽晶簇,其售价可达数千美元以上。”

412. 什么是“青金石”?

青金石是一种古老而神圣的玉石,素有“天青”和“帝青”之美称。

青金石是一种含钠和钙的铝硅酸盐矿物。它呈独特的蓝色、深蓝或淡蓝色,不透明,玻璃至油脂光泽,硬度 5.5,密度 2.7～2.9g/cm³。

青金石由于颜色庄重,多用于制作佛像、达摩、仕女、瓶、炉之类;色美者也用于做素身戒面和项链等饰品。

青金石是中国传统的重要玉石原料。但中国至今均未发现青金石产地。所用青金石原料皆来自世界最著名的产地——阿富汗。

由于青金石原料缺乏,因而自古以来就有不少的仿冒品和代用品。主要有:

(1)料仿青金:主要是着色成深蓝色的琉璃或玻璃,由于其质地纯正,性脆和贝壳状断口,易于识别。

(2)着色碧玉:亦称“瑞士青金”,是人工染色碧玉,以其硬度大(6.5～7)区别于天然青金石。

(3)着色岫玉:亦称“炝色青金”,多为不庄重的浅蓝色,同时料中见不到黄铁矿,以及硬度低和有较强的油脂光泽而不难识别。

413. 什么是“墨绿玉”?

墨绿玉又称为黑绿玉或西峡碧玉,是一种蚀变超基性岩,是 20 世纪 60 年代才发现利用的新玉种。它主要分布于河南省西峡县洋淇沟—陈阳坪及淇河庄一带。该玉种于 20 世纪 60 年代发现后,到 70 年代才有少量开采。目前,年产量已达 1 500～2 000t,主要销往辽宁、广东、福建、河南等省。

墨绿玉呈黑绿、深绿等色;主要矿物成分蛇纹石占 80%～95%,次为磁铁矿、透闪石、阳起石及少量方解石。质地细腻,致密坚硬,摩氏硬度 5～6,微透明至半透明,油脂光泽或玻璃光泽,密度 2.7g/cm³ 左右,块度大,裂纹少。

414. 墨绿玉的加工性能和发展前景如何?

墨绿玉色泽浓绿,素雅大方,具有良好的加工性能。其工艺品凝重典雅、古香古色，品种繁多。其主要产品有鸟、兽、薰炉、佩饰、酒具、茶具等，广受国内外用户欢迎。

由于墨绿玉矿床规模大，又有块度大、质地均匀等特点，故在市场上的原料和产品都有一定的信誉度，其发展前景将会日渐广阔。

415. 什么是“台湾玉”？

“台湾玉”是台湾产的软玉的商业名称，在台湾当地称为“闪玉”。由于用它可磨制猫眼蛋面，故又称猫眼闪玉、软玉猫眼，也称台湾猫眼。台湾猫眼多为蜜黄色，曾有1颗长2cm、宽1cm的黑色猫眼，售价达2 000港元。

台湾玉产于台湾花莲县丰田地区的蛇纹岩和石墨质绢云母石英片岩的接触带，经热液交代作用而成。颜色墨绿、翠绿、黄绿和淡黄灰色，半透明到透明。

20世纪60～70年代是台湾玉生产的兴旺时期，最高年产量达1 400t，占世界软玉产量的一半以上。专业加工厂达800余家，直接从业人员达5万人。

由于过度开采，产供失调，造成市场渐失稀有性，也因供过于求和世界性经济不景气，加以矿坑开采日深，成本上升，20世纪70年代末逐渐衰退，在国际市场一蹶不振。

1994年开始，选定矿床赋存集中和开采潜力较大地区，重新进行规划开采。

416. “京白玉”和“阿富汗白玉”是什么石料？它们与新疆“和田白玉”有何区别？

和田白玉是中国软玉中的佼佼者，它质地细腻，颜色明快，光泽如脂，柔韧坚实，温润纯洁，为历代文人雅士所钟爱。加之和田白玉雕件在古玩市场上价值不菲，故以京白玉或所谓“阿富汗白玉”仿冒和田白玉的现象已是屡见不鲜了。然而，上述3种白玉的价值却相差甚远，一旦受骗，则将吃亏不小。下面特列表(见表3－2)将3种白玉加以对比，以供参考。

表3－2 3种白玉基本特征对照表

名　称	矿物成分	结晶状态	摩氏硬度	密度/($g \cdot cm^{-3}$)	特殊性质
和田白玉（软玉）	透闪石 阳起石	纤维状 高铝结构	6～7	2.95	韧性强
京白玉（石英岩）	石英（SiO_2）	粒状结构	7	2.64～2.71	脆性强
阿富汗白玉（大理岩）	方解石（$CaCO_3$）	片状结构	3	2.72	遇盐酸起泡

应特别指出的是:阿富汗白玉虽是由纯净方解石组成的大理岩,但它的加工性能和抛光后的光洁度都优于一般的大理岩。用它雕制的工艺品(如白菜)洁白无瑕,清澈柔润,表面晶莹光亮。乍看可与高档白玉媲美,价格又平,因而受到消费者的欢迎。

第四章

印石·砚石·观赏石

中国产出的印石品种繁多，但最著名的是福建寿山、浙江昌化、浙江青田和内蒙古巴林四大系。每一个系印石中，又有几个到十几个品种，本章中对部分重点印石由印石专家罗励泽高工作了出色介绍，并附有由罗工亲手篆刻的一批印石名称印谱！

中国有四大名砚石：①广东的端砚石；②安徽的歙砚石；③甘肃的洮河砚石和④山西的澄泥砚石。两大奇砚石：①湖南永顺三叶虫石砚；②湖南浏阳菊花石砚。在本章中均有全面介绍。

现代观赏石成了热门话题，并可分为矿物类、岩石类和古生物类三大类，在品评矿物和岩石类观赏石时，都可部分地引用“瘦、皱、漏、透、清、怪、丑、秀、奇、顽、雄、拙”这“十二字标准”。

本章共有101问，可编一本100问的小册子了！

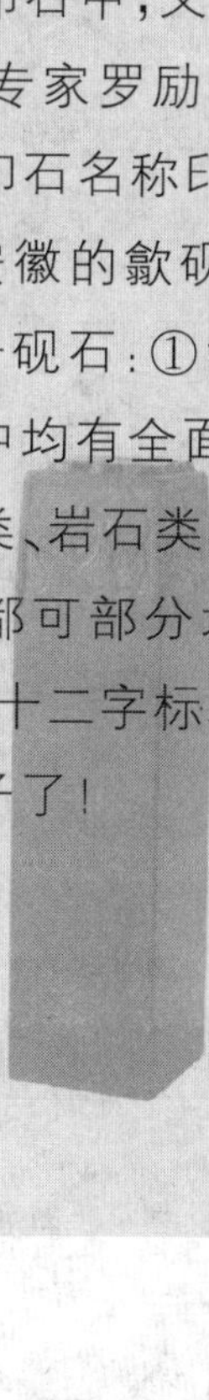

417. 我国四大系印石是哪些?

中国产出的印石品种繁多,不胜枚举;但最著名的是福建寿山、浙江昌化、浙江青田和内蒙古巴林四大系。每一系印石中,又有几个到几十个甚至逾百个品种。

418. “印石三宝”是指哪些印石?

“印石三宝”是指福建寿山的田黄、芙蓉(又有人主张以浙江青田的灯光冻代替芙蓉)和浙江昌化的鸡血石。

田黄产量向来极少,近年已临绝产,故价格愈来愈高,质量好而又较大的田黄,已有“一两田黄十两金”之说。芙蓉有白、黄、红、青及白中泛红斑等色,因清末已经绝产,故价格也很高,不过近年在老洞附近又挖出新石,价格有所下降,但新石质量不如以前的将军洞等旧石,故旧石仍保持高价。昌化鸡血石质量优劣之间,价格相差甚大,如一方高档大红袍印石,售价可达10万元以上,而劣质鸡血石只需几十元便可买到一方。

419. 什么是中国的“石帝”?

福建寿山田黄,以其具备石之六德:细、洁、润、腻、温、凝,更因其产量稀少为世上之宝,素称“石帝”。田黄是石中黄色的一种,产量较多,其中一些稀贵品种,如银包金田黄等,一块章石就值人民币几万元以上。

田石中的其他品种有红田、白田、黑田、灰田和数色相混的花田。其中以红田最少发现,几年前中国香港展出过一块3cm×5cm×7cm,重155g,刻成“刘海戏金蟾”的橘皮红色红田,标价280万港元,可谓是“王中之王”了。由于田黄珍贵,所以用其他印石直接或加工后代替田黄的赝品就特别多。

420. 寿山石有多少品种?

根据1991年出版的陈石编著的《寿山石图谱》,寿山石共包括高山、月洋、旗山3个系。高山系包括田石、水坑石和山坑石;其他两系则只有山坑石,3个系品种加起来超过100种。由于寿山石种类繁多,色彩缤纷,又各有特色,故最为玩石者所欣赏。

421. 田黄的萝卜纹有几种形态?

萝卜纹是田黄“肌肤”里隐约存在的一种萝卜状细纹,这是田黄石独有的特征,所谓“无纹不成田”,亦即有了萝卜纹,才是真正的田黄石。

田黄的萝卜纹主要有以下几种:

(1)似萝卜皮层裹纹理,网状而长眼,且由密渐疏。这种田黄的石质常是凝灵。

(2)如粽子中的米粒,似化未化状。这种萝卜纹有时散成条纹状。

(3)网眼状,较第(1)种圆,又断断续续分散。

(4)如萝卜内心的纹,呈不规则的大网眼状,或明或暗,或粗或细。

(5)水流纹状。

422. 何谓寿山“十六神种”？

前人把寿山石中以下16个优良品种誉为寿山“十六神种”：

田坑中的田黄、白田（也叫田白）和红田（也叫田红）；水坑中的水晶冻、鱼脑冻、黄冻、鳝鱼冻、牛角冻、天蓝冻、桃花冻、玛瑙冻、环冻、掘性坑头；山坑中的都成、芙蓉和墩洋绿。

423. 田黄为何近年来价值倍增？

田黄近年来价值倍增最主要的原因是它已临绝产。田黄其实只产于寿山乡总面积不到1km^{2}的地方，寿山溪从坑头到结门潭这一段约8km的溪流及溪旁的水田底下，历史上曾发生过两次田黄热，但以前由于地方偏僻闭塞，交通不便，开采毕竟有限，而近10多年来的开采则可谓空前，在巨额利润的吸引下，如今凡是可能埋藏田黄的地方，除了两亩如果采掘则会引起纷争的田地之外，全部挖遍。田黄又是沉积砂矿，产量有限，物少为贵，遂引起近年来价值倍增。

424. 印石中有所谓“晶”、“冻”，如何定义？

印石中一般呈半透明状的即称冻，以前有人写文章认为天热时，手执冻石即有清凉感，这是按名推断的误解。晶是透明度更高一点，石质莹澈，类同水晶者，至于不透明的则一般称为石。

425. 为何田黄石多见刻薄意随形章？

一来，因为田黄石是砂矿，产出一般呈卵石状，且有红格、石皮，现在田黄价高，又以重量计值，所以一般就随形（自然形状）刻上薄意，可以获得最大重量的成品；另外刻上薄意还可掩盖一些石的缺点，留皮也可作为标志之一。

二来，田黄颜色特征是外浓内淡，故随形而不切割，颜色会好些。现在能见到切削成规则形状的田黄印章，多是明、清遗留下来的旧石。

426. 什么叫“掘性石”？

原来是山石，经其后的天然或人工作用破坏脱离母岩冲刷沉积成砂矿，埋藏于泥土之中，经过一段较长时间产生质变之石，因要挖掘而得故称为掘性石。田黄石也是一种掘性石，不过它埋藏于水田中，而其他掘性石则埋藏于水田之外。由于生成条件的近似，所以其他掘性石也常带类似于田黄石的特征，如石皮、红格和萝卜纹等，故用掘性石去冒充田黄石，最易取得效果。

427. 寿山水坑中最珍贵的石种是哪一种？

虽然水坑石各种都很名贵，但最珍贵的是鱼脑冻，这种石洁净通灵，肌里隐含棉花纹，状如煮熟的鱼脑，但更透明些，产量稀少，难得一见。《观石录》谓“玉质温润、莹洁无类、如搏酥、割肪、膏方内凝而腻已外达”。1980年福州雕刻工艺总厂到广州展销时，曾带来半掌大、不厚一片，未经雕琢，颜色黄白，其莹润就似有油渗出，据称是当时的镇厂三宝之一。寿山高山石、巴林石中也有类似的鱼脑冻，但与水坑者相比，就大大不如了。

428. 寿山石按传统分类是否合理?

寿山石按传统分类，分为山坑、水坑(坑多位于地下水面以下)和田坑，是有不合理的地方，如同是沉积砂矿，沉积在寿山溪及溪旁水田以内的田石(色黄的即田黄)归田坑；在水田以外的掘性石则归山坑(如掘性高山)或水坑(如掘性坑头)，所以如果把这些古砂矿合成一类，如再分则分为田古砂矿及非田古砂矿(纳入现在的各种掘性石)，而把田坑一名取消，似较合理，何况田坑根本无坑。

429. 鉴定田黄真伪有无科学方法?

鉴定田黄真伪，目前还没有科学方法去测量，而是一些有经验的人根据一些特征去凭肉眼鉴定，由于这些特征有时会有一些不确切性，所以就成为买卖田黄上一个很大的障碍。目前已经有人在研究这个问题，并发现了一些现象，如“田黄石的矿物组成较为复杂，分别见有以迪开石和珍珠陶石或伊利石为主。另一个重要特征是普遍存在微量的伊利石，这可能与田黄的形成过程有关”。这些研究目前还未利用到鉴定上去。我们认为由于过程的相似，应该对其他的掘性石也进行研究，去作对比，可能会有好处。因为，如果一些测试特点连掘性石都没有，那么这些特征就可能是田黄惟一的了。

430. 寿山石中谁是“山坑之王”?

寿山石中山坑石品种繁多，但能称为“山坑之王”的不能不数杜陵坑(亦称“都成坑”)，它石质坚硬通灵，光彩夺目，有黄、红、白、灰、紫及各色相杂者，尤以黄色者为贵，质纯者可与田黄媲美，有“亚田黄”之称，其中与围岩紧贴着的矿石，质优晶莹，俗称“贴岩杜陵”，其中又有杜陵晶，这些都属寿山石上品，惟材小，十分罕见，现在拍卖会上，有时拍卖旧黄杜陵印章，一般大小印章，价约1万至3万元。

431. 近年出现所谓“硅质田黄”究竟是何物?

近年出现的所谓“硅质田黄”，在广州有人称“佛光灵玉”，其实只是一些地区中较为优质的黄蜡石，其制品有些也很通灵可爱，但无论从产量(物以稀为贵)及石质内涵来看，其价值都是远不能与田黄相比的。所以，“硅质田黄”只不过是哗众取宠的名词而已。

432. 什么是“昌化石”和“昌化鸡血石”?

“昌化石”是由产于浙江省临安县昌化而得名的一种工艺美术石料。

昌化石的矿物成分主要是高岭石和迪开石，它与以高岭石为主的巴林石在化学成分和物理性质方面都很相似。

含有辰砂矿物的昌化石，即为“昌化鸡血石”。它具油脂光泽，微透明至半透明；硬度依品级不同而变化，密度 $2.7\sim3g/cm^3$，具韧性。

昌化鸡血石已有600多年的开采历史，现已面临资源枯竭，故优质品种更加难得而价格昂贵。

昌化鸡血石主要用于制作印章，其次作工艺品。它的优良品种如“大红袍”等，是世界上所有红色系列宝玉石中出类拔萃的。

433. 昌化鸡血石有哪些珍贵品种？

昌化鸡血石的珍品很多，主要有如下几种：

(1)桃花地鸡血：在桃花冻地上布满血斑，如落英缤纷，鲜艳夺目，是昌化石中极品。

(2)白玉地鸡血：地月白色，纯如素玉，上布红斑，红装素裹，鲜艳夺目，其六面有血之印石料价过田黄。

(3)玻璃地鸡血：地子通透，内外含血，叠映生辉，价值不凡。

(4)刘关张：红、白、黑三色相间者，其质上乘的一方要几万元。

(5)大红袍：一般要求含血量大于 50%～70%，又分冻地鲜红血、软地鲜红血和软地大红血 3 种，以冻地鲜红血最佳。三者均非常稀少。目前台湾人士追求昌化鸡血石精品方章中，首列品种是“大红袍”，优质者每方价可高达 10 万港元以上。

(6)红帽子：上部为全红，下部为冻石，含血量约占 1/3 左右，产出地极稀少。

(7)红云篇：血在质地中常常不连续，而是呈云雾状，非常珍贵。周恩来总理以国礼馈赠田中角荣首相的对章即属此类，此事曾在日本掀起“鸡血石轰动”。

434. 昌化鸡血石中的“鸡血”是怎样形成的？

印石珍品昌化鸡血石中的鸡血是辰砂(即朱砂)矿物。鸡血石与其他昌化石一道产于玉岩山，山体上部是 1 亿多年前由火山喷发形成的“凝灰岩”。凝灰岩经受火山喷气和热水溶液的作用，使其蚀变成高岭石和迪开石，即形成昌化石。昌化石形成之后，由于地壳构造作用，使其发生碎裂，地下上来的硫化汞矿液，充填并冷凝在昌化石的裂隙中，于是形成了含辰砂的昌化石，即美丽的鸡血石。

435. 什么是“巴林石”和“巴林鸡血石”？

“巴林石”是一种产于内蒙古自治区赤峰市巴林右旗而得名的工艺美术石料。又因其产地毗邻林西县，民国初年矿物学家张守范曾将其命名为“林西石”。

巴林石的化学成分以 SiO_2(占 45%)和 Al_2O_3(占 39%)为主；其矿物成分则以高岭石为主，少量明矾石，微量辰砂、金红石、黄铁矿等副矿物。巴林石与以叶蜡石为主的寿山石和青田石不同；却与以迪开石为主的昌化石在化学成分和物理性能方面都很相似，犹如孪生姐妹，因为迪开石与高岭石同属黏土矿物。

含辰砂的巴林石，即为“巴林鸡血石”。巴林石中一般含汞仅为 0.01%～1.28%。这 1%左右以辰砂形式存在于巴林石中的汞，却有“点石成金”之妙，使之成为“巴林鸡血石”而身价剧增。如在 1984 年的广交会上，一块 16cm 见方的巴林鸡血石料，竟以 5 万元人民币成交。据开采统计，巴林石中的鸡血石含量约占 5%。

436. 巴林鸡血石是怎样发现的?

据内蒙古高级工程师李海负在其“巴林鸡血石及其工艺性能”(刊于《珠宝科技》1994 年第 3 期)一文中介绍:巴林石矿山开采初期,称做“叶蜡石”矿,只知有巴林石,不知有鸡血石。1973 年 12 月,赤峰工艺美术厂创始人之一的邱鲁男,选青色巴林石料准备做一对节档,解料时发现鲜艳的红点,便雕成“二龙戏珠”,其中的“珠”即为鸡血石(辰砂矿物)。1974 年,工人孙启东雕刻丹顶鹤,鹤冠红就是鸡血石。

以上两件作品由于巧用俏色,在北京友谊商店展销时颇受欢迎。1978 年,矿山开采出较多的鸡血石料,轰动全国美术界。尤其以“张向金窝子”最为出名,产出的巴林冻石和彩石中,均见有浸染状和成片分布的辰砂,后来更发现越来越多的优质巴林鸡血石。

437. 巴林鸡血石可划分几个品级?

据门国礼先生的研究,巴林鸡血石可分为以下 5 个品级:

(1)极品:血为朱砂红,鲜艳夺目;地为牛角冻或桃花冻。血、地均佳,无绺无钉,方称极品。

(2)上品:血色鲜红,面积大或血线宽厚;地为纯净的彩石,虽不透明,但无杂质。

(3)中品:血和地一般具备上品条件,但地中含絮或钉,即含有丝绺状或硬块状包裹体。

(4)下品:血色紫黑(俗称死血),质地一般;或血色尚红,但地为“狗屎地”。

(5)劣品:血、地均为下品者称为劣品。

438. 巴林鸡血石按石质、血的分布和用途如何分类?

巴林鸡血石可从几方面对其品种进行划分:

(1)依其基底石质的不同,可分为晶石鸡血石、冻石鸡血石和彩石鸡血石三大类。

(2)按血(辰砂矿物)的分布状态,巴林鸡血石有点、线(面)、体三类。点,即辰砂呈星点状、浸染状分布;线,即辰砂沿巴林石节理面分布,垂直节理切割便呈线状,沿节理面切开便呈面状,比点状分布者多得多;体,即辰砂与巴林石融为一体,切割图章则可六面见血。

(3)按用途而言,巴林鸡血石可分图章、摆件和观赏三类。

439. “巴林鸡血石”与“昌化鸡血石”有何区别?

“南血北地,各有千秋”,是行家对“昌化鸡血石”和“巴林鸡血石”进行比较而得出的评语。所谓“南血”,就是位于南方的昌化鸡血石,其颜色鲜艳,纯正无邪;位于北方的巴林鸡血石则常有不同程度的变色。所谓“北地”,即巴林鸡血石的质地一般均细腻温润，易于雕刻，极少见坚硬的包裹物，而在昌化鸡血石中，则坚硬难雕者时有所见。

440. 如何评价鸡血石的优劣？

对鸡血石的评价与其他印石不同，就是对血和地要兼顾。质地优劣包括石质和颜色，对昌化鸡血石来说，按透明度、光泽和硬度可归纳为四类，现分别评价如下：

(1)冻地：具强蜡状光泽，微透明至半透明，硬度为摩氏硬度①2～3，颜色又分单色和杂色二类。其中白色半透明的叫“羊脂冻”；黑色半透明的叫“牛角冻”；黄色半透明的叫“田黄冻”；灰色半透明的叫“藕粉冻”，都是难得的佳品。而全红冻地或五彩冻地则更珍奇，十分少有。

(2)软地：具弱蜡状光泽，微透明至不透明，硬度为摩氏硬度3～4，也可分单色和杂色二类。这是鸡血石中产出最多的品种，约占总产量的70%。这一类中常有含砂钉或暗淡无光者则属下品。

(3)刚板：硬度达3～5(摩氏硬度)，其特点是质地虽较细润，但脆性大，易碎裂。不少人误以为是冻地而买进，结果刀不能入。故在购买鸡血石时，应要求卖主给予试刀机会。

(4)硬地：常为硅化凝灰岩，颜色以灰为主，硬度达到7，俗称“硬货”，光泽差，属低档料。

441. 什么是鸡血石中的“大红袍”？

鸡血石的价值是与其含血(即含辰砂矿物)量的多少成正比的。鸡血石的血是生长在形态多样、变化万千的地子(即无血部分)上的，其中血量最多的达到满地皆红，不露地子，即无地子作衬托的，这种材料十分罕见，世称“大红袍”，将其做成方形印章则叫“大红袍”印章，也可叫“六面血”，其珍贵异常，每方售价可达数十万元或更高。照此类推，如将满血的昌化鸡血石做成一件“九龙壁”摆件，就可称其为昌化鸡血石大红袍“九龙壁”。

由于天然形成真正的满血“大红袍”实在是太罕见了，故业界人士规定：凡含血总量达到90%以上的，就可称之为“大红袍”鸡血石了。

442. 什么是鸡血石中的“刘关张”？

据印石爱好者罗励泽先生在1996年7月30日《宝玉石信息》报上著文介绍：自从方去疾先生借了上海嘉定汪氏藏印拍出照片，在1983年《书法》杂志第4期上作为其文“印石名品简介”的插图之后，其中一方昌化刘关张鸡血冻石便引起了人们的注意，认为这是鸡血石中的极品，一些印石著作也将此照转载，作为样版。

---

①摩氏硬度的解释见第十章“1038. 矿物的主要力学性质有哪些？”中的“(3)硬度”一节。

现在，一般将鸡血石中在黑白地子上布红斑，其间面积比例又大致相当的称为“刘关张”。有考究者谓此名源出日本：白表刘备、红表关羽、黑则表张飞。若色与地都一般的刘关张不时还可见到的话，那么上佳冻地，三色俱佳的“刘关张”印石则真是凤毛麟角了。

“刘关张”在昌化和巴林鸡血石中都有，但冻地的则只在巴林石中较易见到。上佳的“刘关张”印石中，黑者如光漆，白者似瑞雪，而红者则艳同新割鸡血，且比例适当，红稍占优，这种“刘关张”印石少见而价昂，每方常可达几万元甚至10万元以上。

443. 鸡血石的血是否会随时间而变坏？

这种情况是存在的，近年有人提出，因为鸡血石含有微量感光元素硒(Se)和碲(Te)，是它在光线照射下会使红色渐渐变暗的原因，而巴林鸡血石的硒、碲含量又比昌化鸡血石的高数十倍，所以巴林鸡血石更易褪色和变暗。因此，一般应该避光保存。有人从广州数十家石商处调查得来的结果，则是不管昌化或巴林，在相同的环境下，都有变化较快和变化不大的，所以应该说印石本身成分和保护条件都是其发生变化的原因。

444. 评价鸡血石主要看它的哪些因素？

我国著名的篆刻家邓散木先生曾在其《篆刻学》一书中指出：“鸡血石其品之高下，则在血在地。”因此，对鸡血石的品评，首先是血，其次是地(即血以外的部分)。

蔡同声先生在其《鉴识鸡血石》一书中指出：论血的品位高下与优劣，应从血色、血形、血量三方面着手。本书根据蔡先生的精辟分析，分三问简介如下。

445. 如何鉴识鸡血石血色的优劣？

首先，鸡血石中血的红色要恰如刚宰杀的鸡流淌下来的鲜红淋漓的血，关键是个“鲜”字。鸡血的红色可分为鲜红、嫣红、深红、紫红等色阶，以鲜红为贵，其他依次排列等级。

446. 鸡血石的血形如何划分？

据蔡同声先生在其新著《鉴识鸡血石》一书中的介绍：昌化鸡血石的血形可分块血、条血、散血、点血4种。如有其中2～3种血形自然地结合于一体，血色、血形俱佳，花纹奇特，可构成自然风景或图案者，其价格甚高，且有收藏价值。

447. 如何根据血量多少划分鸡血石的品级？

血量是指带血的部分在成品石质中所占的百分比的含量。

根据蔡同声先生在其《鉴识鸡血石》一书中的划分是：血的总量在印章中大于30%的称高档品，大于70%的为极品，如达到90%以上的，就是罕见的“大红袍”鸡血石。

448. 昌化鸡血石的老坑与新坑有何区别?

昌化鸡血石有老坑与新坑之分。老坑产品颜色鲜明,地张活,多为半透明;产于玉岩山主峰附近地带,水头较足,也称“水坑”。水坑鸡血石以血色鲜浓,质地细润而著名,又分羊脂冻和牛角冻等。新坑大多不鲜艳,质地尽管也有半透明,但美感不及老坑;因其含杂质较多,透明度差,水头不足,也称“旱坑”。

老坑开采早,已有600多年历史,曾产出过不少的珍品鸡血石。如今,老坑资源已近枯竭,市场上所见的多为“新坑”所产。

449. 如何识别假鸡血石?

由于浙江昌化所产的天然鸡血石价格较昂贵,而其资源越来越少,供不应求。于是,就出现了种种鸡血石赝品。

一般地摊上陈列待售的鸡血石,真品极少,大多是由人工掺染的假鸡血石。其作伪手法是,以本来不含辰砂的叶蜡石或质地较差的福建寿山石作人工掺色,染成鲜红。这样染成的红色是死色,不鲜活,毫无灵气。死色的界限很明显,好比人工用画笔填上的油彩,而非自然地逐渐融合,有经验的行家一眼便能识破。不懂行者不宜轻易购买。

450. 我国鸡血石产地在近两年有何新发展?

据吾友罗励泽高工告知:在两年前,许多人都认为,我国鸡血石产地仅限于昌化和巴林。但近两年在“中国出口商品交易会”期间,却有石商一下子推出据说是产自湖北、西安、四川、云南、贵州等地的鸡血石,这些鸡血石都无一例外地是刀刻不动的硬地,但与昌化鸡血石又有明显不同,而是更类似于美国金顶红那种,不过尚未见有相当于美国金顶红那种大块集中的红血斑。由于其地子不好,反映出的红斑也不太鲜艳,所以买者不多,售价也不高。它们的体积大者达 30cm×10cm 之长方柱体。近年来,有人传出中国已经发现了“金顶红”,不知是否与上述五处新产地有关。

451. 除我国外,其他国家还有类似鸡血石的石头产出吗?

大家知道,我国鸡血石产地有昌化和巴林,以前未闻别国有类似石头产出,直至近几年才知道美国也有一种类似的石头,它名叫 Myrickite,是以它的发现者的名字命名的,它产于美国加州某地,由于这种石头的产地后来在其下面地层中又发现了金矿,所以美籍华人、矿石收藏家李国强先生就给它取了一个漂亮的中国名字“金顶红”,记得中国台湾曾有一本杂志的广告上,竟然说这个名字是中国一位国家领导人给取的,真是一个大笑话。

452. 金顶红与我国鸡血石相比有何异同之处?

金顶红与我国鸡血石相比,有同有异,相同的是皆以辰砂作为它们美丽的包装,而金顶红似乎更易见到较大块红色的出现,如此一来就容易做成大红袍效果。

另外，金顶红具有各种红色如：血红、大红、橙红、赭红等等，也基本上与鸡血石能相对应起来。不同之处便是鸡血石的地石有软（能直接用刀刻动）、有硬（不能直接用刀刻动），而且精品尽在软地之中，特别是冻地，油润光亮，金顶红就没有与之相比的。金顶红全是硬地，硬地中两者的石质也不相同。昌化鸡血石的硬地有两种，即一般硬地（硅化凝灰岩）和刚板（迪开石、高岭石和明矾石的硅化形成），而金顶红则是玛瑙、玉髓、碧玉、蛋白石类硅化岩石，而且气孔比较发育，加工较困难，因为金顶红质硬，不能直接用来刻印，但作为首饰，不易磨损却是其优点。

453. 美国宝石界近期对“金顶红”进行了哪些工作？

关于这一问题，吾友罗励泽高工提供了以下 4 点可喜的新情况：

(1)金顶红主要收藏者之一的李国强先生，他于 1999 年出版了英文版《金顶红——绝妙的工艺石》一书，共刊出金顶红制作的工艺品彩照 122 幅，最后附一个印章印蜕（或称印痕），印文是中国篆文罗励泽的一首诗：

中华鸡血石，
美国金顶红。
双峰成对峙，
争艳在寰中。

(2)美国金顶红发现者的后代约翰赖特布在加州某地兴建了一所以其祖先——金顶红发现者的名字命名的博物馆，其陈列品以金顶红为主，在《Rock and Gem》(《岩石和宝石》)杂志 2002 年 9 月号，鲍伯·琼斯有专文言此。该馆的中文名为“金顶红博物馆”，并请中国著名文学家周而复先生题字。

(3)争取将金顶红评为美国国石。

(4)筹划金顶红工艺品在国内外作巡回展出。

454. 青田石有哪些珍贵品种？

青田石中的珍贵品种主要有 3 种：

(1)灯光冻：几百年前已称灯光冻石“价等黄金”，惟因绝产已久，世人多未见之。昔时著述言及其色者又极简。《青田县·方山志》谓其色微黑，于灯光下辨之，非黑，乃红黄而全透明。明朝屠隆却说灯光冻“莹洁如玉，照之灿若灯辉”，似相矛盾。吾友罗励泽先生藏有清朝桂馥刻的一对带青的浅黄色章石，在边款上刻有“灯光冻”字样（表 4－1）。若以此石为证，其色与邓散木《篆刻学》中所述“灯光冻色微黄，纯洁，半透明，坚致细密”则颇相符。

(2)青冻：其青色有深有浅。按其色似，有白果青、竹叶青与兰花青之分。其实，此类青冻价值的高低，取决于质地之纯洁与否，其上品藏石家极为珍视。如 1982 年在广州举办的“浙江工艺品展销会”上，一方约 12cm×3cm×3cm 的狮纽青冻方章，青色稍深，全无杂色，油润通灵，灿若寒冰，标价 8 500 元；而比它稍小的一方大红袍昌化鸡血石才标价 2 000 元，即可见前者之珍贵了。

(3)龙蛋冻：此石绝产已久，近年又重新发现。其状如卵，小者几两，大者可达百公斤。其外色泽棕黄，为流纹岩或凝灰岩蚀变而来，是一种珍贵的半透明冻石。

455. 什么是"冰纹青田"和"酱油青田"?

青田石中的封门石，原来裂纹，经长期摩挲，石纹因而变为酱红色冰纹，时间愈久，颜色愈深，冰纹有很高黏性，使分裂石质紧粘一处为一整体，但近年石界喜用蜡封，蜡在裂纹渗透后，就难出现冰纹了。酱油青田原带有黄色菜花青田，经长期摩挲，色变为酱色，被称为酱油青田，此种石章必须经长期摩挲方能形成，最为难得，从上述看来，这两种石都一定是旧石。

456. 什么是"广绿石"?

广绿石又称"广绿玉"或"广东绿"，素有"石中瑰宝"之誉，并被列为我国印石中的"五大佳石"之一。

广绿石产于广东省广宁县，是一种蚀变绢云母岩，是花岗岩类遭受浅成热液蚀变和强烈水化作用而形成的。其组成矿物：绢云母 98%，磷灰石 1%左右，还有微量的金红石等矿物。

广绿石质地细腻，温润如玉。蜡状光泽，有滑感。摩氏硬度 3.5～4，密度 $2.85g/cm^3$。它的品种繁多，其中翠绿色者称碧翠；白中带绿者称丛林积雪；黄中带绿者称黄玫瑰，黄中带红者称秋景；绿中带金黄色星点者称绿海金星；白色夹有绿色条纹者称碧海云天；牛角色微透明，形象似"冻"者称"广绿冻"。而又以前面 4 种最为名贵。

广绿石主要用于中小型工艺品雕刻；质优者做印石，较名贵。

457. 欧阳良矩大师在发展"广绿石"方面起何重要作用?

欧阳良矩是广东省一级工艺美术大师，他是以加工广宁县特产的"广绿石"工艺品的广宁县广绿玉雕工艺厂的创始人，他历任该厂副厂长、厂长、产品总设计师和技术总指导。

欧阳良矩出身贫苦，学历不高，是一位典型的自学成才的工艺美术大师。他曾师从著名画家郝鹤君教授等名家学习中国画，打下了深厚的绘画设计功底，为他日后累创美术品佳绩和指导本厂年轻工人成才方面，起到了决定性作用。一直以来，凡本厂采到上等的"广绿石"原料时，多由欧阳大师亲手进行因材设计，精心指导其高徒或由其本人雕琢完成。

笔者于 2002 年 9 月赴广宁县广绿玉雕工艺厂采访时，获悉欧阳大师曾获得的金、银大奖之多，真是大开眼界。他于近期创造了两年内共获国家轻工局和中国工艺美术评委会颁发的 32 个大奖的惊人记录。他亲手为广宁县"广绿石"玉雕培养了 350 多名雕刻技师，为发展"广绿石"雕刻工艺事业作出了不可磨灭的重大贡献!

图 4-1　印石名称印谱

广州罗励泽篆刻

续图 4-1　印石名称印谱

广州罗励泽篆刻

458. 除上述四大系印石外,我国还有何处出产印石?

除上述四大系印石产地外,我国还有很多印石产地。它们分布在内蒙古、新疆、吉林、黑龙江、北京、河北、河南、陕西、青海、山东、四川、广东、广西和安徽等十几个省(自治区、直辖市)。其中比较重要的有如下几处:

(1)吉林长白县的"长白石":其中有一种叫"灯光冻"的优质印石,据说可以与寿山石和青田石媲美。

(2)陕西省略阳县白水江一带的"五花石":是一种坚硬致密的高岭石岩,呈蜡状光泽,有紫红、粉红和雪白等多种颜色,适于刻印、制砚和雕刻其他工艺品。

(3)青海省都兰县的都兰石:它是一种叶蜡石质岩石。其颜色有浅红和暗绿黄色两种,微透明至半透明,适于作工艺品和刻章。

(4)河南省商城县的"四方石":它是一种比寿山石透明,硬度较大的石料。它在清朝光绪年间即已开发利用,可制作工艺品和刻印。

(5)黑龙江省东宁县的"东宁石":它也是叶蜡石质的岩石,可供制作工艺品和刻印。

459. 各种印石的雕刻性能孰好孰差?

篆刻中由于风格不同,选石有异,若以豪放为主,特别是单刀刻法的,应选用较坚脆的石料;如以工整为主的,则不妨选择较细密的印石。

如就石种而言,青田石的石性最佳,由于它少砂少裂,软硬适中,令人忘刀而见笔,故印人多喜用之。据一些标明用石的旧印谱统计来看,用青田石的占70%~80%,其受欢迎程度由此可见。其次是寿山石,巴林石又次之。昌化石则软地之佳者可与寿山石相当,而带砂的或刚板则最差,硬地则根本不能入刀,只能用机刻。

460. 印石上的印饰有哪几类?

行家雕刻在印石上的印饰花样很多,但不外下列四大类:

(1)印纽:其内容又可分古兽、动物、翎毛、鱼虫、人物、花果和博古图案等七小类。

(2)浮雕:在平面上雕出凸起的形象。

(3)薄意:即有画意的极浅薄浮雕。

(4)线刻:用单线条刻成花纹图案。

461. 如何保养印石?

由于温度、湿度等因素影响,新的印石往往会出现裂纹和白晕甚至变色等现象,有时会变得面目全非。这种现象大都出现在石质细嫩的晶冻之间,特别是寿山石最为严重,所以就要进行保养。一般是涂植物油,其中又以陈年的"白茶油"最好,特别是当印石初现裂纹或白晕时,涂油往往能平裂去晕,新石要经过一段较长时间涂油才能使石质稳定,但涂油有一个缺点,就是印石的白色部分往往变黄,有些高山白冻原来白的一涂油会立即变黄，所以有人提出白石不宜涂油。但现在看来，一些年久日深的旧白石没有不变黄的，所以不管涂不涂油，时间一久都要变黄。涂油后的印石要时常清理，更不宜用塑料纸密封，否则会生黑点，轻者可用肥皂洗去，如已深入肌里，就无法改变了。所以涂油后的印石，过一些时间就要把油抹干，再涂新油。

462. 什么是印石的“武打”和“文打”？

在印石的收藏中，许多人都喜爱并追求旧石，这就产生了以新石做旧包浆的行当。其方法是用清洁的白布摩挲出“老光”，这种情况被称为“武打”。还有一种方法是用手反复摩挲、把玩，终日不离开，这种使印石呈现出可爱光泽的方法被称之为“文打”。然而，“文打”或“武打”出的光泽，终究不如年久月深而呈现的自然包浆那样古朴、大方，有经验的行家是可以将其分辨出来的。

463. 为何有些藏石家喜爱旧印石而鄙视新印石？

这是因为旧印石入世时间较长，裂变和色变已趋稳定，易于评价。加之经过长期摩挲把玩，表面形成一层色浆，饶有古趣，这是新石所不如的，所以一些藏石家就产生喜旧鄙新的观念。其实，这是一种片面观点，因为对印石评价还有多项标准，其新旧对比只不过是一项因素而已。

464. 为何近年玩石者喜欢桃花冻？

因为在半透明冻石中，红色细点深浅不一，疏密不均，如胭脂吹散石上，又如碧波潭中沉浮片片桃花娇艳无比，富有诗意，因此得到玩石者喜爱。冻石有黄色和白色，两者以黄色为罕。它们的透明度当然越高越好，红色则以鲜红为佳，以寿山水坑最好也最少，寿山高山或巴林石相对较多，但也难得。因此价值昂贵，要注意的是，如红的地方太密成片，就变成了朱砂冻，价值大减。

465. 过去名噪一时的印石，现在已十分罕见的有哪些？

(1)青田的灯光冻。韩天衡《天衡印话》：“青田石以明代“灯光冻”而名满印坛，吾虽留心数十年，未之见也”；童辰翊《中国印石图谱》：“从传世的实物及新产的情况看，灯光冻产量大大低于寿山的田黄，被誉为中国印石三宝之一，实不为过”。

(2)寿山老艾叶绿。历史上曾昙花一现地出现过一种石质凝腻，色如老艾叶的老艾叶绿(为了有别于其他以艾叶绿命名之绿石，可以老艾叶绿命名之)，明谢在杭评寿山石时以之为第一(在田黄之上)，但这种石久已绝产，虽然一些书刊中也载上一些样品图片，但看来都有些疑问，只是在 20 世纪 80 年代，有人在广州文化公园画廊寄售过一方兽纽日字形章，看来差几近之，当时售价是 2 500 元人民币，价稍低于田黄。

其他如寿山石呈石绿色的雄鸭绿、青翠明亮，闪闪发光，如青鸭之羽毛故名。中国台湾出版黄昌阳《印石集珍》一书中，把它列入极稀级，今天也已见不到了。

466. 我国图章石中的“三大名旦”是什么?

在我国,鸡血石、田黄和灯光冻,历来就有图章石(即印石)“三大名旦”之美誉。

467. 什么是印石“新三宝”?

由于印石“老三宝”——鸡血石、田黄石和芙蓉石的产量日渐减少,加之多为块体小和颜色不理想,而海外市场又兴起“摆件热”,所以老三宝满足不了要求。于是印石“新三宝”就应运而生,它们是福建寿山的“荔枝嘴”、“善伯洞”和优质“旗降”3个品种。

468. 近10年来有哪些比较特殊的印石新品种出现?

新品种主要有:

(1)荔枝萃:产寿山高山、石质莹洁通透,肌里多含萝卜纹,色白者居多,晶莹如荔枝肉,还有红、黄、灰以及白、黄、红相间者,佳者十分娇艳。1987年开采出石,1989年石源已呈枯竭。现在价值很高,上品白色,一方10cm×2cm×2cm印章,价值可值万元;彩色的、一寸见方的方章可达2万元。

(2)河南黄冻:据业石者云:产自豫西某地,多淡黄色,石质晶莹,乍看如同冰糖,讨人喜爱,出产时间不长,今已少见。曾一度与福黄等是田黄的鱼目。

(3)掘性昌化:掘性昌化是砂矿,靠挖掘而得,色多呈各种黄色,亦有少量红色者具石皮、萝卜纹,佳者冒充田黄可以乱真,价较高,产量也不多,故又称“昌化田黄”。其质劣者则用来冒充寿山之鹿目格,对此行内人绝不对行外人言说。

(4)金纹绿:此石由地质工作者郝万平首先发现于湘东某地。地色有翠绿、墨绿、蓝绿等,其上遍布金黄色的蛛网般网纹,佳者石质致密光润,花纹美丽,为绿色印石中之佼佼者。郝君与罗励泽共同为之定名为“金纹绿”,据闻产量不多,大材难得。

469. 一方高级印章应具备哪些条件?

(1)名石:石的质和色优良,体形规整宏大,优质印材是高级印章的基础。

(2)印饰(印纽、薄意等)雕刻精美,特别是名家雕刻,这方面以闽派历史最悠久和人才最多,近年则上海亦有不少刻工精湛者,如杨留海、刘硕识等。不单是清康熙时杨璇、周彬的印纽,清末至民国林清卿的薄意现时已珍如拱璧,即使是后来的周宝庭、林寿谌、王雷霆,甚至现还在世的石卿等的作品价值都很高。

(3)若是已刻印章则还有印文和边款为名家所刻,其价值之高下可与书画相当。

(4)印主是名人,如清代的康熙、乾隆;近现代的孙中山、毛泽东等人的名章都是无价之宝。

470. 评价印石质地的“六德”是什么?

优质印石应具备的“六德”是细、结、润、腻、温、凝。石巢在其《印石辨》一书中,对“六德”的解释如下:

“细”，指其组成分子极微，即粗之反。

“结”，指其分子结合紧密，即松之反。石结则光泽好，作印耐用，雕刻花纹不易模糊。细又结则入手有滑感。

“润”，如经久浸在水里，有如露之欲滴。

“腻”，如经久浸在油里，有如油之欲滴。

“温”，如经久蕴藏在土里、田里，有出土之气，或曰宝气。

“凝”，指结而润，凝灵即成冻状，半透明。凝灵至甚，则晶莹。

471. 下品印石的“三贱”是哪些？

石巢在《印石辨》中又提出：“石有三贱，即粗、松、脆”。他对“三贱”的解释如下：

“粗”，指石之分子粗糙，即细之反，甚而入手涩。

“松”，指石分子不致密，为结之反。作印不耐用，光泽差，轻碰即伤，缺油即现甘蔗渣白点或裂痕。

“脆”，指稍坠带松，干燥即裂成碎纹状，用刀刻之即剥。至于坠带硬者，则刻之刮刮作响，是更差者也。

石巢并指出：“印石只要有此三贱之一者，即下品也”。

472. 印章的形状有哪几种？标准方章有多大？

印章的形状有方章、对章、圆章、扁章、椭圆章与自然形章等多种，通常以印章的底面形状冠名。例如底面为正方形的称为方章，底面为圆形的称圆章。

标准方章的长×宽×高为 2cm×2cm×8cm，简称 2×8 方章，因为这种比例较为协调。

从总体而言，对各种章石的大小并无固定要求，一般还是“因材取章”，可以减少原材料的浪费。

473. 我国论述印石最早的文章始于何时？

我国论述印石最早的文章始于清代初期高兆写的《观石录》；其稍后又有毛奇龄作的《后观石录》。两位作者不过是把朋友的或自藏的寿山石加以定名定品而已。惟其文采华丽，故今日之谈印石者引用其词句的仍多。这两篇文章在黄宾虹编的《美术全书》和近人方宗珪著的《寿山石全书》中均有转载。

474. 要进一步钻研印石，可参阅哪些专著？

由于近年来海内外藏石之风日盛，故有关印石书籍也出版较多。

(1)寿山石方面：可参阅方宗珪的《寿山石全书》，石巢的《印石辨》和陈石的《寿山石图鉴》。

(2)巴林石方面：有 1991 年 2 月内蒙古人民出版社出版的门国礼的《巴林石考》，该书对巴林矿的考证、鸡血石的发现、石材品种划分及评价等方面记述翔实，是研究巴林石矿及其工艺雕刻的重要资料。另有1989年9月北京出版社出版的胡福巨的《巴林石志》，该书对印石文化及雕刻艺术方面的论述较有特色，可供参考。

(3)昌化石方面：1998年中华书局出版的姚宾谟编著的《昌化矿志》，较全面地介绍了昌化石，彩图也多。

(4)青田石方面：可参考1997年上海书店出版的夏法起编著的《青田石全书》。

475. 能介绍几首有关著名印石的诗吗？

广州的地质高级工程师罗励泽先生，虽已年逾古稀，但他对各种印石的研究(包括印石收藏、鉴赏和刻印等)已有多年的执着追求，并具有相当的造诣。近些年来，先后在国内宝玉石报刊上发表多篇有见地的印石论文和科普文章。现将罗励泽先生于1998年12月30日发表在《宝玉石信息》报上的七首《印石诗》转载于下，相信对印石爱好者会有帮助和启迪。

(一)田黄

移石埋田几万春，变得新颜美绝伦；
破土一出惊石帝，黄金成土兢相尊。

(二)鸡血石

牡丹高贵人皆羡，石中鸡血亦如之。
朱耀华堂无价宝，出山能记在山时。

(三)巴林石

浙闽印石名天下，近有巴林出异军。
寿山彩兼昌化血，令人刮目见一新。

(四)芙蓉石

芙蓉出水显娇姿，莹润羊脂愧不如。
更能尽笔成佳印，石迷几视作隋珠。

(五)封门青

青田最重封门青，一似兰花展素心。
不求俗艳眩人目，宁伴诗人偶唱吟。

(六)灯光冻

三桥印史载奇功，全倚灯光照眼通。
却恨百年难见石，有缘得此便成龙。

(七)广东绿

明朝艾叶占鳌头，无奈今朝不一留。
幸继广宁多种绿，丛林一片耀神州。

476. 什么叫“长白石”？

长白石是继全国闻名的寿山石、青田石、昌化石和巴林石之后，在吉林省长白朝鲜族自治县新开发的一种优质印石原料，已探明储量达 130×10^{8} t。

长白石产于中生代晚期，为长白山火山喷发后沉积交代形成的由高岭石、迪开石组成的优质工艺石雕原料，尤其适于印章雕刻。

长白石做印石品种多达100种以上，且以透明的晶石和半透明的“冻石”居多，已发现了珍贵的蓝天冻、薄荷冻、兰花青田、白芙蓉、艾叶绿等印石品种，受到金石篆刻家们的高度好评。

长白石旧称“马鹿玉”，据《长白县志》记载，1908年府僚文人已用“马鹿玉”治印。1949年后，长白石中的优质印石品种已经供不应求。

477. 我国四大名砚石是哪些？

我国四大名砚石是：

(1)端砚石——又名端溪石，是一种绢云母泥质板岩，因产于广东肇庆(古称端州)市郊羚羊峡一带而得名。制砚始于唐朝武德年间，距今已有1 300多年的历史。由于石质温润，制作精巧，发墨不滞，经久不干，被誉为中国四大名砚之首。主要有鱼脑冻、蕉叶白、金星点和石眼等优良品种。

(2)歙砚石——又名龙尾石，是一种含石英粉砂质泥质板岩。因产于安徽省歙县(古称歙州)而得名。歙砚石制成的名砚质地较为苍劲，发墨性能优良。其优质品种有金星砚、罗纹砚、峨眉砚和龙尾砚等。

(3)洮河砚石——是一种水云母泥质板岩，因产于甘肃洮河地区而得名。也是历史上的名砚，以质优而闻名全国。据宋著《洞天清禄》中记载：“除端歙二石外，惟洮河绿石，北方最贵重。绿如蓝，润如玉，发墨不减端溪下岩”。

(4)澄泥砚石——以山西省汾水的淤泥为原料，用绢袋淘澄后成型，再经焙烧而成的一种石砚。它是历史上四大名砚之一。澄泥制砚始于唐代，但至今仍有生产，主要有鳝鱼黄、虾头红、蟹壳青、玫瑰紫和绿豆砂等品种。

也有人主张以天然砚石雕制的鲁砚中的红丝石砚代替澄泥砚而列为四大名砚之一(见1985年11月9日的《中国教育报》)。

478. 我国两大奇砚石是什么？

我国两大奇砚石是：

(1)湖南永顺制作的三叶虫砚——1990年底，在广州举办的“首届岭南珠宝首饰展销会”上，湖南永顺送展的最大一个三叶虫砚台，长近1m，宽近半米(呈不规则形)，厚近10cm，上有生活于5亿年前晚寒武世地层中的大小三叶虫化石竟达6个之多(最大1个长约25cm)。该奇砚标价10万元，由于三叶虫化石栩栩如生，围观者络绎不绝。此外，山东鲁砚石中的“燕子石”，又称“蝙蝠石”，也是一种含大量寒武纪三叶虫化石的灰岩，明、清时即已制砚，也颇奇特。

(2)湖南浏阳制作的菊花石砚——既是文房之宝，又是颇具特色的欣赏品(菊花石的特征参见本书496问)。在清代内府中,即收藏有菊花石砚。一般认为它是湖南地方官献给当时皇帝的贡品。菊花石制砚的最早年代,可能在清代下半叶。清末政治家、思想家谭嗣同曾收藏有菊花石砚数枚,并著有《菊花石秋影砚铭》,对菊花石砚有很高的评价。

479. 我国还有哪些较重要的砚石品种?

我国砚石分布广、品种多。除了众所周知的四大名砚石以外,还有如下一些较重要的砚石品种:

(1)鲁砚石——指产地广布在山东省境内的各种砚石,多为微晶石灰岩。

鲁砚石也是有悠久历史的著名砚石,其著名品种主要有:红丝石、紫金石、淄石、田横石等。

(2)盘谷砚石——是一种紫灰色钙质泥质板岩,因产于河南省洛阳的盘谷而得名。

(3)松花砚石——赋存于震旦纪地层中的一种嫩豆绿色微晶石灰岩,因产于松花江流域而得名。乾隆皇帝对松花砚的评价是"发墨与端砚同,品在歙坑之右"。

(4)贺兰砚石——为粉砂质泥质板岩,因产于宁夏贺兰山而得名。

480. 我国砚石一般属何种岩石?

据目前已有的资料得知,我国主要的砚石均为板岩或石灰岩。尽管板岩有不同的名称,但基本上都是泥质板岩或含有钙质及其他矿物成分的泥质板岩。灰岩则主要是微晶质结构的品种,同时岩性往往不纯,含有粉砂质、泥质矿物颗粒,如石英、绢云母等。

481. 我国一些名砚发墨不滞、经久不干的原因何在?

我国著名的优质砚石,一般都具有发墨快、不损毫(笔)、纹理美、雕工细和经久不干的特点。

这些名砚发墨快的原因是由于制砚的板岩或灰岩不纯、含有细小的石英混入物;而经久不干则是由于岩石结构紧密,石质不吸墨,故加上砚盖便可达到"三日不涸"的要求。

482. 什么叫"观赏石"?

观赏石又称"欣赏石",还有称其为"奇石"、"怪石"、"雅石"或"玩石"者。赵松龄先生对它下了一个很全面的定义,即观赏石是自然界外形奇特,色泽艳丽,纹饰美观,质地坚韧,化学性质稳定,不经加工即具有观赏、玩味、经济、收藏价值的矿物和岩石的总称。

483. 观赏石为何受到全国各层次人民的喜爱?

自然界的奇石异矿,像立体的画,无声的诗。它与花鸟虫鱼相比,没有"春荣冬枯"之虑、"朝华夕陨"之忧。其文色之美妙,具有"群芳不能喻其艳,锦绣何足比其容”的秀姿，因而赢得了全国人民的喜爱。

484. 我国人民爱石之风从何时开始波及全国？

中国人民爱石之风，是从 1990 年 7 月在北京召开了“中国首届观赏石观摩与研讨会”一年多之后，波及全国的。这表现在下列两个方面：

(1)在全国各阶层人民中，爱石、玩石和藏石者不断涌现。

(2)全国各地的奇石珍品展示及交流活动频繁进行。现举数例如下：①1991 年 5 月中旬，上海奇石协会邀请全国六省市爱石者参加，在上海复兴公园举办了上海“首届中华奇石展”。②1991 年 10 月，中国花卉协会、上海盆景协会和上海爱石协会，在上海人民公园举办了由 18 个省市藏石家参加的“中国观赏石展览”。③1992年 10 月，在湖北宜昌举办了“中国观赏石展”。④1993 年元月，南京旅游局主办了“南京中华奇石展”。⑤1991 年 9 月，在西安古文化艺术节期间，举办了“李饶珍藏奇石展”等等，不胜枚举。

485. 观赏石应具有哪三大价值？

观赏石应具有下列三大价值：

(1)观赏价值：观赏石是一种天然的艺术品，能使人百看不厌，并能引人思索，受到启迪。

(2)经济价值：高级的观赏石往往是比较罕见的，因而具有不同程度的经济价值。

(3)收藏价值：由于观赏石具有观赏价值和经济价值，因而个人、集体或国家博物馆等单位对高级的观赏石都争相购买和收藏。

486. 观赏石有哪些基本类型？

据北京大学杨富绪教授的研究，我国岩石类观赏石可分为两大基本类型：

一类是崇形观赏石：主要是重体态、观形似。这类观赏石有太湖石、灵璧石、英石、昆山石、宣城石、昆明石、奉化石、雪浪石、云纹石、上水石、石花等。

另一类是崇意观赏石：主要是富想象，重礼仪。这类观赏石有雨花石、卵石(象形石、图文石)、印章石(昌化鸡血石、巴林鸡血石和广宁广绿石)等。

487. 现代观赏石有哪些类别？

现代观赏石的品种很多，大致可分为三类：

(1)矿物类观赏石：此类观赏石主要为色泽艳丽、质地优良的矿物单晶体或晶簇，品种很多。如辉锑矿、辰砂、方铅矿、雄黄、雌黄、黄铁矿、石榴石、水晶、石膏和萤石等。

(2)岩石类观赏石：此类观赏石主要为千姿百态、质地坚硬、色泽艳丽的单矿物或多矿物集合体，品种繁多。如钟乳石、菊花石、文象石、火山弹等。

(3)古生物类观赏石：生物死亡后所形成并保存较完好的古生物化石，均可作观赏石。如三叶虫化石、鱼化石、恐龙和恐龙蛋化石等。

488. 中国历史上的传统观赏石主要有哪些?

由赵汝珍所著,在1942年出版的《古玩指南》一书中,所介绍的中国“五大名石”为:大理石、太湖石、英石、雨花石和孔雀石。这些都是历史上的传统观赏石。这些观赏石直到现在仍然受到爱石者的普遍喜爱。

489. 中国园林“三大名石”是哪些?

了解我国可用于园林的主要名石的特征,将有利于研究到何处去寻找、采集或购买,以及如何摆布或叠砌这些名石,以达到美化园林布局,造福广大游客的目的。中国园林“三大名石”是:

(1)太湖石:太湖石产自江苏太湖洞庭西山和一些小岛上。它由化学沉积形成的石灰岩组成。大量淹伏在水波中的石灰岩,长期经受波涛冲击的机械磨蚀与化学侵蚀作用,往往将石穿透而成孔穴,或未穿透而呈涡洞,以致形态奇异、柔曲圆润、玲珑多窍、皱纹纵横、涡洞相套、大小有致。人们常用“瘦”、“皱”、“漏”、“透”四个字来形容它的古怪特色。

(2)英石:是一种形成于约3亿年前的石灰岩,因盛产于广东英德的英山而得名。它的质地细腻,纹理奇特,由于在大自然中经受长期的风化淋滤作用,致使其局部遭受侵蚀溶解,而形成充满沟、缝、孔、洞的奇形怪状,并具有“皱、瘦、透”三个特点。

(3)黄石:由黄褐色和赭色的石英岩、砂岩或砂砾岩经山洪或河水搬运、冲刷而成,其表面十分光滑而呈现醒目的黄褐色,并显露油脂状或蜡状光泽,给人以柔和舒适的美感。由于黄石主要由 SiO_2 所组成,因而石质坚硬,裂隙孔洞少见,这是它与太湖石和英石截然不同之处。

490. 江南园林“三大名石”是哪些?

江南园林“三大名石”,是指上海豫园的玉玲珑、苏州原织造府的瑞云峰和杭州花圃的绉云峰。其中的绉云峰,竟是明末清初用巨舰从广东英德县运到杭州的一座英石峰。

这三大名石,都是园林假山中的单块湖石,即所谓“孤赏石”。由于这三块巨石都具备了瘦、皱、漏、透的特点,故历来被我国园艺学家品评为假山中的极品。

491. 什么是“雨花石”? 它有何特征?

广义地说,凡产于江苏六合等地,有观赏价值的自然硅质砾石均称为雨花石。狭义的雨花石是专指雨花石中的玛瑙、玉髓类砾石。

雨花石,特别是玛瑙玉髓类雨花石,其中玛瑙、玉髓是由硅酸胶体凝结而成,产于基性火山喷发岩中,属低温热液胶体矿物,有单色的,也有不同色彩的层纹状、条带状、条纹状花纹。这类雨花石质坚纹细,晶莹剔透,呈半透明,光彩照人,是雨花石中的上品。

雨花石作为著名的观赏石，是以其质的晶莹、色的丰富、纹的奇异而取胜的，是其他观赏石难以比拟的。

492. 雨花石按其组成如何分类？

雨花石的化学成分主要是 SiO_2，只是由于成分和形成的地质环境略有差别，就形成了结构各异、无奇不有的观赏石。依雨花石的组成不同，大体可将雨花石分为下列十大类：

①玛瑙玉髓类；②蛋白石类；③碧玉类；④燧石类；⑤石英类；⑥水晶类；⑦构造岩类；⑧砾石类；⑨化石类；⑩其他岩矿类。其中最有价值的是第①类中的花纹造型奇特者。

493. 雨花石的观赏价值和经济价值如何？

雨花石是“天成幻出”的艺术珍品，具有很高的观赏价值，真可谓“华夏一奇”、“金陵一绝”。在它天然形成的小天地中，可观古今风物，可览中外胜迹，令人情志高远、心旷神怡。更为奇特的是，一旦将其投入水中，它便含光吐露、晶莹玉润、面目一新，因而自古以来就倍受人们的珍爱。

雨花石天生丽质，仪态万千，玲珑剔透，形彩奇异。杨志达先生称其为“似宝非宝，似玉非玉”之尤物。加上天然形成的神奇画面，其美妙动人之特色，确是言语难以形容的。难怪有人出 2 万美元的高价也买不动一块“黄河大合唱”雨花石；有人用一栋房子也换不来一块“黄山奇观”。价值几百上千元的雨花奇石就算不上稀奇了。当然，上述十大类雨花石中，绝大部分还是一般的只能用于养花养鱼的低档观赏石，每颗才卖几角钱。但人们可别忘了，在雨花石的燧石类中，有一个质地坚硬的漆黑色品种，古人曾用它作取火的火石，而今却可用作检验含金成色的“试金石”。

494. 什么是“雨花石二十四品”？

据胡一民先生于 1996 年 9 月 21 日在《花鸟世界报》介绍：民国年间，雨花石鉴赏大师张轮远先生，依雨花石之形、质、色、文、韵诸特长，将其分为二十四品，凡具两品以上者，则为雨花石佳品。

现将“雨花石二十四品”的具体内容推荐于下，以供雨花石爱好者收藏时作参考。

(1)端庄——完整纯洁，无瑕可指；

(2)精致——晶莹细润，微微生光；

(3)朗透——朗似玉山，清如水月；

(4)细腻——肌理细腻，比美羊脂；

(5)饱满——颜色花纹，面面俱全；

(6)鲜艳——静态极妍，光彩悦目；
(7)绚烂——五光十色，灿如云锦；
(8)绮丽——传粉施朱，风光别具；
(9)清淡——轻描淡写，超逸出尘；
(10)雅趣——条理井然，别饶深致；
(11)苍老——文深色重，老气横秋；
(12)柔嫩——色轻质细，美丽绝伦；
(13)高古——朴质无华，盎然古色；
(14)含蓄——如烟吐霞，耐人寻味；
(15)深远——岩深谷迥，无尽无穷；
(16)疏野——疏秀为质，野鹤闲云；
(17)雄浑——气足神完，浑然太璞；
(18)刻画——雕琼镂翠，巧胜人工；
(19)磊落——大叶粗枝，磊磊落落；
(20)纤秾——文细如丝，色轻似染；
(21)生机——飞潜象形，生机勃勃；
(22)精神——短小精悍，神采奕然；
(23)奇特——奇异特出，匪夷所思；
(24)怪异——光怪陆离，可惊可喜。

495. 南京雨花石究竟来源于何处？

尽管人们对雨花石是那样喜爱与赞美，但对雨花石的来源却争论不休，一直没有定论。近年来，有人认为，南京雨花台砾石层的砾石，既有“土著居民”，即南京地区的石头；也有“外来客”，即长江中上游地区的石头。

据钟华邦先生于 1993 年 8 月 2 日在《矿产开发报》上报道：经江苏地质矿产研究所的科研人员研究认为，南京雨花石来源于古秦淮河流域和古滁河流域，雨花石中没有长江中上游地区的石头，揭开了雨花石来源之谜。

496. 什么是“菊花石”？

菊花石是地层中的一种天然“花卉”。它是由天青石（$SrSO_4$）或方解石（$CaCO_3$）矿物组成的花瓣，花瓣中心由近似圆形的燧石（SiO_2）构成花蕊，酷似怒放盛开的菊花，故名“菊花石”。

我国先后发现的三处菊花石，都产于二叠纪地层中。以质量最佳的湖南浏阳菊花石为例，菊花周围基质岩石为石灰岩或硅质砾石石灰岩，在石灰岩中偶尔伴有䗴类、蜿足类及珊瑚化石，给菊花石更增添了生命活力。菊花花瓣为多层状，具立体感。花朵大小不一，最大者直径 30cm，最小仅 3cm，一般在 10cm 左右。

497. 菊花石有何主要用途?

由于天然菊花石的花形多种多样,主要有绣球状、凤尾状及蝴蝶状等。白色晶莹的菊花陪衬黑色基质岩石底色,黑白分明,古香古色,偶尔点缀几个古生物化石,生动奇特,未曾加工就是一幅天然而美丽的图画。若加以精心雕琢,更是精美绝伦。我国菊花石工艺品早已名扬四海,1915 年在巴拿马万国博览会上授予"全球第一"美称,并荣获金奖。菊花石的主要用途有如下几方面:

(1)用天然菊花石料作"菊石盆景"。

(2)加工成"菊花屏风"、"菊花砚台"、"菊花笔筒"等工艺品。

(3)将小型菊花石原料雕琢成花瓶、茶具、烟具等陈设和实用器皿。

(4)用作宫廷式豪华建筑面料及伟人墓碑等。

498. 我国的菊花石产地有哪些?

迄今为止,世界其他国家尚未发现菊花石产地。据近几年来的报道,我国的菊花石产地共有三处:①湖南浏阳县永顺镇菊花石,产于下二叠统灰黑色石灰岩中。②陕西南部菊花石,1977 年由陕西地质工作者王全庆先生发现,产于下二叠统灰黑色灰岩中。③湖北宜恩三峡菊花石,1990 年为台商陈春雄先生发现,产于二叠系栖霞灰岩中。

此外,北京西山也有一处菊花石产地。据说在解放前曾开采,但因质量欠佳等原因而停采。

499. 什么是"峡州石"?

峡州,北周武王所设州名,因地处长江三峡口而得名,辖境相当于现今的湖北宜昌、宜都、远安等地。

峡州石产地正处于川鄂咽喉地带,绝壁万仞的长江三峡,保存着完好的地层剖面,蕴藏着无数奇珍异石。这里产的奇石就称"峡州石",也称"宜昌石"或"三峡石"。

500. 我国著名的峡州石收藏家所藏最佳的奇石是什么?

据有关资料介绍,在众多的峡州石收藏者之中,最著名的当数姜祚正和来层林。

姜氏所藏峡州奇石,精品达 2 000 件,其中以"十二生肖石"最引人注目,该组石共 12 件,牛羊猪马无一不似,蛇龙鸡兔无一不灵。

来层林所藏的"中华奇石"也是十分奇巧的。该组文字石共 4 件,每石一字,组成"中华奇石"。"中华奇石"的照片已在全国多种报刊上刊出,读者阅后无不称奇。

501. 有"世界第八奇迹"之称的"琥珀宫"在何处?

在全世界有许多艺术珍宝,其中一部分因战乱等历史原因被秘密收藏,从人们的生活中神秘地消失,成为千古之谜。下面是其中一例。

“琥珀宫”是1717年波斯国王赠给俄国沙皇彼得大帝的礼物。在这座艺术大厅的$150m^2$的墙壁上，镶满了由琥珀雕刻而成的装饰品，这些琥珀都出自德国哈尔茨山，经过能工巧匠精心雕琢而成，其总价值是25亿马克，在当年有“世界第八奇迹”之称。这些艺术品在俄国一直被用来装饰“卡特琳娜宫”的礼宾厅。1941年，侵苏德军将“琥珀宫”拆走，运到“奥尔登宫”。1944年，在盟军大举进攻之前，纳粹又将“琥珀宫”分装30个大木箱运走。人们最后一次看到它是在1945年1月22日，当时这批艺术品被装在柯尼希堡火车站的一节列车里。此后，它们便神秘地失踪了。

二次大战结束后，人们一直在位于德国图林根山区的“尤纳斯谷”寻找“琥珀宫”的下落，不过时至今日，它的下落仍然是一个谜。

502.“神州五绝石”是怎样的奇石？

居住在香港的大陆著名画家刘宇一教授，收藏一块“国宝”级雨花石，取名“神州五绝石”。这块神妙绝伦的雨花石有以下五绝：

(1)石的一面有中国地图的清晰轮廓，其中的台湾与大陆色彩一致。

(2)在大陆北部，沿东北、华北至西北国境线，有一条巨龙盘踞，且口中含一明珠。

(3)巨龙上方有一金黄的色点，酷似金元宝。

(4)大陆图版中部有长串红色，由浓而淡，象征中华民族之火。

(5)该石整体外形如吉祥物长寿锁。

503.呈现出“中国地图”的奇石产于何处？

据广州出版的《花鸟世界报》1996年9月21日荆国坤报道：安徽黄山市藏石家方崇庆先生于1996年在安徽歙县南乡昌源河边捡到一块奇石，上面呈现出的图形竟宛如一幅“中国地图”，令人叹为观止。

此石仅手掌大小，初看与一般河卵石无异，细观上面层次分明，色泽对比度甚强。石头底部为灰白色，表层为灰黑色，最上层图形的“中国地图”呈棕黄色和淡绿色，与中国地图标色基本相同，看上去十分醒目。它完全由天然形成，无丝毫人工痕迹，达到了象形石“增一分则太长，减一分则太短”的最高境界。若非亲眼所见，简直不可想像世间竟有如此巧妙之物，真是鬼斧神工。

504.你知道“澳门回归纪念宝石”吗？

据1999年11月12日《财富珠宝周刊》在头版刊登钮惟恭的报道：在水晶之乡江苏东海县，珠宝专家何松日前发现了一枚心形天然水胆紫晶项坠，其中显现出天然形成的中国版图轮廓，象征中国在我心中。

此水晶项坠经过国家权威机构鉴定，体积为17.42mm×14.42mm×9.36mm，重13.5ct。“心”中的中国版图轮廓长11.5mm、宽5.5mm，犹如人工绘制而成。

令人惊奇的是："心"中有一直径为 1.1mm 的圆形水胆气泡（包体），从南往北，朝北京方向反复游动，似澳门急切盼望回归祖国怀抱。

当时，专家们在惊叹大自然鬼斧神工，创造了这一水晶奇观的同时，认为在澳门即将（1999 年 12 月 20 日）回归之际，这一发现具有特殊的意义，故将其定名为"澳门回归纪念宝石"。

505. 品评观赏石的"十二字标准"是什么？

观赏石品种繁多，各呈其胜，借大自然的造化之力而鬼斧神工，绝无相同面貌。但品评标准，却历千年而归于一统，那就是"瘦、皱、漏、透、清、怪、丑、秀、奇、顽、雄、拙"十二字标准。

如要对这"十二字标准"作详细解释，每个字都可能写出一篇文章来，而对十二字进行全盘解释，也足可以出一本书了。故在此不作任何解释，而让读者自己去思索、把玩，相信会有所悟。

506. 石膏矿物晶体观赏石有哪几种？

石膏矿物晶体观赏石有以下四种：

（1）单晶：晶形完整的石膏单晶体，小者如手指，大者可长逾 1m，使人惊奇，可作矿物标本或观赏石。

（2）双晶：两块板状石膏晶体形成"燕尾双晶"，是有趣的观赏石。

（3）晶簇：如透石膏聚晶、雪花石膏晶簇等。

（4）聚晶片：是一种特殊的晶簇观赏石，其晶体不呈板状或柱状，而呈中间厚、边缘薄的圆形或椭圆形，它是一种硬石膏，其花瓣状聚晶如花似叶，十分美丽。按其颜色可有白玫瑰、红玫瑰、黄玫瑰等品种。

507. 石膏晶体奇石有哪几种？

透明的石膏晶体也与水晶相似，其内含固相、液相、气相包体均很发育，故可构成以下两种奇石。

（1）风景石膏：当固相包体为不同颜色的泥砂、水云母、盐、碱、硝等组成奇特而类似水墨画时，便成为风景石膏。

（2）水胆石膏：含可见水珠包体的石膏。如贵州晴隆石膏矿，石膏晶体长达 1～2m，最大水胆活动范围达 50cm，摇动时发出响声，故可称为石膏水胆响石。

508. 什么是"空石"和"响石"？

我国奇石界有一句名言："石不能言最可人"。这句话本来不错，且有一定的哲理。然而，地球上却有许多天然形成的空石，而空石中一部分在内腔中含水或内核脱落物，当其被摇动时，就能发出响声，这响声常被一些藏石家当作石头的语言，这种自然现象堪称一奇。内蒙的李海负高工在介绍了空石和响石的成因分类以后，颇有感慨地写出了一首言石诗：

石若能言最可人，
有声有色更提神。
拾得一枚供观赏，
长相厮守不离分。

响石这一名称，在各地叫法不一，大致有“话石”、“歌唱石”、“木鱼石”和“铃铛石”等几种。空石的成因类型主要有结核型和火山型两种。结核型是指化学沉积形成的结核，干燥后体积收缩，形成空腔，空腔含破碎物或水便形成响石。火山型空石又有火山弹和空心玛瑙两个亚类，它们的腔内含水和内核脱落物便成了响石，水胆玛瑙中的包体水能摇响时，就成了玛瑙响石。

509. 什么是观赏石中的“事件石”和“纪念石”？

“事件石”和“纪念石”是袁奎荣教授等提出的观赏石分类中的两种观赏石类型。

“事件石”是重大自然事件遗留下的一类石头，如天外坠落的陨石、火山喷发形成的火山弹等。

“纪念石”指与历史事件、重要人物活动有关的具有特殊纪念意义和科学价值的石头。如1972年中美建交时尼克松总统赠给毛泽东主席的月岩标本、周恩来总理以国礼馈赠日本首相田中角荣的昌化鸡血石对章等，后者曾在日本掀起“鸡血石轰动”。

510. 戈壁石为何会盛行于今日之赏石界？

“戈壁石”为形成于戈壁沙漠腹地，产量稀少的风成石。它是由亿万年前生成于地下深处的玛瑙、碧玉、玉髓等硅质岩，历经剧烈地壳变动而剥蚀暴露于地表，又经大漠风沙长期吹蚀磨砺、昼夜高度温差变化等原因，石中软弱成分被侵蚀殆尽，遗下坚硬的硅质部分而形成，故又有人将其称为“风砺石”或“风棱石”。它的石质细密坚硬、表面光滑、色彩多样、奇形怪状，有的表面还披着褐黑油亮的所谓“沙漠漆，更添韵色”。

戈壁石的块度，小仅寸许，大可达半米。其成分均为硅质，由于其结构和形成环境之差异，每使其成像不一：有的如葡萄，有的似石窟，有的如奇峰断崖，有的如珍禽异兽，更有沙漠玫瑰、猪肉石等，可说是形质俱备，悦目赏心。其大者可供摆设，小者可作佩件。由于以往交通困难，入产地采石不易，今日应市稍多，遂令赏石者眼界大开，故不少人以之作为购买收藏工艺品之首选。

511. 岭南蜡石的历史来源为何？

蜡石是岭南传统的观赏石之一。蜡石这个名词，目前发现最早出现在明代万历年间高濂的《遵生八笺》，至今已有400年历史。

清代谢堃在《金玉琐碎》云：“腊石者，真腊国（注：今柬埔寨）所出之石也。石坚似玉，非砂石不能磨与琢也。昔之人曰碔砆乱玉，碔砆即腊石也。余在广东见腊石价与玉等。及居鲁，鲁人不识腊石，乃贱售焉。”

今之研究者有认为上述说法不一定对，因今天广东、广西一带所产的蜡石很有名，由于粤、桂皆属岭南之地，故名“岭南蜡石”。近闻甘肃、内蒙古也有蜡石被发现，但较稀少。

512. 岭南蜡石的成因如何？怎样观赏？

岭南蜡石是由低温熔岩与砂岩接触变质而成。其成分为以二氧化硅为主组成的石英岩，其表层常因含各种杂质而使其具有多种颜色，大致有黄蜡石、红蜡石、黑蜡石、白蜡石和花蜡石等几种。由于以黄蜡石最为多见，其色泽、质量和形状也最具赏玩价值，所以岭南蜡石以黄蜡石为代表，故业界多称“黄蜡石”。

对黄蜡石的观赏，不以“皱、瘦、漏、透”取胜，而以石质为主，晶莹润泽；以石色为容，黄蜡如金，白蜡如银，黑蜡如墨，红蜡如霞，彩蜡如虹；以石形为貌，形神兼备，惟妙惟肖。若三者皆备，堪称蜡石之佳品。

513. 黄蜡石的主要产地有哪些？

据“兰石书屋”主人刘清涌教授在其《奇石大观》一书中介绍：黄蜡石虽然产地不广，但产量较多，在中国目前发现产量较多的主要在两广，广西的西江流域，广东的北江、韩江流域。以广东揭西县、潮安县与饶平县交界处产量较多，福建闽南与广东潮汕交界处也产此石。

刘教授还在书中介绍了一则趣闻：广东潮安县有一小村，有一条小巷的地面全为优质黄蜡石铺砌，有人以 10t 优质水泥给换铺，而该村老百姓不同意，认为此石为吉祥石，不宜替换。

514. 什么是“恩州奇石”？

恩州奇石是距今约 5 亿年前的寒武纪形成的沉积岩，产于广东省恩平市郊的深山之中。经原地质部广东中心实验室检测鉴定：岩石中含有 26 种元素，除含较大量的硅、铝、钾、钠、铁、镁外，还含有铜、锌、铬、镍、锰等人体健康的必需元素。石中含有微溶于水的组分，所得的水溶液呈弱碱性，其他对人体健康有害的重金属元素均未检出。所以，它堪称是一种天然的保健材料。

上述古老沉积岩在恩州市郊储量丰富，并于近几年被恩平市恩州奇石实业有限公司开发出来。经实践证明，用此石处理过的水泡茶，茶香更浓；将碎石投入鱼缸，鱼的颜色更鲜艳；用于花卉插植，能促使鲜花提前开放；制成美容化妆品，可祛除皮肤黄黑色素，使皮肤美白；还可制作砚台、茶具、酒具及印章石等工艺品，并因其常具奇特花纹而深受用户喜爱，因而被称为奇石，并于 2002 年 5 月被评为广东省四种“候选省石”之一。

515. 什么是“天珠”?

刘馥凝先生于2001年第3期《中国宝石》发表了《天珠》一文,对天珠的概念、由来、宗教内涵,天珠的质地及其纹饰的意义作了较全面的介绍。现将其分成几个问题在本书中简介。

“天珠”是一种平凡而神奇的料珠。其外形两头截平,呈橄榄形圆柱体或圆柱体,珠体中间有孔眼,多为棕黑或棕红色,珠身有各种乳白色的线纹。

在我国西藏,有许多关于天珠的传说,都认为“天珠”非人间凡物,应为上天所赐,故称其为“天珠”。

有关专家认为,天珠在西藏已有2 000多年的历史,可能是由西亚经印度传入的。

天珠在藏族的传统观念中,是最重要的护身符之一。它最初和最重要的用途是辟邪和护身,后来才成为装饰品。由于悠久的历史,美丽神秘的传说,加以西藏人虔诚地收藏供养,世代相传,天珠便成为人们心中珍贵的宝物了。

516. 天珠的饰纹主要有哪些种类?

天珠的饰纹多种多样,有圆圈纹、平行条纹、莲花纹、龟甲纹、虎皮纹、万字纹、随形纹等。其中最珍贵的是被称为“眼”的圆圈纹。这种饰纹有一眼到二十一眼不等,其中一眼、三眼、九眼最为宝贵,而四眼、六眼、十四眼、十五眼和十六眼几乎没有人见过。圆圈饰纹一般为单纹圆圈,也有两圈同心圆者。

517. 天珠的原料和质地及其价值几何?

天珠的上等原料为特级天然玛瑙或玉髓,藏人相信它有奇特的能量磁场。外表颜色大致为黑棕色至浅棕色,其图腾为乳白色线状饰纹,饰纹可深至天珠中心,以乳白色花纹为珍贵。

早期的天珠质地一般为黑白玉髓或黑曜石(岩),还有一些是红玉髓。现在市面上出售的天珠大多为仿制品,其质地为玛瑙、玻璃合成材料、印度树脂或软玉材料。纹饰为激光打制,多繁复而规整、清晰,种类较多。

一些天珠研究者把天珠线孔内是否有乳白花纹列为辨认至纯天珠的必备特征之一。其实,真品天珠是极难得到的,如果有了,其售价也要上万元人民币一颗;但如果要图吉利又美观实惠,则可用十几元至几十元买一颗人工天珠。

第五章

珠宝首饰

珠宝首饰的两大基本功能是“佩戴”和“装饰”，这两大功能任缺一项，就不能称为首饰。

而评价首饰是否名贵的 3 个因素是：①首饰材质的好坏；②加工技艺的精美；③市场需求的缓急。

本章以大量篇幅（204 问）分为：①种类和来历；②识伪和鉴真；③习俗和传说；④选购、佩戴和保养等四大部分，对各种珠宝玉器首饰作了多方面的介绍，可供查阅。

一、种类和来历

518. 什么叫“首饰”?

首饰是一种古老的装饰工艺品。最原始的首饰,可以追溯到人类的石器时代,山顶洞人的兽骨和砾石装饰品,距今已有16 000多年的历史。但人类用玉、琢玉的历史为7 000多年,故玉器首饰和珠宝首饰的历史就比石器首饰要短得多。

狭义的“首饰”一词,原是指头上的装饰品,并且是对一个人有地位的表示。但随着历史的发展,首饰的含义已起了很大的变化。今天我们所指的广义的“首饰”,不仅可指佩戴在人体许多部位的饰品,还包括供陈列用和以观赏作用为主的工艺品——称“摆件首饰”。

519. 什么叫“本邦首饰”?

本邦首饰是采用我国传统工艺制作的首饰,一般系指我国的传统首饰。

本邦首饰多以手工制作为主,产品色泽艳丽,光泽对比强烈,装饰效果明显。目前,在我国已经形成了以地区为代表的首饰流派,每个流派都有自己的风格。

(1)北方派首饰:以北京为代表,其特点是古朴淳厚,个体较大,重量较足,合乎北方人豪放、粗犷的性格。

(2)上海派首饰:是沿海首饰的一个代表,它吸取了北方派首饰工艺的精华,参照海外首饰讲究姿态变化、色彩典雅的特色,制成的首饰既有中国传统首饰的特点,又有友邦首饰精细、华贵的品质,是一个影响很大,较为现代化的本邦首饰派别,它最有代表性的产品主要是金、银及宝石首饰。

(3)南方派首饰:以广东为代表。由于受国外首饰的影响较大,故在采用先进工艺方面走在前列。南方派以制作既有实用价值,又有欣赏价值的精美首饰见长。其特点是精细、小巧、新颖、别致,色彩鲜艳。

(4)中部派首饰:以四川为代表。它受北方派首饰的影响较大,工艺细腻考究,比北方派更重视实用性,且更清秀、典雅。

本邦首饰各个流派都有自己独特的风格和技艺,且多有传统的吉祥图案(如龙凤、松鹤、鸳鸯、如意、金钱、蝙蝠等)用以表示福、禄、寿、喜、爱等含义。近年来,金银首饰上更常有“发”、“财”以及“888”等字样,因而具有很强的民族风格和时代气息。

520. 什么叫“洋镶首饰”?

洋镶首饰是采用国外传统工艺制作的首饰。洋镶首饰的工艺比较科学,多采用先进的生产工具,工作效率高,便于产品的更新换代。尤其是近年来,随着科技的发展,诸如粉末冶金、真空浇铸、激光成形加工、离子溅射、辐射敷色(变色)等先进工艺的应用,更使洋镶首饰高贵华丽、千姿百态,令人珍视敬仰、爱不释手。当前，在国外兴起的双色金、三色金及多色金首饰更是使人大开眼界。

521. 首饰如何分类?

首饰可从几个方面分类：

(1)按材料划分有：贵金属首饰、仿金首饰和珠宝首饰。本书着重介绍珠宝首饰。

(2)按用途划分有：摆件首饰、挂件首饰、时装首饰和婚礼首饰。本书着重介绍挂件首饰。

(3)按使用对象划分有：男性(男装)首饰和女性(女装)首饰。

522. 佩戴首饰有何作用?

人们佩戴各种金银珠宝和玉器首饰，主要有下面几种作用：

(1)具有装饰美化作用：当今的金银珠宝和翡翠等首饰，如女性的耳丁、耳环、耳坠、项链、手链、胸针、手镯、戒指；男性的戒指、领带夹和袖扣等，都是为装点、美化人的形象而制作的。

(2)具有象征意义：如金银首饰象征富贵、典雅；钻石首饰象征坚定、纯洁；紫水晶首饰象征健康、长寿等。

(3)具有纪念意义：如各种诞生石首饰、订婚戒指、结婚戒指和玉雕龙凤情侣花件等。

(4)具有表现个性的作用：通过选购和佩戴的首饰，能反映出一个人的气质和风度；判断出一个人的兴趣、爱好、文化素质、职业、年龄和经济状况等。

(5)具有实用价值：首饰除美化人体外，如玉簪、领带夹、袖扣等，都具有实用价值。

(6)特殊作用：如特制的磁疗项链、手镯、保健戒指、印章戒指和保健挂件等，均具有治病或防病的特殊作用。

523. 首饰评价的3个因素是什么?

一种珠宝首饰是否名贵，一般应考虑下列3个因素：

(1)质料的好坏。珠宝的质料主要应从颜色和透明度两方面来考虑。例如一颗纯正高绿而透明度极好的翡翠戒面，其价值可达几万元甚至数十万元；而若单有翠绿颜色却不通透的戒面，则充其量只值1 000元；反之，即使是透明度极好(玻璃种)而无翠绿的玉料，则根本谈不上制作戒面了。祖母绿宝石也是以浓绿而透明的为贵；但钻石则以无色透明的为珍贵；珍珠反而以黑色价值最高，这就属“物以稀为贵”了。

(2)加工的精度。由于名贵宝石原料贵重，所以对加工质量特别讲究。如加工一只高级钻石戒指，就要求加工的款式新颖，切磨精细，镶嵌严密。如对有特殊光学效应的星光或猫眼宝石，还要求切割的位置正确，否则将成为废品。一般来说，名贵宝石加工成首饰后的价格，大致是原料价格的 2～5 倍。若加工粗糙，不符合工艺要求，做出来的首饰就卖不到好价钱，甚至成为处理品。不久前，笔者向友人买来一对紫罗兰又有几小块浓翠的龙凤花件，问一位玉雕师能值多少钱？这位师傅翻来复去看了好几遍，然后无可奈何地说："这两块翡翠料很不错，只是手工太差，真是可惜！如果你能提前把这两块玉料卖给我，我可给一个很好的价钱，现在做成了粗糙的花件，反而不值钱了。"

(3)市场需求。若某类首饰、某种流行款式和流行色的需求量大于出产量，则价格上升；供大于求时，则价格下降。而若该款式已过时，则价格可能大降。

524. 首饰的两项基本功能是什么？

叶寅生先生在《珠宝科技》2001 年第 3 期发表的有关首饰设计的文章中指出：首饰最基本的两项功能就是"佩戴"和"装饰"。他接着指出：光能佩戴而缺少装饰性，不可以称为首饰。同样，光具有装饰性而不能佩戴，也不可能称为首饰。首饰必须在能够佩戴而又具有装饰性的基础上来突出艺术，才能增强首饰的装饰效果。

525. 珍珠首饰设计的"三大要点"是什么？

由于珍珠的外形浑圆、色彩多变，所以成为各种珠宝中较难设计的一种。

珍珠首饰设计的三大要点是：

(1)形状：珍珠主要的形状有正圆形、水滴形、异形等。

在商业珠宝设计中，正圆形的珍珠受到广泛运用，一来体态圆润的珍珠广受消费者欢迎，二来正圆形的珍珠方便首饰工业化批量生产。此外，异形珍珠的设计空间较大，如设计成动物及卡通题材等，但其缺点是异形珍珠每粒的形状都不一样，因而不能进行批量生产。

(2)色彩：珍珠色彩指珍珠的天然颜色，根据珍珠不同的色彩，可配以不同颜色的钻石，有利于增加珍珠的神秘魅力。

(3)光泽：设计师在进行珍珠首饰设计时，必须考虑珍珠的光泽和光洁度，选择性地配以各种颜色的伴石或金属(如铂金、黄金、K 金、白银等)，以达到更加理想的效果。

526. 什么是首饰设计的"三忌"？

叶寅生先生在《珠宝科技》2001 年第 3 期上发表的"首饰设计的'三忌'"一文中，提出了首饰设计有"三忌"，现摘要如下：

一忌：为艺术而艺术的思路。首饰必须在能够佩戴而又具有装饰性的基础上，才能进一步突出艺术。

二忌：首饰设计不允许有丝毫损害人体安全的因素。如在选用合金和宝玉石原料时，必须经检查证实无毒、无害；加工制作后也必须检查无尖角、无芒刺，才能出售。

三忌:首饰设计不允许出现与销售区域内种族、民族或地方风俗习惯中存在已久的禁忌或与之相违背的东西。

527.当今世界首饰发展潮流有何特点?

珠宝首饰凝聚着人类对自然的认识,它与生产发展、科技进步和民族传统都有较密切的关系。总的说来,国际首饰市场的主要流派有古典派(也叫复古派)和自然主义派(也叫流行派)。当今世界首饰潮流的特点是走向多样化、性格化、与环境协调化以及重新尊崇大自然的倾向。国际上或某些国家和地区,每年都要举办珠宝首饰展览或首饰设计比赛,因而有利于促进首饰设计和制作技术的交流。

近年来,新潮首饰突出地表现为下列3个特点。

(1)两种极端同时出现:一方面是粗犷的大型首饰,它符合开放型女性的心理特征,可以表现出爽朗大方和不拘成见的气概。如西德首饰商推出的直径粗达十几毫米的中空型项链和大及肩部的耳坠就是一例。

另一方面则是"紧身"包裹型首饰。随着20世纪80年代初期追求宽松的潮流的消逝,某些国家或地区又开始恢复60年代的"紧身"风格。如紧贴耳垂大而薄的耳环和绕脖型颈圈的出现,都反映出这种倾向。

(2)追求新潮的综合设计:如将手镯和电子表或项链和电子表综合设计为一体,使饰物的功能和审美紧密地结合起来,从而显示出科学与艺术的共生,以求得一种设计的情趣和新意。

(3)追求首饰的不对称美:如仅戴一只耳坠,或在左手戴手镯,右耳戴耳坠。这能反映出一部分人的极度的别出心裁。

528.欧美等国首饰各有何特色?

金银珠宝首饰因生产的国家不同而各具特色。如意大利首饰以品格高雅、种类繁多而称雄于世;法国首饰以设计新颖、制作精美而为大众公认;东欧首饰以风格简朴、线条明快而脍炙人口;美国首饰以自然潇洒、格调清新而享誉海外;日本首饰以独具匠心、工艺精湛而遐迩闻名。

529."首饰王国"意大利的基本情况如何?

国际珠宝界公认的"首饰王国"是意大利,它是当今首饰制造和出口最多的国家。意大利全国有2 400多家珠宝公司,17 000多个珠宝零售商店;生产的首饰不仅工艺先进,而且产量和出口量都占全世界1/4以上。它每年用于制造首饰的黄金多达70t左右,消耗的白银则更多,每年生产的珠宝首饰有75%左右供出口。

意大利的首饰业,就像瑞士的钟表业一样历史悠久和兴旺发达。它是领导世界首饰潮流的先锋,许多国家和地区生产的新款首饰,大都是从意大利引进的。例如意大利的项链举世闻名,几乎统括世界项链的款式,并且用机器成批生产,数量甚大,遍销全球。目前我国生产的福人链、双套链和威尼斯链等款式,都是从意大利引进的。

意大利作为“首饰王国”，在世界上具有很高的权威性，许多著名的首饰设计师，都将在意大利举行的首饰比赛大会的获奖作为最高的荣誉。

530. 20 世纪 90 年代最新奇的玉雕挂件是什么？

据笔者在广东境内不全面的了解，20 世纪 90 年代以来，最新奇的玉雕挂件是玉雕“骷髅头”。

据目前所知，雕制“骷髅头”的玉料主要有两种：一种是缅甸翡翠；另一种是具有猫眼闪光效应的虎睛石。骷髅头的大小规格不一，中等的与一节大拇指相当，高约 25mm；大者接近乒乓球大小；小的更有趣，雕琢的难度也更大。脸部长，后脑部短，中心雕空，两眼为两个大窟窿，鼻部为一小洞，牙齿齐整。头顶钻一孔，作穿绳之用。据玉雕师傅说，雕琢骷髅头的手工比较复杂，雕错一点就要整件报废，所以售价不低。以 1993 年下半年而论，普通翡翠玉雕骷髅头每个数十元；有翠绿者按质论价，几百元一个也不足为奇。据说主要是为中国台湾商人定做的，在中国台湾更能卖得好价钱。

这种骷髅头玉雕挂件初看使人生畏，尤其是青少年女性，初见时几乎都要吓得大叫一声，但有的女青年又看又摸，竟然爱不释手，并认为这是她最喜爱的玉雕挂件。

531. 我国宝玉石制品的主要摆件和饰件有哪些？

我国生产的宝玉石制品，一般可分摆件和饰件两大类。

摆件的主要功能是供人们观赏。它包括传统的花、鸟、虫、鱼、走兽、仕女、熏炉、花瓶和近代的几何造型等非实用性的宝玉石工艺品，以精雕细琢为其特色。每制作一个摆件都要经过精心构思，巧妙设计，并且力争做到在摆件上反映一个典故或小的主题，以使其成为一件耐人寻味的艺术品。这些摆件有的是单独存在，有的还可拆卸、拼接而不显露接口的痕迹。摆件所用原料以国产的白玉、青玉、独玉、岫玉、南方玉、玛瑙、广绿玉、孔雀石和梅花玉等为主；并采用部分进口的翡翠（中、低档）、澳洲玉（绿玉髓）、紫水晶等。

饰件主要指手镯、戒指、项链、耳环和胸挂（包括鸡心、吊胆、玉扣和其他雕琢精细的小花件，这些挂件通常挂在金或银项链或简单的首饰绳上）。饰件所用原料很多，主要有金刚石、红宝石、蓝宝石、海蓝宝石、祖母绿、碧玺、欧泊、石榴石和翡翠，还有各种中、低档宝石和玉石也可适当选用。

532. 国际市场上的玉雕品是大件畅销还是小件畅销？

前十几年，在国际玉雕市场上，中、高档大件玉雕工艺品的销路一直看好。而在近 10 年来，玉雕品的销势发生了较大的变化：大件玉雕品的销路出现了急速滑坡的形势；这可能与其重量太大不方便运输有很大关系。而小巧玲珑、题材多样的小件玉雕工艺品则呈现抢手势头。其中，玉雕动物、花卉、人物等小件和微型旅游工艺品最为走红。其主要购买者是日本、东南亚、西欧及拉丁美洲国家的消费者。

在国内一些“珠宝展销会”上，也出现与上述类似的情况，在一次展销会上，某厂家参展柜内大件玉雕，仅仅被中国台湾客商买走一件，其余均运返厂里。这是值得国内厂家注意的销售倾向，请别以为大件玉雕可以赚大钱。

533. 什么是男性宝石和女性宝石？

从国际上的习惯来说，男性在佩戴首饰方面，是与女性具有不同特点的。如在种类方面，男性首饰讲究实用与装饰相结合，而女性则偏重于装饰美；在色彩方面，男性喜爱庄严稳重，女性则既可以清新淡雅，也可以是五颜六色。例如在国际市场上，浓红色的红宝石称为“男性红宝石”；淡红色的则称为“女性红宝石”。深蓝色或带有葡萄紫色的蓝宝石称为“男性蓝宝石”，而蓝色偏浅者则称为“女性蓝宝石”。当然，在男界和女界选购自己喜爱的珠宝饰件时，并不受上述习惯的限制。

534. 男性宝玉石首饰有哪些主要品种？

现代男性宝玉石首饰主要有：

(1)戒指——戒指在男性首饰中占最大宗。中外男性都喜爱蓝宝石或青金石。在中国，富裕的商界人士或个体户都追求价值数千元以上的艳绿翡翠镶金戒指，或高档的翡翠马鞍形大戒指。经济条件差的男性则购买翡红（或称红翡）或杂色的翡翠马鞍形玉戒指。

(2)项链——多数男性喜爱造型粗犷的黄金或白银牛仔链。并在项链上挂以雕有象征幸福长寿或发财图案的翡红或翠绿的大玉扣、弥勒佛、大鸡心或翡翠花件。

(3)手镯——在国外，男性手镯的流行是从身份手镯的佩戴逐步发展的，包括银手镯和K金手镯；目前已发展到镶有一个或多个宝石的K金手镯。中国目前男性戴手镯还多限于少数的中、老年人，他们除戴粗条径或宽而扁的翡翠手镯外，也戴国产的梅花玉、独山玉、伊犁玉、岫玉或南方玉手镯。

(4)此外，男性珠宝首饰还有纯金或K金镶宝玉石的领带夹、别针、袖扣、袖口链、表链、皮带扣、裤头挂件、钱夹、打火机、钥匙圈以及高尔夫球标记等。

535. 金镶宝男款戒指可分哪几类？

男款镶宝戒指以庄重大方、稳健高雅为主要特征，戒指的个头和宝玉石戒面都比较大。除钻石多为浅色外，宝石和翡翠的颜色也比较浓重。当代男款戒指可分为三大类。

(1)庄重型：以突出庄重大方的选型为主要特征。戒指的金重一般在10g以上，形状简单粗犷，戒面宝石个头较大，色彩较浓重，宝石琢型以祖母绿型为主，即长方形或方形。

(2)高雅型:既要庄重大方,又要注意突出富丽豪华的特征。戒指以黄金和白金为主,重量常在 10g 左右,形状比较简单,十分注意纹饰,镶以钻石、红宝石、蓝宝石、祖母绿和翡翠,相当华丽精美。

(3)追求型:主要注意有新的创意,富有超前的时代感,故又称"前卫型"。戒指所用的贵金属有黄金、白金及其合金等。戒面宝石除四大珍贵宝石外,也可选用其他的优质彩色宝石或翡翠。宝石的琢型变化多端,但也可直接将天然宝石晶体镶嵌在戒指上,称为"天然造型超时代美"。

536. 男性佩戴首饰的主要原因和目的是什么?

男性佩戴首饰的原因和女性很不一样,他们的动机可能是下面几种之一种或几种:①满足自我;②显示富裕;③象征有成就;④突出男子气概;⑤仿效自己所崇拜的人;⑥作为现成信用卡的一种方式。

对男性来说,风度比时髦更重要,所以男性佩戴首饰的主要目的是想突出男性特征,而不像女性那样主要是为了漂亮和赶时髦。

537. 什么是"多用途首饰"?

所谓"多用途首饰",是一件金银珠宝首饰具有一物多用途的功能,即同一件首饰可"变"出两种以上的用法来。如一枚戒指,有时可拆下当耳环或耳坠使用,有时又可作为挂件或带扣使用。一条项链有两款以上的面貌,坠饰有多种组合等等。多用途首饰的特点是设计新颖,构思巧妙,充满浪漫主义色彩,具有浓厚的生活气息和强烈的艺术感染力。其结构多为组合式、联结式、挂钩式等。佩戴时,人们可根据场合、季节和服装随意变换,做到既美观又适用。

例如,在中国台湾举办的"1993 年现代钻饰设计比赛"中,参赛的作品就有不少设计成多用途珠宝首饰。

538. 多用途首饰为何能在市场受到赏识?

据报载,中国台湾首饰业者认为,多用途首饰之所以能成为市场新宠,主要原因有三:

(1)由于消费者渴望"物超所值"的商品,即能花一份钱得到多份享受。

(2)在原有的首饰造型难有大突破的情况下,设计者着眼创新的需要。

(3)多用途首饰对消费者来说较有"自主权",在佩戴过程中,部分细节可随自己的意思调整,从中获得乐趣。

539. 珠宝首饰的不同形状各有什么含义?

据一般习俗认为:珠宝首饰的不同形状中,方形象征事业心;三角形象征个性活泼;圆形象征温柔;椭圆形象征稳重成熟;星形象征充满幻想;桃形(心形)象征爱情。

540. 珠宝首饰的不同颜色各有什么含义?

人们对珠宝首饰的颜色,常根据个人的爱好来选择。因此,有关专家分析认为,色彩是有性格的,而且每一种颜色都有一定的含义。

(1)红色:表示活力、健康、热情和希望。

(2)橙色:表示兴奋、喜悦、活泼和华美。

(3)黄色:表示温和、光明和快活。

(4)绿色:表示青春、和平和朝气。

(5)青色:表示希望、坚强和庄重。

(6)蓝色:表示秀丽、清新和宁静。

(7)紫色:表示高贵、典雅和华丽。

(8)金色:表示光荣、华贵和辉煌。

(9)白色:表示纯洁、神圣和清爽。

(10)黑色:表示神秘、静寂和悲哀。

541. 什么叫"足金"、"赤金"和"足赤金"?

"足金"、"赤金"和"足赤金"三者是一回事,都是我国对最高金位的黄金首饰材料的传统叫法。但它并不是纯金,一般都含有1%以下的其他金属。就目前的科学技术水平而言,还无法提炼出纯度达100%的纯金材料。为了便于计算价格,充分保护消费者的利益,有人建议应逐步淘汰足金、赤金和足赤金等俗称,而改为更明确的叫法。如对含金量为99%的黄金应称为99金,对含金量为99.9%的黄金称之为999金或"三9金"等。

542. 什么叫"K金"?

由于用纯金制作首饰太柔软,难以镶制出各种精美的款式,尤其当镶嵌珍珠、宝石和翡翠等珍品时容易被丢失,因此,从古代起,人们就知道在纯金中加入少量银、铜、锌等金属以增加黄金的强度和韧性,这样制作而成的金饰,称为饰金。确定饰金中纯金含量的制位叫"金位",英文是"Karat",一般译为开,按英文字头也可简称"K"。因此,饰金又称为"K金"。

543. K金中的纯金含量是如何计算的?

一般称纯金为24K,即理论上含金量为100%。因此,1K即代表金饰含纯金量占1/24,约4.16%。现将国际上较常用的22K～8K金的含金量列于表5-1。

544. 什么叫"黄金首饰"和"白金首饰"?

凡完全用黄金或用部分黄金制作的首饰工艺品都可称为黄金首饰。用贵金属"铂"制作的金饰称为白金首饰,由于铂金属在地壳中的分布较黄金更分散,难以被提取,故白金首饰比黄金首饰价格更高。

表 5-1 不同K金含金量及计算方法表

常用金量	计算方法	含金量(%)	备 注
22K	$\frac{22}{24}=0.916$	91.6	
20K	$\frac{20}{24}=0.833$	83.3	
18K	$\frac{18}{24}=0.75$	75	中国最常用
14K	$\frac{14}{24}=0.583$	58.3	
12K	$\frac{12}{24}=0.5$	50	
10K	$\frac{10}{24}=0.416$	41.6	
9K	$\frac{9}{24}=0.375$	37.5	
8K	$\frac{8}{24}=0.333$	33.3	

545. 什么叫“双色金首饰”?

用不相融合的黄金与白金缠绕攒叠的首饰称为双色金首饰。目前,这种双色金首饰正在走俏并风行于世。

546. 镶嵌珠宝首饰为何多用18K金而不用24K金?

如果单从黄金首饰来讲,24K金含金量高(99%左右),抗腐蚀性能好,且有利于保值。故用它制作不带珠宝翡翠的首饰(如线戒、方戒、项链、手链、耳环等)较适宜,且大受欢迎。

但由于24K金材料质地柔软,用它镶嵌珠宝翡翠容易变形而造成珠宝被丢失,且光亮度也不及18K金材料。故从使用的美观、可靠性和价格等方面来看,镶嵌珠宝翡翠的首饰以18K金制作为宜。

以上是就我国的情况而言,在欧美一些国家,常有将14K金或12K金代替18K金用于镶嵌珠宝首饰的习惯。

547. 什么是黄金珠宝首饰的“三大件”和“五大件”?

当今流行于国内外的首饰种类繁多,按其佩戴部位的不同,可分为头饰、耳饰、鼻饰、脖饰、手饰、腕饰、臂饰、脚饰及服饰。现今最常佩戴的戒指、项链及耳环,被称为首饰“三大件”;也有人主张再加上手镯和别花(别针),称其为首饰“五大件”。这几种首饰若具有相同的材料和统一的风格,而且同时购买或同时佩戴,则合称之为“三件套”或“五件套”。

548. 铂金是很稀有的贵金属吗?

人们一般都以为贵重的黄金很稀有，其实铂金的年产量还不到黄金的5%。据报道，全世界每年只能开采出150t铂金，其中60t左右用于镶嵌珠宝。而每年黄金的总产量达到了3 300t左右。故铂金往往是供不应求，因而出现了含黄金75%的18K白金(实际不含铂)代用品。

549. 纯白金和K白金有何区别?

目前，市场上对白金有两种称呼：一种为纯白金(或称铂金)；另一种为K白金。这两种白金是性质完全不同的两种材料。纯白金的化学成分为铂，化学元素符号是Pt，我国首饰行业主要用铂制作镶嵌钻石或高档翡翠等首饰。

K白金是黄金和钯的合金，根本不含铂。钯呈白色，黄金与之化合后也呈白色。虽然铂金和K白金是两种完全不同的金属材料，但它们的色泽非常相似，很容易被混淆和假冒。

K白金的含金量与K黄金相同，如18K白金的含金量为75%。用K白金生产的首饰仍有保存价值，它能抗腐蚀，耐酸碱，耐摩擦，而且经久耐用，不会褪色。

550. 铂金首饰为何日益走俏?

在当今的首饰市场上，随着人们生活水平和消费层次的不断提高，铂金饰品正悄悄升温，成为饰品的新时尚。据上海某大型购物中心的信息，近几年来，铂金饰品在上海的销量已占金饰品市场总销量的一半左右。

铂金的坚硬、纯净、稀有和稳定，能给佩戴它的人们以坚强的自信，并显现高雅的气质。更有人认为，铂金能体现海枯石烂不变心的永恒爱情。虽然有人会说："钻石才能恒永久"，但毕竟钻石不能单独成为首饰，它必须用铂金来镶嵌撑托，才能更显钻石的高贵和华丽。铂金镶钻石或高档翡翠的戒指、吊坠、耳环、手链和胸针(胸花)，将把人衬托得更加完美和气宇不凡，给追求个性化的女士们带来独特的风韵。

551. 铂金首饰为何比黄金首饰价格要高?

铂金是非常稀少的贵金属，全世界铂金的年产量仅占黄金年产量的1/20。

另外，铂金首饰的加工难度大，技术要求高，所以铂金首饰的价格要比黄金首饰高。

552. 将贵重的钻石或翡翠镶嵌在铂金底座上安全可靠吗?

由于铂金既具良好的延展性，又具可靠的强度，它可以提供一种持续长久的"握力"。以往最著名的钻石，从英国国王收藏的著名"印度大钻石"到"非洲之星"，都镶在铂金底座上。一些保险公司对用铂金镶嵌的首饰减收保险费，就是一个有力的证明。

553. 什么叫"银白K"?

"银白K"也叫"银镀白金"，实际上，它是在银的表面镀上一层铑，所以它"比银不易氧化，却比 K 白金便宜”。但铑的镀层厚度要达到 1μm(1mm 的 1‰)以上，才能使“银白 K”保持较好的耐磨性。

554. 什么叫首饰的“白色年代”?

据瑞士巴赛尔国际珠宝钟表展透露的信息称，1999 年的珠宝首饰仍属“白色年代”。

所谓“白色年代”，即人们对黄金镶嵌宝石、珍珠、翡翠的爱好已大大降温，而转向热衷于用铂金，或其代用品白色 K 金(黄金加银、钯或镍组成的白色合金)和银白 K(银镀铑)来镶嵌珠宝首饰，这是一种时代潮流，是不以人们的意志为转移的。

早在 19 世纪末期，铂金镶钻石、珍珠之风开始盛行，形成了历史上著名的“爱德华时期珠宝”的“白色风格”。20 世纪 20 年代至 30 年代“装饰艺术风格”时期，是铂金在珠宝史上的另一个高峰期。到了 20 世纪末，铂金再度崛起，而且正在方兴未艾之际。这主要是由于铂金本身的许多优异特性，搭配钻石、珍珠等宝石能够相互辉映出清凉的高雅气质，尤其适合中、青年女士在春夏佩戴。

555. “泰国银”首饰为何能在北京形成热潮?

据《消费指南》报道，随着服装世界日趋丰富多彩，佩戴黄金饰物已成时尚。然而，黄金的硬度较低，所制饰品花型尚不能满足俊男靓女们的要求。20 世纪 90 年代初，“泰国银”在京城的出现，却给众多追求个性的青年带来了意外的欣喜。

最早，泰银饰物是随同港台歌星“大举进攻”北京而呈现追星族面前的，一时间成为少男少女的宠物。随后，泰银又以其独特的魅力征服了从学生到“白领丽人”等无数风采各异的女性。

泰银有着黄金不可比拟的硬度和造型，也有着普通银饰所不具备的优点。当白银制品与空气或硫接触后，容易变灰、变黑。而泰银经过特殊的防旧处理，不仅长期不会变色，且其古韵甚浓，在现代饰品中，可谓“独树一帜”。

泰银饰品包括项链、耳环、手链等，品种最齐全的当属银戒。银戒的造型样式各异，很少雷同，而且物美价廉，广受顾客青睐。

556. 白银首饰为何会变黑? 有什么方法可以防止?

银是一种白色的金属，具有较强的金属光泽，有较好的延展性。白银首饰表面光洁，给人以高雅的感觉。但它有一个很大的缺点，即当银遇硫时，便会形成黑色的硫化银，使银首饰表面失去光泽；有时，因为空气中含有某些有害气体，也可使白银首饰黯然失色而变黑。

如何解决上述问题呢? 科研和生产部门曾进行多方研究，以阻止银首饰的表面变黑，其中有效的方法之一，就是在白银首饰的表面镀上一层光泽较强的铑，当镀上这层贵金属后，不仅可以使白银首饰防止变黑，而且可使其更加明亮美观。

557.珍珠项链有哪几种款式?

目前国内市场供应的珍珠项链款式有单串链、双套链、三套链和镶嵌链四种。

(1)单串链:由一定数目和形状、颜色、光泽基本一致的珍珠串线而成。这是目前市场上最常见最适销的品种。

(2)双套链:由一长一短两串链制作而成。佩戴双套链,比佩戴单串链更显得华贵、高雅。

(3)三套链:由三串长短不一的珍珠链精制而成,加工工艺较复杂。项链链扣常嵌有宝石、翡翠,用料考究,做工精细,属高档饰品。

(4)珠宝镶嵌项链:选用凝重晶莹的珍珠,配以金银、钻石、翡翠等材料精制而成。选料上乘,工艺复杂,装饰效果好,但价格昂贵。

558.什么是"巴黎珍珠"和"罗马珍珠"?

用半透明白色玻璃珠(早期使用的是中空充蜡玻璃珠)、塑料珠或贝壳磨制珠做基底材料,然后在珠上涂以珍精或鱼鳞晶的物质,这种物质的化学成分是$C_5H_5ON_5$。

将上述物质掺入塑性的硝醋纤维漆料中,涂在"珍珠"基底上。待涂层干后,再涂4～9层,便能获得珍珠光泽。这类人造珍珠早在1656年就已出现,曾经被叫做"巴黎珍珠"或"罗马珍珠"。

559.什么是"科学祖母绿"?

采用祖母绿的化学成分配方$Be_3Al_2Si_6O_{18}+Cr$,将这些材料熔融并冷却后,可得到祖母绿的玻璃仿制品,它叫做绿柱石玻璃,也叫"科学祖母绿"。

560.什么叫"牛奶石"?

"牛奶石"是斯里兰卡特产的一种乳白色刚玉。这种刚玉并不美丽动人,够不上宝石级。但经过处理后可转变为透明的蓝色,而成为熠熠生辉的蓝宝石。

据悉,斯里兰卡牛奶石的出口量在20世纪90年代期间正在逐步增长。

561.什么是"奥地利水晶"? 如何识别?

"奥地利水晶"是奥地利一家叫施瓦洛奇(SWAROSKI)公司生产的一种高质量的铅玻璃,它除了在化学成分上以二氧化硅为主而与水晶有相似之处外,在其成因上则与水晶无关。

目前,市场上许多流行首饰都是"奥地利水晶"的制品。这些首饰外观美丽、五光十色。

"奥地利水晶"制品共分两大类:一类是涂层产品,在制品刻面后的亭部镀上一层镜面反光膜,以增加其亮度;另一类是不涂层无彩色膜压制品。

这种水晶仿制品由于是膜压器,一般只磨一个台面,其他刻面的棱角都是圆滑的,不像水晶制品每个刻面都是磨出来的。仿制品的折射率比水晶制品低,光泽也比水晶差。仿制品一般冠部只有17个面,而水晶链珠常见的有32个面,最多可达128个面。

562.“巴泊吟”是一种什么饰品?

据广州市金银珠宝商会出版的内部彩色刊物《广州金银珠宝》2002年第3期(总第10期)报道:“巴泊吟”是广东佛山工艺总厂经过两年反复研究,开发出来的一种低铂合金饰品。这种新颖饰品的材料内含钯、铂、银等贵金属成分,型号Pt60。它是以钯铂银的谐音,给这一全新材料取名为“巴泊吟”,含意与“发吧!您!”同音,是佛山工艺总厂贵金属首饰材料的最新品牌。从2002年初开始,“巴泊吟”品牌产品的连锁加盟经营,已逐步向全国各地发展。

563.世界上最早的钻石戒指出自何年代?

据黄镜友在1995年6月16日的《全国宝玉石报》介绍:1970年,南京象山东晋古墓出土了一批文物(该墓是东晋尚书王彬家族的7号墓),其中有一枚镶嵌钻石的银指环,是一件稀有珍贵的文物,它把钻石戒指的历史推前到了公元3世纪,是已知的世界上最早的钻石戒指。

曾有资料报道:“世界上第一枚钻戒是1477年制造的,由奥国大公亲手戴在他未婚妻的手指上……”这显然是不确切的。

《南史·西南夷传》载:“天竺迦毗黎国,元嘉五年(公元428年)五月,遣史奉表献金刚石指环,勒金指环诸宝物。”南京出土的钻石指环,具有西亚风格,说明是从西域传入的,与史书记载相符,不过其年代则更早而已。

564.最新钻石镭射刻字技术是怎么回事?

据《科技日报》1998年11月6日报道:一直以来,在钻石上刻字是国际珠宝业界的一大难题。钻石是硬度之王,普通的刻刀和工艺方法无法对其进行雕刻。以往,国际上一般只能以钻石为刻刀,在较大颗粒的钻石上进行雕刻,而对较小颗粒的钻石则无能为力。

国内珠宝界最具实力的企业之一的戴梦得股份有限公司,斥巨资引进了美国某公司的专利产品——钻石镭射刻字技术。该设备可在0.15～0.20ct的小钻石上刻出10位数的编号数字,在10倍放大镜下清晰可辨,同时对钻石的光洁度、完美度无任何影响。

在戴梦得公司铂金钻石情侣对戒中,国内第一次使用了这项国际领先的专利技术。购买者选择对自己独具特别意义的数字,刻在永不磨灭的钻石上,将赋予一对钻戒独一无二的世纪情感纪念意义。

戴梦得公司限量推出的对戒,全部选用高品质白色VS级以上的钻石,男戒0.2ct,女戒0.15ct,镶在铂金戒托上。每对钻戒的编号从00001～19999,刻在钻石腰部专设的弧面上,由北京市石景山区公证处公证,国家珠宝玉石质量监督检验中心出具权威的鉴定证书。

565. 日本的塑料仿制欧泊是如何制造的?

日本生产的一种能显示出真实变彩的塑料仿欧泊材料,采用了一种改进的类似皮埃尔·吉尔森合成欧泊的方法。这种方法不是以硅球为材料,而是以紧密排列堆积的聚苯乙烯球组为材料。

在这些球体之间再加入另外一种折射率略有差别的塑料进行固结。由于这种材料显示出真正的变彩,因此用肉眼观察难以与天然欧泊和合成欧泊区分开。但经仔细检测,还是有区别的:

(1)在显微镜下,仿制欧泊有极具特征的"蜜蜂窝"或"蜥蝎皮"状构造。

(2)仿制欧泊密度 1.18g/cm³,天然欧泊则为 1.9～2.5g/cm³;使用显微硬度仪可测出仿制欧泊的硬度比天然欧泊(5.5～6.5)要小。

(3)仿制欧泊表面覆有丙烯酸薄膜,其折射率值(1.48～1.49)高于天然欧泊(1.4～1.46)。

日本仿制欧泊在广州带河路源胜街少数河南人摊档上有出售,一粒吊胆零售价才 1 元左右,不少小学生用来作小朋友的生日礼物。

566. 金星石玻璃仿制品是如何制造的?

玻璃仿"金星石"在制作过程中是将氧化亚铜加入到玻璃中,在淬火过程中还原成金属铜。铜的粉屑呈小的三角形和六边形晶体,在显微镜下即可鉴别。

用同样原理,在透明无色塑料中加入金属铜粉,也可制造出塑料仿"金星石"。

567. 为什么说玉镯是玉器首饰的"皇后"?

在各种玉器首饰中,产量最大、用玉料最多的是玉镯,单件玉器价值最高的也是玉镯。有经验的玉雕师都知道,当一片玉料没有裂纹而能用来做玉镯时,首先一定力争加工成玉镯。只有在玉片上裂纹很多,无法取材琢磨玉镯时,才用以加工成儿童手镯或鸡心、玉扣等小挂件,因而玉镯当之无愧地被称为玉器首饰的"皇后"。

568. 什么是"三色玉镯"和"四色玉镯"?

"三色玉镯"是指在同一个翡翠玉镯上,具有三种不同颜色。三色玉镯又分两种情况:一种是由紫罗兰或翡红加上翠绿和白色,被美称为"福禄寿";另一种是由白色、红色和黑色组成,被称为"刘关张",即白色代表刘备,红色代表关羽,黑色代表张飞。当然以黑色少一些为佳。

所谓"四色玉镯",即在同一个翡翠玉镯上,具有紫(椿)、绿(翠)、白和红(翡)四种颜色。则这个玉镯寄意福、禄、寿、喜,能戴上这种罕见的翡翠玉镯的人当然是幸福而美满的。因此,如果同时具有四色而水头又好(即透明、光泽好)的一只高档全美翡翠玉镯,其售价可高达几万元甚至几十万元。

569. 什么是“复镯”?

复镯(广东人称“复钷”)是指一种外侧呈圆弧形而内侧呈平面弧形的扁条镯。这种玉镯戴在手腕上比较轻巧而舒服,所以不少老年人(包括老太太和老爷爷)喜欢选购它。

以前,复镯在翡翠玉镯产品中所占比例甚小,近年来,由于广受顾客欢迎,故产量大为增长。

570. 什么是“柔姿镯”和“牛仔链”?

“柔姿镯”是广东等地生产的一种条径特别小的翡翠玉镯。这种玉镯的内径属中等偏小,即由 52～56mm;其条径则仅有 6～7mm,多为 6.5mm。这种小条径玉镯有时是玉雕厂专门将翡翠玉料切成厚度为 7.5mm 的薄片加工而成;多数还是在一块玉料切出若干正常厚度(广东多为 9mm)的玉片以后,在边部剩下的最后一片 7.5mm 左右的玉片加工而成的;也有不少是在切片过程中由于失控而切歪了,致使片料形成一边厚、一边薄,不得已而加工成小条径柔姿玉镯,这种柔姿镯很受年轻姑娘的欢迎,有时甚至供不应求。

“牛仔链”则与柔姿镯的情况相反,它是一种链条特别粗犷的金项链或银项链。金牛仔链的重量可达 80～120g,每条价值人民币 1 万元以上,体态魁梧而较富有的年轻男士最喜爱这种金牛仔链,再配上一个翡翠弥勒佛或大玉扣,就更显金玉辉煌了。如经济不宽裕者,不妨选购银牛仔链,也别具特色。

571. 什么是“臂镯”?

臂镯指内径在 70mm 以上的特大玉镯。由于中国人的手腕不可能佩戴如此粗大的玉镯,故只能将其佩戴在手臂上。

这种玉镯是怎样生产出来的呢?当玉雕厂将翡翠原料切开成片料后,有一些大片玉料全无裂纹,将其做两个手镯又不够大,便只得在做一个普通玉镯之后,在其外围取料再做一个特大玉镯,即臂镯。这种臂镯虽然用料比普通玉镯还要多,但却因需求者寡而售价反比普通玉镯低一半左右。但这是指在偏僻地区的个体玉雕厂的出厂价而言,若是运到了大城市,将其卖给身材魁梧的外宾,其价格反比普通玉镯高出一倍以上也很难说。

572. 什么是“鹅蛋镯”?

鹅蛋镯(又称“贵妃镯”)是一种椭圆形的玉手镯,因其形状和大小与鹅蛋相似而得名。由于它与手掌的外围形态比较接近,所以戴上或取下来都比圆形手镯方便,人们可以很容易将它戴上或取下来更换另一只手镯。因此,鹅蛋镯常用较好的缅甸翡翠来加工制作。由于制作工艺复杂、难度大,故其加工费用比普通的圆手镯或外圆内扁的复镯约贵两倍。

鹅蛋镯在玉镯中所占比例特别少,故它不仅可作首饰佩戴,还可作工艺品用来摆设以供欣赏。

573. 什么是"防晕船手镯"？

据《珠宝科技》1996 年第 4 期唐国强报道：美国佛罗里达州一家公司，最近推出一种能减轻晕船之苦的手镯。只要按一下手镯上的按钮，它便对手关节上的"合谷"穴位加压，按中医的说法，这个"合谷"穴位可以控制晕船病人的情绪。2cm 宽的海上用手镯现已成为英国皇家船队装备的一部分。

574. 玉镯的大小与粗细之间有无固定的关系？

玉镯口径(内径)的大小与条径的粗细之间是有一定关系的。即玉镯较小时，其条径也较细；而玉镯圈口大时，则其条径也相应加大一些，这样才会由于配合协调而使人产生一种和谐的美感。但总的来说，约有两种情况：

(1)广东人普遍喜爱小条径，多为 7～8mm，即使玉镯的内径大到 72mm(指大片玉料加工成的"镯外镯"，也叫臂镯)，其条径也只有 9～9.5mm。年轻姑娘更喜爱条径在 6mm 左右的所谓"柔姿镯"。即使玉雕厂用边料做成个别条径仅 5mm 的"超小条镯"，也不愁卖不掉。

(2)云南和北京等地加工的玉镯，其条径常达 10～13mm 之间，小条径的也在 9mm 左右。加工这种粗条径玉镯，玉片厚度要大，用料多，成本自然也高。但广东人一般较瘦小，戴这种粗条径玉镯觉得太重，且与手臂不协调，故有人将从云南买回广东的玉镯再加工成小条径使用，这不免造成玉料和劳力的浪费，值得引起注意和尽量避免。

575. 偏爱小条径玉镯的顾客该到何处购买？

一般说来，玉镯的圈口愈大，其条径也要相应地粗一些；相反，圈口小的玉镯，其条径也相应小一些，才会显得协调而美观。但今天一些年轻姑娘或少妇们则多愿反其道而行之，他们选购玉镯时，绝大多数人均喜爱条径在 7mm 以下的小条镯或 5.5～6mm 的柔姿镯。亦即不管圈口是大是小，皆倾向于要小条径的玉镯。因此，需要这种柔姿镯时，最好向玉雕厂(指一些小型厂或"夫妻厂")或经营者预订，否则难以如愿。

576. 适应性最广泛的玉器首饰是什么？

在品种繁多的玉器首饰中，适应性最广泛的是玉扣，玉扣也叫玉钱，不过钱的中央孔是方形，而玉扣的中央孔则是圆形。而且玉钱是厚度均一的圆形平板状，玉扣则为边部和近中央孔处都逐渐变薄，总体上似铁饼形。

说玉扣的适应性广泛主要从两个方面来看：

(1)从佩戴玉扣的人来说，不论男女老少，大至百岁老人，小至未满周岁的婴儿(婴儿不宜用有金属扣的观音等挂件，以免弄破皮肤)都很适应。它不像玉观音和玉坠(吊胆)多为女性佩戴；玉佛多为男性佩戴。

(2)从佩戴玉扣的人体部位来说,可以根据玉扣的不同大小(参阅本书577问)来选用,最大的玉扣叫袈裟扣,可挂在和尚的袈裟上;特大而厚的玉扣叫裤头扣(或老人扣),可挂在老年人的裤头上或胸前;大扣和中扣均可挂在胸前;小扣则用作手链扣或脚链扣;成对的小扣或微型扣可用作耳扣(耳坠)。

577. 玉扣的大小有哪几种规格?

玉扣是适应性最广泛的挂件,不论男女老少,都有许多人喜爱玉扣。因此,玉扣的大小种类也很多(常见规格见表5-2)。

表5-2　玉扣的名称、规格表

名　称	外径规格(mm)	用　途　说　明
袈裟扣	50～60	供僧人选购的特大玉扣
裤头扣	38～48	男性老年人挂在裤头或胸前用,故又称“老人扣”
特大扣	40～48	男青年选用
大　扣	30,33,36	男青年选用
中　扣	25～27	男女老少均适用
中小扣	22～24	女性老少均适用
小　扣	10～15	用作手链扣,成对者用于耳饰
微型扣	6～8	用作手链扣,成对者用于耳饰

在表中,惟有裤头扣(老人扣)是中间有孔的圆形平板似铜钱状,别具一格;其余的玉扣都是边部和近中央孔部位逐渐变薄的似铁饼状,至于中央孔的大小,虽无统一规定,但都是中央孔直径小于玉身半径,即与古代的玉璧相似;在中国香港等地加工的玉扣,也有中央孔的直径大于玉身半径的,即所谓仿古代玉瑗的玉扣。

现代制作的玉扣,实际上是一种仿古玉器,不过其造型比古玉器更美,工艺也更精而已。

现将中央孔直径和玉身半径关系不同的三种商代玉器附简图说明如下,以供与现代玉扣对比之用(图5-1)。

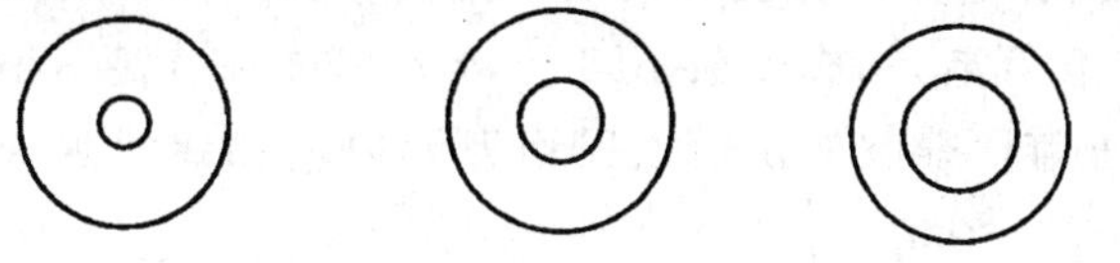

图5-1　商代三种玉器示意图

从左到右:玉璧(中央孔直径比玉身半径小)、玉环(孔的直径与玉身半径相等)、玉瑗(孔的直径比玉身半径大)

578. 玉鸡心的形式和大小有哪些品种?

玉"鸡心",也叫"桃心",是一种女性挂件,也有少数男性在胸前挂一枚较大玉鸡心的。

玉鸡心的形式主要有 3 种,一种较矮圆,下部(尖端)也较圆;一种窄而高,下部也较尖;另一种处于前两种之间,一般人认为这种既不太圆、也不太尖的中间型鸡心较美观。

至于鸡心的厚度,一般以既不太厚,又不太薄的适中厚度(约 2～3mm)为美观;但若玉料颜色偏深(如深绿色的豆青或深灰绿色的油青玉料),则鸡心应薄一些,以减淡其色度而使之较为美观;相反,若玉料为偏浅的淡翠绿色,或淡紫罗兰色,则鸡心应厚一些,以增浓其色度而提高玉器的价值。

玉鸡心的大小有多种多样,最常见的是高×宽为 25mm×22mm 的中号鸡心,其适应性也较广泛。另一种是大号或特大号(40mm×35mm)鸡心,适合男性或身材高大的女性挂在胸前用;此外,小型或微型鸡心,是女性偏爱的,可镶金挂在胸前,也可用作耳坠及手链。但必须通透而有翠绿,才会受到女性顾客的欢迎。

579. 玉吊胆的形式和大小有哪些种类?

玉吊胆包括缅甸翡翠和国产玉及玛瑙、琥珀等原料的制成品。

玉吊胆的形式一般有 3 种:①上小下大的水滴形;②中间大两头尖的纺锤形;③上尖下圆的瓜子形(有的加工粗糙会变成近似三角形)。究竟何者为美,主要由选购者确定。

至于吊胆的大小,主要视玉料情况而定。因为它常常是用有一点翠或透明色佳的小块边角料加工而成,正常情况是高×宽为 25mm×10mm 左右,主要用于配项链;最小的可小至 8mm×3mm 微型吊胆,可用作耳坠或手链佩件;最大的则可达 40mm×16mm,供某些喜爱粗犷挂件的男性或身材高大的女性使用。

580. 玉观音的规格大小有何差别?

一般作为挂件用的翡翠玉观音,常有大中小几种规格:大的高 45mm 左右;中号高 35mm 左右;小号高 25～30mm;还有高仅 15mm 左右的微型观音,可用于镶金,挂在细条金项链上,显得十分精巧。

1989 年在中国香港苏富比公司的翡翠拍卖中,一件鲜翠绿色透明度好的高档翡翠观音,底价 280 万港元,成交价 528 万港元。该观音高 88mm,是一个高级小摆件。国内一些玉雕厂雕制的价值人民币万元以上的翡翠观音摆件,其高度更可达 300mm 以上。

581. 玉扣、鸡心、吊胆、弥勒佛各有何别名?

玉扣、鸡心、吊胆和弥勒佛是四种较受欢迎的传统小挂件,其名称相当繁多,在我国南方和北方的叫法往往有别;即使在南方,广东和云南、上海等地的称呼也不尽相同。现据笔者不完全的了解,列表对比如下(见表5-3),以供参考。

表5-3 常见的玉挂件名称对比表

名称	别名
玉扣	耳扣、玉钱、怀古
鸡心	桃心、心型坠、桃型坠
吊胆	扁蛋、水滴坠
弥勒佛	大肚佛、笑佛、佛公、佛仔、佛爷、胖佛

582. 玉耳丁有哪些形式和基本要求?

翡翠玉耳丁一般有水滴形(略近小桃形)、圆锥形和圆片形(中央稍厚、周围稍薄,中央薄而有一小孔者即为怀古)等几种。

对翡翠耳丁的最基本要求是,两个耳丁的玉质(即结晶粗细和透明度)应该一致,翠绿的程度和绿的部位(如全绿或中央绿等)也要基本相同或很接近,否则就不能配成一对耳丁。因此,买一对颜色和大小质地完全相同的翡翠耳丁,比分别买两个颜色和大小不同而质地相似的耳丁(也可用于镶戒指或挂件)要贵一些。

583. 翡翠戒面有哪几种形式和规格?

"翡翠戒面"主要用于镶金,是很受各层次男女顾客欢迎的首饰。一个低档翡翠戒面只需人民币几百元,而高档的每个竟达数十万元。据张竹邦先生在其新著《翡翠探秘》一书中介绍:"一中国香港老板以76万元买到一块重1kg的翡翠,此玉边皮全被敲出后,仅剩半公两不到的一小块,但从中取制了4颗戒面,卖了200多万元。"

翡翠戒面常见的形式有5种:①蛋形(也称"腰圆");②马鞍形;③长方形;④榄尖形;⑤圆形。其中每种都有大、中、小多种规格,有时往往依原料大小而定,并无严格的尺寸规定。

在上述5种形式的戒面中,女性多用榄尖形、蛋形和圆形3种;男性多用马鞍形、蛋形和长方形3种。

584. 玉戒指有哪几种形式和规格?

翡翠玉戒一般有3种形式:

(1)马鞍戒:主要是男性佩戴的光身戒,其马鞍面有宽有窄,有厚有薄。其内径则以17mm和18mm较常见;20mm以上的较少见。

(2)小圆戒:主要是女性佩戴的光身戒,有宽边和窄边两种。其内径以14～17mm为常见,也有小至13mm的,有少量内径达18～20mm的大圆戒,则是供男性选用的。

(3)雕花戒：一般是在马鞍戒的戒面上刻出小龙或其他吉祥花饰的浮雕，供男性佩戴。而目前男子汉喜爱这种玉戒的人并不多，故供应也少。

585. 什么是“指甲戒”和“指链戒”？

据良月在2000年5月25日《财富珠宝》上的“戒指戴在指甲上，酷！”一文中介绍：

传统的戒指都是戴在手指根部，并且不会每根手指都戴上戒指。但新潮的指甲戒不仅戴在指端，而且要满手戴，与指甲相映生辉，显尽新潮前卫的震撼效果。

指甲戒的创意与美甲护理的发展有关。指甲油颜色的丰富多彩与变化，装饰用假指甲的流行，这些都会使指尖成为手部的装饰焦点。

目前的指甲戒有两种类型：一种是直接套在指甲上的指甲戒；另一种是在指甲上打个洞再用短链像耳环似的将指甲戒吊在指甲上晃动，后者就叫“指链戒”。

586. 什么是“奴隶链戒”？

“奴隶链戒”是将指链戒与手链配合起来戴，即“戒指连手链”，因为很像捆着手部的枷锁，由此得了这个戏称名。

这是一种复古装饰潮流的体现，带有明显的以繁杂、华丽为特征的欧洲巴洛克风格的味道，会更显夸张的效果。

587. 项链、颈链和胸链三者有何关系？

三者之间的关系是：围在颈部的短项链叫颈链；挂在上衣领口外边，长达胸部的项链叫胸链。项链是总的名称，它包括颈链和胸链，而颈链和胸链又可分别称之为短项链和长项链。

588. 项链的长度有哪几种规格？

以珍珠项链为例，在一串项链上的珍珠，应是色彩和形状相同的珠子串连而成。一串项链的组合方式，分为短项链和渐层型两大类，短项链中的珍珠每颗大小皆相同；而渐层形(也叫宝塔形)项链最中间(悬挂在颈项时为最下部)的一颗珠最大，然后往左、右两侧(悬挂时为往上)逐渐变小。

以每串的长度而言，可分两大类：①短项链，有36cm和40cm两种。②渐层型项链，其中又分为公主项链——42cm；晨装项链——54cm；礼服项链——71cm；长项链——107cm和142cm(详见图5-2)。

以上介绍的是国际上项链的标准长度。在我国珠宝市场上出售的产品，一般以42cm和54cm两种长度为最普遍，无论是珍珠项链还是宝玉石项链都如此。

此外，107cm的宝玉石长项链(如用橄榄石、石榴子石、水晶、芙蓉石、翡翠、绿松石、岫玉和玛瑙等原料制成)也偶然可见，这种长项链常为个子高大而性格潇洒的女性所钟爱；少数中等身材的女性则将长项链绕成两圈(一圈长、一圈短)戴在胸

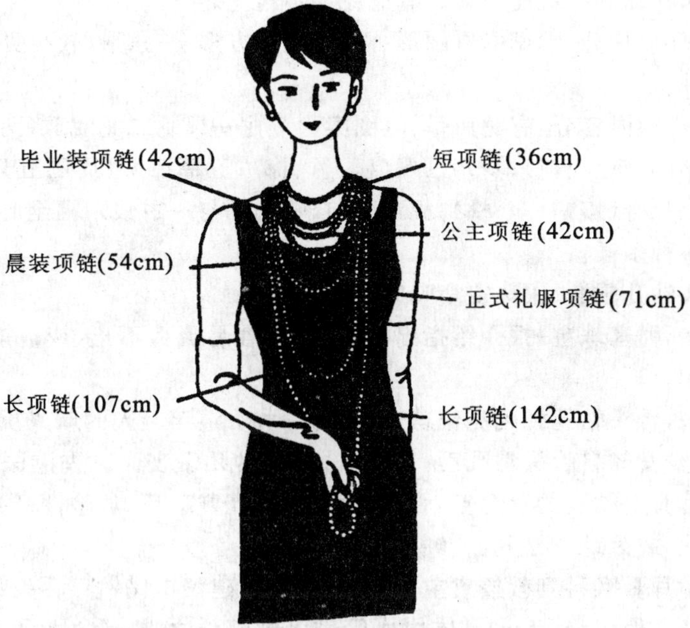

图 5-2　项链的名称与长度

据《宝石玉器实用知识》(向天明,李新强)

前,也颇具特色。

589. 什么是"裤头挂件"?

裤头挂件是指那些个头大的玉雕花件,如圆形龙凤花件、福寿双全(双钱)花件;长条形龙钩和大而厚的翡红金鱼花件等。一般由中老年人用于挂在裤头上,以作避邪护身之用。因为这些大件玉雕如挂在颈部垂于胸前,的确太重,既难受又难看,所以特称之为"裤头挂件"。此外,如外径在 40～46mm 以上的特大而边厚,即呈圆板状(中央有孔)的玉扣,主要用于挂在裤头上,便称之为"裤头扣"。

590. 什么叫翡翠花件?

翡翠花件有狭义和广义之分。狭义仅指用翡翠玉料雕琢而成的单面或双面、通花或不通的有各种吉祥图案或花鸟虫鱼等图案的佩玉而言。广义花件则还可包括观音、弥勒佛、财神、童子等小雕件,即除开玉扣、鸡心、吊胆等光身玉佩以外的佩件,均可属于花件之列。但花件不应包括体积和重量很大的摆件或座件。

591. 翡翠花件有哪些形式和内容?

翡翠花件的种类繁多,不胜枚举。但大致可作如下分类:

(1)按雕琢的工艺分:有双面浮雕、单面浮雕(另一面光身)、一面浮雕一面线雕和双面线雕四种。其中双面浮雕又有通花和不通花之分。

(2)按花件形状分:常见的有圆形、椭圆形、长方形、三角形(较少见)、锁牌形和不规则形几种。

(3)按花件的内容分:有龙凤呈祥(图案为一龙一凤);二龙戏珠(两条云龙一颗珠);松鹤延年(仙鹤、松树);岁寒三友(松、竹、梅);五福捧寿(周围五只蝙蝠,中间有一寿字);福禄寿(蝙蝠、鹿、桃);福在眼前(一蝙蝠与一古钱);福至心灵(蝙蝠、寿桃、灵芝)等多种多样。

592. 舌头钻孔戴金、银环安全吗?

据李克在《财富珠宝》报介绍指出:钻舌戴环容易流血不止,或被饰物鲠死,所以是极危险的。

近几年来,舌头钻孔戴闪亮银珠,已成为一些香港年轻人的新兴玩艺。但在英国,一名妙龄少女却自舌头钻孔后,一直流血不止,几乎丧命。香港医学界人士对此警告想在舌头上钻孔的青少年:舌头血管多,穿孔戴珠环,危险性极高,有可能会流血不止而死,或因珠环松脱而"鲠死"。

香港大学耳鼻喉科副教授袁宝荣表示:绝对不建议市民钻穿舌头戴环,因为此举危险性极高。他解释:舌头是体内血管最多的部位之一,舌头钻孔则可导致发炎,多数会引起流血不止;万一舌环松脱滑进气管,或伤口流出小量血液流入气管凝结,都可以引致窒息。

593. 手镯的由来是什么?

手镯又称"手环"、"手钏"或"手扼",是一种套在手腕上的环形装饰品。可用金、银、翡翠、玛瑙等多种材料制成。

手镯的由来与项链一样起源于母系社会向父系社会过渡时期的"抢婚制"。据文献记载,在古代不论男女都戴手镯,女性作为已婚的象征,男性则用来表示身份或工作性质。在古代社会,手镯被认为有避邪作用,到了今天,则主要是作为装饰之用了。

594. 戒指的由来是什么?

戒指又称"指环",是一种套在手指上做纪念或装饰用的小环。用金、银、铂等金属或翡翠、玛瑙等玉类制成,是首饰中较重要而常见的一种。戒指常作为男女青年间相约的一种信物,故又可称"约指"。

在古代,戒指最初并非作为装饰品出现,而是宫廷中用以避忌君王"御幸"的一种特殊的标志。

据考证,我国大约在距今 3 000 年前的商代就已经出现了戒指,到秦汉时,妇女中已比较普遍地佩戴,少数戒指还配有饰物。到了明清,戒指已成为一种重要的首饰,贵族豪绅的戒指上,大都镶嵌有钻石、翡翠和珍珠等珠宝戒面。

595. 项链的由来是什么?

项链是一种套在脖子上垂挂于胸前的链形首饰。

关于项链的由来,常有多种说法。下面是比较令人信服的一种说法。项链最早源于原始社会母系氏族向父系氏族转变时期的“抢婚”风俗。当时,男子在经济上的地位逐渐提高。在从夫居制度的形成过程中,男子往往掠夺其他部落妇女或在战争中俘获的女子作为妻子。为了防止这些妇女趁战乱或夜间逃走,胜利者往往用一根形似今日项链的金属链或绳子套住女性的脖子。在从夫居制度确立之后,有些地方还保留了这种习俗,只是在经缔结婚约的前提下进行,把“抢”作为婚礼的一种形式,那些套在脖子上的金属丝或绳子,便演变成为项链。

596. 耳环的由来是什么?

耳环又称“耳坠”,是人们戴在耳垂上的装饰品,可用金、银、翡翠、珍珠、玛瑙等多种材料制成或镶嵌而成。

佩戴耳环的由来,考证较为困难。有人认为它最早源于北方民族用于御寒防风的金属耳套。但比较可信的说法是,耳环最初是用于医疗目的而出现的。从现代医学角度讲,是有一定道理的。因为夹戴耳饰的耳垂中央,恰好是眼部的穴位。由此,佩戴耳环对保护视力,防治眼病,特别是预防和治疗近视,有着较好的疗效。

597. 胸饰的由来是什么?

胸饰,是人们佩戴在胸前的一种装饰品。胸饰包括胸针、胸花、领带夹及别针等多种。

胸饰的由来,最早可能是作为一种宗教象征及护身符而出现的。在我国,古代官员的胸前也常佩戴胸饰,其作用是做护身符,并象征权力和地位。后来一直发展到今天,胸饰的主要作用就是美化仪表。

598. 离婚戒指始于何时何地?

据有关资料介绍:20 世纪 80 年代末,美国的离婚率如同涌浪直线上升。而那些离异了的女子,望着留下来的结婚首饰心里不是滋味,卖掉只能收回原价的一半左右;戴上又觉得往事不堪回首,心情难以平静,真是进退为难。

一天,加利福尼亚州有一名离异女子,捧着几件前夫留下的金首饰,找到珠宝商凯·沃尔孙,要求改制成新的戒指,那珠宝商信口答道:“那就制成离婚戒指吧!”那女子同意了这个主意。于是,首枚别出心裁的离婚戒指便应运而生了。

随之,上述消息迅速传开,许多离异了的女子纷纷效仿。于是,离婚戒指逐渐成了部分人追求的时尚。

599. 中国城市的男性首饰何时开始走俏?

20 世纪 80 年代初期,中国城镇的男性大约只有 20%左右的人佩戴结婚戒指以外的首饰。可是到了 90 年代初期,这个数字却以接近 5%～10%的年增长率在变化。到了2000年,男性佩戴一种或几种首饰的人数估计已达到80%以上。当然,即使再过10年,也不可能达到100%,因为总有些男性因为经济条件或缺乏爱好而始终不接近金银珠宝首饰。

当今流行的男性首饰品种,除戒指和项链或用红绳串以挂坠为主外,还有领带夹、皮带扣、袖扣、西服插、钥匙链和打火机等。

由于男性首饰讲求实用,因而一些豪华首饰虽能给男士增添潇洒和风采,但其销售量却增长缓慢。而那些造型简洁、稳重、线条豪放、流畅,镶嵌一颗宝石的首饰却深受现代男性青年的青睐。在宝石和首饰的品种方面,钻石戒指高居首位,其次就是翡翠戒指和各种寓意吉祥的玉雕花牌,以及水晶制品中能突出男性气质的金红色发晶圆珠手链等。

600. 脚链何时开始成为中国女士的新宠?

据署名商文的作者在《中国宝玉石》杂志的"珠宝大世界"专栏介绍:女士们喜欢上脚链是近几年才开始的事。起初,人们对脚链似乎有点看不惯,时间一长,美感就渐渐显现出来。

相对于欧洲人对钻石的推崇,中国人则偏爱黄金。目前,大部分女士佩戴的脚链以黄金为主。受西方的影响,有些女士也佩戴新近时兴的人造宝石。佩戴脚链的女士中,以年轻小姐为多。不过,部分中年妇女已开始接受脚链了。

佩戴脚链虽然主要是为了美感,但也有不少人在考虑脚链摩擦踝关节附近穴位,从而会产生保健作用。

脚链高档化已是女士们逐渐追求的目标,无论是越来越美观的黄金脚链或黄金、K白金和白银镶翡翠或宝石的脚链均有推陈出新的表现。可以预见,脚链世界将会越来越丰富多彩。

601. 防身手镯有何特殊功能?

在美国,由于治安情况严重,妇女夜间单身行走时安全没有保障,因而一种防身手镯应运而生。这种手镯内装有强力电池,只要用它触一下来犯的歹徒,歹徒就会被一股强电流击开。目前,这种防身手镯售价50美元。发明者说:"戴上它,可以抵挡一两个不轨者。"

602. 恐龙粪化石能制成绚丽的首饰吗?

据钟石在《全国宝玉石报》介绍,在英格兰的沙默塞特地区,有一家奇特的首饰商店。这家首饰店专门销售用恐龙粪化石制作的宝石戒指、项坠、胸针等。凡到该地游览的客人,都要选购一些色彩绚丽的恐龙粪化石首饰。原来,恐龙的粪便经过1.5亿年的改造,变成色彩斑斓的化石,其中有火红色、铁灰色、深绿色等。这种粪化石属于稀有宝石,经切割、琢磨、抛光后,便制成了人们喜爱的首饰。

二、识伪和鉴真

603. 为什么要用10倍放大镜观察珠宝首饰?

珠宝用放大镜是一种最常用的宝玉石检测工具,它具有结构简单,操作方便,易于携带等优点。

关于珠宝用放大镜的倍率,有人以为越大越好,其实不然,因为从镜头制作上讲,超过10倍而又能保证其光学质量和通光口径(放大镜的通光口径,以16~20mm为宜)是非常困难的;其次,超过10倍的放大镜由于焦距太短也难以使用。而使用10倍放大镜时,固定物至镜头顶端的距离约25mm,是最适当的距离;若用20倍放大镜,则其物与镜的距离仅10mm,观察很不方便。鉴于以上原因故珠宝界均以10倍放大镜观察珠宝首饰。例如以10倍放大镜观察红、蓝宝石及翡翠玉镯,认为无裂纹而买下了该饰物,但买主后来又用20倍放大镜再看,发现饰物有微细裂纹或玉纹,则卖主可以认为该饰品并无问题。因为随着放大镜倍数的提高,则本来不成问题的微细裂纹或玉纹也会显露出来,对某些玉器来讲,更会是这样的。

604. 为什么说聚光电筒是鉴别宝玉石的必备工具?

因为聚光电筒的光线明亮而集中,既可从珠宝玉器的正面照射,检查其光泽是否美观和是否有裂纹;又可从珠宝玉器的反面照射,以检查被检物是否透明及有无裂纹和瑕疵。尤其是购买高档翡翠玉镯及红、蓝宝石戒面等饰物时,有无裂纹的价值相差甚远。

另外,用查尔斯镜检查翡翠玉器是否为“C货”时,也必须使用聚光电筒的强光照射在翡翠表面,查尔斯镜才能看得清楚。因此,聚光电筒是鉴别或观察珠宝玉器的必备工具。

605. 如何用查尔斯滤色镜鉴别真假翡翠和其他宝石?

查尔斯滤色镜用于区别翡翠A货(显绿色)和人工染色的C货(显红色)是很有效的,所以宝玉石界将其称为“翡翠滤色镜”,更给它一个美称——“照妖镜”。但翡翠B货在查尔斯镜下也显绿色,要靠丰富的实践经验并配合其他方法才能识别;祖母绿依产地不同而在查尔斯镜下有的显红色,有的显绿色,也必须具有经验和其他知识,才能奏效,所以查尔斯镜并不是万能的。

使用查尔斯镜时,宜将样品置于充足的阳光或聚光电筒下,持滤色镜的手要紧靠眼旁,让镜片挨近眼睛,然后变动镜片与样品的距离,直到能看清为止。一般情况下,样品与眼睛的距离应在25~30cm。

现将一些宝玉石(或制品)在查尔斯滤色镜下显示的颜色列于表5-4,以供参考。

表 5－4　部分宝玉石在查尔斯滤色镜下的颜色

宝玉石名称		镜下颜色	宝玉石名称	镜下颜色
祖母绿	哥伦比亚产	红色	天然翡翠(A 货)	绿色
	西伯利亚产	红色	处理翡翠(B 货)	淡绿色
	巴西产	棕红色	染色翡翠(C 货)	土红色
	阿富汗产	淡红色	染色石英(马来玉)	红色
	非洲、印度产	绿色	蓝色钴玻璃	红色
	巴基斯坦产	绿色	染色蓝玛瑙	粉红、红色
合成祖母绿		亮红色	石榴石	(无变化)
天然蓝宝石		深绿—黑色	普通玻璃	(无变化)
人造蓝宝石		红色		

606. 在查尔斯镜下显红色的玉石都是加色玉吗?

有人认为，凡是改色或加色的玉石，在查尔斯镜下都会显红色；凡是在查尔斯镜下显红色的玉石都是加色玉，显绿色的都是正宗的缅甸翡翠。因而 1993 年下半年在广东的一些翡翠爱好者中，曾经掀起一股小小的争购查尔斯镜热，当人们经过笔者等人解释和自己的实践以后，证明事情并非如此简单，这股小小的“争购热”才渐渐冷了下来。

如果真如一些初涉翡翠贸易的人想象的那么简单，岂不是“一镜在手，真假分明”了吗？那就不会有人吃亏上当了，被誉为“照妖镜”的翡翠滤色镜(查尔斯镜)每只的售价也就决不止 100 元左右而是价以万元计了。

查尔斯镜之所以被誉为“照妖镜”，是它对用铬盐加色的绿色(假色)翡翠(即普通的“C 货”)的确是一照便显红色，效果十分明显，而观察一些用其他新技术加色的假色翡翠和经过酸洗或注胶的十分美观的翡翠“B 货”时，则仍显淡绿色而不显红色。相反，我国青海省产出的并非翡翠也非人工加色的天然翠绿色乌兰翠玉，在查尔斯镜下却呈现明显的暗红色，尤其照在许多浓绿色翠点上时，就像人的皮肤上长了红斑疮。这样一来，一些渴望得到“翡翠滤色镜”的人们的热情骤然消失了。其实，查尔斯滤色镜用于鉴别翡翠玉器和祖母绿宝石还是有一定作用的，只是你必须具有对识别翡翠 A、B、C 货，识别乌兰翠玉和产地不同的祖母绿的多方面知识和较丰富的实践经验，才能取得较好的效果。查阅本书的各有关条目，将会对你有所帮助。

607. 如何鉴别真珍珠和假珍珠?

关于珍珠(天然珠和养殖珠)和假珍珠(人造珠)的鉴别,陈志强先生在其《珍珠漫谈》一书(内部资料)中提出了5种方法,现介绍如下:

(1)直观法:即直接用肉眼观察的方法。这也是最常见、最实在的鉴别方法。观察时可从下面四个方面进行:

①在颜色、形状、大小、光泽等方面。如果是串珠或一批珍珠,对真珍珠来说,它们无论如何都不一致,而人造珍珠,因为是机器生产的,它们往往都很一致。

②仔细观察它的光泽。如果是真珍珠,因为是干涉形成的,它的珍珠光泽中能体现出虹彩、五颜六色,好像雨后滴在马路上的汽油;而假珍珠,因为光泽是表面涂料反射形成的,它的光泽中没有那种虹彩,色调单一。

③观察珍珠的钻孔处。人造珠有一小块凸片或在孔口边缘有一些涂料脱落的痕迹,而真珍珠没有这种现象。

④靠近光源观察。真珍珠其透明度往往比假珍珠好,而体现出水润感;假珍珠则显出粗、干的感觉。

(2)感觉法:是通过手、舌等器官来感觉的方法。通过手感真珍珠产生一种凉感。用手轻搓或用牙沿轻磨,感觉光滑者是人造珠,有肌理凹凸或有砂感者为真珍珠。

(3)放大镜观察法:用10倍放大镜观察,在天然珠或养殖珠表面能见到其生长纹理,文石结晶的形态好像沙丘上被风吹过的形态。人造珠只能观察到蛋壳状的涂层,涂料颗粒大小均匀,不很光滑。

(4)紫外线荧光法:天然珠和养殖珠在紫外线下都会产生荧光(浅黄、淡白),这是珠层的蛋白质所至。一般情况下,人造珠不产生荧光。

(5)盐酸反应法:本法必须注意两个原则,一是浓度低,一般为<1%;二是用量少,盐酸珠滴直径宜<1mm,天然珠或养殖珠在盐酸中会立即起泡,产生二氧化碳;而一般人造珠没有明显反应,因本法有破坏性,应尽量避免使用本法。另外,为了减小对珍珠的损伤,可在显微镜下观察,以便缩小腐蚀面积,减小损伤程度。使用本法后的珍珠应立即冲洗干净。

608. 如何鉴别天然珍珠和养殖珍珠?

由于天然珍珠产量少,价格贵,远不能满足人们的需求,故出现了人工养殖珍珠。养殖珍珠又有海水珠和淡水珠之分。养殖珍珠因生长年代短等条件不同,而与天然珍珠有以下区别:

(1)结构不同:养珠的内核是人工制作的较大的贝壳圆珠,外面的包裹层薄(一般为0.5~2mm);天然珠的内核则是细小的砂粒或寄生虫等物,它的外层可一直延至中心附近。如能剖开观察,不难区别。

(2)形状不同:天然珠因核中异物很少滚动,故其外形圆度差;养珠核圆,故成珠后圆度较好。

(3)皮色不同:天然珠质地细腻,光泽柔和,较透明;养珠则因成珠时间短,故质地较粗糙,光泽欠佳,透明度差。

609. 如何鉴别仿制珍珠和染色珍珠?

仿制珍珠完全是用人工方法制成的假珍珠,一般是将玻璃小球(又有实心玻璃仿制珠和充蜡玻璃仿制珠两种,前者的密度大于真珍珠;后者的密度则仅为真珍珠的一半左右,稍有经验的人,用手一掂即可区别)涂上“上光液”(用带鱼鳞粉或银粉制成)而成。它的表面缺乏真珍珠那种奇异的“珍珠光泽”,用小刀刮后即露出料珠。

染色珍珠是用养殖珠甚至天然珠染成黑色,以图高价出售。鉴别方法是:天然的黑珍珠极为少见,它的黑色是带有轻微彩虹闪光的深蓝黑色,而非纯黑色。凡是纯黑色的珍珠,都可怀疑它是染色的。而若发现黑珍珠是养殖珠,那更是人工染色无疑了。

610. 市面出售的珍珠饰品是天然的吗?

一些不诚实的商人常常标榜自己的珍珠饰品是天然的。

其实,现今市面上(包括专业的珍珠展销会上)所见到的绝大多数珍珠饰品(主要是项链、手链、耳丁、吊坠和领带)都是养殖的,其中大多数为淡水养殖珠,少数是海水养殖珠。由于人类的滥捕,天然珍珠已是十分难得,形状规则(滚圆)的更是罕见。小粒的天然珠多半做药用;大粒的要根据它的形状逐颗设计、镶嵌才可成为珍珠的首饰。

天然珍珠和养殖珍珠是不可混淆的概念。养殖珠虽不是人造珠,但不等于就是天然珠,其关键区别是养殖珠必须用人工“插核”(海水珠)或“插片”(淡水珠)。

611. 市面上少见的半边珠和黑珍珠是真的吗?

一些人见到从未见过的半边珠和黑珍珠,其第一感觉是:这是假货!其实问题没那么简单,要看具体情况才下结论为好。

第一种情况是:外形独特的半边珠、十字架珠和佛珠(形状像佛的珍珠),颜色奇异的黑珍珠都是十分珍贵的养殖珍珠,在国外市场很受欢迎,只是近年才引入中国市场。如果价格较贵,为慎重计,还是请商家开具发票或保单为好。

第二种情况:的确也有“鱼目混珠”的假货存在。如在1999年间,一位朋友托我为她觅购一颗黑珍珠,要求直径在8mm左右,并说明价钱在几百元左右都不怕。我费了不少功夫,终于在广州市带河路一个珍珠专卖档找到几颗黑珍珠,直径约7～8mm,但要价十分低,我就起了疑心。于是,我用两颗“黑珍珠”互相对磨,感觉十分光滑(真珍珠有粗涩感),我就没有上当了。后来询问对珍珠有经验的行家,才知道这是一颗用玻璃涂黑色的假珍珠。

612. 染色黑珍珠是如何伪造的?

由于天然或养殖的黑珍珠产量都很稀少,故比较珍贵,染色黑珍珠于是便应运而生。

珍珠染黑色的方法细节是保密的,但有一种方法大概是:将普通珍珠泡在硝酸银溶液中,然后取出放在强光下使之变黑。

613. 如何鉴别用黑色染料染成的黑色珍珠?

凡是纯黑色珍珠,都可怀疑是染色的。其鉴别方法不难,可用碎布沾一点5%浓度的稀硝酸摩擦珍珠,用黑色染料染黑的珍珠会在白碎布上显出黑色污迹。

614. 如何识别珍珠的玻璃仿制品?

用牙咬玻璃仿珍珠有滑感,而天然珍珠与养殖珍珠则有砂感。同样,用两粒仿制珍珠互相摩擦有滑感,而天然珍珠互磨则有粗糙感。

另外,在玻璃仿珍珠的钻孔附近,在涂层上可见缺口,涂层内可见气泡,孔内断口上显示出玻璃光泽,而天然珍珠则为较弱的珍珠光泽。

615. 常见的假钻石有哪些种类?

钻石是高贵豪华的装饰品,镶嵌天然钻石的首饰是首饰之冠。可是,钻石由于稀少而价格昂贵,尤其是稍大粒的钻石,一般人都不敢问津。于是,用廉价宝石、人造宝石甚至玻璃来代替或冒称钻石的活动就隐秘地或公开地愈演愈烈,假钻石的生意也日益兴隆起来了。据王曙先生的研究和统计,常见的形形色色的假钻石共有13种,现介绍7种如下:

(1)玻璃:用玻璃磨成的假钻石很容易区别,因为它的折光率低,没有真钻石那种闪烁的彩色光芒,稍有经验的人一看便知。另外,可用白瓷碗盛一碗清水,冒充钻石的无色玻璃制品浸入水中即看不清其轮廓,而真钻石暗黑的轮廓在水中显得十分清楚。

(2)人造尖晶石:它和钻石的区别是,缺少闪烁的彩色光芒,将它浸入二碘甲烷中,也会轮廓模糊,而真钻石的轮廓则十分清楚。

(3)水晶和黄玉:这两种天然矿物的透明晶体,经琢磨后也有点像钻石,但都缺少闪烁的彩色光芒。且它们都是"非均质体",而钻石是"均质体",用偏光仪易于区分。

(4)人造蓝宝石:无色透明的人造蓝宝石在琢磨后也可作为钻石的代用品。但它在"二碘甲烷"中几乎消失不见,而真钻石的边缘暗黑,非常清楚。

(5)锆石:在人造立方氧化锆出现之前,锆石是最佳的钻石代用品。

锆石具有很强的双折射,即它有两个折光率,并且两个折光率之间的差别较大。由此而产生了一种很特殊的光学现象,当用放大镜观察琢磨好的锆石棱面宝石时，由其顶面可以看出底部的面和棱线有明显的双影。而钻石因为是"均质体"，绝无双影现象。

(6)人造金红石：金红石是一种普通的天然矿物，它的成分是二氧化钛，由于它的折光率(2.61～2.90)比钻石(2.42)还要高，故琢磨成宝石后能出现明亮耀眼的闪光，且能出现彩虹般的变化，显得非常美丽。可惜的是，天然金红石几乎全是不透明的，所以1947年才经美国铅业公司首先制出了人造金红石。其中无色透明者用作钻石代用品或假冒品，其五彩缤纷的闪光超过了真钻石，常被称为"五彩钻"或"五色钻"。但由于金红石有强烈的折光率，故与锆石一样，能用放大镜从顶面看到底部棱线的显著的双影，故易与钻石区别。

此外，"五彩钻"因闪光过分艳丽，并带有不清澈的乳白光，故有庸俗之感，远不如钻石闪光的高雅可爱。

(7)立方氧化锆(即"苏联钻")：这是首先由俄罗斯推出的最理想的钻石代用品或冒充品，是人造化合物，无天然矿物。自从立方氧化锆问世后，其他多种人造宝石原料，都只用作别的中低档宝石代用品，而不再用来磨制假钻石了。这是由于立方氧化锆在折光率、色散等方面与天然钻石很接近。但它的硬度较低(8.5)，密度为钻石的1.6～1.7倍，达5.6～6g/cm³，且导热性远低于钻石，故仍可用仪器准确地将其与钻石区分开来。

616.真钻石与"苏联钻"如何区别?

真钻石价格昂贵，常有以假钻石冒充真货。立方氧化锆是20世纪70年代中期用人工合成的化合物，其折光率和色散等光学性质与真钻石近似，又都是均质体，用它琢磨成钻石型，外观上与真钻石毫无区别。如果不用专门方法鉴别，甚至一些从业宝石人员也难以识别。由于俄罗斯最先推出立方氧化锆钻石，故商业上常以"苏联钻"命名。其实俄罗斯也出产真钻石，而且产量在世界上占有重要地位。表5-5是真钻石与立方氧化锆主要特征的对比。

表5-5　真钻石与"苏联钻"主要特征对比表

	折光率	色散	双折射率	硬度	密度/(g·cm^{-3})
真钻石	2.42	0.044	无	10	3.52
"苏联钻"	2.15	0.060	无	8.5	5.6～6

从上面数据可以看出，区别真钻石与"苏联钻"只要在硬度和比重上测试就可区分开了。但因测硬度易发生损伤后果，测比重也要用有毒的重液操作，均不方便。加之宝石颗粒细小，不易用手感来区别它们的真伪。目前有一种利用热导性来辨别钻石的真伪的方法，这种方法先进快速准确。真钻石的比导热率在16 000

～18 000之间，而“苏联钻”的比导热率仅在50～100之间，因而在20世纪80年代初就设计出了“热导仪”，经过多次改进，现已生产出轻巧的袖珍热导仪。利用热导仪的探针经加热后，以热针碰触被测的钻石，如是真钻石，热针上的热量由真钻石迅速传出，热导仪的发光二极管就能显示出来，同时还发出鸣叫；如果热针碰触热导性差的“苏联钻”或其他宝石，发光二极管不向上升闪动，也不发生鸣叫，所以用热导仪鉴别真假钻石是最便捷的手段。

617. 鉴别真假钻石最简单可靠的方法是什么？

由于各种假钻石的相继大量出现，而且它们在外观上与真钻石没有明显的区别，如果不用专门的方法和仪器，甚至连宝石行家也难以分辨。这样，就出现了两种现象：①为了避免丢失或其他安全方面的原因，即使拥有贵重钻石首饰的人，平时也都戴假钻石首饰，这就使假钻石的销路更广；②用假钻石冒充真货，高价出售骗人，以牟取暴利。这就要求有快速而准确的方法来区别真假钻石。

鉴别真假钻石的方法是很多的，其中最准确可靠的是用钻石测定仪（即热导仪）测出各种钻石代用品或假冒品的导热性，区分真假钻石的难题就迎刃而解了。但钻石测定仪的价格比较昂贵，故用“标准硬度计”测定各种假钻石的硬度就成了最简单可靠的方法。

“标准硬度计”是一个大小仅有65mm×55mm×23mm的长方盒，打开盒盖后，里面镶有4个经过精密研磨，表面光洁如镜的标准硬度片，其摩氏硬度分别为6、7、8、9。

具体测定方法是：将要测定的宝石（成品或原石均可）找一尖棱部位，轻轻刻划硬度6的标准片，然后用放大镜观察，如果标准片毫无伤痕，表示宝石的硬度低于6，不必再测。如果标准片表面有擦不掉的细线状伤痕，表示宝石硬度高于6，应继续刻划7的标准片。如要直接了解宝石是否真钻石，只要将宝石轻轻刻划硬度为9的标准片，如能划出伤痕，就是真钻石，凡划不动的，就证明其硬度小于9或等于9，都是假钻石。

刻划硬度时，首先应将标准片擦拭干净。刻划时是否划伤了标准片，手感是不同的，划不动时有“打滑”的感觉。标准硬度计的构造简单，价格低廉。

618. 如何鉴别天然红、蓝宝石与人造红、蓝宝石？

与天然红宝石和蓝宝石相比，人造红宝石和蓝宝石都具有颜色均匀一致（给人一种“单薄感”，缺乏天然品那种“百看不厌”之美）、内部缺陷或包体少、洁净而块体大；用10倍放大镜观察，偶尔可见到单一的圆形或泪滴形气泡，而天然品只在高倍显微镜下才能看到气泡。更重要的是：将人造的红、蓝宝石放在白纸上或白色容器的水里观察，其中的色带或生长线多呈略显弯曲的弧形，而天然品的六边形生长线或色带则平直。此外，人造红宝石的荧光较天然红宝石强，前者在紫外灯下呈透明的红色。

值得注意的是，当遇到一些已被加工成弧面形的红、蓝宝石且很难发现典型的气泡和看不清其中的生长线是否弯曲时，问题就复杂了，就必须特别慎重，必要时应送给宝石检验的专家进行鉴定。因为天然红、蓝宝石的价值比人造品常高出百倍至万倍以上，稍一疏忽，就会吃亏上当。

619. 如何鉴别天然星光红、蓝宝石与人工合成的星光红、蓝宝石？

天然星光红、蓝宝石与人工合成品的成因是相同的。区别在于天然星光宝石的星线（光带）粗细不等，在星光的交汇处星线变粗，形成一个光线密集的光点，其六射星线虽不如人造星光宝石明显，但却闪烁在宝石内部（即所谓有“深度”），星线从中心向边部由粗变细，且“转动”灵活。人造星光宝石的星线则细而均匀，且十分清楚，但好像是印在宝石的表面一般。所以二者比较容易鉴别。

620. 何种宝石最易与红宝石混淆？如何区别？

红色尖晶石（大红宝石）与红宝石十分相似，二者最易混淆。所以，有人有意（冒称）无意（不认识）地将红色尖晶石当作红宝石出售。区别的方法是：

(1)红宝石有二色性，有丝绢状包裹体，颜色不均匀。

(2)红色尖晶石为均质体，没有二色性，颜色均匀，有八面体尖晶石的包裹体。

621. 如何区别祖母绿和其他的天然绿色宝石？

在自然界，与祖母绿相似的绿色透明宝石种类不少，较常见的有：绿色电气石（碧玺）、橄榄石、萤石、石榴石、锆石、磷灰石和绿色蓝宝石、翡翠等，其中外观酷似祖母绿而容易混淆的为绿色电气石、萤石和翡翠。但它们的化学成分和物理性质是有很大差别的，如祖母绿的硬度 7.5～8，而萤石的硬度为 4；祖母绿的密度约 2.7g/cm^3，而萤石（3.18g/cm^3）、电气石（3.05g/cm^3）和翡翠（3.33g/cm^3）的密度都较大，在室内用三溴甲烷试验，只有祖母绿上浮，其余几种均下沉。酷似祖母绿的翠绿色翡翠，一般都呈半透明状，而优质祖母绿均透明，细致观察即可分辨。

622. 如何鉴别天然猫眼宝石与人造猫眼宝石？

近几年来，我国已有一种由玻璃纤维构成的人造猫眼石戒面在市场上销售，其颜色有红、蓝、淡绿及褐黄色，其中带褐黄色的品种有些像天然猫眼宝石，有些镶在亚金或白银戒台上，戴在手上甚至真假难分。若从其售价低廉来判断其属人造品是很容易的，但若有人将其冒称真品而大大抬高售价时，如何能迅速加以判别呢？其主要区别在于：

(1)当转动戒面时，人造猫眼石在弧形顶端可同时出现 2～3 条亮带，而天然猫眼石仅有一条亮带。

(2)天然猫眼石能显活光，而人造品则显得呆板而缺乏美感。

623. 常见的碧玺仿冒品有哪些？如何识别？

一般碧玺虽不算高档宝石，但因红色碧玺较贵重，故也有仿冒品出现。常见的仿冒品有两类：一为红色玻璃仿造而成；一为无色碧玺的人工加色。

其识别方法是：天然碧玺有“宝光”（闪光），而玻璃制品缺乏这种宝光。人工加色的碧玺则其颜色呆滞，显得不自然，故不难识别。

624. 如何鉴别染色欧泊和注塑欧泊？

目前，在市场上可见到的欧泊品种繁多，有天然欧泊、染色欧泊、组合欧泊、注塑欧泊、注油欧泊和合成欧泊等。现将两个较常见品种的鉴别方法介绍如下：

(1)对染色欧泊的鉴别。珠宝加工行业为了增强欧泊的色彩，往往用糖液将白欧泊染黑，其识别特点是：黑色往往沉淀在彩片或球粒的空隙中间，偶尔可见到黑色小点。

(2)对注塑欧泊的鉴别。为了使欧泊呈现黑色或白色，人们往往在天然欧泊中注入塑料，其识别特征是：注塑欧泊的密度较低（一般为 $1.99g/cm^3$），且在其半透明的块体中可见到黑色集中的小束。

625. 橄榄石最常见的仿冒品是什么？

橄榄石是一种绿中带黄，即绿得不够鲜艳而被俗称为秋香色的中低档宝石。虽然如此，仍有人制成仿冒品来欺骗顾客，最常见的是用绿偏黄色的玻璃制成的橄榄石仿冒品。如 1992 年，香港有一家珠宝公司购进了一包“橄榄石”原料，在加工切磨时，发觉其质地较软，经鉴定后证实全部为玻璃。

二者的主要区别是，橄榄石的密度 $3.5g/cm^3$，硬度为 7，比玻璃的密度（$2.6g/cm^3$）和硬度（5.5）都要大。

626. 如何区别天然水晶与合成水晶？

天然水晶清澈透明，常含星点状、云雾状或絮状展布的气液包体，并常可见到微裂纹。人工合成水晶毫无裂纹，却常有小气泡（用 10 倍放大镜观察更易发现）。此外，用手掂量，可感到合成水晶的密度大于天然水晶。

627. 如何区别水晶与玻璃？

天然水晶与玻璃制品都为无色透明时，二者之间容易混淆。但可从下列三方面加以区分：

(1)颜色：水晶色白而多明亮耀眼；玻璃于白色之中而微泛青色、黄色，且感明亮不足。

(2)硬度：水晶硬度为 7，而玻璃为 5.5 左右。如用天然水晶晶体的新鲜棱角去刻划，可以划破的是玻璃。

(3)杂质：水晶为天然结晶，体内常有绵纹（微裂）等不均、不完美现象；而玻璃为人工熔炼结果，体内常均一而无绵纹，但用 10 倍放大镜仔细察看，常可发现微小的气泡。

此外，水晶和玻璃如用舌舐，则水晶有凉感，而玻璃有温感。

628. 什么是“夹层石”？如何鉴别？

由于名贵宝石比较贵重，原料十分缺乏，有些宝石商为了欺骗顾客，在制作首饰（如镶宝戒指）时，上面用真宝石，下面贴一半假宝石或廉价宝石，称为“二层石”。如上下均为真宝石，中间夹一层假宝石或廉价宝石，称为“三层石”。二层石和三层石统称“夹层石”。

二层石的鉴别方法：①用10倍放大镜仔细观察，宝石上下层特征有差异。若把夹层石放在浸油或水中观察，上下层之间的差别更为明显；②用放大镜仔细观察，夹层石中间有胶合的痕迹。在浸油或水中观察，胶层更为明显；③用显微镜观察，在胶合面上有许多小气泡。

厂家在制作夹层石首饰时，经常用底托把中间的胶合层挡住，故在鉴定时要把宝石从底托上卸下来。

629. 到中缅边境购买翡翠玉料应注意什么？

到中缅边境购买翡翠玉料时，必须十分慎重，并要头脑清醒，反应敏捷，没有七八成把握不宜轻易进货，并应切实注意以下几点：

(1)在初做玉料生意时，一般不宜购买价值太高的色料，尤其不宜将全部资金压在一两块玉料上，以免造成积压和被动。

(2)购买高档翡翠时，一定要有主见，首先要识货、懂价，不要盲目听信任何人的花言巧语，要多看、多想、少听（即不理睬那些吹嘘和保证一类的骗人话）。

(3)千万不能购买“赌货”（即未开“窗口”的玉料）。因为那些玉石高手对其拥有的玉料早已进行了仔细研究，很少有人靠买“赌货”而发财的。

630. 在选购翡翠玉料时要防止哪些假货？

在中缅边境的瑞丽等地的宝玉石市场上，翡翠玉料中的假货主要有如下几种：

(1)染色——用铬酸盐对白色的低档翡翠进行加色。这种真玉假色的翡翠，在查尔斯滤色镜下颜色显红；滴氢氟酸时，绿色退去；放一小块在滚油中炸1～2分钟，绿色即变为难看的蓝灰色，而真正的翠玉则保持原色不变。

(2)镀膜——俗称“穿衣翡翠”或“套色翡翠”，是用泰国或法国生产的清水漆均匀涂抹在无色翡翠上的假冒品。用小刀刮、火烤、开水烫等方法可以鉴别。

(3)假门子（镶口子）——用一片翡翠仔料做门子，用粘胶剂粘在一块质地差的玉料切口上。通过仔细观察和用手触摸（假的表皮易受外界温度影响，手感温而不凉），可加以区别。

(4)用其他玉料冒充——用马来玉（人工加色的石英岩）或东陵石和优质岫玉（蛇纹石质软玉）冒称缅甸翡翠。前二者的绿色发蓝，有邪色；岫玉则硬度小（4～

4.5)，可加以区别。

631. 在中缅边境购买翡翠原石时，常见的假象有哪些？

我们在翡翠市场选购翡翠原石时，仅仅注意奸商（指不诚实的卖主）在翠绿色方面做假（包括镀膜假皮等）还不够，还要注意他们故意制造的种种“假象”。这些假象主要有：卖主针对他们已经发现的在原石中存在的裂绺、黑点、残损等问题，故意在其上边施展写字、涂墨、贴胶布、贴纸条、抹泥、去皮不抛光或大件开小口等手段，以分散买主（或鉴定者）的注意力，达到其掩盖原石缺陷的目的，而且这些作伪手段往往容易奏效，买主不得不防。

632. 什么是“镀膜翡翠”？

镀膜翡翠俗称“穿衣翡翠”或“套色翡翠”，是十几年前出现的翡翠饰品人工着色技术。一般选用无色、水头好的翡翠饰品（如蛋形、马鞍形戒面或玉扣等），用泰国或法国生产的清水漆在其表面均匀涂抹，干后即形成厚约十几至几十微米的绿色薄膜，致使饰品呈现类似天然翡翠之翠绿色，且能通过查尔斯滤色镜的检查而不出破绽。不仅一般消费者难以辨认，连一些中间商人也将其当作天然翡翠买进卖出，即使是行家里手，稍一不慎，也难免受骗上当。

633. 如何鉴别“镀膜翡翠”？

赝品尽管惟妙惟肖，只要多加小心，认真观察，对欺骗性极大的“镀膜翡翠”仍不难判别。李维亚先生在实践过程中总结了鉴别“镀膜翡翠”的“看、刮、烧、烫”四字要诀，现介绍如下，以供参考。

一看：用肉眼或放大镜观察时，由于镀膜翡翠被薄膜所包裹，总不太清晰，有透过薄雾观花之感，其翠绿多为散色，一般无色根，饰品表面有时具蜡质感。

二刮：由于薄膜硬度较低，用小刀或玻璃等尖锐物轻刮表面时，常可将表层薄膜划伤。

三烧：用火柴或点燃的香烟头烧其表面，常可将薄膜烧破。

四烫：用开水烫其表面，镀上去的薄膜会因受热膨胀而皱裂。

后三种方法对饰品有损伤，一般不便采用，关键就在于购货时仔细观察，当发现有怀疑而无法下结论时，可与卖方商量使用后三种方法（这些方法对真品是不会损伤的）进行判别，若卖方不敢同意，这样的翡翠以不买为妙。

634. 如何识别用烧料冒称的假翡翠？

烧料与翡翠主要有下列几点不同：①烧料为玻璃物质，无玉石的翠性反映，断口处呈贝壳状，发亮而弯曲不平。翡翠断口处参差不齐，且不发亮；②烧料的颜色均匀刻板，翡翠的颜色大都不均匀，有深有浅；③烧料质轻，内部常有明显的大小气泡（有时要用 10 倍放大镜才能找到小气泡），而翡翠内部则无气泡。

635. 如何区别翡翠与用塑料制成的翡翠赝品?

塑料虽与翡翠差别较大,但若不认真识别,仍会有人上当。其差别主要有以下几点:①塑料的颜色均匀刻板,无自然感;②时间稍久就会留下硬伤、牛毛纹,翡翠则无;③翡翠贴于脸部冰凉感大,塑料则小;④塑料的密度明显小于翡翠;⑤如用小刀使劲刻划,翡翠毫无损伤,且小刀容易打滑,在塑料上能刻出明显伤痕来,而且小刀不会"打滑",划动的手感也明显不同;⑥如用打火机一烧,塑料冒烟或熔化,而翡翠"无动于衷",即使在其表面薰出一团黑色烟雾,用软布一擦又完美如新。

636. 如何用测定导热能力来鉴别翡翠 B 货?

任思明在《中国宝石》1994 年第 4 期上,介绍了一种用测定导热能力来鉴别翡翠 B 货的新方法:此法的理论依据是,翡翠是钠铝辉石矿物集合体。其导热能力是玻璃类物质的 9～13 倍。而 B 货是处理过的翡翠,一是内部结构已遭破坏,变得较松散;二是其间充填了导热能力极差的树脂类物质,使 B 货的热传导力大大低于 A 货,据此即可识别。

在实际测试中显示,A 货显示中等导热能力,B 货导热能力差,仪器上无法显示,据此可以简便、快速鉴别 A、B 货。

在鉴定实践中,也发现少数 B 货样品仍具较高导热能力,这是因其处理较弱(外来充填物少),性质变动不大所致。

一般在检测时,若导热性极差,则可肯定是 B 货;若有一定的导热性,也不宜马上肯定就是 A 货。还应采取外部特征和内部结构观察、测定比重、荧光性等多种方法进行综合鉴定,才能避免差错。

637. 如何识别翡翠 B 货?

翡翠 B 货是将质量欠佳的天然翡翠,用浓酸和漂白液浸泡,使之去黑、去黄,并用环氧树脂充填(又叫"注胶";也有不注胶的无胶 B 货)等特殊方法处理后,其水头变好、颜色变美的真玉改色翡翠(其翠绿多为本色;也有在原玉翠绿偏淡的情况下,加入不含铬的绿色颜料而成,后者就叫"B+C 货")。因此,在查尔斯滤色镜下无法将 B 货或 B+C 货与天然翡翠(A 货)相区别。但可从下列几方面加以鉴别。

(1)据张蓓莉、柯捷两同志研究认为:有胶 B 货是指能在翡翠表面观察到树脂类充填物一类的 B 货,这类 B 货特征明显,主要是在其表面保留了片状或线状分布的充填物,故较容易鉴别。无胶 B 货是指在显微镜下不能观察到充填物的一类 B 货。这类 B 货与天然翡翠差别甚微,故又称"高级 B 货"。因而观察和区分较难。但在显微镜下可见微裂隙特别发育,并具有"水渠网"状结构和"龟裂"结构等特征,故亦可与天然翡翠相区别。

(2)用荧光仪观察可鉴别 B 货:有胶 B 货长波可见弱—中等的黄绿色荧光,个别样品的表面充填物过厚时，还可见到较强的蓝白色荧光；无胶B货的紫外荧光则不明显，故与天然翡翠较难区分。

(3)用肉眼或放大镜观察，B货的绿色不正常：①绿色常呈细雾状分布，显得均匀而无浓淡之分；②翠虽然比较鲜艳，但其绿色显得华而不实，且稍有偏黄之感。

(4)翡翠B货的翠与地之间不协调：在经过去黑、去黄等处理后，B货的地得到了改善，表现为水头旺了，透明度高了；而其原有的翠绿却在去黑去黄过程中被削弱了，因而显得光泽较弱。

(5)B货的碰撞声变差：B货由于经过特殊处理，故在碰撞后发出的声音已不是近似金属的铿锵清脆，而显得沉闷。如将两只B货玉镯自然碰撞(即不宜抓紧)，其沉闷感觉就很明显；如碰撞两件B货小挂件，则较难察觉。

638. 如何识别翡翠C货?

翡翠C货是指"真玉假色"的各种翡翠玉器而言。它的翠绿色是由人工将无色翡翠加热后染色所致，所以又称"炝色玉"或"加色玉"。加色玉既不美观，又不稳定，所以价值很低，但用无色透明的翡翠加色而成的C货则相当美观，具有很大的欺骗性。

一般翡翠C货的特征是，它的颜色不自然，且常带蓝色或黄色成分；光泽呆滞，且颜色不均匀，用放大镜(5～10倍)在裂绺处观察，可见铬盐沉积的色带，亦即裂隙中的绿色较浓，向裂隙的两侧逐渐变淡。如用查尔斯滤色镜检查，便呈现暗红或浅红色。如进行破坏性试验，则只要将C货小玉器放进翻腾的油锅中去炸，仅需一分钟时间，翠绿色的加色玉便立即变成很呆滞的蓝灰色；而将白地青(翠)的A货玉器同时投入油锅中去炸，则虽过3分钟后捞起，仍然翠绿如故，毫不变色。

639. 人工染色的翠绿色或紫色翡翠为何会褪色?

因为天然绿色和紫色的翡翠，其颜色都是原生色，即它们的颜色是由于结晶内部的色素离子致色，故可长期不褪色。而经人工染成的颜色，时间长了一定会褪色。因为人工染色只是将染色剂浸入在翡翠的微细孔隙之中，是作为一种机械混入物存在的，若受有机溶液的影响，混入的染色剂会被溶解而褪色；另外，如长期受日晒或其他高温影响，一般染色剂都不稳定，就会很快褪色。

笔者曾用土办法作过试验：将具有浓绿翠色的白地青翡翠玉扣(A货)投入炸滚的油中炸3分钟，玉扣上的翠绿依然如故；而将几乎全绿的染色玉扣(C货)投入滚油锅中，只炸1分钟，绿色便全变为难看的暗蓝灰色。

640. 翡翠的染色处理有何新进展?

(1)近几年来，已开始使用激光技术对翡翠进行染色处理。处理方法是，在翡翠戒面的背面用激光打微孔，把有色注入剂或染色剂灌进去，再用树脂把孔口封住。这样从翡翠的外观看，颜色很好且有一定的深度。由于激光孔很微小，肉眼和

10倍放大镜均很难发现。

(2)近几年已开始对翡翠进行热扩散处理,主要是采用高温高压水热法,把溶液中的Cr(铬)离子扩散到翡翠硬玉的晶体结构中,使翡翠呈现绿色。这种方法由于工艺复杂、成本高,目前尚未进行生产阶段,估计将来会大量用于翡翠的染色。

641.什么是“真玉”和“假玉”?

1993年,笔者在广东省宝玉石协会主办的几届“岭南珠宝展销会”上,常常会见到一些缺乏玉器鉴赏知识的顾客向展户提问:“这些都是真玉吗?”当卖主明确回答说:“保证都是缅甸翡翠”,他们才会放心大胆地选购。由于缅甸翡翠是世界公认的“玉石之王”,广州人特别喜爱和相信缅甸翡翠是完全可以理解的。但是,如果认为只有缅甸翡翠才是真玉,而把我国出产的和田玉、独山玉、岫玉、南方玉等都看作假玉,那显然是概念上的错误。

俗话说:“千种玛瑙万种玉。”我国东汉许慎所著《说文解字》早已指出:玉是“石之美者”。我国著名的玉石专家赵永魁在其所著的《玉石简介》一书中也明确指出:“凡是质地细、色泽好、硬度较高的石类,一般都可作为工艺美术石料,其中的好品种就是玉石,用来制作玉器。”可见玉的种类是很多的,只是其品质优劣、价值高低不同而已,都不能说它是假玉。只有那些用玻璃或塑料等外表似玉,而实质非玉的材料加工而成的赝品(假冒品),才是真正的假玉器。

642.街头“收购”玉镯者用薄布缠在玉镯上烧不着,是否就是“真玉”呢?

在广州等南方城市,人们所谓的“真玉”,即指缅甸翡翠。

那些蹲在街头的所谓“收购”玉镯者,用薄布、丝绸或长头发缠在玉镯上而烧不着,是否就是缅甸翡翠呢?不一定!因为玉的种类很多,不论哪种低档玉,由于它的熔点高,加以紧缠在玉镯上的薄布、丝绸或长发与玉镯之间没有空间,也极少有空气,所以烧不起来。君若不信,可将薄布缠在其他光滑的石头或不锈钢的钢笔套上,布料也都不会着火,只有缠在着火点低的木质铅笔杆上的布料,才很容易被烧穿孔并冒烟。

643.什么是“玉石灯”?

玉石灯是在中国著名翡翠专家摩傣先生指导下研制成功的观察开窗翡翠毛料的最新灯具。

该灯采用典型的冷光源,在直径20mm范围内聚焦色温接近日光灯。所发出的光为全光谱(连续光谱),且在光学上还注意了色度的均衡性,可达到在自然光下观察的效果。该灯色温控制严格,使用半小时手把不烫手。

对着开窗的毛料,该灯的光可透过60mm,大大改进了对翡翠的观察深度,可为估价提供更多的信息,如对干白地、糯化地和玻璃地等不同质地的毛料而言,光的穿透深度不同,毛料有绿时可泛光,无绿时则出现漫反射现象(光分散)。

644. 如何鉴别真假紫罗兰玉器?

紫罗兰色是翡翠中的一个仅次于翠绿色的优良品种,很受人们欢迎。

近年来,由于高贵的绿色翡翠常有作伪现象(如B货、C货),且浓紫色的翡翠很少见,故有些人以为深紫色的翡翠都是人工所致的假色,但这种以浓淡(紫色深浅)来决定真假的观念是不正确的。

人工染色的紫罗兰翡翠确实存在,而且浓或淡两种情况均有。紫色染色剂一般多用锰盐,锰离子致色的翡翠,在查尔斯滤色镜下是无反应的。

关于鉴别方法,首先可仔细观察紫色分布的特征,颜色与晶体之间的关系。若为人工染色,则颜色沿玉纹或微裂隙渗入,其浓度向裂隙两侧逐渐变淡;若为天然本色,则其颜色十分均匀。另外,还可以借助紫外灯光,天然紫色翡翠在紫外灯光下一般无荧光反应,而染色紫色翡翠在紫外灯光下,会有强烈荧光反应。

645. 如何区别独山玉和翡翠?

优质的翠绿色独山玉虽然与缅甸翡翠比较相似,但独山玉的翠色总不免带有灰蓝绿色调,即颜色不正,比起翡翠具有浓、阳、俏、正、和特点的绿色差别较大。如若反复观察、比较,更觉翡翠越看越美,百看不厌,而独山玉则久看之总觉缺乏翡翠那种高雅感;独山玉的"水头"也比翡翠逊色,行家里手一眼便可区分何者为独山玉,何者为翡翠。因此,一只最佳的独山玉手镯虽其价值也可达数千元或上万元,而一只特高档的宝石绿翡翠手镯的价值则可高达数百万元,所以二者是难以相比的。

646. 如何区别岫玉和翡翠?

岫玉最大的特点是硬度明显低于翡翠,用刀或剪可以对它划出痕迹,而对翡翠则丝毫无损。同时,岫玉具有明显的油脂光泽或蜡状光泽,而翡翠则为玻璃光泽或珍珠光泽,所以从这两点可以与翡翠相区别。如在广州市的许多街头,几乎每天都可见到一男一女扮演双簧,他们将辽宁岫玉或广东南方岫玉手镯冒称翡翠手镯,以高于岫玉10倍以上的价格假装"抢购",诱骗过往行人上钩。尽管一些报刊上已经多次揭露骗局,一些老实无知而又贪心的人们仍不免吃亏上当。其实,有经验的人只要一看它的柔弱的光泽便知道不是翡翠了。若再提出要用刀、剪刻划,冒称翡翠的骗子(多为扮演出售翡翠的女方)就会溜之大吉。

647. 岫玉手镯为何在瑞丽夜市上成为畅销货?

岫玉本属低档玉料,但却在中外闻名的翡翠集散地——云南瑞丽被卖假翡翠者用作发财的工具。

由于岫玉质地细腻,其中一种淡绿色、半透明的岫玉手镯,与翡翠手镯有点相似。河南南阳地区一些玉雕个体户,将大批优质岫玉手镯运到瑞丽,低价卖给当地的"戛拉"(住在瑞丽的缅籍巴基斯坦宝玉石商人的别称),"戛拉"将其冒称缅甸翡翠手镯，高价卖给不识货的中国游客，因而使不少游客蒙受损失。严阵先生在其独特的文章“我的大学”（刊于《宝玉石信息》报 1992 年第 9 期及《中国宝玉石》杂志 1993 年第 1 期）中，就公开揭露了上述以岫玉冒称翡翠的不法行为，并特别提醒广大读者：当你想发财的时候，请不要忘记“瑞丽到处都是陷阱”。

648. 乌兰翠与绿色翡翠如何区别？

用优质翠绿色乌兰翠加工的玉器（以手镯为例），初看与绿色翡翠有一点相似，但从下列三点可与绿色翡翠加以区别：

（1）由于乌兰翠的抛光性能远不如翡翠，故玉器光泽较暗淡，且其表面存在无数细小的麻坑，美观程度比翡翠大为逊色。

（2）将两个乌兰翠手镯互相碰击，会发出低沉的“啪！啪”声，比翡翠手镯碰击时发出的清脆的声音大为逊色。

（3）用查尔斯镜可区别：在查尔斯镜下观察，翠绿色的翡翠显绿色，而乌兰翠中的铬尖晶石显红色，与用铬盐染色的翡翠 C 货显示的土红色很相似。

649. 澳洲玉与翡翠有何区别？

澳洲玉与翡翠的区别主要有两点：

（1）颜色：二者既有点相似，又颇不相同。表现在澳洲玉的绿色不实，分布相当均匀，无绿色形状，绿色之中闪黄色调，绿色并有飘浮感。它的绿色初看还觉得比较美，多看几眼就觉得不耐看，而翡翠的绿色则正好与澳洲玉相反，所以越看越好看，百看而不厌。

（2）密度不同：澳洲玉密度（$2.6g/cm^3$）比翡翠的密度（$3.33g/cm^3$）轻得多，只要在手上掂量一下，就有明显的差别感，所以二者不难区分。

650. 什么是“马来西亚玉”？它有哪些别名？

马来西亚玉是一种近几年来面市的翡翠仿制品，以其浓艳的翠绿色，细腻的质地和较好的透明度而具有较大的欺骗性。

“马来西亚玉”可以简称为“马来玉”。它有“南洋翠”、“马来翡翠”等别称。其实，它的正确名称应为“染色石英岩”。

651. 马来西亚玉有哪些基本特征？

马来西亚玉的主要矿物成分是石英。它的外观特征是透明至半透明，质地细腻，呈浓艳的翠绿色。在 10 倍放大镜下观察时，绿色围绕石英颗粒的边缘分布。

“马来西亚玉”浓艳的翠绿色分布不均匀，绿色成分沿着石英颗粒的边缘分布，证明其颜色为人工处理的结果。它的硬度为 6.5～7，密度 $2.64g/cm^3$ 左右，玻璃光泽，断口参差状，无解理。荧光观察，长波紫外光下呈惰性，短波紫外光下显暗绿色荧光。在查尔斯滤色镜下不变色或变粉红色。经验丰富者只凭肉眼观其颜色即可判定其属何物。

652. 马来西亚玉的价格如何?

马来西亚玉由于质地较细腻,成分较纯,透明度好,孔隙度大,从而使得人工处理(染色)的效果很佳。

当20世纪80年代末“马来西亚玉”刚问世时,一颗4～5ct的腰圆戒面(即“蛋面”),售价曾高达过千元;至1992—1993年,市面仍标价数百元,而其实际价值仅为几十元(视其染色效果及加工工艺而有高低之分)。由于它的名称迷人,外观较有吸引力,甚至被某些店家冒称翡翠,所以具有较大的欺骗性,消费者应引起注意。至90年代末,每颗马来玉戒面零售价仅5元左右,认为它是假货的人也越来越多,但由于其色美价廉,仍有其市场。

653. 什么是“真假琥珀检验五法”?

由于琥珀赝品制造技术不断翻新,从而使真假琥珀的鉴别方法愈来愈复杂。然而,大东山珊瑚博物馆却研究出一套行之有效的检验方法,现转载如下,以使作伪者无法得逞。

(1)目视法:琥珀圆珠需经打孔,真品两端洞口大小不均;仿品洞口十分均匀美观,而且洞口还有弧度,此种劣品一望便知,无需另作测试。

(2)水浮法:通过目测法尚不足以确保是天然品时,即可采用水浮法。即将三杯清水和一杯盐搅拌成饱和盐度1.2的溶度,再将琥珀投入,若下沉者绝对是假品(因琥珀的密度为$1.1g/cm^3$),上浮者再进行下一步测试。

(3)照明法:用笔型聚光电筒或普通手电筒直照琥珀,若看到琥珀内部呈血丝网状熔解状,即表示此为再生琥珀或聚苯乙烯与琥珀粘的合成品。

(4)烧烤法:用打火机测试,烧烤时要不断地移动,勿将琥珀接触火焰太久,数秒钟后,如有淡淡松香味,则为天然琥珀。若为压克力、树脂或聚苯乙烯,则有恶臭味散出。

(5)静电法:用两颗琥珀成品相互摩擦,会因静电特性而产生粗涩感觉。反之,若有光滑感则属赝品。

654. 常见的玻璃仿宝石有哪些?

由于当今科学发达,技术进步,玻璃已可用于仿制几十种宝玉石,现列举于下,以便广大消费者提起注意:

(1)透明宝石的玻璃仿制品:有绿柱石(祖母绿和海蓝宝石)、水晶(白水晶、紫水晶、黄水晶)、黄玉(又称托帕石)等。

(2)非透明宝石的玻璃仿制品:有鸡血石、绿柱石、青金石、象牙、贝壳、软玉、翡翠等。

(3)具有特殊光学效应宝石的玻璃仿制品:有砂金效应的金星石;有猫眼效应的猫眼石;有星光效应的星光红宝石和星光蓝宝石;由稀土玻璃制作的变色宝石以

及玻璃珠加涂料制成的仿制珍珠等。

655. 佩戴珠宝首饰对人体有益还是有害?

据不完全统计,世界上已知宝玉石和珍珠约共有200多种,常见和常用的宝玉石则只有30种左右,它们主要由氧化物、硅酸盐和单元素矿物、盐类及有机宝石组成,其中绝大多数宝玉石都对人体有益无害。只有少数几种特定的宝石对人体有一定的不良影响。如由硫化汞组成的辰砂(也叫朱砂)是鸡血石中的重要成分,若用红得可爱的鸡血石加工成项链或手链珠,或雕制挂件,使之长期和皮肤接触,就会对人体有害。然而人们绝大多数都用鸡血石做印章和雕制摆件,与人体接触很少,故不致受害。

又如几年前,巴西从美国进口一批蓝黄玉(由白色黄玉改色而成),由于在改色过程中带有一些放射性,而在做成成品(如戒面、挂坠等)后,储藏"冷却"时间不够,因而出了问题。如果制作的厂家遵照国际原子能机构的规定办事,就不会出现对人体不利的现象。

656. 有人说钻石和名贵宝石有害人体,这种说法属实吗?

名贵天然宝石包括钻石、红宝石、蓝宝石、祖母绿、金绿猫眼、高档翡翠等,都是在地壳深处高温高压条件下经过漫长时间的结晶、冷却过程形成的单晶、聚晶或矿物集合体,都比较纯净,不含有害元素。经过科学测试,天然钻石和贵重宝石的放射性极微,甚至低于地球的平均放射性强度,对人体是不会有任何伤害的。

至于珍珠,历代后妃和中外贵妇都用它作为养颜之宝,对人体有益无害,已是经过长期实践证明了的。

三、习俗和传说

657. 什么是"国石"?

国石,通常是一个国家人们喜爱的或具有优异特性和重要价值,或是该国出产和加工方面具有特色的宝石或玉石。例如南非的钻石和斯里兰卡的猫眼石,就被命名为国石。

658. 世界上已知哪些国家有了国石?

同许多国家已经选定命名本国的国花和国鸟一样,目前世界已有近40个国家有了自己的国石。在这些国家的国石中,有一个比较突出的特点,就是有两个以上国家选择同一种宝石作为国石的竟占一半以上;另有一些国家则选择了非矿物的宝石如珊瑚、琥珀等作国石。有关资料见表5-6。

659. 我国的国石正式确定了没有?

关于选定中国的国石是一个相当复杂的问题。据笔者所知,大致有下列一些情况:

表 5-6 部分国家国石简表

国家	国石
英国、南非、西南非、荷兰	钻石
哥伦比亚、秘鲁、西班牙	祖母绿
缅甸	红宝石
美国、希腊	蓝宝石
斯里兰卡、葡萄牙	猫眼石
澳大利亚、匈牙利、捷克	欧泊
埃及	橄榄石
瑞士、瑞典、日本、乌拉圭	水晶
意大利、南斯拉夫、阿尔及利亚、摩洛哥	珊瑚
印度、阿拉伯、菲律宾、法国	珍珠
德国、罗马尼亚	琥珀
新西兰	翡翠
奥地利	白宝石
阿富汗、智利、玻利维亚	青金石
马达加斯加	孔雀石
墨西哥	黑曜石
土耳其	绿松石

(1)1981 年 7 月创刊的《地球》杂志，于 1982 年 7 月在第 4 期(总第 6 期)上，发表了田树谷的“浅谈国石”一文，在国内可能是首次介绍了 30 多个国家的国石。作者指出：“中国素有‘玉石之国’之称，但玉石是否就是我国国石，还需要得到地质界和有关人士公认才行”。该文迅速被《北京晚报》(1982 年 7 月 14 日)和《读者文摘》(1982 年 9 月，总第 12 期第 30 页)等近 10 种报刊转载，引起了广大读者的注目和一些知名人士的浓厚兴趣。随后，《地球》杂志特设专栏，在 1983 年第 1 期和第 5 期上进行了较广泛的讨论，多位作者提出建议为国石的有软玉、羊脂白玉、田黄和雨花石等，但讨论因无法取得一致意见而中断。

(2)宝石学家栾秉璈先生(原《地球》杂志编辑)在 1984 年 1 月 15 日《工人日报》第四版上发表“国石浅谈”一文，他在对《地球》杂志讨论中提到过的软玉、雨花石、田黄石和水晶等几种宝石进行了扼要的介绍以后写道：“究竟以哪一种作国石好？建议有关杂志或报刊能继续展开讨论”。他的这一建议，可惜并未引起报刊的重视。

(3)在1990年3月30日《宝玉石信息》报的头版发表了李海负“关于国石的建议”的长篇文章，他在文中综述了各家见解，认为珍珠、绿松石、雨花石、田黄、金刚石、蓝宝石和软玉等7种宝玉石可作为我国国石的候选石。并表示“拟提出提案，建议在中国宝玉石协会成立大会上予以表决”。当时盛传：在中国宝玉石协会成立大会上将讨论通过国石，而结果这一提案并未列入大会的讨论议程。

660. 我国国石评选工作有何新进展？

自从1998年以来，中国国石评选工作受到多方重视，已经有了较大进展，但情况比较复杂，所以到本书付印前仍无结果。现将进展情况简介如下：

(1)1998年10月，中国宝玉石协会发出了关于召开“中国国石”定名学术研讨会的通知。随后，得到了有关省、市、县政府和宝玉石协会的支持，全国上下掀起了推选国石的热潮。不少专家、学者经过调查，写出了50多篇有见地的论文，对推选国石起到了重要的作用。

(2)1999年8月下旬，中国宝玉石协会应全国许多省市的要求，在北京召开了部分专家座谈会，通过广泛讨论和专家组评议，在41种参评的宝玉石中，选出了6种候选国石。它们是：福建寿山石、浙江昌化鸡血石、浙江青田石、新疆和田玉、河南独山玉和辽宁岫玉。

(3)2000年2月21～22日，由中国宝玉石协会主持召开的“中国国石”候选石第二次研讨会在北京召开。27位作为评委的专家学者，各候选国石产地代表和中国宝玉石协会主要领导等约100余人参加了会议。会议投票排列出10种候选国石的名次：辽宁岫玉排名第一，另9种推荐候选国石分别是：福建寿山石、新疆和田玉、浙江昌化鸡血石、内蒙古巴林鸡血石、中国台湾红珊瑚、浙江青田石、福建华安玉、河南独山玉、湖北绿松石。

这次会议虽然进行了10种国石候选石的排名，但明确指出：“中国国石”的定名权在中央，中国宝玉石协会只有推荐权。这次评选10种候选国石名次的结果只是阶段性的，整个工作尚处在发动和宣传阶段，离最后结果还相差甚远。

661. 什么是“诞生石”？

据一些资料记载，诞生石的由来已久。早在公元1世纪，犹太历史学家焦赛代斯就记载过有关诞生石的来历。据说，诞生石起源于圣经故事中的12基石；也有人说来自犹太高僧法衣胸襟上的12颗宝石；还有人说来自伊斯兰12部族或12天使以及天体12宫等，究竟何者为准，无法考证。

比较确切的说法是，从16世纪开始，便有人把不同的宝石配上一年12个月，当作个人出生的标志。这代表每个月的宝石，便被称为“诞生石”或“生辰石”。前人普遍认为:诞生石具有避邪护身的魔力,能给人带来好运气。到了文化进步的今天,大多数人已不再相信诞生石具有特殊功能,但仍把它当作传统的习俗和对宝石饰物的爱好,而这又正好符合首饰商们推销商品的需要,因而宣传、制作、购买和佩戴诞生石饰物之风代代相传,愈演愈烈。

662. 一年12个月的诞生石是哪些?

在19世纪以前,一年12个月的诞生石及其美好的象征并不统一,直到20世纪初的1912年,才由美国初次作了统一安排。以后又作了局部修改,到了1952年后期,经美国首饰工业部门和美国零售商协会,美国宝石进口商协会,美国宝石协会一致同意,公布了一份宝石诞生石表,也得到世界上很多国家的承认并采用(见表5-7)。

表5-7 美国宝石界1952年提出的宝石诞生石表

月份	宝石诞生石	象征意义
1	石榴石	贞操、友爱和忠诚
2	紫晶	诚实、心地善良和心平气和
3	海蓝宝石或鸡血石	沉着和勇敢、聪明
4	钻石	纯洁无瑕
5	祖母绿	幸福、幸运
6	珍珠、月光石或变石	健康、长寿和富贵
7	红宝石	热情、仁爱、尊严
8	橄榄石或红缟玛瑙	夫妻幸福
9	蓝宝石	诚实和德望
10	欧泊或碧玺	安乐
11	黄玉或黄晶	友爱和希望
12	绿松石或锆石	成功和保证

663. 何谓“合浦珠还”?

今广西合浦珍珠的历史,源远流长,可以追溯至秦王朝。从那时起,南珠就列为进献封建王朝的贡品。西汉时期,合浦设立“郡”的建制。“合浦珠还”这一典故,最早见于《后汉书·孟尝传》,其大意是:合浦是个古郡,地处海边,出产珍珠。官吏强迫珠民下海采珠进献皇帝。由于长期滥采酷捕的结果,使得珍珠贝都怕了,纷纷迁到交趾郡那边海区去了。孟尝调任合浦太守之后,他大力改革了以往的弊病,珍珠贝很快又从交趾一带海区,回到了合浦沿海。后来,人们就用"合浦珠还",比喻人去了又复返或物品丢失后又复得的意思。"合浦珠还"这一典故,从一个侧面反映出孟尝太守为官清廉。据说,孟太守寓任启程返浙江老家之时,成千上万的合浦老百姓拥到衙门前,挡住马头挽留他,不让他离开合浦。孟尝只好晚上乘船悄悄离开。后来,人们怀念孟尝,修建了"还珠亭"和"孟尝太守祠"。

664."东坡珍珠酒"是怎么回事?

在我国民间有一个美丽的传说:苏东坡被贬官至海南儋州。苏性格豁达,与当地老百姓相处甚好,经常微服与民同乐。一天,他与海边的一位珠农饮酒赏珠,忽然有皇差来征珠,东坡急中生智,将珍珠投入酒坛。待官差走后,珍珠已在酒中化掉,酒却香溢满堂,美味无穷。从此,当地人开始用珍珠泡酒,并称之为"东坡珍珠酒"。

665.我国有哪些民族的男性爱戴项圈、手镯、耳环?

居住在我国西南边陲澜沧江和萨尔温江之间山峦重叠的阿佤山区的佤族,其服饰的民族特色非常鲜明,其首饰更具独特风格与魅力。那里的一些男青年也喜欢佩戴项圈、手镯,有的甚至还穿耳挂环,与妇女争奇媲美,体现了他们特有的审美情趣。

此外,分布在中国台湾省的高山族中的雅美族群的男子,也爱佩戴银颈圈和银耳环。

666.钻石戒指为何又叫"划字戒指"?

众所周知,钻石是世界上最坚硬的物质。这里所说的"划字",是指它能轻易地在玻璃上写出字来。

1558—1603 年英国女皇伊丽莎白一世在位时,富有者的时髦风尚为戴镶八面体结晶的自然晶体金刚石戒指,并以其四方锥形之尖顶朝上。由于当时流行用钻戒在玻璃片上刻划情书之狂热,故钻石戒指一度被称为划字戒指,甚至年轻的伊丽莎白一世本人也在玻璃窗上给一位爵士刻下了情诗。

667.佩戴翡翠玉镯能否保健?

佩戴翡翠玉镯能否保健?这是一个比较复杂的问题。近年来,一些报刊载文认为:佩戴手镯可因其与手腕附近某些穴位进行摩擦,或因玉镯中一些有益元素作用于人体,从而起到防病、治病的作用。如《宝玉石信息》报总第 21 期(1990 年 11 月号)刊登的"玉镯的妙用",就报道一位长期严重患失眠症的妇女,由于双手各戴上一只玉镯而很快治愈了失眠症的故事。但也有一些文章对佩戴手镯等玉器能否防病、治病表示怀疑。

因此,玉器在医疗上的功效究竟如何,还有待医学专家的进一步探索和证实。

668. 佩戴翡翠玉器能否避邪和防止跌伤?

我国民间的传统习俗认为:佩戴玉器可以避邪、行好运,并能防止跌伤(或认为玉器能代人跌伤)。对此,有些人抱着半信半疑、"人云亦云"的态度,有些人则奉为信条,从不怀疑。笔者认为:上述观点是缺乏科学依据的。

玉器商人为了迎合人们保平安、盼发财的心理,并使产品畅销,达到自己发财致富的目的,于是像玉镯、观音、弥勒佛、八卦、十二生肖之类的小玉器被厂家源源不断地生产出来,并受到人们的普遍喜爱。笔者认为:所谓佩带玉器能避邪、发财之说,只不过是一种良好的愿望而已,将玉器作为美化生活的装饰品倒是有益而无害的。至于佩戴玉器能防止跌伤,更是无稽之谈,但人们由于自身佩戴了珍贵的玉器首饰,在行路、上下楼梯及乘坐车船时特别小心,不与别人争先恐后,因而减少了跌伤的可能性,这倒是很合逻辑的推理。

据说,有的人确实出现过在跌跤时仅仅跌碎了玉器而人身未受任何损失的情况,那也是一种偶然的机遇,而并非由于玉器能"舍身救主"的缘故。

669. 我国民间关于"玉能避邪保平安"的基本内容是什么?

我国民间关于"玉能避邪保平安"的传说,其基本内容和依据是:"相传玉能发出一种特殊的光泽,这种光泽在白天不易见到,夜晚则可照亮方圆数尺之地,而这种光泽是妖魔鬼怪最怕见到的。"因此,历代皇帝常持玉笏以示威严并保健康;平民百姓也喜欢佩戴玉器以求平安。

现代科学研究表明,玉含有对人体有益的元素,经常佩戴玉器(如玉镯、项链和戒指等),由于摩擦皮肤与穴位等作用,对经络血脉及皮肤等有多种好处,故将玉器作为护身符是有益无害的。

670. 翡翠玉镯或挂件是否会越用越美观?

曾有不少朋友向笔者提出翡翠玉器是否会越用(佩戴)越美观,或是否会越用越绿这类问题。

翡翠玉料硬度大(6.5～7),质地细腻,加工和抛光性能好,这是它深受人们喜爱和具有较高经济价值的重要原因。我们知道,在一般环境的空气中,常有灰尘飞扬,也必然落到人们佩戴的玉器上面,这些灰尘中有一部分是硬度较大的泥砂,当我们有意或无意地擦去玉器上的微尘时,就对玉器产生了直接的摩擦作用。如果我们佩戴的玉器是岫玉、南方玉或汉白玉(大理石)一类的低档玉料,就会越摩越花,逐渐失去光泽。正因为是翡翠玉料,所以越摩擦越光亮是必然的。

如果玉器中原本含有翠绿的成分而未在玉器表面显示出来,经过佩戴一段时间,由于摩擦而显出绿色是可能的。而若玉器本身并不含翠绿的成分,则希望其越用越绿是不可能的。

671.珠宝首饰与脸型有何关系?

人的脸型可分为鹅蛋型、瓜子型、长方形、圆型和三角型5种,因而在选购珠宝首饰时亦应有所不同。

(1)鹅蛋型:即椭圆脸型,可选佩的首饰范围较广。梳理长发者,戴上红宝石荡环会给人一种妩媚柔和之感;短发者戴小翡翠耳插,也会显得十分高雅。

(2)瓜子型:上方(或圆)下削或额大颚尖,属于适宜佩戴多种首饰的脸型。可佩戴大朵状耳插或垂饰简练的荡环;项链应细而短,以利增加下颚的宽度而避免产生脸部被拉长的感觉。

(3)长方型:这种脸型的特点是上下方,中间长,故佩戴饰物时应适当增加脸部横中线的宽度。为此,选戴面积大而光彩夺目的镶珠宝耳插或短而无坠的圆型耳环会使两耳变大,脸部显得较宽。但不要戴荡环,以免形成下大上小的三角脸。

(4)圆型:装饰的原则是使两颊变窄,上下延长。上部可依靠将头发吹高垫厚来解决,下部则要通过佩戴细长的项链来拉长。耳饰则切不宜太大。

(5)三角型:这是一种上削下方的宽腮脸型,打扮起来难度较大。打扮的原则一般是增大脸上部的宽度。可通过额饰和发型来弥补。耳饰宜小不宜大;项链宜长不宜短,宜粗不宜细,因为长项链可以起到延长下颚使其变削的效果。

672.珠宝首饰与婚龄有何关系?

世界上许多国家,尤其是欧美和日本,自古就有在结婚纪念日赠送首饰的习惯,且逢五逢十更为珍贵。现将国外习俗中珠宝首饰与婚龄的联系择要介绍如下,以供参考。

结婚15周年称水晶婚;20周年称白金婚;25周年称银婚;30周年称珍珠婚;35周年称翡翠婚;40周年称红宝石婚;45周年称蓝宝石婚;50周年称金婚;55周年称绿宝石婚;60周年称钻石婚;65周年称星光蓝宝石婚。其中最普遍的是在银婚、金婚、钻石婚纪念日,由丈夫给妻子赠送有纪念意义的珍贵首饰。

673.珠宝首饰与人的气质有何关系?

按照人的性格与气质不同,对珠宝首饰的爱好也有区别。一般可将人的气质分为以下几种类型:

(1)天真型:这种人的性格是无忧无虑,稚气十足,宜选用色彩单纯明快的珠宝首饰。如淡绿、淡红的宝石和冰种飘绿花的翡翠玉器等。

(2)娇美型:这种人性格温柔,易感羞涩。宜选用造型圆滑,色泽柔和,充满暖意的珠宝首饰,才会显得温情脉脉,富有魅力。

(3)奔放型:这种人的性格大胆豪放,不拘小节,宜选用大而粗犷且富于动感和刺激性的首饰。如男性佩上粗条的牛仔金链或银链,再加上弥勒佛或大玉扣等;女性佩戴大鸡心、大观音及耳部的大荡环等。

(4)魄力型:这种人性格刚毅,办事果断。宜选用造型刚直抽象和节奏感强的首饰。

674. 珠宝首饰与人的肤色有何关系?

由于肤色、发色和眼睛颜色的差异,世界各民族对珠宝首饰的选择是不同的。如金发碧眼的白种人,适合用浅色调的暖色宝石,如粉红色的石榴子石和芙蓉石,因其可使皮肤增加红晕,使之富有生气和活力。

黑发、黑瞳孔的东方黄种人宜佩戴暖色调的珠宝首饰。可选用红、橘黄、米黄色的宝石,如红宝石、石榴子石和黄玉等,可以使黄种人的面部色彩宜人。

肤色红艳的人,可选用浅绿、墨绿等色的珠宝首饰,以衬托出活力。但不宜饰用大红、大紫或鲜蓝色的宝石,以免将脸色衬得发紫。

黑肤色的人不宜佩戴白色或粉红色宝石,以免对比强烈而使皮肤显得更黑。但饰用茶晶、黄玉等中间色调的宝石,可起到淡化皮肤的良好作用。

675. 我国民间吉祥物如何分类?

在我国,人们佩戴的金银珠宝和玉器等首饰挂件,常常离不开民间代代相传的各种吉祥物。为了便于选购吉祥物挂件,对中国民间吉祥物的分类方法不可不知。据韩振武等在《求吉避凶吉祥物》一书中介绍,吉祥物可分为四大类:

(1)动物吉祥物:包括龙、凤、麒麟、辟邪、貔貅、龟、鹿、蟾蜍、蝙蝠、蝴蝶、白鹤、孔雀、鸳鸯等。

(2)植物吉祥物:包括松、竹、梅、柏、桂、水仙、万年青、百合花和佛手等。

(3)器物吉祥物:包括如意、元宝、古钱、琴瑟、鼎和伞等。

(4)符物吉祥物:包括双喜、寿、八卦图、祥云和回纹等。

676. 什么是"宗教饰物"? 较适用的品种有哪些?

由于社会制度不同,港、澳、台人士中信仰宗教的较为普遍;在我国大陆也奉行宗教信仰自由的政策,也有少数人信奉宗教。为了满足宗教界人士需要的各种珠宝玉器、象牙、陶瓷、木质饰品,统称为"宗教饰物"。有关的厂商有必要生产并经营一些价廉物美的宗教饰物,以丰富人民生活,繁荣旅游事业。

较适用的宗教饰物大致有如下品种:

(1)金、银、玉石、象牙、珊瑚、琥珀、陶瓷和木质制作的观音、弥勒佛、如来佛、十二生肖和十字架等挂件或摆件。

(2)玉石、水晶、玛瑙、木质制作的佛珠项链、水晶球和烛台等。

四、选购、佩戴和保养

677. 当前珠宝商场将珠宝首饰名称混淆的现象有哪些?

中国宝玉石协会副会长栾秉璈高工,经过调查观察后,在1992年第8期《宝玉石信息》报发表“当前我国宝石业的几个问题”一文中指出：我国某些珠宝商场，卖宝石的喊不出宝石名称，很多人太缺乏宝石基本知识和常识，不是张冠李戴，就是弄假成真，有个别人还瞎说一通，造成很不好的影响。

他指出，一些大城市有名的商店中也同样存在此类问题，较常见的名称混淆现象有：

(1)将人造红宝石“理直气壮”地说成天然红宝石。而二者的价值竟相差 100 倍以上。

(2)立方氧化锆，广东标明是“苏联钻”，大连写成“奥地利石”，哈尔滨则说是“锆石”。

(3)将本来是同一物的蓝黄玉和托帕石说成是两种不同的宝石，而且前者比后者售价贵。

(4)马来西亚玉——一种加色的石英岩。不少商店说成是“南洋翠”或“翠玉”，哈尔滨某百货商店则当翡翠出售(笔者注：艳绿色的翡翠售价比马来玉高出 100 倍左右)。笔者在广东某县一家玉器店，见到几枚用马来玉制成的马鞍形戒面，标价 1 600 元，实际要价 600 元，比其实际价值高出 30 倍以上。如果不识货的顾客将其买下，岂不大为上当。

(5)各种人造猫眼石笼统标为“猫眼石”，而且有人当成天然品高价出售。如在河南某地有人将价值不过 20 元的人造猫眼石冒充出土文物要价 30 万元，在以 7 万元的高价将要成交时，被行家识破未能得逞。

据栾秉璈先生分析，上述种种奇怪现象的造成，主要是缺乏宝玉石的基本知识，故意骗人的仍属少数。

678. 什么是佩戴首饰的“T. P. O. 原则”？

T. P. O. 是英文 Time、Place 和 Object 三个词的首字母缩写形式。T 代表时间，也可用来代表时期、季节、时令、时代；P 代表场合、地点、职位；O 代表目的、目标和对象。

追求美不能脱离现实，体现饰品美必须根据性别、年龄、肤色、仪态风度等多种条件，综合地予以考虑，这样才能形成整体的美感。总的说来，必须恰当地解决好“T. P. O. 原则”这一问题。

679. 我国的金银饰品标识管理有何规定？常见的金银首饰标识含义如何？

国家质量技术监督局于 1999 年 3 月 2 日以“质技监局监发(99)89 号”印发关于《金银饰品标识管理规定》的通知。通知中强调：“为了规范金银饰品标识，保护用户、消费者、企业的合法权益，我局特制定此规定”。

规定第五条：经营者不得经营无印记、无标识物及标识内容不符合本规定的金银饰品。

第六条:每件金银饰品应当具有标识。金银饰品标识包括印记和其他标识物。

第七条:金银饰品标识应当清晰、牢固、易于识别。

第八条:金银饰品印记应当包括材料名称、含金(银、铂)量……。

第九条:金银饰品印记应当由生产者打印在金银饰品上。

最常见的金(银、铂)首饰标记的含义举例如下,其余类推。

(1)18KG或G750——都是18K金,即含金75%或750‰。其中G是黄金Gold的代号。

(2)S925——S是白银Silver的代号。用银作首饰时,一般要加入7.5%的铜,故含银就是92.5%,或写成925‰。

(3)PT990——PT是白金(即铂)的代号。PT990即含铂99%,含钯1%。

(4)PT900——含铂90%,含钯10%,这是专用于镶钻石的铂金。

(5)18KWG——W是白色White的代号,即是18K的K白色,其中含黄金75%,含银、镍、锌等25%,而不含铂金。

680. 我国为何要将"24K金"更名为"金990"?

据《宝玉石周刊》记者于2002年9月26日报道:新修订的《首饰贵金属纯度的规定及命名方法》已于9月开始实施。今后,首饰商店所有"24K金"等不科学标志将逐步减少至消失,取而代之的是"金990"标志。

中国宝玉石协会的有关专家告诉记者,24K从理论上讲等于100%,而100%纯金的首饰很软,难于定型,不适于批量生产。在首饰行业,最高纯度的黄金首饰只能达到"999金",现在业内人士称为"千足金"。另外,不是足金首饰的18K(含金量75%)、22K(含金量91.6%)等说法,仍可继续使用。

681. 怎样选购珍珠饰物?

最常见的珍珠饰物主要是项链,其次有手链、戒指、耳环及胸针。优质珍珠的主要特点应是:颗粒匀称,颜色迷人,光泽柔和,辉光温暖。在选购时,宜注意以下几点:

(1)珍珠项链一般是用人工养殖的淡水珠加工而成,除首先从它是否具有奇异的珍珠光泽而确定其真伪外,一串好的珍珠项链必须是整串珍珠的色彩完全一致,珠粒大小必须均匀,珠形要圆滑,并且不应有不自然的蛇形排列(这是珠粒穿孔不居中或串珠的尼龙丝老化的表现)。

(2)认真检查珠粒表面是否有斑点或麻坑。

(3)用放大镜观察珍珠穿孔的周围有无破损或疵病。

682. 原珠好还是优化珠好?

原珠是指采收后没有经过任何处理的珍珠。具有宝石级价值的原珠因数量少而价值高,当然是属于质量上乘的。然而,90%以上的原珠均有或多或少的污点、污斑，若不处理就无商品价值。优化漂白可增强珍珠的美感，是法律允许且能被人们所接受。因此，原珠与优化珠都是好珠。一般来说，老年人偏爱原珠，年轻人喜爱优化珠，这都是合理的。

此外，经化学染色（如染色黑珍珠）或辐照处理的处理珠则远不如优化漂白珠，要认真区别对待。

683.香港生产的珍珠领带有何特色？

香港生产的珍珠领带，由 4 000～7 000 颗人工养殖珍珠穿成，光泽迷人，款式新颖；且因它全由手工制作，在各类机械化产品中，给人以“万绿丛中一点红”之感。在亚洲市场颇受欢迎。

目前，这种珍珠领带的规格分为加大、大、中、小四种；长度有 41～54cm 数种，在香港本地每条零售价约 600 港元，到日本市场一条同样款式的珍珠领带，其售价在 2 000 港元左右。

这种珍珠领带的市场销售情况是：90％销于亚洲，其中中国占 45％；韩国和日本占 25％。

684.珍珠是否很容易变黄和脱皮？

珍珠如果未经漂染等加工，即所谓的原珠是不易变色的。例如，清朝慈禧太后凤冠上的 4 粒大珍珠，于 1993 年在西安发现，仍然光彩夺目，当时价值 10 万元。

珍珠如果颜色不白、不均匀，就需要加工漂染。而正是漂染所用的药水破坏了珍珠层的组织，使其易于脱落，同时化学药剂容易变质而使珍珠发黄。此外，养殖时间短而珠层薄也较易脱皮；保养不当也是导致珍珠发黄和脱皮的因素。

685.海水珍珠比淡水珍珠贵那么多值得吗？

一般在国营商场珠宝柜买一条日本进口的海水养殖珍珠项链要 2 000 元左右；而在专营珍珠的档口买一条中国产淡水养殖珍珠项链，甚至可以低到 20 元。这是为什么？

这是由于海水珠和淡水珠的养殖技术、产量及成本都不一样，质量也相差很远，所以造成价格悬殊并不奇怪。首先，海水珠是用马氏贝育出，珠的光泽、圆度和粒度都上档次，而淡水珠用三角河蚌育出，成本低，质量差，形状不规则。因受各种自然条件限制，中国以养殖淡水珠为主，年产量可达近千吨，有时供过于求，所以价格低廉。而我国的海水珠年产量才十多吨，且要供出口创汇，所以国内市场货源无法与淡水珠相比，其售价比淡水珠贵十倍、几十倍也属正常。

686.珍珠饰品用久了为何会发黄？如何使它复原？

珍珠的色泽虽然很美观，但却经不起长时间的考验。一般经过几十年，珍珠就会变成普通的黄色，同时失去美丽的珍珠光泽，这就是俗话所说的“人老珠黄”。

珍珠饰品用久了为何会发黄呢？这主要是组成珍珠的文石矿物的物理性质不

稳定，时间一长，它就会变成普通的方解石。文石和方解石，虽然化学成分一样，而它们的结晶形态和光泽却大不一样。这就是珍珠变色的原因。

珍珠变黄以后，还有一些补救方法，即用稀盐酸浸泡，便可溶掉变黄的外壳，而使珍珠重现晶莹绚丽、光彩迷人的色泽。但如果颜色变得很厉害，则将是难以逆转的了。

687. 如何保养珍珠饰物？

珍珠饰物是较高级的装饰品，可以长久保存，甚至世代相传。但因珍珠表面较软，易于损伤，且因它的主要成分是碳酸钙，遇酸容易被腐蚀。因此，宜小心使用，注意保养。

(1)佩戴时：不宜穿粗布衣衫；应避免与酸醋、酒精及香水接触，以防浸蚀而使珍珠褪色或失去光泽。

(2)不用时：应先用稀的香皂水洗涤，再用清水冲净。然后放在垫上绒布或绸绢的首饰盒里，而不宜放在塑料袋或塑料盒里密封保存，以免影响其光泽。

(3)发现珍珠变黄时：俗话说："人老珠黄"。有些被祖辈已经佩戴或存放几十年以上的珍珠饰物，有可能变成暗淡的黄色。对于变黄尚限于表层的珍珠，可用浓度为 10%的稀盐酸将它稍稍浸泡一下，随着泡沫的产生，珍珠的黄色外壳被溶解，珍珠就可重放光彩。但要特别注意，切莫在稀盐酸中浸泡过久，以防珍珠遭受破坏。

688. 怎样选购蓝宝石首饰？

蓝宝石是 9 月诞生石，即使不是 9 月出生的人，也很喜爱它，特别是许多中老年人，对它更是情有独钟。

选购蓝宝石首饰要注意以下几点：

(1)颜色。颜色浓艳的蓝宝石，使人感到一种成熟和深沉的美。在国外早已有"男性蓝宝石"之称；女性则比较喜爱蓝色纯正鲜艳的蓝宝石。

(2)优质蓝宝石应是很通透的。当你转动已琢磨的蓝宝石时，可以看到活动的蓝光。

(3)优质蓝宝石在 10 倍放大镜下应看不到脏点和裂纹。如有气泡存在，则是人工仿冒品的证据。

689. 怎样判别和选购祖母绿宝石首饰？

祖母绿是世界四大珍贵宝石之一，一粒哥伦比亚产的高档祖母绿宝石戒面，其售价常在数万元以上。因而人工合成的祖母绿就应运而生，且与天然祖母绿比较相似，很难区别。加以世界各地所产祖母绿的特征有很大差别，因此鉴别祖母绿的难度很大。如购买价格昂贵的祖母绿首饰，应有珠宝检测单位的鉴定证书，以防吃亏上当。

根据严阵先生的研究，天然祖母绿可分为两种类型：

(1)美洲型：包括哥伦比亚、巴西及美国等地所产的祖母绿。其特点是折射率低，比重较小，紫外线(长波)照射发荧光，用查尔斯滤色镜观察，颜色变红。

(2)非洲型：包括津巴布韦、南非、赞比亚、坦桑尼亚及亚洲的印度、巴基斯坦等地所产的祖母绿。其特点是折射率高，比重大，紫外线照射一般不发光，滤色镜观察仍为绿色或灰绿色。因此，有的书刊上所写“从查尔斯滤色镜里观察，如宝石呈绿色，那一定不是祖母绿，因为从镜中看到的祖母绿应为红色”的说法是只知其一，不知其二，因而是片面的。

另外，在国内珠宝市场或展销会上出售的低档祖母绿蛋形光身戒面，系我国云南某地所产绿宝石原料加工而成，一般透明度较差，大都有微裂纹(为了掩盖缺陷，常用雪松油或人工合成的液状环氧树脂浸渍)。但其售价低廉，可满足一部分低档消费者的要求。

690. 如何保养欧泊首饰？

欧泊以其火焰般闪烁的外表引起了无数人的迷恋，但它质软，韧性差，故易打碎或损坏。因此，必须小心使用与保养。

常见的欧泊首饰为胸饰、项饰和耳饰。这些饰物在使用中，应尽量避免与其他珠宝饰物摩擦或碰撞。

欧泊十分美丽，在明亮的阳光下观赏更能显出其闪烁的光彩。但应避免让欧泊长期暴露在强烈的阳光下，因为高温和温度的变化都易于造成欧泊的开裂，导致细裂纹或断裂的产生。

有些欧泊内含许多微孔，在受热时容易造成温热不均现象，所以不能将其放在烫热的溶液中清洗。

当欧泊产生裂纹后，可在其表面涂上颜色近似的指甲油或无色透明的甘油，以改变欧泊的外表状况。

691. 什么是翡翠颜色变幻中的“通液”和“察液”？

有一种翡翠玉色，平放观看不美丽，拿起来对光照射着，翠绿奔放，相当美观，这种玉叫“通液”。玉石界对这种玉的评价不高，其价值也低。

另有一种翡翠玉色，拿起来对光照射着，翠绿被光冲散，不很美观。如将其平放观看，则很美丽，便叫“察液”。玉石界对这种翡翠的评价很高，其价格也很昂贵。

692. 选购翡翠玉镯有哪些诀窍？

选购玉镯是一项细致而又较复杂的工作，既要有一定的专业知识，更要有丰富的实践经验，否则不免吃亏上当，造成积压和损失。笔者认为应从下列四方面加以注意：

(1)要认真观察玉镯是否有裂纹(指次生的断裂纹，常为横向分布)，要对每个玉镯的正面、反面、内侧和外侧作全面观察，尤其要注意缝住玉镯的红线遮挡处有无裂纹或破损，因为严重的裂纹是玉镯的致命伤。

(2)要用敏锐的目光，找出玉镯的瑕疵(包括玉镯上出现的黑色或黄色斑点，白色"石花"及原生的并非断裂的玉纹)；同时，要注意玉镯的形状是否很圆，条径的粗细是否均匀一致，抛光是否过关等。

(3)要注意玉镯圈口的大小和条径的粗细是否符合需要——这与购买者的胖瘦和年龄有关，如中老年人喜欢稍粗的条径，而年轻人则钟爱细条的所谓"柔姿镯"。

(4)好的玉镯应是"有种有色"。"种"指玉质的细嫩晶莹和透明度；"色"主要指翠绿色；若为美观的紫罗兰、花青或别致的"三色玉"或"四色玉"也不错。

总的说来，应该牢牢记住下面四句口诀：先查裂纹防致命，瑕疵要少工要精，大小不符难成交，"有种有色"方精品。

693. 什么是"劏肚玉镯"和"劏肚纹"？

在广东省一些玉器产地，将一批玉镯产品中为数极少，从正面和反面观察看不出任何裂纹，而从内侧或外侧(或内侧和外侧同时存在)却发现一条长达数厘米甚至超过 10cm 的玉纹(多为或明或暗的玉石分层界面)，这种玉镯称为"劏肚玉镯"，意即好似一条鱼的肚子被劏开了一般。如果这种方向的玉纹长度只有 1～2cm，就称为劏肚纹(由于影响美观，玉镯也要降价而被排除在"全美"玉镯之外)。

这种比较严重的原生玉纹，虽然不属碰撞形成的裂纹，玉镯也照样可以使用很长时间而不会断裂，但却影响了玉镯的美观，使人看了产生一种不舒服感，所以内行都把这种玉镯当次品看待，其售价仅及同质的全美玉镯售价的 1/3 以下，甚至要作为次品而以特低价出售。

值得注意的是，这种"劏肚玉镯"的缺陷之存在，往往是比较隐蔽的，毫无经验的买主常常不易发现，有时就不免要"交学费"了。

694. 如何区别玉镯上的玉纹和裂纹？

玉器商人有一句口头禅："无纹不成玉"。例如当你在挑选玉镯发现有纹时，老板便会用这句口头禅来说服你。其实，老板说的也并非没有道理，如用 10 倍放大镜或用肉眼仔细观察一个玉镯时，有些小小的玉纹(又叫玉筋或筋渣)是不足为奇的，这些玉纹除有损玉器的美观外，对坚固性是影响甚微的。

裂纹则是另外一回事了，它是在玉石开采、运输、加工或保管过程中，由于爆炸、敲击、震动或跌撞而形成的次生裂隙，这些裂隙常具有明显的裂口，甚至用指甲即可刮碰到。有了这种裂纹的玉器，几乎成了废品，是没有经济价值的。另有一些裂纹是看得见而摸不着的，裂纹的颜色往往是黑色或黄褐色的，有了这种裂纹的手镯，虽然不会马上裂开，但却潜伏着容易断裂的危险，尤其影响美观，给人一种不完美和不痛快的感觉，是很难销售出去的。

695. 选购玉镯时，买单只好还是成对的好？

一般玉雕厂生产的玉镯，大多数是颜色、透明度不同和圈口大小、条径粗细各异的单个产品。而颜色、透明度、光泽、圈口及条径完全相同的配对玉镯是很少的，所以成对玉镯的售价是要高于购买单只玉镯价的两倍的。究竟购买单只的好，还是选择成对的好，要看具体需要和经济条件而定。一般说来，若一个人有能力购买两只玉镯，还是选购品种和颜色不同的单只轮换佩戴较好；如若作为很讲究的大礼馈赠稀客嘉宾，则用精致的“对镯盒”装上有如天生的一对玉镯当然是最理想的了。假如是一对孪生姐妹，选购具有同样花纹（如翠绿或翡红）的“对镯”，然后每人各佩戴或收藏一只，也是别有情趣的乐事。

696. 选购玉镯时，如何测试圈口大小？

在选购玉镯时，要测试你需要戴多大的圈口并不难，主要有两种情况：

(1)购玉镯者本人在场时，只要将玉镯能戴入 4 个长手指（即大拇指除外）至“虎口”处，感觉稍紧一些，然后将玉镯取下，测量一下内径，例如刚好是 55mm。那么，这个尺寸就是你适合的圈口了。如果你喜欢松一点，就再加大 1～2mm，便可轻易地戴上或取下了。有人喜欢戴小一些的玉镯，甚至戴上就不打算再取下来，那就可将上述尺寸再减少 1～2mm，并当场试戴。试戴时涂些洗洁精或肥皂水在手上，请别人帮忙，用大力将玉镯戴进手腕即可。

(2)购货人本身不在场时，最好知道其本人所需玉镯的尺寸大小；或与卖主说明，如大小不适合时允许更换，否则不宜盲目选购。有些人在家中用小绳将手腕围一下，然后请别人带着小绳去选购玉镯，这样是很难准确的。

697. 玉镯的颜色与佩戴者的年龄有何关系？

总的说来，年轻人喜爱偏浅色调，中老年人则喜爱较深色调的玉镯。

先说翡翠玉镯，在一般情况下，青年女性多喜爱有红有绿的芙蓉种、浅绿花青种和艳丽的紫罗兰玉镯。中年女性则喜爱浅色的绿豆青、油绿和浓艳的紫罗兰玉镯。老年人最喜欢紫罗兰或翡红加上翠绿和白色的“福、禄、寿”三色玉镯；经济条件较差的则喜爱偏暗绿的绿豆青、油绿和瓜皮绿等绿色玉镯。此外，具有明显翠绿的白地青玉镯几乎受到普遍喜爱。而在老中青年女性中，又都有偏爱无色透明的玻璃种玉镯者，但只是少数人而已。

再说由新疆所产软玉中的羊脂白玉或河南汝阳所产的黑底色梅花玉手镯，因颜色趋于单一，除梅花玉的花纹有不同外，对基本色调几乎无可选择，故老中青年女性均有偏爱者或完全不喜爱者。

698. 如何佩戴和保护玉镯？

用翡翠、各种软玉或玛瑙等做成的玉镯虽然都比较坚硬，但都具有脆性，容易碰裂或跌碎。一只珍贵的翡翠玉镯如果妥善保护,不受跌撞,即使佩戴几十年也不会断裂,但若与硬物碰撞或跌落在硬地板上,则半秒钟便会遭到破损。因此,玉镯的圈口不宜太小,以免强行戴上或取出时被坠地损坏。在大多数情况下,每人仅戴一只玉镯,宜将其戴在很少干重活的左手上,而将手表移至右手。例如有位女士误将一只价值几千元的翡翠玉镯戴在右手腕上,当她做家务(剁排骨)时,玉镯撞在砧板上,立即断成两段,后悔也来不及了。如系用左手干重活的"左撇子",则将玉镯戴在右手为宜。

699. 翡翠玉镯被碰裂或跌断了怎么办?

翡翠是属于一种特殊的"毡状构造",所以它具有良好的坚固性,如不与硬物撞击,是不容易破裂的。

当玉镯被碰或跌裂时,若裂纹不严重,还可以继续佩戴。如果裂纹十分严重或被跌断为两截时,便可视该玉镯的贵重程度,采取在断裂口包金或包银的方法加以处理。如被跌断为三截或更碎时,则不能再包金或包银,但若玉镯中有明显的翠绿段(或较大的翠绿点),则可用来加工戒面或吊胆、玉辣椒之类的小挂件。无翠绿的,则可用于加工观音或玉鱼等。

700. 怎样选购翡翠挂件?

所谓翡翠"挂件",主要是指三种光身件(玉扣、鸡心和吊胆)和两种雕件(观音和弥勒佛)。

选购上述挂件时,对种类、规格大小、质量好坏和习俗禁忌方面有很多注意事项,下面只能作扼要介绍和说明:

(1)关于种类和大小的选择。一般说来,鸡心、吊胆和观音适于女性佩戴;弥勒佛适于男性佩戴。但也有例外,如男性喜爱大鸡心、大吊胆和大观音,女性喜爱较小弥勒佛的情况也不足为奇。玉扣适合男女老少佩戴,但男性偏爱大扣(30mm 以上),女性和小孩偏爱中、小扣则是普遍规律。

(2)关于质量好坏的要求。一般说来,玉扣、鸡心和吊胆等光身挂件不允许有裂纹。玉雕厂在选料时也会注意这一点,即"有裂不做光身件",因为光身件无任何花纹可以遮挡,即使做出成品也很难售出。与此相反,观音和弥勒佛则往往有或明或暗的裂纹或玉纹存在,即所谓"无纹不做雕件"。具体要求是,单面观音和弥勒佛的正面不能有裂纹或玉纹,反面则允许有暗藏的裂纹或玉纹。当然,价格较昂贵的中高档雕件是不允许有裂纹的;双面观音和双面佛也不允许有裂纹。

另外,如有脏点和石花,也要降等或列入次品。

(3)关于习俗和禁忌。首先,婴儿和幼童由于皮肤娇嫩,不宜选购配金属梅花扣的挂件,惟有玉扣不需用梅花扣,故最适合。其次,有些迷信观念较强的人,他们曾经抽签问卦不允许佩戴观音,故决不肯选购观音了。

701. 单面玉佛或玉观音的反面为何常雕一片树叶图案?

在单面玉佛或玉观音的反面,常可见到雕有一片小树叶或一条小鱼的图案,是为了掩盖玉器反面本来很容易被看到的玉石原料上的原生小裂纹。这种小裂纹对玉器的坚固性并无大碍,只是影响美观,故沿着小裂纹雕成树叶的叶脉或小鱼的外形,裂纹就不明显了,而且玉器反面有一个小图案也更增加了艺术性,所以这对行家来说,已经是公开的秘密,司空见惯,不足为奇了。但对于价格较高(如在几百元以上)的观音或弥勒佛,就不允许存在这种裂纹了。

702. 双面观音和双面弥勒佛为何大受顾客欢迎?

由于单面观音和单面弥勒佛挂在胸前很容易被翻转过来,就显得很难看了。双面观音和双面弥勒佛则正反面都一样,所以大受顾客欢迎。如果能用正反面两种颜色(如一面翠绿,另一面为翡红或紫罗兰色)的翡翠原料来制作双面观音或双面弥勒佛,就能起到一玉二用的效果,其身价就会加倍提高。

703. 弯弯的玉鱼是如何做成的?

在广东等地一些玉器店里,常见到一些长约 4～6cm 的弯曲的小玉鱼(广东人叫“生鱼”,其他省区叫“乌鱼”或“柴鱼”)。这些小玉鱼弯曲的弧度很自然,其中有些玉质极佳(透明的玻璃种或冰种)、颜色美观(有翠绿花纹、紫罗兰色或浓淡不一的翡红以至金黄色,被加工成金色鲤鱼),颇受人们喜爱。这种玉鱼的售价,每条约为数十元至百元以上。这些弯曲的玉生鱼或玉鲤鱼是如何做成的呢?原来在一些加工缅甸翡翠玉镯的玉雕厂或玉雕专业户家中,常有一些在加工过程中不慎被弄断的玉镯小段碎料,其中有些玉镯如不弄断的话,其价值常在数百元至一两千元以上,一旦弄断了,除极少数透明而有浓翠的可制作翡翠戒面外,其他绝大部分便成了废料。一些爱动脑筋的专业户,便将这些废料买回来,利用玉镯原来的弧度,加工成弯曲的玉鱼,这些大小有别、长短不一、造型活泼、别有情趣的小玉鱼,既可作项链挂件或耳饰,又可作宠物收藏,加之佩戴玉鱼又有“年年有余”的吉祥寓意,更为商界女性所钟爱。而一只价值上千元的玉镯废料(碎料)只能加工成 3～4 条小玉鱼,因此,每条玉鱼的售价在百元左右也就不足为奇了。

704. 怎样选购翡翠玉戒?

选购翡翠玉戒时,要分别注意下列几点:

(1)马鞍戒指:首先要观察戒指四周有无裂纹或瑕疵;再看大小是否适合;然后看马鞍面上的翠绿或翡红是否全翠或全红,如属局部翠或红,其色应位于中央而不能偏于一端;最后看整个戒指的工艺是否精良,包括其内侧是否已抛光等。

(2)小圆戒:同样要首先检查有无裂纹或瑕疵,再试(或量)大小,最后看玉质是否通透,工艺是否精致。

705. 怎样选购翡翠戒面?

选购各种翡翠戒面，要分别注意下列几点：

(1)马鞍戒面：造型要美观，长宽比例要协调，并不宜太薄，玉质要通透，最好要全翠绿，正反面检查无裂纹、无瑕疵。

(2)蛋形戒面：造型要美观，厚度要大一些(即呈半个蛋一般的凸起)而不宜像铁饼一般扁平(扁平是由于玉料片太薄所致)，正反面检查无裂纹、无瑕疵。

(3)榄尖戒面：造型要美观，长宽比例要协调，无裂纹、无瑕疵。

(4)长方形戒面：条件同前；要注意厚度不宜太薄，以免镶嵌时被损坏。

706. 什么是戒指的"手寸"?

戒指的手寸是选择戒指大小的依据。每个人手指的粗细不同，在选择戒指时，其指环的大小应与手指的粗细相吻合。国内、国际制定的指环标准就是手寸。

我国现行的手寸是以号来表示的，最小是 5 号，最大为 35 号。普通人的使用范围在 8～28 号之间，号与指环直径的对应关系见表 5-8。

表 5-8　手寸号与直径尺寸对照表

号数	直径尺寸(mm)	号数	直径尺寸(mm)	号数	直径尺寸(mm)
8	15.2	15	17.3	22	19.6
9	15.5	16	17.6	23	20
10	15.7	17	18	24	20.3
11	16	18	18.3	25	20.5
12	16.4	19	18.6	26	20.8
13	16.7	20	18.9	27	21.1
14	17	21	19.2	28	21.5

707. 购买翡翠戒面比戒指有何优越性?

当前，要求购买翡翠戒面的人(男性需求马鞍戒面或方形戒面；女性需求蛋形戒面或榄尖戒面)远比要买翡翠戒指的人要多，这主要有两个原因：

(1)买翡翠戒面可以用 18K 黄金或 18K 白金来镶嵌，更显高贵典雅，用金镶玉又能使翡翠戒面得到保护而不易破损。

(2)戴玉戒指不仅在干重活或骑单车时容易碰断，而且式样也太简单，不如翡翠戒面可以与小钻等一起镶嵌成各种式样的"镶宝玉"戒指。

708. 佩戴戒指有何讲究?

戒指一般不宜随便乱戴，按习俗，它戴在各个手指上所含意义是不同的。这是一种沉默的语言,也是一种讯号或标志。所以在佩戴时要细心考虑,以免闹出笑话来。

(1)大拇指:一般不戴戒指,如戴,即表示正在寻觅对象。

(2)戴在食指上:表示想求婚。

(3)戴在中指上:正在恋爱中,即已经有了对象或已订婚。

(4)戴在无名指上:表示已订婚或已结婚。

(5)戴在小指上:表示独身主义或已离婚。

有人用更简单的“追、求、订、婚、离”5 个字,说明将戒指分别戴在 5 个手指上的含义和暗示。但这只是一般习俗的说法,并不强求遵循,只是有时容易使人产生错觉,发生误会,甚至失去寻找意中人的良机,所以值得讲究。

709. 怎样选购耳环?

选购耳环首先要了解佩戴者是否有耳(环)孔,有耳孔的应选择插针式或套装式结构的产品。如尚未穿耳孔,且今后也不打算穿耳孔,则应选择螺钉式、弹簧夹式或磁性耳环,以便利用压力、弹力或磁力把耳环固定在耳垂上。

耳环的选择与年龄、脸型、肤色及服装都有关系,必须适当考虑。如中、老年妇女可以选择传统款式优质耳环,年轻姑娘则应选款式新颖别致却不一定很贵重的耳环。圆脸最好选择垂吊式耳环;长脸则应选大一些的不规则款式。白皮肤应选较深色耳环;深肤色者则以淡色耳环为宜。至于着不同服装时要搭配不同形状和颜色的耳环,则最好能有多几套耳环,以配合服装的更换。

710. 怎样选购玉石项链?

目前,国内珠宝市场(包括各地举办的珠宝展销会)上,翡翠项链还很少见,即使偶尔有几条中低档的翡翠项链,由于其价格偏高而很少有人问津。倒是用国产玉石中的岫玉、芙蓉玉、虎睛石、孔雀石、天然玛瑙或染色玛瑙等玉料制成的玉石项链几乎到处可见,而且数量及品种较多,售价也不高。只是这些项链的工艺较粗糙,质量参差不齐,必须认真选购,才能买到价廉物美的好货。具体注意事项如下:

(1)要注意项链的长度和珠子的颜色及颗粒大小,结合自己的年龄和爱好来挑选。

(2)要注意珠子的质量(包括玉质和加工工艺水平),如系等粒的珠链,应检查有无某一粒偏大或偏小,如有明显偏大偏小现象,且不止一粒,则这条项链应属次品,如系靠链扣两端小而中间渐大的塔形链,则要注意整条链上的珠子是否有突然变大或变小的现象;如属有隔珠的项链,则要仔细检查每两颗珠子之间的小隔珠是否缺损;此外,要检查每粒珠子的圆度和完整程度,包括是否有裂纹和瑕疵等。如笔者的一位朋友,前两年在未经细看的情况下购买了一条翠绿色的孔雀石项链,回家后发现 48 颗珠子中竟有近 20 颗是有裂纹或缺陷的,虽然孔雀石本身具脆性,加工过程(琢磨及打眼)中易崩裂,但这条项链简直就是一条残次品,买主只得暗叹上当。

(3)要注意链扣的形式和质量,国内玉石项链扣的形式较常见的有螺丝扣(黄铜质或白色塑料质)和卡扣两种,一般以螺丝扣较安全耐用;卡扣除非是优质的,否则常易损坏。

711. 绿松石的加工和保养应注意些什么?

由于绿松石怕高温,故在加工过程中不能直接用火烘烤,以免因温度过高而引起褪色或爆裂。

由于绿松石颜色娇嫩,耐酸性能差,怕污染,故应避免与肥皂水、油污、化妆品、香水和铁锈等接触,以防这些物质沿孔隙渗入而使绿松石变色。

712. 怎样鉴别和选购水晶首饰?

水晶的颜色品种很多,与它相似的宝石品种也不少。如无色水晶与钻石、黄水晶与黄碧玺和黄宝石(黄玉)、紫水晶与萤石和玛瑙等都有相似处。此外,人造水晶和玻璃也可与水晶混同。不过,这些与水晶相似的宝石中,除萤石和玛瑙外,价值都高于水晶,因而水晶往往成为它们的代用品,而它们不会成为水晶的代用品。

与水晶相似而又常常冒称水晶的主要是萤石和玻璃。鉴别方法是:

(1)水晶与萤石的区别:水晶的硬度为7,密度为$2.65g/cm^3$,而萤石的硬度为4,密度为$3.18g/cm^3$。

(2)水晶与玻璃的区别:水晶有凉感,无气泡,有微裂纹,而玻璃有温感,用10倍放大镜可找出小气泡,却无裂纹。

最常见的水晶首饰是水晶项链,选购水晶项链时,一要试它是否有凉感(放在脸上试或用舌尖舔,在冬天区别更明显),有温感的是玻璃。同时,必须注意水晶项链珠上无气泡,却可找出微裂纹或绵绺来,而人工合成水晶项链用10倍放大镜往往可找到气泡,却找不出裂纹及瑕疵来。

713. 怎样选购玛瑙原料和玛瑙首饰?

工艺美术上要求玛瑙颜色鲜艳、纯正、明快、色层厚,表面光洁,透明度高,纹饰明晰、均匀,线性程度好,无裂纹或裂纹少,短浅,这就是选购天然玛瑙原料时要多加注意的几个方面。

玛瑙首饰常见的有项链、手镯、手链、鸡心和吊胆等,选购时除必须无裂纹外,基本上与上述对玛瑙原料的要求一样。而对最常见的玛瑙首饰——项链来说,还要注意珠子的大小是否均匀,珠身是否完美,珠眼是否端正等。

714. 怎样选购梅花玉手镯?

梅花玉原料的惟一产地在河南省汝阳县,梅花玉手镯的加工生产地主要是河南南阳市、镇平县和汝阳县。

梅花玉手镯的形式主要为圆条镯和少量的复镯(扁镯)两种;手镯的口径(内径)一般仅有大、中、小 3 种规格,大者 64～70mm,中者 61～62mm,小者 56mm 左右;大、中、小号玉镯的条径分别为 11～12mm、9～10mm 和 7mm 左右。

选购梅花玉手镯主要应注意下列 3 点:

(1)先着眼于挑选自己喜爱的底色(有黑、红和绿色 3 种)和花纹(颜色有红、绿、白 3 种;花纹结构种类繁多)。

(2)细心察看有无裂纹,但由于梅花玉颜色偏黑,有些裂纹难以发现,故看完后要再用指甲在手镯表面刮动、检查,感到有阻力处必定有裂纹或其他缺陷。

(3)注意是否有掉块后形成的小洞,因梅花玉是多种矿物充填在气孔中而形成的杏仁状构造,在加工制成手镯时,少数杏仁状充填物会从孔洞中掉出来而留下小的空洞,这种有空洞的手镯就是次品。

715. 怎样选购玉石健身球?

在我国珠宝市场所见的玉石健身球,主要由下列几种玉石磨制而成:数量最多的是岫玉和汉白玉(即大理石);其次有木纹玉和梅花玉,也有用低档独山玉磨制的。除花纹很美的梅花玉健身球价格较高外,其余几种售价都很低廉。

选购玉石健身球有以下两种方式:

(1)选购两只大小、颜色、花纹和透明度都完全一致的“孪生球”。这会使你时刻都感到一种和谐美。

(2)选购球体一大一小(直径相差不大,能看出大小之别)、颜色一深一浅的所谓“公母球”或、“阴阳球”,这样也符合服装行业所谓“不对称美”的新潮观念。

716. 如何正确理解和运用“灯光底下不看玉”这句行话?

中国有句俗语:“灯前美玉,月下美人。”意思是说:在灯光底下看玉和月光底下看人都会觉得比较美,但并不一定真正美。所以有人干脆就绝对化地主张“灯光底下不看玉”。笔者多年的实践经验证明,最好的方法是既在灯光下看玉,又在日光下看玉,二者结合对比,就能取得正确判断和满意结果。其原因是在灯光下看玉既有缺点也有优点。

缺点是:在灯光下看玉会显得很美,即会将玉的档次提高。尤其是看紫罗兰的玉器,本来淡紫会变得较浓;本来较浓的会紫得更加可爱。但将同一件玉器在普通日光下看,又会感到马上降等甚至大失所望。所以必须在两种环境下对比来看。

优点是:灯光明亮,对玉器上的大小裂纹和玉纹以及脏点、石花等瑕疵都能看得比较清楚,不致买回残次品。如果在没有照明灯光的情况下买玉器,最好备一支聚光电筒。

717. 首饰的光泽为何会变暗淡,如何防止?

首饰的光泽暗淡是由多种原因引起的。首先,有可能是受到某种化学物质的侵袭，如强烈的油烟气、酸气、硫化物等，这些物质在工厂、实验室和饭店较多。只要用肥皂水清洗一下，光泽就会复原。

防止首饰光泽暗淡最好的办法，就是注意保养，使首饰尽量少摩擦和避免接触有关物质，并宜常清洗，以减少污垢。

718. 玉器商店的玻璃货柜中为何要放置一杯清水？

在许多玉器商店中，一些有经验的老板或售货员，都会将盛有清水的精致小瓷杯或玻璃器皿悄悄地放进每个摆满玉器的玻璃柜内，这是为什么呢？

笔者采访了几位老行家，比较一致的说法是：所有的玉器在抛光后的最后一道工序是“打蜡”（也叫“煮蜡”或“上蜡”），以增强玉器的光泽，并掩盖一些轻微的裂纹等瑕疵。而蜡的熔点很低，在玻璃柜内放一小杯清水的目的，就是使柜内保持适宜的温度和湿度，以避免或减少玉器上蜡粉的融化。

719. 在玉器选购中，“讲价不如挑毛病”这句行话真的灵验吗？

每一个选购玉器的买主，尤其是想转手赚钱的老板们，谁都想将玉器价格压低，以便能赚多一些钱。然而，事情并非那么简单，不少玉器商人往往把粗工誉为精工，次品当成正品出售，这就有赖于我们的经验和慧眼，才能将玉器价格压至最低或较低，并使自己有利可图。

珠宝界有一句老话：“黄金有价玉无价”，意即翡翠玉器价格的弹性是很大的。当你发现玉器上有裂纹或其他瑕疵，并能准确地指出来，则只要你真的有心购买，卖主就可以大大地降低售价。相反，如果你看中了某件玉器，并未仔细观察，出价又不被卖主所接受，那么，即使你和老板软磨硬磨，或是一点点加钱给他，也肯定无济于事。

据笔者所见或亲身体会，认为在挑选玉器时，必须善于挑毛病，并能迅速作出反应，才能促使货主自动降价。

玉器可粗分为光身和雕件（花件）两大类。光身包括玉镯、玉扣、鸡心和吊胆；花件包括各种寓意吉祥的花牌、观音、佛公和生肖牌等。

总的说来，光身玉器不允许有裂纹。例如玉镯，常见其上有横纹（多为断裂纹）、纵纹（也叫㓥纹，多为天然的玉纹），凡有明显玉纹的（能看见，但不碰指甲）都要减价；有明显横裂纹的属于次品或废品，价值很低。

按一般规律，人们往往将有裂纹的玉片用来加工花件（花牌），有所谓“无纹不做花件”的说法。因此，就需要在雕琢过程中用花纹来掩盖裂纹（行话叫“避裂”），但裂纹较粗时很难避开，在灯光下一照即可显出来，因此可作降价依据；灯照而难以发现的微裂纹则可忽略不计。

对于玉器上的裂纹或玉纹，玉器商人的解释是“玉器无纹，天上无云”，即裂纹很难避免，但这是他们站在卖主角度所作的辩解，也不是毫无道理的。而对于买主来说，有裂纹的玉器只能当作降价或淘汰出局的对象。

720. 年轻姑娘宜戴什么玉器首饰?

中华民族是一个爱玉的民族，无论是对古代的皇家贵族，还是今天的普罗大众，玉器都以其吉祥珍贵的特质而深受宠爱。时下的年轻姑娘更是垂青于玉器首饰那种冰清玉洁的感觉。但玉器首饰的种类繁多，不可数计，年轻姑娘们又该如何选择呢?

首先，玉器首饰应选择缅甸翡翠玉加工而成的首饰为佳。因为优质翡翠的颜色翠绿艳丽，光泽夺目，且坚固耐用，故翡翠有“玉石之王”的美称。

翡翠玉器的价格并不是都很昂贵，姑娘们可以根据自己的经济能力选购不同档次的下列一些品种：

(1)玉镯(又称手环)：玉镯的形状分圆形和椭圆形(俗称鹅蛋镯或贵妃镯)；条子则有圆条和扁条之分。年轻姑娘多数喜爱扁而窄条子的圆形玉镯；对圆条的则只偏爱条径小(直径 6mm 左右)的所谓柔姿镯。对玉质则钟意通透而纯洁，颜色则以淡绿色或紫罗兰最受欢迎，如有少量艳绿色的真翠，则更是锦上添花了。

(2)挂件：有种(通透晶莹)有色(指翠绿色，不一定要求全翠绿，哪怕是一条色筋或一个翠点也好)的玉扣、鸡心或算盘子；小巧玲珑的翠观音或翠胖佛都很适用。

(3)金镶玉的女庄戒指：可以选购规格较小的翠蛋面(如 6mm×8mm 的蛋形戒面)或榄尖形翠戒面等。

721. 为什么中学生不许佩戴首饰?

原国家教委在 1988 年 8 月颁布的《中学生日常行为规范》的第一条第一款中明文规定：“中学生不许戴首饰”。这是因为中学生正处于学习求知时期，要把精力集中在学习上。如果佩戴各种首饰，势必会分散注意力，影响学习。还可能养成追求打扮的不良习惯。另外，中学生正在成长发育时期，器官尚未成熟，皮肤也很娇嫩，抵抗力亦较弱，戴首饰难免引起多种首饰病，不利于健康和发育。

第六章

珠宝之最

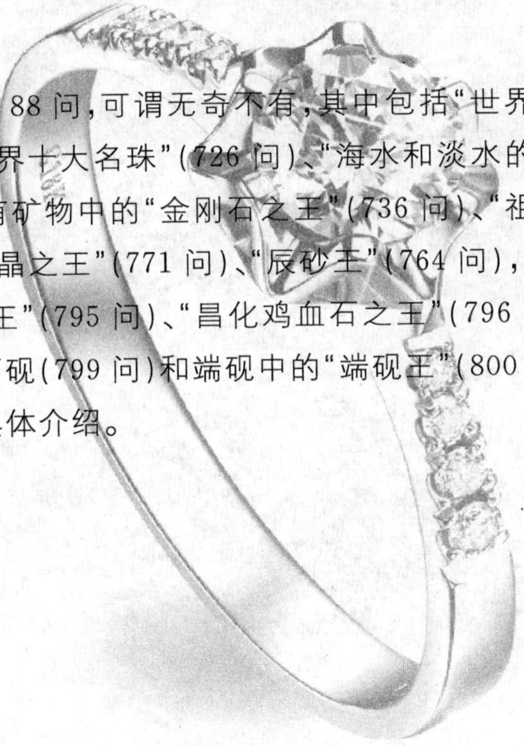

本章共有 88 问,可谓无奇不有,其中包括“世界十大钻石”(737 问)、“世界十大名珠”(726 问)、“海水和淡水的珍珠之王”(725 问);还有矿物中的“金刚石之王”(736 问)、“祖母绿之王”(759 问)、“水晶之王”(771 问)、“辰砂王”(764 问),以及印石中的“田黄石之王”(795 问)、“昌化鸡血石之王”(796 问)、连同砚石中的最大石砚(799 问)和端砚中的“端砚王”(800 问)等等,在本章中都有具体介绍。

722. 世界第一金币有多重？

据新华社电，奥地利铸币公司 2004 年 10 月 5 日正式发行 15 枚各重 31.1kg 的“维也纳爱乐乐团”金币，以庆祝该金币首发 15 周年。该金币直径 370mm，厚约 20mm，用含金量为 99.99%的黄金铸造，其面值 10 万欧元。据称，此种金币只发行 15 枚，每枚售价高达 33 万欧元，目前已有 13 枚售出。

已有 800 年铸币史的奥地利铸币公司于 1989 年 10 月首次发行重 31.1g 和 7.8g两种“维也纳爱乐乐团”金币。“维也纳爱乐乐团”金币被全世界的金币爱好者广泛收藏。

723. 我国第一座“黄金珠宝大厦”建在何处？

据《今日信息报》宝玉石周刊 2001 年 9 月 22 日周慧民、刘书兰报道：建于深圳市沙头角保税区的我国第一座“黄金珠宝大厦”已于日前落成。该大厦建筑面积 $4.2\times10^4 m^2$，集珠宝首饰生产、加工、批发、交易为一体。据业内人士称：它将成为我国内地珠宝首饰业加工、交易、价格形成中心，成为我国珠宝首饰业的龙头以及国内珠宝业与世界交流的“窗口”。

深圳市现有珠宝企业 700 多家，黄金、铂金首饰的加工量约占全国加工总量的一半以上；出口加工额达到 13 亿美元，其中尤以沙头角保税区为龙头。深圳毗邻港、澳，有着地理优势，黄金珠宝首饰业已成为深圳市的朝阳产业。

724. 山东招远为何被授予“中国金都”称号？

据《今日信息报》宝玉石周刊 2002 年 2 月 28 日金中报道：最近，中国黄金协会将“中国金都”的殊荣授予了山东招远县。这是因为“金都”招远拥有灿烂的黄金文化，自远古到近代，它在黄金采矿和冶炼方面，都走在全国黄金生产的前列，它拥有全国最大的黄金矿田，最多的黄金储量，最高的黄金产量。自 1949 年建国以来，已累计向国家交售黄金近 600 万两。黄金生产连续 26 年居全国县级市之首。2001 年，实现黄金生产 80 多万两，占全国总产量的 1/7。

725. 世界上的“珍珠之王”有多大？

在国际市场上，超过 6g 的大珍珠就会闻名于珠宝界，并载入史册。

英国伦敦大英博物馆收藏的一颗重 86g、名为“希望之珠”的大珠；收藏在北京的慈禧太后珠冠上一颗重达 125g 的大珠，在不少人的心目中，早已感到吃惊了。其实，大得更加惊人的“珍珠之王”是 1934 年 5 月 7 日采自菲律宾巴拉旺湾，后来被命名为“真主之珠”的巨珠，它高达 24cm，宽 14cm，形状奇特，竟有6 350g。这颗空前巨大的奇珠，是一位酋长的儿子到巴拉旺海湾游泳时用他的生命换来的。因为他的右手被一只巨蚌紧紧夹住而与巨蚌一起沉入海底。当人们打捞他的尸体时，才意外地从巨蚌中发现这颗巨珠。这一消息很快地传到许多国家，成为轰动世界的新闻。1936 年，这颗“珍珠之王”成为考古学家柯伯的财产。1971 年，它的标价是 408 万美元。后来,它被收藏在美国旧金山一家银行的金库中。

726. 世界“十大名珠”是哪些?

关于世界“十大名珠”,各家资料略有不同,现据《中国宝玉石》杂志 1993 年第 3 期的资料介绍如下。

(1)“真主之珠”(又名“老子之珠”):1934 年产于菲律宾巴拉旺湾的一只巨贝中,重 6 350g,直径 14cm,是世界珍珠之“王”。

(2)“夏梭菲珍珠”:产于斯里兰卡珠母贝中,重 32g,藏于伊朗王室。

(3)“南方十字架”:1986 年在澳大利亚西部的白蝶珠母贝中培育出来,它由 9 颗附壳珠连成一体,因呈十字架形而得名。

(4)英国博物馆藏金冠上的大珠,重 86g。

(5)1957 年,日本船“喜洋丸”在阿拉夫海一只百蝶珍珠贝中采到一颗珍珠,直径 25mm,重 12g,被列为世界第 5 名珠。

(6)法国王冠上的“女王珍珠”,被视为“无价之宝”,1792 年被盗,下落不明。

(7)帝俄王室珍藏的“拉勒简特珠”,重 21.6g。

(8)俄罗斯博物馆藏一颗标准圆度珍珠,重仅 5.6g,但因其绝佳的光泽而被视为珍品。

(9)存放在德黑兰宫殿中的一颗名叫“孔雀王座”的梨形珍珠,呈黄色,重 12.8g。

(10)“真主珠”:1980 年 5 月 15 日在美国奥克兰以 20 万美元的高价售出。

727. 世界上最大的人工养殖珍珠有多大?

据 1990 年 10 月 30 日的《宝玉石信息》报道:1987 年,在泰国的一个珍珠养殖场,发现了一颗奶油色珍珠,直径达 40mm,重 30g,堪称世界上最大的人工养殖珍珠。

728. 世界最大的淡水天然珍珠有多大?

据阎一宏女士在 1997 年 2 月 28 日的《全国宝玉石报》(总第 142 期)报道:

1987 年冬,一位李姓珠农在太湖畔购买母蚌时获一巨蚌,打开后发现蚌内有一巨大珍珠,其形状奇特,被想象力强且富迷信的农民尊称为“太湖神珠”。

1997 年 2 月 13 日,北京高德珠宝鉴定研究所为这颗巨型淡水天然珍珠出具了鉴定报告。

这颗珍珠扁椭圆形,重达 194.81g,体积 65mm×62mm×30mm,颜色微黄间白,光泽晶莹。据鉴定为多颗独立珠组成的聚珠。

高德珠宝鉴定研究所的有关专家分析认为,这颗巨珠是由一只 15 年以上的褶纹冠蚌(俗称河蚌)孕育而成。其形成过程是由河蚌的外套膜外侧细胞变异形成很多珍珠囊,分泌珍珠质聚合而成的,故外形奇异。

参加鉴定的专家们认为：该淡水天然珍珠体积巨大，珠形奇特，世界罕见，颇具收藏价值，并建议申报世界吉尼斯纪录。

729. 世界最昂贵的珍珠项链有多贵?

当前，尽管珍珠养殖业在不断地发展，产量在增加，但真正高质量的珍珠产品却是少而又少。在每次国内外大型珠宝拍卖会上，高质量的珍珠首饰都能吸引腰缠万贯的买主。1992 年 10 月，一串由 23 粒圆形南洋珍珠组成的优质项链，在某拍卖会上以 231 万美元成交，平均每粒珠价值 10 万美元，实属罕见。

730. 使用珍珠最多的珍珠衣产于何地?

1952 年，一位美国女人穿出一件珍珠衣，手持一个珍珠包，共用珍珠 10 万粒，当时价值为 90 万美元。因而在当时，珍珠时尚被美国推向了世界的顶峰。

731. "中国珍珠第一村"在何处?

广东省湛江市所属雷州市流沙镇是我国养殖海水珍珠最早的乡镇，被誉为"中国珍珠第一村"。该镇 75％以上的劳动力从事珍珠养殖产业，养殖水域面积达 7 000亩，有珠蚌孵化场 100 多家，在我国养殖海珠产量中占有较大的份额。

732. 苏州"真珠舍利宝幢"是一件怎样的珍宝?

真珠舍利宝幢是我国最早的珠宝艺术品，它用 32 000 颗珍珠以金银嵌宝石编串而成，其上的珍珠颗颗浑圆温润，灿烂晶莹，是世上罕见珍品。

真珠舍利宝幢是 1978 年在江苏苏州西南部一座光宝寺古塔"天宫"内发现的。它被置于双层木函之中，外函油黑漆，面壁白漆楷书"瑞光院第三层塔内真珠舍利宝幢"。内函四壁彩绘"四大天王"，内壁墨述"都勾当方允升妻孙氏十娘"等题名和"大中祥符六年四月十八日记"题记，证实为北宋遗物。

真珠舍利宝幢的主体用楠木构作，通高 122.6cm，由须弥座、佛宫、刹顶三部分构成。宝幢选材名贵，构思独特，造型优美，综合木雕、玉雕、穿珠、金银细工和描金等技术，凝聚着作者们的智慧、技艺和心血。

宝幢是一件稀有而珍贵的宗教艺术品，也是反映我国古代文化的稀古珍品。现藏于苏州博物馆。

733. 最早发明养殖珍珠的国家是日本还是中国?

由于日本的御木本幸吉申请珍珠养殖专利(发明权)于 1916 年 5 月 1 日在日本被批准，且他本人因在珍珠养殖业作出了巨大贡献，而被称誉为"珍珠之父"。然而，据史料记载，中国发明养殖珍珠的技术却大大早于日本。

据宋朝(公元 960—1279 年)庞元英所著《文昌杂录》称："礼部侍郎谢公言，有一养珠法：以令所作假核，择光莹圆滑者，取稍大蚌蛤，以清水浸之，伺其口开，急以珠投之，顿换清水，经两秋即成真珠矣。"庞元英的记载清楚表明，我国在宋朝就能生产有核珍珠，且"珠核"是用贝壳制造的，养殖两年后即可收珠。这表明，中国养殖珍珠比日本的“珍珠之父”还早七八百年。

734. 什么是“亚洲之珠”?

1628年,在波斯湾采到一颗大的天然名珠,重达605ct(121g),被命名为“亚洲之珠”。在当时,这是世界上最大的珍珠。

100多年后,亚洲之珠由一位波斯国王送给了清朝的乾隆皇帝。1799年乾隆驾崩时,此珠殉葬于乾隆墓中。大约在1909年,八国联军占领北京时,此珠从墓中被盗出,于1918年在中国香港市场上出售,被法国神父买去,现存于法国。

735. “南方十字架”是一颗怎样的名珠?

“南方十字架”是一颗由9粒附壳珠连成一体的形状奇特的珍珠,由于它呈十字架形而得名。它是1866年在澳大利亚西部的白蝶贝中培育出来的,它在世界珍珠史上负有盛名。传说这颗奇形珍珠卖了13万美元,现藏于梵蒂冈。

736. 世界金刚石之“王”究竟有多大?

关于世界金刚石之“王”——“库利南”的情况,在许多报刊、书本上都作过详细的介绍,这里只提几句,然后介绍一点与“库利南”有关而鲜为人知的资料,以说明它究竟有多大。

1905年1月某天,在南非(阿扎尼亚)的普列米尔金刚石矿采场上,一个资方代理人在无意中发现了一个并不完整的金刚石大晶体的解理块,颜色为理想的无色透明而带淡蓝,质地极佳,重3 106ct,后被加工成9颗大钻石和96颗小钻石,全归英皇室占有。

有趣的是,过了14年之久的1919年,还是在普列米尔矿,又找到一颗重1 500ct的金刚石大解理块。按重量,它居当时的世界第二位,是一定要单独命名并加大宣传的。但是,人们从它的特征进行了反复研究对比,认为它是与1905年发现的“库利南”属同一晶体,因而例外地未给它命名。也就是说,“库利南”如果没有裂开为两个解理块的话,其总重量至少在4 606ct(3 106ct+1 500ct)以上。

737. 世界十大钻石是哪些?

世界十大钻石的重量都在600ct以上。它们是:

(1)库里南钻石:重3 106ct,1905年发现于南非。

(2)高贵无比净水钻:无色透明,在阳光下略带淡蓝色,重量为995.2ct,1893年发现于南非。

(3)塞拉里昂之星:是砂矿中发现最大的钻石,重968.9ct,1972年发现于塞拉里昂。

(4)莫卧尔大帝:重787.5ct,1850年发现于印度。

(5)卧叶河钻石:钻石无色透明,重770ct,1945年发现于塞拉里昂卧叶河,是河砂中发现的第二颗大钻石。

(6)瓦尔加斯总统钻石：浅蓝白色，重 726.6ct，1938 年发现于巴西。

(7)琼格尔钻石：重 726ct，1934 年发现于南非。

(8)纪念钻石：重 650.8ct，1895 年发现于南非。

(9)无名钻石：重 616ct，1974 年发现于南非，至今尚未命名。

(10)鲍姆格尔德·鲁夫钻石：重 609.25ct，1920 年发现于南非。

738. 世界上最古老的"库希努尔"钻石现在何处?

世界上最古老的一颗大钻石叫"库希努尔"，是 14 世纪初在印度古城朱尔肯达郊区发现的。它原属于印度的一个土王。后来，它落入蒙古大汗巴布尔手中长达两个世纪之久。1739 年，伊朗纳狄尔汗入侵印度，千方百计在印度皇帝的缠头巾中取走了这颗大钻石。后来，这颗钻石落入锡克教徒手中，直到 1849 年，两名英国军官在旁遮普首府的珠宝堆中发现了它，并把它当作礼物献给英国女王维多利亚。女王于 1852 年下令对钻石进行加工琢磨，把原重 186ct 的钻石，加工成 108.93ct 的首饰，价值 4 万英磅。1911 年，这颗钻石镶嵌在皇冠上，该皇冠后称为"母后王冠"，"库希努尔"至今仍在该王冠上闪闪发光。

739. 南非生产的世界最大人造钻石有多大?

南非一家钻石生产企业，于 1991 年制造出一颗世界最大人造钻石，重 14.2ct。在此前，世界最大的人造钻石重量为 11.14ct。

人造钻石是在超高温和超高压条件下，由碳和镍结晶而成的。这颗南非生产的世界最大钻石是在 1 500℃和 60 000 大气压条件下，经过 500 小时制造出来的。

740. 我国产出的巨粒和大粒金刚石有多少?

据不完全统计，1971 年以来，在我国陆续发现了几颗 50ct 以上和 100ct 以上的金刚石，按发现时间的先后排列如下：

(1)1971 年 9 月 25 日，在江苏省宿迁公路旁发现一颗重 52.71ct 的金刚石。

(2)1977 年 12 月 21 日，在山东省临沭县常林大队，女村民魏振芳发现 1 颗重 158.786ct 的优质巨钻，全透明，色淡黄，可称金刚石的"中国之最"，被命名为"常林钻石"。

(3)1981 年 8 月 15 日，在山东郯城陈埠发现一颗 124.27ct 的巨粒金刚石，被命名为"陈埠一号"。

(4)1982 年 9 月，在山东郯城陈埠发现一颗 96.94ct 的金刚石。

(5)1983 年 5 月，在山东郯城陈埠发现一颗 92.86ct 的金刚石。

(6)1983 年 11 月 14 日，在山东蒙阴发现一颗 119.01ct 的巨粒金刚石，被命名为"蒙山一号"。

741. 克里姆林宫钻石馆号称"七奇"的 7 颗大宝石是哪些?

据参观访问过俄罗斯莫斯科克里姆林宫钻石馆的老诚先生在 1998 年第 2 期

《珠宝科技》上的介绍，克里姆林宫钻石馆号称“七奇”的7颗大宝石是：

(1)七奇之首是嵌在沙皇黄金权杖上的“奥尔洛夫钻石”，重189.62ct。这颗钻石原出自印度，当初切割琢磨为两颗眼珠安装在一尊佛像的眼窝里，后失窃落入商人之手。奥尔洛夫伯爵从商人那里购得其中一颗，于1773年献给女皇。

(2)七奇之二为“沙赫钻石”，重88.7ct，在它侧面刻有3行小字，载明不同时期的钻石所有者的名字和年份，具有文物价值。

(3)第三颗是世界上钻面最大的扁平状钻石，如镜子光可照人。

(4)第四颗是398.7ct重的红宝石，嵌在一顶皇冠之上。

(5)第五颗是192.6ct的绿宝石(祖母绿)，号称世界最纯净的绿宝石。12世纪十字军东征时掠自巴勒斯坦，长期收于德国科隆教堂，后来作为礼品流入沙皇宫廷。

(6)第六颗是扁平形的136ct的祖母绿，浓艳绝伦，出自拉美哥伦比亚，西班牙殖民者掠自当地神庙，先流落在印度，几经辗转落入沙俄王室。

(7)七奇之末是一颗蓝宝石，重258.8ct，如海水一样湛蓝、清澈、纯净。百多年前，俄国人从伦敦拍卖市场购得毛石，而后琢磨成100多个棱面的“蓝衣美人”。

742.“珍、翠、金大成殿”是一件怎样的大型工艺品？

山东曲阜孔庙大成殿是孔庙的主体建筑，始建于宋代，清雍正二年(1724年)再建。大殿高24.8m，面阔45.78m，进深24.89m。“珍、翠、金大成殿”就是以大成殿为模本，按1/76的比例缩制而成。

“珍、翠、金大成殿”是一件国家级大型工艺品，整件作品计用黄金4kg，珍珠228 000颗，翡翠板2 088块，钻石988颗，还有大量象牙和红宝石、蓝宝石等材料。作品集玉雕、牙雕、微雕、珍珠工艺、黄金铸造等多种工艺于一体，气度恢弘，精妙超群。从设计到完工花费近4年时间。

大殿中央的孔子全身像用纯足金2kg精铸而成，两侧的孔子门生像均由象牙雕成，雕工细腻，造形逼真。大殿檐柱上共浮雕盘龙72条，以象征孔子所培养教育的为中国历代所称道的72贤人。

最令人惊叹的是设在大殿前的八幅微雕象牙牌。牌上刻有由云南昆明玄安法师用“心想事成”气功法微雕的《论语》及《史记·孔子世家》，其中六幅是《论语》，两幅是《史记·孔子世家》。共计4万多字，字字珠玑，为天下仅有的绝品。

孔子是中国伟大的思想家、政治家和教育家，其思想成就奠定了中国思想史的基础；他开创了辉煌的儒家文化，在中国几千年的历史文化中，始终被尊为“至圣先师”、“万世师表”。

“珍、翠、金大成殿”集珍宝、工艺、文化之大成，包含了弘扬民族精神和纪念孔子的深远意义，因而是一件发千古之宏想的大成之作，也是孔子文化和艺术品相结合的一个光辉范例。

743. 湖南研制的"宝玉地动仪"有何特色?

据《珠宝科技》1994年第2期报道:最近,在湖南研制成功一台"宝玉地动仪"。该地动仪长宽各100cm,高80cm,重100kg。它耗用55kg黄金,17kg铂金,30kg缅甸翡翠组成主体,1万余颗世界各国名贵珍珠和宝石作点缀。

该地动仪首创传统工艺和现代高科技的结合,利用现代的传感和声控技术,可以操纵龙首模拟地震时龙口吐珠,落入蟾蜍中的动作,并能与地震测报计算机系统联网使用,具有很高的科技价值。

宝玉地动仪以黄金为主要原料,表面镌刻锦地、祥云和中国古代"四灵"(青龙、白虎、朱雀、玄武)图案。镶接于主体上流光溢彩的8条金龙,口衔红宝珠,威严高昂的龙首与玉口大开,晶莹碧绿的翡翠宝蟾上下呼应。人们称赞这一地动仪为"绝世珍宝,巧夺天工",可谓名不虚传。

744. 何谓"世纪钻石"?

据《全国宝玉石报》1997年10月17日介绍:世纪钻石是世界名钻中颜色和净度最完美的一颗。其重量约599ct。此颗钻石于1986年7月17日在南非的普列米尔矿山被发现,此时正值戴比尔斯公司成立100周年纪念之际,因而被命名为"世纪钻石",直至目前,这颗巨钻仍被戴比尔斯公司所珍藏。

这颗巨钻由于形状不规则,给切割带来困难,最后由世界最著名的切磨师高比·托科斯卡来担当。经过5年的切割与琢磨,切割后的钻石为273.85ct,有247个瓣面,呈心形。

世纪之钻是惟一一颗用现代科技结合古老切割方式切割出来的最大、最完美的钻石。

745. 什么是"名贵精品大钻石"?

它是一粒著名的大钻石,从1893—1905年,在"钻石之王"——库里南(Cullinan)巨钻未发现前,它是世界上最大的钻石,晶体重995.2ct,是从一个露天矿发现的。发现它的是一个土著居民,他为了躲避监工,把一锹砂石连同钻石一起装进了卡车,直至见到矿主。他获得了矿主的奖励。

直至1903年,这粒钻石才交由荷兰工艺师切磨,切出梨形钻6颗,小钻11颗,共切出373.75ct,损失率为62%。

746. 周大福在北京展出的千万元钻饰是怎样的?

2002年7月初,在北京国贸中心的展览会上,12家国际顶级钻石珠宝商分别推出了世界上独一无二的首饰。其中由中国香港周大福推出的一件价值1 000多万元人民币的钻石颈饰最为引人注目。它由902颗美钻镶制而成,钻石共重160.66ct,主石重逾20.13ct,设计意念集古典与现代于一身,让广大参观者羡慕不已。

747.价值千万美元的“千年胸衣”是怎样的?

据《全国宝玉石报》1999 年 12 月 10 日《环球珠宝》专版报道:最近,美国“维多利亚的秘密”公司推出一款价值 1 000 万美元的“千年胸衣”(即文胸)和与之配套的吊带比基尼。这款胸衣缀有 3 024 颗宝石,其中有 1 988 颗蓝宝石,胸衣中间是一颗重达 5ct 的大钻石,整件胸衣晶莹闪亮,豪华无比。

748.世界上两套昂贵的“钻石比基尼”是哪国制造的?

据 2000 年 3 月 31 日《全国宝玉石报》报道:3 月 30 日,在“英国温莎时装周”开幕式上,模特展示了一套镶钻石的比基尼(俗称“三点装”),这套比基尼估计价值达数万英镑,可称是世界上最昂贵的比基尼。

无独有偶,2000 年 7 月 4 日《全国宝玉石周刊》又报道一项“钻石比基尼”的更昂贵纪录:最近,刚刚被意大利设计师路瑞·芮娃选中的非洲美女阿娃(Awa),她是纳尔逊·曼德拉的侄女。她身上穿的一款由该设计师设计的比基尼上面,精心镶饰了 1 000 颗晶莹的钻石和 500 粒优质小珍珠,这款比基尼价值 100 万美元。这款白色内衣穿在黑皮肤的阿娃身上熠熠生辉,令人叹为观止!

749.广东南海市金镶钻女内衣是怎样的?

据丁华、李林基在《羊城晚报》报道:2002 年“五一”节全面开业的南海城市广场里,一件用 300g 黄金雕镂的纯金镶钻女士内衣,为这个全新的休闲广场带来一道亮丽的色彩。

“五一”节晚上 7 点多,在城市广场中心舞台,一位身穿金光闪闪的胸围的模特登场。据悉,这款金缕胸围是南海一家内衣厂的精心之作。它用 300g 99.99%黄金,由专业金饰师雕镂而成,光是打金部分,便用了师傅们 30 天时间,胸围上的商标,用南非钻石镶嵌,因而熠熠生辉。

750.世界最昂贵的镶钻自行车价值多高?

据黄宣镇先生在《宝玉石信息》报中报道:在 20 世纪 90 年代初,英国珠宝商雷尼、油漆工鲁特曼和马鞍匠格拉尼一起设计制造了一辆价值 100 万美元的自行车,成为当今世界上最昂贵的自行车。该自行车的车架由碳纤维制成,座套和车把裹以驼鸟皮,齿轮和车闸以纯金为原料,车链和链盘镶有许多钻石,车型十分美观,但不论谁拥有它都不舍得骑它上街,实际上是一辆超豪华型工艺品自行车。

751.世界最昂贵的镶钻手表价值几何?

据黄宣镇先生在《宝玉石信息》报中报道:目前世界上最昂贵的手表是瑞士 1981 年制造的,名叫卡利斯塔,价值 2 000 万港元。这只由瑞士江诗丹顿表厂制造的特高档手表上,共镶有 118 颗、总重为 130ct 的钻石,黄金表壳、表带及表针,表背刻有瑞士名师莫利迪绘的一对男女肖像。

此表是由一批世界上工艺最精湛的钟表和珠宝技师合作,共花费约 6 000 个小时才告完成，其价值昂贵的纪录，20 年来尚未被打破。

752. 世界最昂贵的“水晶、钻石鞋”是怎样的？

据《羊城晚报》2002 年 5 月 1 日“国际新闻”版报道：4 月 29 日，伦敦著名的哈罗兹商场摆出了一双非同寻常的女式高跟凉鞋，标价 65 万英磅（折合 90 多万美元）。

这双 38 号女凉鞋放在一个防弹玻璃柜中，由全副武装的保安人员一刻不离地看守着。

这双昂贵的水晶、钻石凉鞋由美国著名的设计师斯图尔特·韦茨曼设计，款式非常新颖。它的昂贵之处主要是它的几条带子是用纯金箔丝线编织而成的，带子上共镶嵌着 464 颗闪闪发光的天然钻石。

据说，著名模特儿海特·威克林斯基曾穿着这双罕见的凉鞋拍过照，她说：“这双鞋穿起来极为舒服”。

753. 世界最昂贵的“芭比娃娃”价值几何？

这里要介绍的绝非供孩子们玩赏的“芭比娃娃”，而是日本东京制造商为纪念日本版芭比娃娃在日本问世 35 周年而专门设计的独一无二的镶有 881 颗钻石的芭比娃娃特制品。这款身价不凡的纪念品，取名为“富豪”芭比娃娃，据说价值高达 1 亿日元（约合 75 万美元），她已于 2002 年 2 月 28 日在东京首次亮相。据制造商称，目前并没有将这件特制品出售的打算。

754. 世界上已发现的最大红、蓝宝石各有多大？

在天然产出的刚玉宝石中，红宝石的个体比蓝宝石小。缅甸曾产出迄今世界最大的特大红宝石，重 3 450ct（合 0.69kg），而该国所产最佳品种“鸽血红”红宝石，最大的仅有 55ct。

在斯里兰卡砂矿中发现的一颗蓝宝石世界之最，重达 19kg。1948 年发现于澳大利亚昆士兰的“昆士兰黑星蓝宝石”，重 733ct，是迄今世界上最大的星光蓝宝石。

在世界宝石市场上，最优的“鸽血红”红宝石（重 2ct 以上），每 ct 价格可高达 1 万至 3 万美元；最佳蓝宝石（重 2ct 以上）每克拉 3 000 ~ 6 000 美元；5ct 以上的优质红、蓝宝石则很少见，真可谓“有钱难买”。

755. 什么是“印度之星”蓝宝石？

“印度之星”蓝宝石是一粒产自斯里兰卡的星光蓝宝石，重 563.35ct，大概是世界上最大的星光蓝宝石，没有棉绺，星光线非常好，现珍藏于美国自然历史博物馆。

756. 什么是“昆士兰黑星”蓝宝石？

1989 年，在澳大利亚昆士兰州的阿那克蓝宝石矿发现一颗世界上最大的带线（星光）黑色蓝宝石，取名“昆士兰黑星”。该宝石毛重 1 165ct，切磨后为 733ct，其星线很美，呈椭圆形似鸡蛋般大小。此宝石现存美国史密斯学院，是由美国洛杉矶一位宝石商布鲁斯捐赠的。

757. 山东发现的“鸳鸯宝石”是什么样的?

据《中国地质矿产报》1991 年 6 月 3 日报道：山东发现一颗世界上极为罕见的红、蓝宝石连生体“鸳鸯宝石”，山东省地质矿物宝石加工厂已将其精心雕琢成红蓝各半的“鸳鸯宝石”戒面。

这块天然宝石原重 13.5g，产自山东省昌乐县的蓝宝石矿山。中国蓝宝石产地有数处，其中以昌乐蓝宝石最为著名，红宝石产地则甚少。上述这块连体宝石，在世界上较为罕见。

758. 我国最大的蓝宝石戒面有多大?

1993 年，山东地质宝石矿物经营部加工出一枚重达 80.16ct 的蓝宝石戒面。据悉，这是我国当今最大的天然蓝宝石戒面。

该蓝宝石戒面呈深蓝色，略有生长纹，无裂纹，呈橄榄形，是由一枚 120ct 的蓝宝石原料加工而成，其价值在 120 万元人民币以上。

759. 世界上著名的祖母绿珍品有哪些?

(1)世界最大的祖母绿之“王”：1956 年发现于南非(阿扎尼亚)，35cm×14cm，重 24 000ct，已被分成几块分别加工。

(2)著名的天然祖母绿单晶：哥伦比亚木佐矿山发现一颗重 16 020ct 的祖母绿，名列世界第二；俄罗斯费尔斯曼矿物博物馆，优质的科楚别耶夫祖母绿，重达 11 000ct；1969 年，在哥伦比亚发现 1 颗重达 7 025ct 的晶莹无瑕祖母绿。

(3)珍贵的祖母绿工艺品：美国纽约自然历史博物馆，收藏着重达 2 689ct 的祖母绿罐；奥地利维也纳博物馆，收藏着重 2 681ct 的祖母绿花瓶。

760. 世界最大的黄玉宝石有多重?

世界最大的黄玉宝石叫“巴西公主”，重 21 327ct，有 221 个刻面。

761. 世界最大的绿松石有多大?

据 1994 年 8 月 12 日《全国宝玉石报》袁正洪报道：最近，在湖北郧县海拔千米的云盖山发掘出一块世界上最大的绿松石，它长 82cm，宽、高各 29cm，重 66.2kg，呈蓝、绿色，结构完整，质地细腻，品位高。它比世界上原来最大的绿松石(54kg)重 12.2kg。据有关专家鉴定：这块绿松石是世界上迄今最大最完整的一块绿松石宝石。

762. 世界最大的蛋白石有多大?

20 世纪 80 年代末，澳大利亚采出一颗世界上最大的蛋白石，重 5.27kg。在此之前，最大的蛋白石重 3kg。

这颗宝石未经打磨，即已显出浑然天成的光泽，其光芒并不十分耀眼，而像彩虹般放出多种艳丽色彩，则十分可爱。

据悉，这颗巨大的蛋白石已于 1990 年 11 月在瑞士日内瓦拍卖，售价超百万美元。

763. 罕见的特大雄黄晶体何时、何地被何人发现？

据杨富绪先生在 1988 年第 3 期《地球》杂志上介绍：1988 年 2 月，在美国图森举办的国际矿物标本及宝石珍品展览期间，一块特大的雄黄晶体，泛着鲜艳的红光，受到各国矿物学家和宝石学家的青睐。这块晶体有 8cm×5.4cm×3.5cm 大，重量为 255g。金刚光泽，半透明，晶面有纵纹，晶体是由两个斜方柱组成的连晶，这样大的雄黄晶体是极罕见的，而在通常情况下，10g 左右的晶体已属难得。

雄黄的化学成分是硫化砷（AsS），单斜晶系，密度 $3.56g/cm^3$，硬度 1.5，是提取砷和砷化物的原料，并可入药。红色而透明的晶体可作陈列宝石，因其性脆，硬度小，故不宜琢磨首饰。

上述罕见的特大雄黄晶体，是在湖南石门县（1952 年前为慈利县）雄黄矿工作的龚常章同志经过艰苦的努力，于 1965 年 9 月从－110m 标高的巷道内采出的。他在珍藏了 22 年后，于 1987 年把这块晶体献给国家，现典藏于北京大学地质陈列馆内。

764. 我国“辰砂王”于何时、何地由何人采出？

现珍藏于北京中国地质博物馆的一颗迄今世界上最大的辰砂矿物晶体——号称“辰砂王”（或“朱砂王”）。它的晶体长 65.4mm，短径 35～37mm；重 237g，它的化学成分是硫化汞（HgS），硬度 2.5，密度 $8.09g/cm^3$，具有美丽的深红色。入馆以来，它已成为国宝级的珍藏品，是一颗无价之宝。

人们大都只知道这颗“辰砂王”产于贵州省东部的著名汞矿区——万山汞矿，但却很少有人知道它在何时、何地（具体地点）由何人开采出来。1980 年 6 月 13 日上午，万山汞矿岩屋坪分矿的工人在矿洞里放了几炮，待烟尘散去后便陆续进洞。朱砂组组长吴应泽手拿电筒走在前面，他经过仔细观察，终于在一个晶洞内发现并采下了这颗举世无双的辰砂晶体。当时，工人们十分惊喜，并为它取名“朱砂王”。

第二天，“朱砂王”就被接走了，不久被送到省里，接着就送往北京的中国地质博物馆收藏。1982 年，我国发行的 T73《矿物》邮票中，就出现了“朱砂王”的倩影。

765. 最大的石膏巨晶观赏石有多大？

据内蒙古的李海负先生在《珠宝科技》杂志上介绍：河南省著名藏石家李广岭先生，从湖南山区地下 500m 深的矿井中，获一重达 2 800kg 的石膏巨晶，一位韩国藏石家愿出 50 万美元的高价（见《收藏》1994 年第 9 期），主人尚不肯割爱，现已成为李广岭先生创办的“奇石王国”的镇馆之宝。

由此可见，石膏虽然硬度小（普通石膏的硬度为2，硬石膏的硬度为3～3.5），但当其晶体巨大或晶形奇特（如成“燕尾双晶”），或内有奇异的水胆和包裹体时，作为摆件或奇石，仍然具有很好的收藏价值。

766.我国宝岛台湾为何有“珊瑚王国”之称？

早在1812年，日本人就在四国南方海域捞获第一支贵珊瑚，但却一直保密到19世纪末才向世界公开。由于采捞工具的改良提高了采获量，使日本取代了意大利珊瑚产业的霸主地位。

1923年，台湾渔民在钓鱼岛附近捞获了第一支贵珊瑚。从1924年起台湾珊瑚产业开始迅速发展，很快成为世界著名的珊瑚产地。1935年起，珊瑚产业又在澎湖蓬勃发展，其产量和质量在鼎盛时期均超出日本而居世界第一位，其产量约占世界总产量的80%（日本、意大利各占10%），因此台湾才有“珊瑚王国”之称。

此后，由于日本侵华战争的影响，台湾珊瑚产业大受影响，至1941年几乎完全停采。1966年，在南中国海和香港南方海域发现世界空前特大的桃红色珊瑚群，中、日两国出动二三百艘渔船，又开始了长达10年的珊瑚采捞争夺战。

767.国宝级红珊瑚“六臂佛锁蛟龙”是何人何时创作的？

该珍品是由北京玉雕厂玉雕大师潘秉衡于20世纪50年代初期创作完成的。

潘大师擅长“因材施艺”，用一支罕见的树杈形红珊瑚雕成六臂佛，用树杈雕出一条蛟龙，并用一条长链锁住。取材得当，构思绝妙，技艺精湛，实属罕见。

768.“琥珀王”有多重？现藏于何处？

目前已知世界上最大的一块琥珀，重15.25kg，取名“缅甸琥珀”。据传是一位名叫约翰·查尔斯·鲍宁的外国人，于1860年在中国广东用300英磅购得的，现收藏于英国伦敦历史博物馆内。

769.世界最大的优质水晶富集区在哪儿？

我国海南省屯昌县羊角岭水晶矿，在面积仅0.2km^2，深150m的范围内，先后共产出压电水晶近百吨，熔炼水晶2 000t，是世界上最大的优质水晶富集区。

该矿虽经多年开采而早已是资源枯竭，但其找矿勘探和开发利用等方面的成功经验，仍然具有重要的参考价值。

770.世界最大的水晶洞有多大？

巴西高亚斯地区的一个水晶洞，长达25m，宽10m，高3m，是世界上已知最大的水晶洞。

771.世界最大的天然水晶和水晶球各有多大？

迄今已知最大的水晶单晶体产于巴西意达波尔，它长5.5m，短径2.5m，重40t，堪称世界水晶之“王”。世界最大的优质水晶球（用天然水晶制作的工艺品）现存于美国华盛顿斯密逊博物馆，直径21cm，重107磅，缅甸产。整个球纯净无瑕，无裂纹，晶莹透澈如水，十分珍贵。

772. 江苏东海产出的水晶"三大王"各有多大?

江苏东海是我国著名的"水晶之乡"，而且以产出巨大的水晶单晶而闻名，在1958—1996年的近40年中，先后发现了被号称水晶"三大王"的三块大水晶，概况如下：

(1)1958年在东海房山镇产出的"水晶大王"，长1.7m，短径1.2m，重3.5t，现珍藏于北京中国地质博物馆。

(2)1982年在该县驼峰乡产出一块重2.1t的大水晶，被称为"水晶二王"。

(3)1996年又产出一块重1.99t的巨大水晶，被称为"水晶三王"。它长约1.5m，透明度优于前两块。

773. 广州荔湾广场水晶市场何时成为全国最大水晶产品集散地?

1998年，江苏省东海县"长城水晶珠宝公司"经理高岩等商家来到广州荔湾广场开发经营水晶销售。随后，更多的东海县水晶商也来荔湾广场租铺经营水晶。在他们的影响下，全国各地及日本、中国香港、中国台湾、中国澳门等水晶商人数百家都来广州经营，并在两年内促使广州长寿路荔湾广场迅速成为全国销售水晶产品的最大集散地，其规模已经超过有"水晶之乡"美誉的江苏省东海县水晶市场。该市场经营的水晶产品有几百个品种的水晶饰物、水晶奇石、水晶球、水晶"树"、巴西紫晶洞、玛瑙片及雕件，以及水晶矿原石材料的批发、零售。

经营的商户多了，就要有个同业组织来领导，才能使市场有序地发展。于是在2001年7月2日成立了在广东省金银首饰商会领导下的"水晶业同业会"，由高岩任理事长，陈方萍任副理事长，从而加强了行业管理，向广大个体商家传递了国家经营政策和市场信息，推动了水晶业市场经济的进一步发展。

2002年，该同业会还组织拍摄和放映了《神秘的水晶》电视片，从而弘扬了天然水晶的历史文化，扩大了水晶对消费者的影响力，引导了水晶产品的消费。

774. 我国获吉尼斯之最的天然水晶弥勒佛有多大?

据《中国黄金报》1999年1月11日报道：最近，上海大世界吉尼斯之最——最大的天然水晶工艺品弥勒佛颁发了认定证书，证书号为006427。

该天然水晶弥勒佛长56cm，宽25cm，高31cm；重42.2kg，由上海申光珠宝工艺品公司制作。

水晶弥勒佛面相慈善，笑容可掬，右手握一串捻珠，左手持一个乾坤袋(也叫"黄金袋")。水晶原料产自江苏东海县，原石重120kg。经上海市珠宝玉石饰品质量检测站鉴定，水晶无色透明，内含天然标记羽状体，抛光后为玻璃光泽，摩氏硬度为7，折射率1.544～1.553。

水晶弥勒佛专请上海玉雕厂丰玉苑具有20年以上专业工龄的工艺师和高级

技工，用了150个工作日精心雕琢而成。经评定，雕刻工艺精细，线条流畅，工艺质量上乘，欣赏、收藏价值极高。

775. 世界最大的“水晶龟”有多大？

据《财富珠宝》报1999年12月1日何宜坦报道：11月18日，目前世界上最大的水晶龟在水晶之乡江苏东海县被一位中国香港人买去。

这只水晶龟是用东海县纯天然水晶雕刻而成，重90kg，创世界奇迹。大晶龟身上驮着8只小龟，代表着“九九归一”——即中国澳门回归。水晶龟的作者是戴海亮。

776. 亚洲之最的“中华奇石馆”在何处？

亚洲最大的奇石馆——中华奇石馆于1992年在南京市清凉山公园落成。

这座占地4 000m^2，拥有三个大殿的古典园林建筑，集奇石展示、奇石文化和奇石销售于一体，堪称华夏奇石文化艺术殿堂。

该馆汇集了全国各地100多个珍贵石种共2 000件以上的奇石。其中有色彩斑斓、纹理奇幻的雨花石；色备五彩、气吞云水的大理石；重峦叠嶂、自成景象的钟乳石；栩栩如生的象形石；宛若名家泼墨、笔走龙蛇的文字石；被乾隆皇帝命名为“天下第一名石”的灵璧石；此外，还有各具特色的黄河石、红河石、雅丹石、三峡石和菊花石等，真是目不暇接。

777. 武汉中华奇石馆珍藏的蔷薇水晶有多大？

武汉中华奇石馆坐落在汉阳区翠微路，是一家国内一流的大型大石馆。其中一件巨大的蔷薇水晶晶体被誉为“镇馆之宝”。它整体呈粉红色，半透明；晶体长3m，平均直径1.5m(最大直径1.8m)，重量11.32t；其化学成分为SiO_2。这么大的蔷薇水晶在国内外尚未见有报道。

这种蔷薇水晶晶体，主要产于分异良好的花岗伟晶岩晶洞中，但晶体，尤其是大晶体很罕见，往往呈致密块状产出，后者被称为芙蓉石——是一种重要的玉雕材料，可制作手链、项链等挂件和大小不同的摆件。

778. 世界最大的人造水晶企业是哪家？

美国曾经占据世界人造水晶的霸主地位，例如世界公认的最大人造水晶生产企业就曾经是美国的索亚公司。但到目前而言，我国浙江水晶厂的人造水晶年产量已超过500t，它在1994年的产量为450t，即已超过当时的年产410t的美国索亚公司，而居世界首位。

779. 世界最昂贵的一块翡翠原石价值有多高？

据云南省珠宝协会首任理事长刘昌辉教授在“朝觐翡翠圣地帕敢”(《珠宝科技》2002年第2期)一文中介绍：2002年4月，有人在缅甸帕敢的韦卡场口采得一块重1 000kg的种好、水好、色绿的极品老坑翡翠，开价12亿元人民币，8亿元成交，平均价 80 万元/kg。创下历史记录，堪称难见的“翡翠之王”。

780. 世界已发现的最大块翡翠原石有多重?

据《中国宝石》杂志 1992 年第 3 期介绍：1984 年，在缅甸翡翠产地甘马因地区，发现并采出一块重达 400t 的翡翠原石，是目前为止世界上已发现的最大块翡翠原石，堪称“翡翠之王”。

781. 世界上有顷刻盈利破亿元的赌石纪录吗?

据有关资料记载，1993 年 5 月 15 日，在云南省盈江边境，一珠宝商用 1 900 多万元从缅商张先生处买下一块翡翠原石，当天解开，发现内含约几十斤高绿、透明的戒面料。据行家估计，这一刀切下去，已使此玉身价提高 10 倍，价值至少达 2 亿元以上。

在世界上所有的商品中，顷刻之间能获如此暴利的，非翡翠赌石莫属。

782. 世界最大的翡翠玉佛有多大?

据 2001 年 12 月 22 日出版的《今日信息报》宝玉石周刊记者姜敏在头版头条报道：2001 年 12 月 15 日上午，已被上海大世界吉尼斯总部评为“大世界吉尼斯之最”的沈阳翡翠大佛，在沈阳交警的护送下，从北京运抵沈阳，由沈阳荟华楼金店收藏。

沈阳翡翠大佛高 2.04m，宽 1.7m，厚 0.86m，重 7t，是用近 18t 缅甸天然翡翠原石，由北京玉雕厂 11 位国家级工艺美术大师历经近一年时间精雕细琢而成。大佛主体颜色为浅绿色，头、肩、背、手、足及座基为紫罗兰色。

783. 世界最大金玉观音有多大?

据记者秋实在 2002 年 1 月 2 日的《财富珠宝周刊》报道：坐落于海南省三亚市南山佛教苑内的国宝“金玉观世音”，由观音金像、佛光、千叶宝莲、紫檀木雕底座等四部分组成，总高度 3.8m，耗用黄金 100kg，数千粒红、蓝宝石、祖母绿、珍珠及 100kg 翠玉等奇珍异宝，并采用中国传统的“宫廷金细工”手工艺制造。

经中国佛教协会、中国工艺美术协会等各方专家鉴定，确认“金玉观世音”为当代中国工艺美术与佛教造像史上的稀罕瑰宝。上海大世界吉尼斯总部经过认真审核，确认为世界最大的金玉观音像，并收录于 1999 年吉尼斯世界纪录大全。

784. 我国“四大国宝翡翠”是哪些?

现陈列在北京中国工艺美术馆，由北京玉器厂的近 40 名琢玉高手，利用四块大型翡翠原料，从 1982 年开始，花费了整整 6 年时间精雕细刻而成的四件异常珍贵的玉雕作品——“四大国宝翡翠”是：

(1)翡翠景观《岱岳奇观》：高 78cm，宽 83cm，厚 50cm，重 363.8kg。这件作品以珍贵的翠绿充分表现泰山正面的景色，突出了十八盘、玉皇顶、云步桥等奇景，显示了泰山的雄伟气势和深邃意境。

(2)翡翠花薰《含香聚瑞》:高 71cm,宽 56cm,厚 40cm,重 274kg。薰的主身是以两个半圆合成的圆球体,集圆雕、深浅浮雕、镂空雕于一体,综合体现了我国当代琢玉技艺无可比拟的高、精、尖水平。

(3)翡翠花篮《群芳览胜》:篮高 64cm,其中满插牡丹、菊花、月季、山茶等四季香花,是当今世界最高大的一个翡翠花篮。这只篮上的两条各 40cm 长,各含 32 个环的链子,足足花了两个高手整八个月的时间才完成。

(4)翡翠插屏《四海腾欢》:高 74cm,宽 146.4cm,厚 1.8cm,插屏整个画面以我国传统题材"龙"为主题,9 条翠绿色巨龙,在白茫茫的云海里恣意翻滚,气势磅礴,是当今世界最高大的一个翡翠插屏。

785. 翡翠巨作"四大佛山"是哪些?

翡翠巨作"四大佛山"的全称是《中国佛教四大名山》,是一块重约 1 000kg 的上等翡翠料,分割成四块雕琢而成。其名称是:①清凉世界(五台山):高 62cm,宽 63cm,厚 27cm;②普贤仙境(峨眉山):高 61cm,宽 56cm,厚 22cm;③海天佛国(普陀山):高 56cm,宽 60cm,厚 22cm;④九莲圣境(九华山):高 54cm,宽 61cm,厚 20cm。

上述大型玉雕作品,一面分别刻画了文殊、普贤、观音、地藏四大菩萨之庄严形象及坐骑,并衬以山石、古松、奇花异草,充分表现了菩萨的智慧和佛教的博大精深。作品另一面分别刻画了四大菩萨的道场佛教圣地:五台山、峨眉山、普陀山、九华山。以四大灵山著名的古刹禅林为主,衬以奇峰异石,云海松涛,表现出佛教名山的壮观景象。

作品无论是从原材料质地到用料考究,从题材构思到风格手法,从整体造型到细部做工,均堪称继四件国宝翡翠作品问世之后,又一组大型玉雕稀世珍品。

786. 玉雕山子珍品《会昌九老图》的旧作和新作有何不同?

我国现藏的《会昌九老图》玉雕山子珍品有两件。一件是现收藏于故宫博物馆历史艺术陈列馆的青玉大山子《会昌九老图》。它制成于 1786 年(清乾隆 51 年),是用一块高 145cm,重 832kg 的新疆和田产青玉雕成,作品描绘了唐代会昌著名诗人白居易及胡果、郑據、刘真、虞贞、张浑、犹兼漠、虞真等文人士大夫在今洛阳的香山聚会宴游的情景。作品气势雄伟、古朴浑厚,极富诗情画意和浓厚的生活气息。

玉雕新作——翡翠山子《会昌九老图》取材于上述历史名作。用料为罕见的缅甸产优质翡翠,高 26.5cm,宽 29.5cm,厚 9cm,重 12kg。作品运用了玉雕中多字传统技艺,不仅再现了白居易等九位老者深山聚会宴游的生动情态,而且根据翠玉的形、色、质及绺裂、体积诸因素,顺势雕琢出远山层峦叠嶂,近景沟壑悬崖,行云缭绕,瀑布飞溅,松竹花木,山径奇石等丰富多彩的景象。这件作品由工艺美术大师方东亮亲自设计指导,由工艺美术师许向阳历时 1 年零 3 个月雕制而成,不愧为当代中国的玉雕艺术珍品。

787.《群龙护宝》玉雕为何拒绝高价出售?

据1999年11月12日的《财富珠宝周刊》在头版刊登的韩永琪记者的报道:《群龙护宝》玉雕是一件雕有56条玉龙和镶有34颗宝珠的珍贵玉雕座件,它由仅有13名残疾人组成的贵州紫袍玉带厂制作而成。

据悉,此珍品曾参加过"光辉的历程——中华人民共和国成立50周年成就展"。在展览会上,曾有人出199.9万元的高价求购,但被厂家拒绝。因为该厂已决定将此珍品捐献给中国残疾人福利基金会。

据紫袍玉带厂领导称:该玉雕上的34颗宝珠代表着全国34个省、直辖市、自治区和港澳台地区;56条龙象征着中华56个民族,把它捐献给基金会意义重大。

788.《中华魂玉龙壁》共雕多少条龙?

据《中国艺术报》宝玉石周刊于2001年3月26日报道:由天津汉儒文化艺术开发有限公司策划、创意,150名玉石雕刻家和工匠历时2年的巨大玉石雕刻壁《中华魂玉龙壁》于3月间在天津完成。该玉龙壁长8.1m,高2.2m,厚0.4m,共雕龙2 000条,显得雄浑庄重,气势磅礴,对不断前进的祖国儿女有着巨大的鼓舞作用。

789."翡翠精品价格10年上涨3 000倍"是怎么回事?

据《全国宝玉石报》1996年12月13日第二版头条报道:"在1995年秋季举办的香港克里斯蒂拍卖会上,一只翡翠手镯以1 200万港元成交,而同样质地的手镯,1983年在云南德宏地区只要花4 000~5 000元就能买到。"可以肯定地说,上述报道中所说的虽然是属于极其突出的个别例子,但它却是千真万确的事实,而绝非天方夜谭。

这一惊人消息,至少说明了两个问题:

(1)首先是由于翡翠本身价值所决定,因为优质翡翠是在亿万年前的非常复杂的地质条件下形成的,因而使它具有非常良好的特性,成了公认的"玉石之王"。并成为有地位和有经济实力的人士追求的热门对象。

(2)优质翡翠仅仅产于缅甸,它的地质储量少之又少,而且世界上喜爱它的人又越来越多,它的增值功能远远胜过黄金。所以近10余年来形成了劣质翡翠不断降价,几乎无人问津,而优质翡翠则价格猛涨,这已是不可抗拒的事实。

790.岫岩县产出的三大"玉石王"各有多大?

我国辽宁岫岩玉的开发利用已有悠久的历史,创造了中华民族灿烂的玉文化。三大"玉石王"的问世,为岫岩玉的历史谱写了新篇章。现据金生辉在《中国宝石》的报道摘录如下:

1960年7月22日,岫岩县玉石矿发现了一块巨大的玉石体,长5.5m,宽

4.5m，高 2.5m。经测算，这块巨玉重量为 260.76t，比曾经轰动世界的缅甸“玉石王”重 8 倍，成为名副其实的世界玉石王。

1997 年，岫岩县玉石矿又发现一块巨型玉石体，至今尚未完全掘出地面。据已露出部分判断，这块大玉石将比第一次发现的玉石王大 200 倍以上，重约 6×10^4t。

1997 年，岫岩玉石砂矿矿工们又在井下 300m 的原生矿床上采出一块巨型玉体，高 2.6m，宽 1.2m，重 12.6t。玉质特佳，通体翠绿、晶莹，是目前世界上取自井下原生矿床最大的玉石体，被称为“井中玉石王”。

791. 新疆且末县发现的巨型“和田玉”有多大?

和田美玉出昆仑。1997 年，且末县玉矿发现一块巨型和田玉，其重量达 25t。

且末县城位于新疆塔克拉玛干大沙漠东南，人们把昆仑山上的玉通称为和田玉，而且末玉矿是昆仑山中规模最大的玉矿，年产量达 100t 以上。这里海拔高度近 5 000m，玉矿离县城有 300km，交通不便，发现的巨型玉石虽是好事，但却很难运下昆仑山。

792. 什么是“大莫卧尔”钻石?

大莫卧尔钻石是一粒 17 世纪在印度发现的大钻石，由当时印度大莫卧尔王所拥有。其晶体有 787.5ct 重，切磨后，其形状像半个横切的大鸡蛋。

793. 什么是“巨富钻石”?

巨富钻石早期被称之为“皮蒂钻石”(Pitt diamond)，大约 1710 年发现于印度，晶体重 410ct。后送英国切磨成一粒 140.5ct 靠垫形大钻石。这是目前已知最漂亮的大钻石之一。1717 年，它被卖给了一个法国公爵，现存于法国巴黎。

794. 用岫岩“玉石王”雕成的大佛有多大?

1960 年在辽宁岫岩县采出的重达 260t 的“玉石王”，面世 30 余年，才于 1995 年在鞍山市被玉雕大师们雕琢成“天下第一玉佛”。雕琢时间仅用了 18 个月，而为安置大佛专门建造的玉佛寺和相应的玉佛公园，共投资千余万元。

“天下第一玉佛”正面雕成释迦牟尼，背面为独占鳌头的渡海观音，并尽量保持玉石王的原有基本形状和重量。

最后完成的作品高 726cm，宽 688cm，由李洪才负责设计指导。这是中华玉雕史上最大的玉山子，已被载入吉尼斯世界纪录。

795. “田黄石之王”有多大?

田黄石一般颗粒很小，皆以两为计量单位。单颗重量以前要求一市两(十六两制)以上才算成材，越大越贵。重量能达到半市斤以上者，属大田黄石；个别特殊达到一市斤(500g)以上，乃稀世珍宝。

目前已知最大块的田黄石，是 1983 年在福建寿山村发现的一块重达四市斤三市两(合 2 150g)的特大田黄石,其色似枇杷,质地晶莹而温润,称为"王中之王"。

另外,还有一块更大的,是 1999 年 5 月,在福州寿山石文化博览会上展出的一块随形田黄石,由林飞刻"西园雅集"薄意。它重 5 000g,被称为"特大王中王"。但有人认为,这只是一块坑头田(即掘性坑头田黄),而不是正宗的田黄石。

796. 昌化鸡血石之"王"有多大?

昌化石中优质品种——鸡血石,由于经过几百年的开采,资源越来越少,特别是底子细嫩和辰砂如血者更为罕见。现存北京琉璃厂荣宝斋的一块重达 68kg 的昌化鸡血石,堪称我国的鸡血石之"王"了。多年前,我国著名的科学家和书法家郭沫若同志到荣宝斋参观时,面对此石,跟周围的人打趣地说:我将来死后,能用这块鸡血石刻上"郭沫若之墓",我就心满意足了。由此足可见该鸡血石的价值有多高了。

797. 巴林鸡血石之"王"有多大?

据悉,1990 年发现的巴林鸡血石之"王"高 90cm(最大值),宽 30cm(最大值),厚 20cm(平均值),呈板状,重达 98kg,块状及浸染状"鸡血"(辰砂)几乎布满全石,堪称罕见之珍宝。

1991 年,为迎接"内蒙古交易会"的举办,这块巴林鸡血石之"王"被借到内蒙古地矿馆陈列。后因该馆资金不足,买不起这块巨大的鸡血石,1993 年,终被一外商以货主在初期(1991 年)要价的 5 倍之高价买走,目前下落不明,智者都为失此瑰宝而感痛心。

798. 周总理赠田中的一对鸡血石印章有何特色? 由谁治印?

1972 年,中日开始恢复邦交,田中首相率领日本政府代表团访华。周恩来总理吩咐将原藏于故宫博物馆的一对鸡血石章赠与田中,作为礼品。这对章石是浙江昌化的老坑鸡血,地色由黄、黑、白三色组成,血色正红,呈大面积团块状;石质细腻晶莹,璀璨夺目,当时价值万元以上,实属难得的珍品。每方石高约 9.5cm,截面长度 1.6cm 见方,虽是一对章石,但只有其中一方刻了田中角荣的名字,边款刻有"一九七二年秋,上海革命委员会赠"字样。

印文为国内外著名篆刻家刘友石先生所刻。刘先生从事篆刻 40 余年,博采众长,自成"刘派",印风雄浑,势如大江破峡。他还曾为美国前总统里根、俄罗斯苏维埃主席伏罗希洛夫等多位外国元首治印。

799. 当今最大的石砚有多大?

当今的巨型石砚越造越大,早已成了与磨墨写字毫无关系的工艺品。

由河北省易县台坊村易水古砚厂雕制的《长城百龙砚》,该砚为正方形,边长达 3m,重 5t 有余。其上刻有 108 条龙,形神兼备,栩栩如生。在奔腾的群龙中,气势磅礴的古长城时隐时现,十分壮观,堪称当今石砚之最。

800. 世界最大的“端砚王”有多大？

“端砚”是中国四大名砚之首，是广东肇庆市的著名特产。据《羊城晚报》1998年12月3日报道：由肇庆市同源端砚工艺厂研制的一方《百龙沐日》特大端砚，是自初唐以来最巨大的端砚，它已于1998年11月27日运往日本。

这方“端砚王”长3.8m，宽2.68m，厚0.28m，重近4t，由广东省工艺美术师李时祥精心设计，北京工艺美术学院教授、著名书法家侯德昌题写砚铭，多名端砚雕刻艺人耗时一年半精心细刻，于1998年10月完成。

这方巨砚石质纯净，富有天然的蕉叶白和鱼脑冻，设计师经多次设计，又经精心雕刻，将100条形态各异、栩栩如生的蛟龙，跃现在砚台上，加上祥云萦绕和万顷波涛的刻画，与冉冉升起的一轮旭日相呼应，场面十分壮观。

801. 什么是“世界第九大奇迹”？

据王玉信在1999年4月30日《全国宝玉石报》的“来自‘恐龙故乡’的最新报告”一文中介绍，被誉为“伏牛山”中一颗明珠的河南省西峡县，在1993年由于一个偶然的机缘，发现了大面积的恐龙蛋化石群，震惊了全世界。国内外许多专家学者先后来到西峡县考察，并称这罕见的恐龙蛋化石群为“世界第九大奇迹”。

802. 李广岭收藏和捐献的恐龙蛋化石有何特色？

据《宝玉石信息》报原总编吴瑞淇高工在《宝玉石信息》报中报道：1994年6月6日，中原奇石收藏家李广岭将其多年来收藏的2 471枚恐龙蛋化石捐献给国家，使他一时成为令人瞩目的新闻人物。

李广岭是我国著名的观赏石收藏家和宝玉石企业家。他收藏的各类观赏石、宝玉石和化石等多达200t，组织展出的精品有5 000余件。有关专家认为：李广岭收藏的恐龙蛋化石中，有多项“世界之最”：①个人收藏数量最多；②恐龙蛋化石个体最大：长度超50cm，重量超10kg；③恐龙蛋化石品种最全：有巨型蛋，也有直径仅3cm的小恐龙蛋化石；有圆形的、椭圆的、扁圆的；有红皮的、白皮的、黑皮的、灰皮的、花皮的；还有一块将24枚恐龙蛋结为一体的化石群。尤其难得的是，一种外硬内软和另一种双层壳的恐龙蛋化石，更是世界罕见的。

803. 慈禧陪葬珍宝知多少？

清朝慈禧太后生前酷爱珍宝收藏，她死后陪葬的珍藏之多，也是十分惊人的。

按清皇室名臣所著《爱月轩笔记》所载，太后未入棺时，先在棺底铺金丝镶珠宝锦褥一层，厚约7寸，制价8.4万两（指白银，以下同）；又铺珠一层，一钱重圆珠2 400粒，制价132万两；又铺绣佛串珠褥一层，制价12.2万两。然后抬入，后头顶翠荷叶，重22两5钱4分，制价285万两；脚蹬碧玺莲花，重36两8钱，制价75万两；上铺陀罗经被，用珠820粒，制价46万两；珠冠，制价15.5万两。其中一颗珠大如鸡卵，系某国进贡之物，估价2 000万两。后身旁置金佛、翠佛、玉佛等108

尊；足旁左右各置翡翠西瓜、翡翠甜瓜、翡翠白菜等；上盖网珠被，用珠 6 000 粒，制价 42.8 万两。正欲上子盖时，某公主复将网珠揭开，将 8 匹玉骏马、18 尊玉罗汉，置后之手旁，方上子盖。至此，殓礼毕。

以上珍宝，最低估价共 7 318.9 万两白银。

804.《华夏百美图》是一件怎样的工艺美术精品？

《华夏百美图》是一件已经获得世界吉尼斯之最称号的巨型百宝镶嵌屏风。

《华夏百美图》是世界工艺美术品中用宝玉石品种最多、荟萃雕刻艺术最全面、制作时间最长的美术精品。整个作品由长达 52m 的百扇红木屏风构成，选取洛神、嫦娥、卓文君、王昭君等我国历代杰出女性人物百名，主图人物选用寿山芙蓉石、青田封门冻及珊瑚、宝石 100 余种，采用首创于明代的传统镶嵌法制作。《华夏百美图》的仕女画像由著名美术大师吴作人生前定稿，落款印章均出自杭州西泠社名家之手。

据悉，制作《华夏百美图》共耗各种宝玉石 24t，红木 $20m^3$；100 多位工艺大师花费 10 多年时间才完成。这件稀世工艺品仅工料价值就达 1.6 亿元。《华夏百美图》被故宫文物专家誉为不可再生和不可复制的工艺品，具有极大的收藏价值与增值空间（据梅楚英报道资料摘录）。

805.世界最大的彩石镶嵌画有多大？

20 世纪 90 年代初，浙江仙居精雕厂用各种彩石、珍珠、玛瑙、翡翠及钻石等名贵材料制成镶嵌连屏《红楼梦》，其高 2.2m，长 82.4m。经专家确认，这是迄今世界上最大的彩石镶嵌连屏画。

该连屏画由 103 块连屏组成，画面人物、山水、花鸟及建筑，全部用彩石的天然色彩、纹理精制而成，用料 25t，耗资约 200 万元。

806.《宝玉石大典》是一部怎样的巨著？

《宝玉石大典》于 2001 年 1 月由北京出版社出版发行，全书定价 600 元（上册 280 元，下册 320 元）。该书 350 万字，其中附有彩图 837 幅，黑白图 833 幅，规模宏伟，在我国珠宝著作中是空前的。

该书由李劲松、赵松龄主编，作者共 9 人，中、英、俄文参考书目近千种。该书的构思和编写始于 20 世纪 80 年代中期，历时 15 年，五易其稿，五易其名，最后定名为《宝玉石大典》。其内容极为丰富，涉及了宝玉石业的各个领域：上册为总论，共 10 章，主要论及了宝玉石业发展史、宝玉石的物质组成和性质、宝玉石矿床的找寻和开采、宝玉石加工、宝玉石质量改善、宝玉石企业、宝玉石贸易、宝玉石的应用和收藏、宝玉石原石鉴定法、宝玉石成品鉴定法；下册为各论，共 8 章，其中包括天然宝石、天然玉石、天然饰刻石、生物质宝玉石、观赏石、人造宝玉石、宝玉石信息、诗歌选（含先秦至现代有关宝玉石的诗词近 300 首）。

该书具有较高的科学性、技术性和艺术性，并具有良好的知识性、趣味性和文学性。全书集古今中外之精华，汇百家之所长，是一部宝玉石业的百科全书。其语言精炼，文笔流畅，系统性好，可读性强。

807.《中国现代玉雕精品大全》是一部怎样的新著？

《中国现代玉雕精品大全》(每册定价 560 元)于 2002 年 12 月由科学技术文献出版社出版，王实教授总编。该书是目前国内惟一的一部较全面反映中国现代玉雕技术水平的专业性、工具性用书。该书除选编了半个世纪以来中国玉雕精品彩照 678 幅以外，还阐述了中国玉器发展简史与现状，并指出了发展前景及对策。

该书图文并茂，以图为主，集实用性、知识性和趣味性为一体。该书中展示的 678 幅(646 件)作品，约有半数是获奖的和出自工艺美术大师、著名民间艺术家之手，其余则出自近年成长起来的玉雕新秀。因此，它是一部多方位展示中国现代玉雕精品特色及其高超技艺水平的大型新著。它的出版发行，必将对我国玉雕业的发展与繁荣，起到积极的促进作用。

808.香港的黄金厕所造价几何？

据《中国珠宝玉石周刊》于 2001 年 3 月 12 日综合报道：前不久，香港珠宝商蓝夏雄，在自己的宝石店内建造了用黄金和宝石装饰的价值约 3 800 万港元的洗手间。洗手间里包括两个纯金坐便器、洗脸架、手纸架、吊灯等都用纯金制成。天棚上镶嵌了红宝石、蓝宝石、绿宝石等珠宝，墙壁和地板以及门框也用黄金装饰成“古罗马风格”。

顾客如因好奇而想使用这间金厕所，就必须购买 1 000 港元以上的珠宝。

报道援引蓝先生的话说：“我在学校学习了列宁关于‘到了共产主义社会，我们将用黄金来建厕所’的语录，就决心一定要赚钱造一个纯金洗手间，这就是我的理想和思维的绝妙组合。”

809.世界最大的珠宝抢劫案发生在何处？

据英国《泰晤士报》报道，2000 年 11 月 7 日，一伙武装匪徒抢劫正在伦敦市郊千年宫中展示的“千禧之星钻石荟萃”。此珍宝属于戴比尔斯公司所有，包括一颗 203ct 的 D 色级无瑕的梨形钻石，以及 11 颗总重 116ct 的蓝色钻石，总价值为 3.5 亿英磅(相当于 5 亿美元)。为庆祝新千年的到来，于 2000 年 1 月 1 日起在此展出。“千禧之星”放在 10 英尺宽的钢筋水泥拱顶护罩下的高强度玻璃橱柜里，11 颗稀罕的蓝色钻石，陈列在靠墙边的另一个橱柜中。

这一劫案的密谋，早在 4 个月之前就被伦敦警方发觉。但警方只知道罪犯打算用推土机突破围墙，还不知道罪犯作案的确切计划和时间。为了保护珍宝不受损害，伦敦警察厅特别行动小组和戴比尔斯公司保安部以及千年宫的负责人，进行了周密的策划，决定采取名为“魔术行动”的对策。为防万一，案发的前几天，特地用水晶制造的赝品，暂时取代了“千禧之星”。

几个月内，近百名警员化装成观众和清洁工人，随身暗藏半自动武器，在千年宫四周及其附近布下天罗地网。

11 月 7 日当地时间 9 点 30 分，一辆 JCB 牌推土机缓缓向千年宫方向行进，在接近千年宫处突然加速，将其围墙撞倒，撞破通往钱币宫的卷闸门，直冲“千禧之星”。驾驶室内坐着 4 名男子，头戴防毒面具，穿着防弹衣。他们施放了几颗烟幕弹，趁乱用大铁锤猛砸展柜。此时，厅内乔装埋伏的警员们立即拔枪开火，压得匪徒抬不起头。4 名匪徒先后被擒。警方缴获了他们所有的多种作案工具，整个行动干净利落，时间还不到 20 分钟。

在事发 1 小时内，涉案的 16 名案犯全部被抓获。他们全是英国人，其中年龄最小的 32 岁，最大的 62 岁，受到法律严惩将不在话下。

第七章

珠宝收藏拍卖

在20世纪末,珠宝的收藏和拍卖对多数中国人来说还比较陌生,他(她)们只是听说而未曾或不敢涉足。进入21世纪以来,人们的投资意识渐浓,加以珠宝收藏(尤其是翡翠玉器和奇石之类)的保值和升值速度加快(例如一女士在5年前购入一只价值3万余元的翡翠玉镯,目前价值已超过30万元),涉足收藏和拍卖活动的人员大增。为了满足投资者的需求,本章(共有36问)对珠宝收藏和拍卖的概念、收藏方式、收藏类型、收藏投资增值因素以及拍卖会的特点和优点,世界和中国的两大拍卖公司的概况等,都作了必要的介绍。

810. 什么是“收藏”?

收,即收获、聚集之意。藏,意为隐藏、储藏。“收藏”一词本身可有两个涵义,一为收聚贮存,作动词用,指一种活动。“收藏”的另一涵义指收藏之物,即收藏品(据李雪梅主编《民间收藏指南》),故又可作名词用。

811.“收藏”与“集藏”有何区别?

收藏界也有称收藏为集藏的。著名算具收藏家陈宝定先生对收藏与集藏之间的关系作了分析。他认为两者既有区别也有联系。从字面上讲,“收藏”指从外面收来再藏起来,“集藏”一般指自己生产后藏起来,如自己绘画、摄影、雕刻等。

广义的收藏包括“集藏”。“集藏”的含义较窄,虽然习惯上两者也可通用,但严格讲是稍有区别的。

812. 什么是“收藏品”?

现今所谓“收藏品”的范围很广,既包括历史文化遗物,又包括当代收藏的邮票、火花、烟标、奇石等。

旧时人们习惯称被收藏的物品为“古董”或“骨董”,均为古器物。古时多将收藏品称为“古玩”或“文玩”,泛指遗存在社会上或埋藏在地下而被发现并挖掘出来的历史文化遗物。

813. 收藏有哪几种方式?

一般人搞收藏,先要有明确的收藏目标。然后才用各种方式去收藏,才能逐步达到自己的目标。得到藏品的方式主要有以下 8 种:

(1)继承:指藏品的祖传。

(2)馈赠:亲朋好友赠送,也是使藏品增加的一个重要途径。

(3)购买:为收藏家扩充其藏品的主要方法,几乎所有种类的藏品均可通过这一方式取得。购买途径有文物商店、旧货市场、拍卖市场、精品店等。

(4)交换:可达到调补余缺、各取所需之功效。

(5)拾得、采集:指将别人抛弃不要的物品(如烟盒、火柴盒、易拉罐、过时首饰等)拾得归为已有,以充实藏品。

(6)索要:也可在索要不成的基础上进行物品交换或低价购买。

(7)自制:如自作书画、自制工艺品或珠宝首饰等。

(8)其他方式:这里既包括合法也包括非法方式获得藏品,奉劝一些有价值藏品的拥有者要提高警惕,避免吃亏上当。

814. 宝玉石收藏有哪些类型?

据李劲松先生在其主编的《宝玉石大典》一书中提出:按宝玉石品种、分布、产地和收藏的环境、条件不同,收藏主体的差异,藏品保存时间长短不一致等因素,可将宝玉石的收藏分为以下 3 个不同的类型:

(1)综合收藏与专一收藏。综合收藏是指把各种不同的宝玉石均收集和贮藏起来的收藏;专一收藏是指专将某一种或某一类宝玉石收集和贮藏起来的收藏,如有人专门收藏印章石。

(2)国家收藏与个人收藏。国家收藏如国有的博物馆收藏;个人收藏如国内外许多家庭或私人对宝玉石的收藏。

(3)临时收藏与永久收藏。临时收藏是指私人、集体为了宝玉石贸易、交换、馈赠等所进行的宝玉石收藏;永久收藏如北京故宫博物院、中国地质博物馆等的永久性宝玉石收藏。

815.宝玉石收藏有何重要作用?

宝玉石收藏的作用是多方面的,但主要表现在下列4个方面:

(1)可以作为历史发展的实证:各个历史时期遗存下来的宝玉石实物乃是人类发展的重要实证,这是不言而喻的。

(2)具有传播知识、教育后代的作用:如青少年受到有关宝玉石藏品的正确熏陶,便可从中获得科学文化知识,美化心灵。

(3)具有精神疗养的作用:如有的病人收藏到自己心爱的宝玉石,就能使其转移对疾病的注意力,忘却痛楚,焕发起与疾病作坚决斗争的精神。

(4)具有造就人才的作用:收藏为自学成才之路,已为古今事实所证明。例如有些人通过宝玉石收藏成长为专家学者,也有些人因此而变成了大富翁。

816.玉器有哪五大功能?

据有关专家研究,玉器的功能往往随着时代的变迁而变化。直至现代,玉器主要有以下五大功能:

(1)佩戴功能:如手镯、戒指、项链、胸花、耳环、手链、脚链、各种挂件等。

(2)实用功能:如笔架、灯座、茶具、酒具、印章、镇纸等。

(3)健身功能:如健身球、玉枕、滚动美容器等。

(4)馈赠功能:如国家领导、政府官员出国访问赠给对方的玉器摆件等国礼,或个人赠予亲朋的玉器等。

(5)收藏功能:高档大、中型玉摆件多为博物馆、陈列馆收藏;中、小玉件精品则多为个人收藏家或爱好者收藏。

817.玉器收藏有哪3种偏向?

由于社会上可供收藏的玉器品种和数量太多,任何个人或组织都不可能全面收藏,于是出现了下列3种偏向:

(1)专收汉魏六朝以前的古玉。

(2)倾心于明清两朝的白玉、青玉饰件和摆件。

(3)着眼于新玉,即现代玉器工艺品。

据天津收藏家章用秀先生评论:由于汉代前后的古玉日趋稀少,明清玉器的价格不断攀升,在此情势下,购藏新玉玉器的确不失为投资保值的一种明智选择。他又指出:新玉精品代表了当今时代玉雕工艺的最高水平,所以同古玉珍品一样,具有很高的收藏价值。

818. 古旧收藏品市场有哪三大类型?

据郑咸雅在 2000 年 9 月 14 日的《财富珠宝》(周刊)报道:有关人士对我国部分城市的古旧收藏品市场类型进行了调查,并将其归纳为三大类型。

(1)商场型:为现代化商场,店铺虽不大,但布置紧凑,装饰大方,经营高、中、低档次货品,顾客多为国外游人。

(2)街道门面型:属传统街市,店铺有的为仿古建筑。货品以中档为主,对顾客有较大的吸引力。

(3)地摊型:主要在节假日、双休日交易,适合于广大收藏爱好者,参与性和随意性强。主要经营低档货品,以国人为主要对象。在这里,有经验的识货者有时能以低价买到较珍贵的珠宝或其他古玩。

819. 民间收藏有哪几种类型?

民间收藏主要有 3 种类型:

(1)广博型:收藏品的范围广泛,鉴赏面宽。这类收藏家大多是学识渊博、兴趣广泛的人士。

(2)专项型:收藏对象较专一,或重点收集某一类别的藏品,以形成系列。

(3)连带型:即收藏对象在某一种藏品之外延伸和派生出与其有关系的藏品。例如有的收藏家,开始仅收集火花,后来又扩展为收藏各种火柴,如防风火柴、防水火柴、万次火柴、无柄火柴和瑞典巨型火柴等,形成了一个新的系列。

820. 个人收藏珠宝玉器有哪三大优势?

据赵瑞华在"保值增值话玉器"(《中国宝玉石》2002 年第 3 期)一文中分析,收藏珠宝玉器比收藏古玩字画具有三大优势:

(1)珠宝玉器占用空间小,便于收藏存放。它既不像陶瓷那样需占用很大的空间存放且易于破碎,也不像字画那样容易霉变、虫蛀甚至剥蚀、开裂。

(2)它既是收藏品,也是佩戴装饰品。在随身携带、把玩的同时,能增进人体仪表美,充分体现事业成功,并增添成就感。

(3)不受经济收入和投资规模的限制,档次高,随意性强,件数可多可少。

821. 玉器收藏投资具有哪些增值因素?

据赵瑞华在其《保值增值话玉器》一文中分析认为,就玉器本身而言,具有以下 3 个方面的增值因素:

(1)玉料越来越少。玉器制作是一次性资源利用,具有不可再生性,好的玉料日渐稀少,拥有者奇货可居。种、水、色俱佳的高档翡翠玉器价格猛涨也是公开的秘密。

(2)加工费用越来越高。玉器加工是一项繁复的人力工程,从设计到雕琢抛光,都要靠手工完成,因而造成了玉器成品的特定惟一性。随着社会进步,劳动力(尤其是特种工艺技能)价值的提高,玉器成品价格增长势在必然,往往一块价值几千元的翡翠毛料,经高级工艺师加工成一件精品后,其价值就上升到几万元以上。

(3)社会需求越来越大。中国是一个爱玉、崇玉历史最悠久的文明古国,玉文化在中国人的生活中占有重要位置。玉能护身、洁志、保平安、行好运,已成为多数人的共识。随着人们物质生活水平和知识水平的提高,代表精神文明的玉器制品将逐步上升到重要位置。崇玉、爱玉、玩玉、赏玉、赠玉的人群会越来越大。而有限的玉石资源将很难满足无限的社会需求。

822. 什么是"收藏六忌"?

收藏是人类一项古老的文化活动,收藏是为了保存历史,因此它是一种崇高的事业。为了搞好收藏,使其真正达到高质量、高层次、高标准,宋康年先生在其专题文章中提出了"收藏六忌",现简介如下,以供珠宝玉器收藏者参考。

(1)忌犯冷热病:收藏是一项高雅的文化活动,只有循序渐进、日积月累和执著追求的精神,才能做出成绩。

(2)忌博而不专:搞收藏不能采取遍地开发和蜻蜓点水的方法,既不专又不深,而应专门收藏一项或几项藏品,才会见成效。

(3)忌半途而废:搞收藏必须明确目标,持之以恒,要如古话说的"水滴石穿",才能有成。

(4)忌犹豫不决:见到有重大价值的藏品,就要当机立断,决不放过,否则将后悔莫及。

(5)忌当保管员:对收藏家来说,必须走边收藏边研究的道路,假如仅当保管员,就不会有进展,并失去收藏的意义。

(6)忌见利忘义:收藏是一项高雅的社会活动。有的人在他收藏到某种珍稀的藏品时,就奇货可居,大喊天价,梦想暴富;更有少数人以次充好,以假乱真,损人利己,这些都与正直的收藏家人品背道而驰和与社会公德相抵触的。

823. 什么是收藏忌"十心"?

王秀桂女士在 1999 年 12 月 31 日的《全国宝玉石报》"精品收藏"专栏刊登"收藏忌'十心'",对珠宝收藏的爱好者颇有参考价值,现摘录如下。

一忌惰心:收藏专业性强,涉及面广,需要丰富的综合知识和持之以恒的刻苦精神,切忌惰心。

二忌杂心:有些收藏者遍地撒网,见啥藏啥,毫无目的。他们深度不足,全面有余，广而不精，很难收效。

三忌贪心：所谓贪心，一是贪多求全，二是贪婪。前者不明智，后者不道德，都要反对。

四忌粗心：收藏品很娇贵，容不得半点马虎，同时要谨防假冒伪劣，以防上当受骗。

五忌私心：收藏常与各地藏友交往，应该以诚待人，互通有无，切忌虚伪欺骗。

六忌浮心：有些藏友急功近利，想一下子就达到目的，这种心态对收藏有害无益。

七忌虚荣心：有些藏友小有成绩，就喜欢炫耀、宣扬，往往被名利所累，难成大器。

八忌玩心：常言道："玩物丧志"。有人把收藏当作纯粹的玩耍，未免境界低俗。

九忌偏心：有些藏家过分执著某一收藏门类，而轻视或贬低其他项目，这种心态是狭隘的。因为相近的门类往往是相通的，可以得到互补的好处。

十忌黑心：有少数人看到别人的藏品就眼红，看到精品、珍品就手痒，于是铤而走险，做出骗、盗、抢的违法勾当，以致受到法律严惩，这是千万要避免的。

824. 收藏投资者如何才能以低价买到精品？

古玩界称以低价买到精品的情况为拣到了"漏"，即卖主漏了眼的精品让你以低价买到了。要出现这种走运的局面首先要靠机遇，没有机遇就碰不到。其次要靠眼力，没有眼力就算碰到了也看不出其超值的价值。再次是魄力，没有魄力就不敢冒风险，不敢下决心，于是也就抓不住良好的机遇。

所以，缘分＝机遇＋眼力＋魄力＝"捡漏"成功。

825. 名砚的用途是研墨还是收藏？

众所周知，著名的砚台往往体积较大、工艺复杂，且其发展趋势是越来越大（可重达 1t 以上），越来越复杂（可雕几十条龙），因此越是这类名贵砚台越与研墨无关，而专门用于收藏，这种现象竟是由来已久。下面特引述《古玩指南》作者赵汝珍在 60 年前关于砚台用途的评述，以供参考。

赵汝珍在《古玩指南》第九章第四节一开始就写道："夫砚原为研墨用也，乃石砚之愈佳者，保有者愈不忍以其研墨，是愈佳者与砚之原意相距愈远也。"

826. 近 50 年来，我国收藏事业的概况如何？

近 50 年来，我国的文化（以书画为主）、艺术品（包括陶瓷和珠宝等）收藏走过了曲折的道路。在很长一段时间内，尽管我国的公私收藏处在一个与世隔绝的状态，但一系列重大的考古发现极大地丰富了国家的收藏。近年来，随着艺术市场和珠宝市场的兴起，私人收藏开始走向合法化和成熟。藏宝于民开始深入人心，一批私人收藏家迅速成长，甚至私人博物馆崛起的消息也在一些大城市时有所闻。

国家收藏以国家和各级地方博物馆、美术馆、纪念馆为代表，它们的数量从1949年的20座猛增到建国50周年时的2 000座。其藏品来源主要有3个方面：①考古发掘；②历史遗留；③个人捐献。

在考古发掘方面，出土了大量极为珍贵的文物艺术品，其中最著名的是“秦始皇兵马俑”、“长沙马王堆”、“广州南越王墓”和“江西新干青铜窖藏”等。

改革开放以来，世界著名的两大拍卖行（苏富比和佳士得）在我国香港对中国字画古玩（包括珠宝翡翠）的多次拍卖活动，大大提升了中国艺术品在海外的地位。

1992年，处于改革开放前沿的深圳市，率先举办了首届当代名人字画专场拍卖会，从而拉开了中国艺术品拍卖的序幕。

随着1997年香港回归祖国，中国艺术品的拍卖就形成了香港、北京、上海三足鼎立的局面。

827. 什么是“拍卖”？

“拍卖”是一种带有典型市场经济色彩的特殊的商品交易方式。一般是由拍卖机构在一定的时间和地点，按照一定的章程和规则，通过公开竞价而定价的方法，将卖家的财物售给出价最高的应买人。

828. 什么是拍卖的“三公一高”原则？

拍卖的“三公一高”原则，即“公开、公平、公正、价高者得”的原则。

“公开”：就是拍品要公开展示，拍卖活动公开进行，使买卖双方对整个过程一目了然。

“公平”：就是买家竞买资格平等，竞买机会平等，竞买规则平等。

“公正”：指拍卖机构对买卖双方高度负责，无欺骗，无偏袒，一视同仁。

829. 拍卖有何好处和优点？

拍卖的最大好处是直接准确地反映市场需求，实现商品的最大价值。

正是拍卖的“三公一高”，使得拍卖成为收藏投资的捷径。同时，与其他的投资手段相比，具有风险性小、投资回报率高、运作空间大、操作手段简单等优点。

830. 拍卖的基本特点有哪些？

凡组织正规的合法拍卖，就有4个特点：

(1)机会均等：拍卖是在众多买家参与之下，以价格竞争的方式对拍卖标的进行竞买。每个投买者都有多次出价权，只要自己需要，并有满足这种需要的财力，都有在出到最高价格后得到拍卖品的机会。

(2)价格合理：在拍卖场中，众多买家在竞争中是心明眼亮的，拍卖品受到了市场的检验，实现的价格与价值接近一致。

(3)公开性强，从参加拍卖会的顾客来看，拍卖会是面向社会的，不管职业、年龄、性别，只要按章程办理了入场手续，各界人士都可以参加拍卖会；从拍卖会的程序讲，每次拍卖会前都要事先登广告，发布信息，将所要进行拍卖的种类、场地、日期等事项告之公众，并在拍卖前将拍卖品向社会公开展示，使参加拍卖的买主在拍卖前就可以了解拍卖品的品种、数量、规格、质量、颜色、包装及参考价格。重要的拍卖会之前，投买者还可以得到文字及图片的介绍资料，或借阅部分贵重珠宝、玉器等有关质量的鉴定证书。这些都体现着公开性。

(4)具有法律约束力：任何一场真正的拍卖会，由于都是由具有拍卖经营权的中介企业——拍卖公司主持，并且拍卖公司是依据法律承认的章程、规则进行拍卖活动，且这些章程、规则的执行是在众目睽睽之下进行的，所以买卖双方的权益都可以得到法律的保护。一旦成交，双方均不得反悔，如果拍卖方反悔，则影响了买家的利益；若投买方反悔，则不仅影响了卖家和拍卖方的利益，同时也侵害了那些出价仅次于他的投买者的利益。因此，任何一方反悔，都必须承担经济责任。

831. 我国拍卖品的范围如何?

在国外，拍卖行业的标的无奇不有，包罗万象。我国拍卖市场是在我国政府宏观管理之下，按照我国的法律政策经营的，拍卖品的范围和品种与资本主义拍卖市场是有区别的。

我国拍卖市场上的拍卖标的物借用计算机行业的术语，分为硬件和软件两大类。

硬件包括：

(1)艺术品：如陶瓷、刺绣、书画、玉器等。

(2)收藏品：如珠宝、邮票、奖牌、钟表等。

(3)生活品：如电器、车辆、房屋、家具等。

(4)娱乐品：如乐器、玩具、宠物、体育用品等。

(5)生产资料：如机器、设备、原材料、房屋等。

软件包括：

(1)文化或科技成果：专利、图文资料、书稿等。

(2)使用权：土地使用权、车辆营运权、出版权、冠名权等。

(3)符号：电话号码、商标等。

随着我国拍卖市场的发展，拍卖品的范围还将会不断扩大。

832. 珠宝拍卖会与珠宝展销会有何区别?

珠宝展销会是一种活跃市场的销售形式。商家们在一定的地点、一定的时间范围内，集中推出珠宝首饰的新型款式和质地上乘的展品，通过广告宣传吸引顾客参观选购。买家和卖家聚在一起，双方对市场反馈交换看法，互传信息，预测市场的新走向，为提高经济效益，促进市场繁荣，推动市场发展，作出积极贡献。

珠宝拍卖会则是现代珠宝市场交易的最高形式。其拍卖的珠宝，将真正实现本身的保值功能。因此，拍卖会所拍卖的珠宝商品比展销会的展品要求更高，它应该是罕见而稀有的珍贵品种。无论质地、工艺、造型、完美度、艺术性、历史性等方面都要具有真正的价值，否则就不会受欢迎，更谈不上轰动。

历来拍卖会的买家，都是把竞拍的珠宝作为传统性收藏物，视其无与伦比的观赏性和保值性，从中获取最高境界的升华，表现出自身富有的精神满足。当前，在新兴的国内珠宝拍卖会上，由于参与竞拍的珠宝档次不高，故在短期内尚难达到上述的高境界要求。

833. 如何发布"拍卖公告"？

据义成先生于1999年5月22日在《中国商报》拍卖收藏周刊介绍：发布"拍卖公告"是各种拍卖活动必不可少的环节之一。

以动产拍卖公告为例，公告中应有种类、品名、数量、品质、等级的介绍，还有拍品的形式、规格、品牌、产地、编号标识（牌照）和有效期等内容。这些内容不仅有利于竞买人进一步认识拍品的详情，而且也便于其判断价值，增强购买欲望，而且事先说明还可避免日后发生纠纷。

同时，在拍卖公告中向大众提供拍品的看样时间和地点，不仅是公平、公开、公正和合法进行拍卖的基本要求，也是了解竞买人需求意图和实力的好机会。

此外，拍卖公告还要注明交付押金或保证金的数额、时间及地点。若在开拍时才宣布，则会使未带保证金的人失去竞投资格；若没有保证金约束，又易出现不负责任的竞投。

总之，拍卖公告虽然是一种简单的公文形式，但却千万不可马虎对待，因为它对拍卖会成败有着至关重要的影响，也是拍卖行经营作风和自我形象的窗口，不可等闲视之。

834. 拍卖会上如何进行电话竞投？

当前，专场拍卖已日渐成为国内中、高档珠宝首饰的一种营销手段。有些名贾富商或收藏家，他们不愿抛头露面，而想用遥控方式买到拍品，于是出现了"电话竞投"现象。

电话竞投一般有两种形式：一是买家通过电话在拍卖会场寻找代理人，向其开出自己的出价底线，由代理人在此范围内举牌竞投；二是买家通过电话连接拍卖会场，由代理人现场向其报价，自己在场外作竞投决定。

这种电话竞投比买主亲自到场虽有明显的缺点，但在国内外一些大型珠宝拍卖会上，通过电话竞投而成交的例子并不只是个别的，甚至十分昂贵的拍品也可通过电话竞投而获成功。例如1995年，苏富比在日内瓦拍卖会上拍卖过一颗66.42ct的心形钻石，最后以高出底价20多万美元的价格（即524多万美元）售出，竟是买主通过电话竞投成交的。

835. 什么是拍卖场上的“托儿”?

据谢其章先生在《拍卖收藏周刊)上撰写的有关“托儿”的专题文章中指出:“近几年,国内的拍卖活动似一把火炬遇东风,迅速燃遍大中城市。然而,凡事一哄而上,受利益所驱,必节外生枝,一些不光彩的事,也渐渐滋肆起来。……如某些拍卖行燃起的‘雇托喊价’的邪火,就令买家寒心。”

拍卖场上的“托儿”,一般有两种情况:一种是卖主贪图小利,要小聪明,自己找几个朋友,轮到自己送拍的拍品竞价时帮忙(冒称买主)喊价,把价抬上去。此乃属于个人的不良行为。另一种情况就是拍卖行(拍卖会组织者)“雇托喊价”。有时不幸在“托儿”喊出新价后,再也无人应价,便响槌宣布成交。于是,造成相当比例的“假成交”,使卖主很失望、拍卖行很尴尬。

“雇托喊价”虽不是场场拍卖会上都有,但也决不是极个别现象。总之,凡有“托儿”存在的拍卖会上,吃亏的主要是买家,故值得警惕。

836. 拍卖师的风格模式有哪几种类型?

据季涛先生在 1999 年 4 月 3 日的《中国商报》拍卖收藏周刊上撰文介绍,拍卖师的风格模式主要有 4 种类型。

(1)柔和型:以亲切、温和为特点,语调平缓,表达平和,表情和手势较少。买家容易对其产生亲切感,增加信任度,较适合主持艺术品类拍卖会。

(2)儒雅型:文雅大方,从容不迫,用语规范,音色淳厚,语调平稳中有起伏,手势动作不多,具有学者气质和绅士风度,适合主持高档艺术品拍卖会。

(3)活泼型:思维敏捷,反应迅速,快言快语,主动活泼,举手投足间洋溢着青春活力,适合主持民间物资和普通艺术品等贴近大众的拍卖会。

(4)激昂型:声音洪亮,情绪高涨,富于鼓动性。善于调动买家的竞买情绪。适合主持价位很高而引人注目如房地产一类的专场拍卖会。

837. 拍卖师采取“主持定势”好不好?

季涛先生在其专题文章中指出:每个拍卖师往往都有自己的主持“定势”。但这种习惯正是多才多艺的高级拍卖师的最大忌讳。

由于拍卖师各自常常固定用一种风格模式来主持拍卖会,即常来用最为接近自己性格本色的风格进行主持,久而久之,对于不同类型的拍卖会,拍卖师也习惯于用最为熟悉的模式去主持,这样做往往会影响拍卖会的主持效果。

优秀的拍卖师应该善于超越自己先天素质和克服“主持定势”,在不同场合采用不同的主持风格,即根据不同的拍卖品和买家群体来选择自己的主持模式。因此,“主持多样化”是值得推崇和最为理想的拍卖主持方式。

838. 我国何时颁布《中华人民共和国拍卖法》? 它有何重要作用?

据《全国宝玉石报》1996 年 10 月 18 日报道:《中华人民共和国拍卖法》(以下

简称《拍卖法》)已于目前正式颁布实施,我国今后的拍卖活动将有法可依。

关于《拍卖法》的重要作用,国内贸易部有关官员在《拍卖法》刚公布后指出,由于此前立法滞后,拍卖市场存在一些突出问题,影响其健康发展。《拍卖法》的颁布,对拍卖企业、拍卖师、拍卖标的、拍卖程序等都有规范,亦有利于同国际拍卖市场接轨。

839. 历年来,在拍卖会上售价最高的钻石价格有多高?

(1)1990 年在日内瓦苏富比拍卖会上,以 1 280 万美元成交的 11 边梨形混合切割钻石,重 101.84ct,名为 Mouawad Splendous 钻石,创出钻石拍卖售价最高记录,至今仍未被打破。

(2)1994 年 10 月在纽约举行的苏富比拍卖会上,以 990 万美元成交的一颗重 20.17ct 的小八角形蓝钻石,创历来拍卖会上蓝钻石售价最高记录,据说这是拍卖会竞投有史以来质量最佳的一颗蓝钻石。

840. 历年来,在拍卖会上售价最高的翡翠项链价格如何?

高档翡翠为稀世之宝,是目前珠宝市场上人们争相追逐的宠物。不少人购买翡翠饰品,首要目的并非为了佩戴,更重要的是为了进行投资。在近年的中国香港翡翠珠宝拍卖场上,来自港、澳、台、东南亚以至欧美的华人富商阔太一掷千金,激烈竞逐翡翠精品,气势颇为壮观。

在 1997 年秋季佳士得翡翠首饰拍卖中,出现了一串举世瞩目的翡翠珠链,它由 27 颗纯翠绿珠子组成,每颗珠子直径 15.2～15.9mm。珠链上配了一颗重 10ct 的钻石链扣,其亮丽和华美堪称世间独一无二,估价在 4 000 万港元以上。最后竟以 7 262 万港元成交,在珠宝界引起了不小的轰动。

据佳士得拍卖公司介绍,这串珠链取自一块重约 50kg 的翡翠原石。30 多年前,一位缅甸珠宝商得到这块璞玉时,并未觉得它的珍贵,打算将它出售却无人问津。后来,珠宝商将玉石从中间剖开,切割时天空两度出现彩虹,玉石中央是一块重约 1kg 的高绿翡翠。于是,珠宝商将翡翠制成一条独一无二的珠链,命名为“双彩”珠链。

1997 年 11 月 6 日,瑰丽翡翠首饰拍卖在万豪酒店举行。许多著名收藏家和大款到场,还有一些富豪则接通了现场拍卖电话专线。多位买家激烈竞逐,叫价很快就超越最高估价。最终,一位并未到场的电话买家,以 7 262 万港元的天价,将“双彩”珠链据为己有,从而使这串珠链成为亚洲拍卖史上最贵重的一件拍卖品。

841. 拍卖会上最昂贵的翡翠戒面价格有多高?

1996 年春,在中国香港佳士得拍卖会上,一只 15.5mm×13mm×6.3mm,重 10.78ct 的翡翠蛋形戒面,以 387 万港元成交,按重量计,平均每克拉达 35.9 万港元,已超过钻石售价。

该翡翠蛋面绿如碧水，人称“玉胆”，是难得一见的老坑玻璃种绝品。

842. 近年来，田黄石精品在拍卖会上的最高价格如何？

这方面可举出数例：

(1)1996 年秋季翰海拍卖中，一方明代后期田黄兽纽章，仅重 14g，成交价竟高达 19 万元人民币，若按此价计算，一两田黄(16 两制)就值 40 万元人民币以上。

(2)同上一拍卖会上，清中期田黄顶部浮雕九龙博古大方章，重 460g，原估价 50 万元左右，后拍得 140 万元人民币。

(3)1998 年春季中国香港苏富比拍卖中，清初杨璇雕田黄布袋和尚，重 140g，原估价 100～150 万港元，一般藏家以为价值太高，将会漏标，谁知竟以 200 万港元拍出。

843. 近几年来，翡翠拍品的发展趋向如何？

据翡翠专家奥岩在其《翡翠鉴赏》一书中介绍，从近几年的大型珠宝拍卖会上看，翡翠拍品正从一般品质的旧货逐渐向制作精美的新品方向发展。他认为：这与翡翠的发展史有着密切关系。因为翡翠的大规模开采使用只有 250 多年的历史，清朝中早期由于加工工具简陋，致使具有历史价值又品质优良、工艺精美的翡翠作品非常少见。现代由于加工手段的进步，工艺日益精湛，加之润透的种份，娇艳的颜色，使得翡翠新品备受青睐，所以现今衡量翡翠标的质量的主要因素是品质及工艺，而制作的历史年代则次之。这一点，从不断创新记录的翡翠拍卖标的就可证实。当然，如果二者兼而有之，更是锦上添花。

844. 世界最大的拍卖行有哪两家？

当今世界上的拍卖行数以百计，但按其规模之大，影响之广，则首推英国的“苏富比”和“佳士得”。

“苏富比”拍卖行成立于 1744 年，是当今最有影响的艺术品拍卖公司。它的创办人是一位名叫撒缪尔·贝克的书商，开业之初专门拍卖旧书。贝克去世后，他的侄儿约翰·苏富比接手了这家拍卖行，并以自己的名字命名。他将经营范围扩大至油画、钱币、家具、瓷器、邮票和珠宝等。200 多年来，“苏富比”已在近 30 个国家和地区设立了分支机构。1983 年 9 月，它被美国一个财团收购，并分成两个总部，一个在伦敦，一个在纽约。“苏富比”每年的营业额约为 30 亿美元。1990 年，在日内瓦苏富比拍卖会上，以 1 280 万美元成交的梨形混合切割钻石，重 101.84ct，创出钻石拍卖售价最高记录，至今仍未被打破。

另一家世界级的大拍卖行是“佳士得”，它创办于 1766 年，是当今惟一能与“苏富比”相抗衡的艺术品拍卖公司，由苏格兰人詹姆士·佳士得创办，中间曾几易其名。成立以来，“佳士得”拍卖了众多的名贵地产和藏品。1987 年，它以 3 890 万美元的高价将梵高的“向日葵”拍卖给了一位日本藏家。1997 年秋季，在中国香港举办的佳士得翡翠首饰拍卖中，一串由27颗纯翠绿珠子组成(每颗珠子的直径15.2～15.9mm)的特高档翡翠珠链，珠链上配了一只重10ct的钻石链扣，其亮丽堪称世界独一无二，估价在4 000万港元以上，最后以7 262万港元成交，从而使之成为亚洲拍卖史上最贵重的一件拍卖品。

845. 我国内地最著名的珠宝拍卖公司有哪两家？

据奥岩在其《翡翠鉴赏》一书中介绍，中国大陆近10年来兴起的一批与国际拍卖业接轨的拍卖公司中，多数以艺术品拍卖为主，兼营资产拍卖，真正运作珠宝拍卖的公司只有以下两家：

(1)中国嘉德国际拍卖有限公司：该公司于1993年在北京成立，是中国第一家全国性的拍卖公司。作为目前国内首屈一指的国家级综合拍卖公司，嘉德拍卖公司以中外艺术品为拍卖重点，同时兼营其他动产、不动产等拍卖。

嘉德拍卖公司的珠宝首饰专场拍卖始于1995年5月，据该公司主要创办人万珺女士介绍："截至2002年，8年共举办了13场大拍卖，推出高档拍品2 000余件，总价值数亿元。"该公司是中国大陆目前运作珠宝首饰拍卖最为成功的一家拍卖公司。该公司拍卖佳绩不断，推动了国内高档珠宝首饰的购买和收藏，为中国大陆的珠宝首饰拍卖业起到了带头作用。

(2)太平洋国际拍卖有限公司：该公司成立于1995年6月，是一家国家级综合性拍卖公司，主营中外文化艺术品拍卖，兼营动产及不动产拍卖。该公司的首场珠宝首饰拍卖在1996年12月举办。其特点是起点高，中国传统艺术风格浓厚，拍品以翡翠为主，钻石及其他彩色宝石首饰兼而有之。至1999年12月，该公司共进行6场大型珠宝拍卖，是中国大陆珠宝拍卖场次仅次于嘉德的一家拍卖公司。在这4年中，太平洋拍卖公司拍卖成交了数十件具有历史意义的翡翠极品，为中国大陆珠宝拍卖业留下了深远的影响。

第八章

珠宝古玩入门

赵汝珍在其名著《古玩指南》一书中指出:“古玩者,古人遗留器物可为文人之珍玩者。”

因此,古玩就涉及珠宝玉石及其他如书画、瓷器、铜器、古钱等数十类。

鉴于本书为《珠宝千千问》,故在此有关“珠宝古玩入门”一章中,仅涉及诸多古玩种类中与珠宝玉石有关的玉器、砚、印章和鼻烟壶等少数几类以及一般的古玩入门知识而已,全章共有68问。

846. 何谓"古玩"?

赵汝珍在其名著《古玩指南》(1942 年 9 月初版)中指出:"古玩者,古人遗留器物可为文人之珍玩者。"他又指出:"按字面言之,古玩二字似有轻忽之义,宛如古代玩物也。其实并非玩物,乃历代宝物也。玩者,乃保有者自谦之意。"他还说,古玩旧称"骨董"。骨为所存过去器物之精华也;董者,明晓也。故"骨董"即明晓古人所遗器物之精华也。

笔者认为,赵汝珍的上述解释虽出于距今 60 年前,但到今天仍然完全适用。

847. "古玩"包括哪些内容?

赵汝珍在其《古玩指南》一书中指出:"凡古代遗存之宝贵珍奇均属古玩之范畴。分言之,有书画、瓷器、铜器、古钱、宣炉、古铜镜、玉器、砚、古墨、古书、牌贴、各代名纸、古代砖瓦、偶像、印章、丝绣、景泰蓝、漆器、宜兴壶(即紫砂壶)、珐琅、料器、法花(即带釉之陶器)、牙器(即象牙制品)、彩墨、笔格、竹刻、扇、木器、名石等数十类。

赵汝珍在其《古玩指南续编》中,又增加了古代玺印、鼻烟壶和古玩琐碎等 23 章,内容相当丰富。

鉴于本书为《珠宝千千问》,故在有关"珠宝古玩入门"一章中,仅涉及诸多古玩种类中与珠宝玉石有关的玉器、砚、印章和鼻烟壶等少数几类以及一般的古玩入门知识而已。

848. 什么是古玩商人的"代语"?

古玩商人在市场交易中,为了办事便捷,说话利索,往往把行业常说的话和器物的名字压缩或另起一个相关的简单代名词,故名为"代语"。

"代语"有时是缩略语,有时是替换词,但都是简明扼要的。它与"江湖黑话"不同,因为它可以对光顾的买主当面说明,而无"黑箱操作"之意。

849. 什么是古玩商人的"隐语"?

古玩商人说话不愿给生意人或买主听懂,所以在同行人中说话时采用一些隐蔽的词汇来与同行交流,这就是"隐语"。

古玩商人的隐语,在古玩商人生意经中,属于"应知应会"的内容,实际是一种较隐蔽的行业用语。

850. 古玩商人最基本的道德标准是什么?

古玩商人的基本道德标准,只有"公平交易,童叟无欺"八个字。既无法律规定,也无文字约束,却可以调节古玩商人在行内和与外界的关系。

851. 古玩界的"眼力"和"肚脐眼"如何解释?

古玩界鉴赏、评价古玩,并不靠仪器,而是凭经验和知识。如一个古玩收藏家具有很强的鉴赏能力,了解历史及古玩商品的产生年代、品质、真伪和价值,即谓之有“眼力”。相反，对古玩分不清真伪，上当受骗，看走了眼，就被讥为“肚脐眼”，意即有眼无珠。

852. 古玩界隐语“掌眼”是指什么？

有些“眼力”不足的人，在购买古玩（含宝玉石首饰）时，请高明的人替自己掌握一下尺度，以免在鉴定真伪和给价方面有闪失。对于代替自己把握眼力的人，就叫“掌眼”，或叫作“请某某先生来掌眼”，所以“掌眼”一词在这里既可作名词，又可作动词解释。

853. 古玩界隐语“活拿”是指什么？

“活拿”是指一位古玩商人从另一位古玩商人手里拿走一件古玩商品，当时不付款，卖出去以后再算账还款，也就是通常所说的“代销”。

“活拿”的规矩是价位说好了，只能多卖钱，不能少卖，即必须“保底”。言必有信，价位比“买断”略高。一般来说，不再给“活拿”的人付手续费或跑腿费，但“活拿”的人可以在底价上加价，叫“戴帽”。多卖的钱归“活拿”的人，原货主不问。

854. 古玩界隐语“捡漏”是什么意思？

古玩商人想赚钱，凭的是一双眼睛，即要有超人的“眼力”。古玩商人能对别人拿到手的好货而看不出“好”来，或是又想吃，又怕烫，拿在手里不敢下手买断的古玩，敢于稳准狠、下本钱，凭眼力和胆量将它买到手，就是捡到了便宜，这就是捡到了别人的“漏”，简称“捡漏”。

855. 古玩界隐语“大号”和“邪价”是指什么？

古玩商人对贵重文物或批量大的生意，或赚钱多的生意，都叫“卖大号”。对买进古玩、珠宝时遇到出奇的天价就叫“邪价”。

856. 什么叫古玩珠宝市场的“抄后路”？

“抄后路”是指生意本来是有人从中介绍的，但在买卖双方见面并看货以后，买主和卖主都抛开中间人，自行与对方直接交易，以便事后不提中介费，同时也可防止“戴帽”（加价）。

这种抛弃曾经帮过自己的中介人的做法，是一种丧失商业道德的不良行为。其恶果是以后将失去作中介人的朋友，并丧失多做生意的机会。

857. 什么叫古玩商人的“要奸不要赖”？

所谓“奸”，并非指奸猾的奸，而是指精明巧妙，工于心计，做生意时该赚的钱不让步。“不要赖”主要指讲求信誉。这可说是古玩界的金科玉律，做到了，就无往而不胜，既赚钱，又得人缘；而要赖的人则是说话不算数，谈妥的条件又自行推翻，这最易失去信誉，因而是不可取的。

858. 古玩界隐语“爬桅”是指什么行为？

古玩商人在交易行为中，突然变卦了，如对讲好的价钱、利率等条件反悔，自己说的话不算数了。这类行为即叫“爬桅”。

859. 古玩界隐语“方”和“吊”指多少钱?

简化“万”字加一点为“方”,“方”即指人民币万元。古代制钱一千枚为一“吊”,故人民币一千元叫“吊”。

860. 古玩界隐语“一张”是指多少钱?

在古玩商人隐语中,“张”不是货币数量,而是钞票载体的数量单位。此词可随货币的升值或贬值而浮动。如20世纪80年代,一张指10元;到了90年代,一张已指百元。

861. 古玩商人常说的“卖相”是什么意思?

“卖相”是指古玩(含玉器)身份不高,甚至不真,但显得比较完整、古老或精致,在出卖时显得可爱,易受买主欢迎,叫“有卖相”。相反,古玩虽真,但有残缺或脏点,看上去不精致,不受买主青睐,就叫“无卖相”或“卖相差”。有卖相的东西,就是具有容易吸引买主的外表(包括造型、雕工好,颜色美观或有“古味”等)。

862. 从事古玩收藏投资有哪些好处?

据中国台湾1989年9月的《艺术家》杂志刊出无双的专题文章指出:从事收藏艺术品的投资有四大好处:

(1)可以提高收藏者的身份与地位。

(2)可使收藏者全家人接受艺术的陶冶。

(3)增值率高又强,保值最稳定,携带较方便。

(4)价值有如黄金,全球公认且通行。

863. 从事古玩交易必须具备哪些基本技巧?

据章用秀在其《收藏的学问与窍门》一书中概括指出:一般古玩店或地摊上的货色,既无明码标价,又无统一价格。多数古玩商只会对内行人客气,对外行人则漫天要价。因此,他归纳出从事古玩交易的几点基本技巧,摘录如下:

(1)要有自信心,不要被古玩商吓住。

(2)学会讨价还价,设法把价钱压到最低。古玩店或地摊的报价都有较大甚至很大的水分,若还价高了就会很被动。

(3)看中某件东西不要急于买下,要沉得住气。

(4)看到好东西要不动声色,喜欢的东西不能当面说喜欢,甚至要尽量挑毛病,把它贬低一通,否则价钱压不下去。

(5)不要不懂装懂,但也要流露出自己并非很外行。

(6)要买的东西一定要事先看仔细,看不清可拿到店门外的阳光底下看,或用10倍放大镜看。因为古董或玉器的一些毛病常会被商人用各种方法加以掩饰。待交了钱才发现就麻烦了,甚至要吃大亏,那就后悔莫及了。

864. 购藏古玩的12个误区是哪些?

据章用秀在《收藏的学问和窍门》一书中指出:由于素质所限和缺乏经验,刚入收藏大门的朋友在收藏上往往存在许多误区,只有破除这些误区,才能少买赝品、少上当。

该书中归纳出的12个误区是:

(1)盲目听信卖家编造的谎言,错将假货当宝物,买假而不知假。

(2)以为别人的判断绝对正确,自已毫无主见。

(3)将老户人家的旧物都当成有价值的古物,而很少对其认真分析与鉴别。

(4)相信器物的款识和铭文,而不知在古玩字画落上假款乃是作伪者最常用的伎俩。

(5)以为老农民家藏"宝物"绝对可靠,而不知某些农民也靠贩假为生。

(6)以为东西越脏越古老,而不知作伪者善于在新瓷、新玉器上作旧,以诱使买者上当。

(7)以为越破越残的东西越老,结果将既不老又残缺的次品买回家。

(8)以为东西越老越值钱,其实也不尽然。

(9)以为年头越近,东西越精,这也不尽然,因为历史上任何艺术品都有其发展高峰。如清代的"乾隆玉"水平之高,有一些是后人很难超越的。

(10)用书本上或文物店的器物与自己见到的器物对号入座,难免错将仿品当真品。

(11)片面理解拍卖图册,而不知图册上的标价有伸缩性,其器物美观程度与实物也有差异。

(12)买东西认贱不认贵,而不知在古玩收藏中精品最具收藏价值和升值潜力,以致买回一大堆文物垃圾而不自知。

865. 清代玉器生产如何分期?

总的来说,清代的玉雕技艺达到了很高的水平,但在其长达267年的历史中,其玉雕的发展很不平衡。据杨伯达先生的研究,清代的玉器生产可分为四期:第一期,自清朝开始至乾隆二十四年(公元1644—1759年),共115年。此期玉石材料来源不丰,其玉器生产继承了明代的风格。第二期,自乾隆二十五年至嘉庆十七年(公元1760—1812年),共52年。此期玉石材料来源丰富,玉业空前繁荣,加工技艺成熟,琢磨成功许多巨型玉器,为清代玉器史上的丰碑,在中国玉业发展史上占有重要地位。第三、四期,适值列强侵华,清廷腐败,割地赔款,皇亲国戚、达官显贵们无法致力于玉器的赏玩,因而玉器生产走下坡路,工艺技术水平下降。

866. 什么是玉器制作的"乾隆工"?

由于乾隆皇帝爱玉,并积极倡导和鼓励玉器生产,加以"清三代"(指康熙、雍正、乾隆）玉器制作工艺不断提高和完善，从而使玉器制作在乾隆时期达到了历史上的最高水平，出现了许多玉器精品。因此，后人将那个时期制作玉器的高超手法和技艺称为“乾隆工”。

867. 玉器制作的“乾隆工”有何突出的特色？

据章用秀先生研究并在其新著《收藏的学问和窍门》一书中指出：人们之所以称“乾隆工”好，主要是指它的做工细，而这个“细”又没有丝毫的匠气。就是说，“乾隆工”确实细腻，但无任何造作的痕迹，线条流畅，又趋于自然。“乾隆工”玉器做工给人的感觉完全是一种天然、柔美、雅静的流畅，细而不俗，刚而不火。比如玉器上的人物衣纹，如果细细观察就会发现，其做工哪怕是极细微之处都交代得特别清楚，线条走向又十分自然，没有一点马虎和牵强。又如以花卉为题材的“乾隆工”玉器甚至细到了连叶子正面与反面及向上翻转的感觉都表现了出来，而且向背的转折点处理得特别柔和，绝无应付与浮躁之弊。

868. 收藏者认识“乾隆工”有何作用？

作为一名收藏者，树立“一个时代有一个时代的工艺高峰”的观念，真正把握各时代各种器物的工艺状况，认识“乾隆工”的技法和特征，对于提高鉴赏水平和收藏档次有很积极的作用。

869. 乾隆爱玉有何突出表现？

据章用秀专著《收藏的学问和窍门》一书指出：清代乾隆皇帝弘历既对古玉收藏十分热心，又是一位颇有眼光的古玉鉴赏家。他亲自组织收集古玉，尤其对康熙、雍正、乾隆三代玉器，更是珍爱至极，清宫遗存的古玉多数是乾隆时收藏的。更有甚者，弘历每得到一件珍贵玉器，都要题诗吟咏，或表达欣喜之情，或对古人制玉工艺表示赞叹，或借物思古，有的还对古玉的称谓和用途加以考证。有人作过统计，在乾隆御制诗中，有咏玉器的诗近 800 首。弘历对古玉的珍爱由此可见一斑。

870. 乾隆爱玉对我国玉文化有何贡献？

清代不仅是我国古代玉器工艺发展的最高峰，而且玉器鉴藏水平也达到极高的程度。而在此历史进程中，乾隆皇帝弘历是一位最积极的倡导者和有力的推动者。

由于乾隆皇帝爱玉成僻，且精于鉴赏，为社会营造了一种藏玉爱玉的气氛，以至影响到乾隆朝以后朝野上下的几代人。据清代史料记载，当时有若干收藏古玉的人均有较高的身份和学识，有的还撰写了有关鉴藏古玉的著作。这对中国古玉器的研究无疑是一个重大的推进，并为古玉的鉴赏进入近代考古学领域奠定了基础。

871. 如何划分古玉和旧玉？

凡是汉代及汉代以前的玉器为古玉；汉代以后至民国的玉器为旧玉。

872. 何谓"传世玉器"与"出土玉器"?

凡将制成之玉器,直传至现在并未入土者称传世玉器;此类传世玉很古老,不易见到。由于中国殉葬之风盛行及其他原因,玉器因而入土并在后来被挖出者,谓之出土玉器,此类玉器的时代可达汉唐以前。

873. 我国古代玉器按用途如何分类?

我国古代玉器按用途不同可分为六类:即礼仪玉器、佩饰玉器、玉兵器、陈设玉器、玉器皿和随葬玉器。

其中,除礼仪玉器几千年来品种变化不大外,其他几类随时代不同在品种上都有不同程度的变化。

874. 中国古玉器的鉴定包括哪些主要内容?

鉴定中国古玉器,主要包括:古玉器的玉质、古玉器的器形类型、古玉器的制作和使用时代三项内容。在考古学上将其简称为鉴质、定型、断代。简单解释如下:

(1)鉴质;即鉴定古玉器的玉质(玉器的矿物、岩石类型及其名称)。玉质可用矿物岩石学、宝玉石学有关方法(如肉眼、仪器观察、显微镜鉴定、化学分析或其他分析法)。

(2)定型:指鉴定古玉器的器形类型及其名称,按考古资料认识其用途与特征,并用考古学有关方法加以鉴定。

(3)断代:即鉴定古玉器的制作和使用时代。一般按玉质、器形、纹饰、制作技巧等特点推断及确定古玉器的时代。

具体鉴定方法可参阅栾秉璈著《怎样鉴定古玉器》一书和冯子棠的《中国古玉器分类与鉴定》一文。

875. 什么叫"假质古玉器"和"假代古玉器"?

将假玉、劣质玉古玉器有意冒充或无意误定为真玉、优质玉古玉器者,叫"假质古玉器"。其时代一般不假或误差不大。

以时代较新的古玉器有意冒称或无意误定为时代较老的古玉器,叫"假代古玉器"。其玉质一般不假,但需重新断代才行。

876. 什么叫"真质假代玉器"和"假质假代玉器"?

玉质不作伪、仿古玉器制成,时代作伪的玉器,为"真质假代玉器",也可称 A 型仿古玉器。因其玉质不假,故常易导致时代混淆或被蒙骗。这就需要用中国考古资料和方法加以断代。

仿古玉器制成,玉质与时代均作伪的玉器为"假质假代玉器",也可称 B 型仿古玉器。此类玉器因其质假,当鉴定质知其假时,常易引起对其时代的怀疑,故不易被混淆和受蒙骗。但需用地质学和考古学知识和方法,全面鉴质、断代才能加以鉴定。

877. 古玉有哪“四异”?

据刘大同《古玉辨》称,古玉有四异:一具天然之九色,较他物特多。二经人工之雕琢,较他物特精。三受地气之酝酿,较他物特润。四纳各色之沁入,较他物特艳。其品格回出寻常,焉得不贵。

878. 古玉有哪“三忌”?

据刘大同《古玉辨》称,古玉有三忌:一忌油,旧玉地涨未足,常粘油腻,则清光不能透出,故佩玉者,把玩日久,恐被油沁,脑油、鼻油则尤甚,必须用滚水洗之,方能退油。二忌腥,玉与腥物相接,即含腥味,且伤玉质。就海滨出土之玉观之,无一完璧,即可知矣。三忌污浊之气,倘有污手盘弄,则土门闭塞,玉理之灰土不能退出,纵加盘功,亦无益也。

879. 古玉有哪“四畏”?

据刘大同《古玉辨》称,古玉有四畏:一畏火,常与火近,色浆即退。二畏冰,常与冰近,色沁不活。三畏惊气,佩者不慎,往往坠地。如落砖石之上,重则损伤,轻则肌理含有裂纹,其微细如发,骤视之而不得见。四畏姜水(强酸的俗称),如与姜水相触,色沁之处即黯淡无光,重则浑身麻点,虽盘之亦难生效。

880. 什么是玉雕设计的“三原则”和“四原则”?

玉雕设计的“三原则”是明代玉雕巨匠陆子冈提出的:“一曰玉色不美不治;二曰玉质不佳不治;三曰玉性不好不治。”从中可见这位前辈对玉料选择标准之严格和他技高一筹的气质和地位。

当代的玉器设计,肩负着弘扬中华文化和换取外汇建设中华的双重任务,陆子冈的“三不治”原则已不够用了。玉雕新作——翡翠山子珍品《会昌九老图》的设计者和指导者工艺美术大师方东亮提出了新的玉雕设计“四原则”:一是顾客欢迎什么就做什么,即要认真听“上帝”和“财神”的话。二是量料取材,因材施艺。只有量料取材才能巧夺天工,因材施艺才能做到好料好设计好做工卖好价钱。三是什么最值钱就做什么,即要兼顾艺术性和商品性,不能忘记社会效益和经济效益。四是制作人员擅长什么就做什么,即要注意人尽其才,扬长避短。

881. 传国玉玺今何在?

据史料记载,秦始皇统一六国,当上皇帝之后,得和氏璧,命丞相李斯用小篆书写,然后命玉人公孙寿镌刻成“国玺”。这方印章方四寸,质地洁白,纽上五条龙交织盘旋,印文为“受命于天,既寿永昌”八个鸟虫形篆字。秦始皇视其为珍宝,从不离身。秦朝灭亡后,这方印章落入汉高祖刘邦手中,刘邦把它定为“传国玺”,规定凡是新皇帝继位,必须先接受此印,皇位才算合法。从此,传国玺成了真命天子的标志。

西汉末年王莽篡位,他命安阳侯王舜到长乐宫逼迫元后交出传国玺。元后哭泣不止，大骂王莽辜负汉家厚恩，最后从怀中掏出传国玺狠狠摔在地上。王舜慌忙拾起，见纽已被摔去一角。王莽得到缺角的传国玺，揣起来登上了皇帝宝座。公元23年王莽被杀时，这方传国玺还挂在他的脖子上。

以后，传国玺历传东汉各帝，大概在汉献帝时丢失。所以当曹丕逼汉献帝禅位，强令皇后交出传国玺时，由于拿不出真玺，就只得重新伪刻一方假玺，应付了事。

传国玉玺虽然遗失，但汉朝以后的历朝统治者都称自己有传国玺，而且都说是秦始皇的原印，并为它的来历编造了许多荒诞故事，以证明自己是正统。真正的传国玺究竟流失在何方，始终是一个谜。

882. 为何在我国的玉雕工艺中常爱采用龙凤图案?

由于传说中的龙是鳞虫之长，凤为羽类之尊。哪里有龙出现，哪里有凤来仪，哪里就会天下太平，五谷丰登。龙凤是人们心目中的祥兽瑞鸟，为一种家喻户晓的吉祥象征。故至今在我国许多地方的玉雕工艺中，还常用翡翠、和田玉、独山玉、岫玉、南方玉等原料制作各种龙凤花件，包括龙凤呈祥(图案为单面的龙凤或双面的一面龙一面凤)和二龙戏珠(图案为两条云龙一颗珠，这颗珠往往利用翠绿或翡红的俏色)等图案。

883. 什么是"怀古"?

在我国台湾等地，人们将玉扣(也称"平安扣")称为"怀古"，意为其效仿古代的玉璧。

云南人将玉扣统称为"怀古"的也比较常见。但广东四会和平洲等著名翡翠玉器市场，则仅将中间圆孔很小(孔径1mm左右)而主要用于镶制耳环或手链的小玉扣叫"怀古"，其余中间圆孔大的(不论外径大小)都叫玉扣。

884. 什么是"顶子"?

顶子，是清代官员帽子上的一种宝石饰品。在清代，按官员的地位级别不同，各种服饰的佩戴也不同。如官员的帽子按不同情况而分别有朝冠、服冠、凉帽、暖帽之分。在帽子上按官员的级别不同而佩以不同的宝玉石，这种圆形球状的各种宝石都称为顶子。在服冠规定中，亲王、郡王用红宝石顶子；一品官用红宝石，二品官用镂花珊瑚，三品官用蓝宝石，四品官用青金石，五品官用水晶，六品官用砗磲(即指用巨大贝壳加工成的顶子)，七品官用素金顶，八品、九品官都用镂花金顶。

885. 什么是"龙钩"?

龙钩为古人束带之用，是玉带钩中的一种。现今有少数人用于挂在胸前或裤头上。早期龙钩多用白玉制作，后来也用翡翠或玛瑙制作。

1967年在湖北省随县擂鼓墩战国早期的曾侯乙墓出土的三件玉带钩中，有一件为龙首钩，腹部隐起云纹；另两件为鸟首钩和兽首钩。现今的龙钩一般由一个老龙头(在一端)和一条小龙(在中间)组成,有直的和弯曲的两种,大的可作摆件,小的可作挂件。至今在我国一些个体玉雕专业户中仍有生产制作这种龙钩的。常利用玉料上的部分翡红雕作老龙头,形成受人喜爱的俏色玉雕。

886. 什么是“扳指”?

以玉作扣弓弦的器具,套于拇指之上,在清代十分盛行,称为扳指或搬指。扳指均作成两端平齐、外周平滑高约 3.5cm 的圆筒形。以前多用骨质或象牙雕制,而后逐渐流行,为清代豪官显贵的一种手上装饰品,原料也进而选用和田白玉、缅甸翡翠或天然玛瑙。

据周南泉介绍,1976 年在河南省安阳市殷墟“妇好”(她是殷王之妾,一位常常带兵出征的女将)墓中,出土了一件商墓中从未见过的最早扣弦器——玉韘,其外形一端平齐,一端斜口,可套入成年人拇指。它与上述的扳指形成略有不同,可能是最早的扳指。说明这种防止拉弓时勒伤手指的玉器,最晚在距今 4 000 年左右的殷商时期已开始制作和使用。

时至今日,在河南南阳、广东四会等地的个体玉雕厂,仍有人断续地雕制两端平齐的玉扳指。不过其用途已不限于拉弓射箭,而为一些老年人挂在裤头上作玉佩,或国内港台地区一些爱好者作收藏之用,对从民间收购来的已有破损但色绿质佳的翡翠扳指,则常改制为戒面或戒指。

887. 什么是“如意”?

“如意”为清宫珍宝之一。此物远在东汉时就已有之。它是由云纹、灵芝样式做如意头,衔接一长柄而成。据有关文献记载,“如意”是由古代的笏和搔仗演变而来。因时人用它搔人手够不到的痒处,可如人之意,故名“如意”。

888. 清代如意有哪些种类和艺术特色?

清代的如意,通常以翡翠、和田玉、蜜蜡黄玉、红珊瑚、金、银(表面镀金)、水晶、玛瑙等多种宝石或金属材料制作而成。在制作中各施平雕、浮雕、镂雕、浅刻等多种工艺手法,其雕工细腻、线条流畅,所构纹式给人以虚实得当、凹凸错落有致,故而呈现出静中有动、简中有繁的高超艺术效果。尤其是施加镶嵌、掐丝等手工技巧而制成的三镶、单镶式如意,只见那红宝石、蓝宝石、翡翠、珍珠、碧玺等云集其上,交相辉映,令人目不暇接。

889. 如意有哪些主要用途?

我国古代的如意用途广泛。它曾是防身器物,战争中也用于代麾作指挥,及佛僧讲经时备忘的工具。但更多的是被古人视为吉祥之物。延至清代,如意已在宫廷广泛应用,如皇帝登基大典上,臣下必敬献一柄如意,以祝新政顺利。在皇帝会见外国使节时,也要馈赠如意表示缔结两国友好。平时在帝后、妃嫔的寝室中均有如意,以颐神养性,尤其是帝后大婚乃至宫中万寿、千秋元旦时节,都需臣下进贡数量可观的如意，以寓意帝后福星高照，平安大吉。可见，这小小的如意已是集清宫礼仪、陈设、赏玩为一体的珍奇用物。

890. 我国目前还有人制作如意吗？

由于如意是我国传统的吉祥之物，故至今在北京市，河南南阳、镇平，广东四会等地，仍有不少玉雕艺人用缅甸翡翠、和田玉、独山玉和岫玉等制作各种造型的单独玉如意，或在雕制其他花件时，在其中搭配一个如意的图案，以供人们选购佩戴。

891. 什么是"念珠"？

念珠也称"佛珠"或"数珠"，本是佛教徒念佛号或诵经咒时用来计数的一种工具。按佛教的说法，一个人若反复诵经千万遍，就可以消减和免除烦恼。因此，念珠就成了计算诵经次数的工具。

念珠通常用香木制成小圆粒，贯穿成串，也有用玛瑙、多种玉石(如翡翠、独山玉、岫玉)制成的。诵经时，念珠都捏在手里，佛事完毕，也不能随便放置，通常都要随身携带。

念珠串上的珠子数量不一，有 14、27、54 和 108 粒不等。因此，小串念珠就挂在手腕上，大型的就挂在脖子上。在佛教盛行的国度或地区，佩戴念珠成了一种时髦的装饰。

892. 什么是"朝珠"？

朝珠是清代官吏行礼时所佩戴的饰物，平民百姓都不准佩挂朝珠。

朝珠的制式很复杂，必须由 108 粒珠子组成，其含义可能是象征 12 个月，24 气，72 候。每串朝珠均分成四份，每份中间加大珠一粒也称结珠，用以表示四季。

朝珠的质料，有东珠、翡翠、玛瑙、水晶、绿松石、珊瑚、蜜蜡黄玉等，用以区分等级，如用东珠制成的朝珠，只有皇帝、皇太后和皇后佩挂，其他人不准使用。

893. 什么是"金缕玉衣"？

玉衣是古代死者的殓服，能够穿玉衣的，都是帝王诸侯。我国从古墓中发掘出来的玉衣，其外观与真人的体形相同，专为罩尸之用，由小玉片加金丝、银丝或铜丝或丝线连缀而成，由于 1968 年在河北满城县出土的西汉玉衣是用玉片加金丝缕制而成，故称"金缕玉衣"。

894. 我国已出土的玉衣有多少件？

从 1946 年在河北邯郸王郎村汉墓中发现象氏侯刘安意的穿孔玉片开始，在我国出土文物中发现玉衣或有玉衣痕迹的大约有 37 次，保存比较完整，形成整体玉衣并已修复的只有 6 件。其中闻名中外的是 1968 年在河北省满城县出土的西汉中山靖王刘胜夫妻的两件金缕玉衣。刘胜的金缕玉衣全长 188cm，共用长方形、正方形、梯形、三角形和多边形的扁平玉片 2 498 片，用金丝约 1 100g。刘妻窦绾的玉衣，共用玉片 2 160 片，金丝约 700g。

895. 我国古代玉衣的兴衰过程如何?

古人认为玉可保护尸体不朽,对玉无比崇拜以至极端迷信。古人最先是将玉块塞进死者口中(称为"玉琀"),以后放置于九窍,再以后有了玉头罩、玉手套、鞋套,到西汉年间更加盛行,遂形成了整体人形穿在死者身上从头到脚覆盖起来的整件玉衣。东汉年间规定了穿玉衣的等级制度,帝王穿金缕玉衣,诸侯王穿银缕玉衣,大贵人、长公主着铜缕玉衣。到魏曹丕执政时的黄初三年(公元 222 年),曹丕鉴于"汉氏诸陵无不发掘,乃至烧取玉匣(即玉衣)金缕,骸骨并尽"。为了防止诱发盗墓,明令禁用玉衣,玉衣从此绝迹。

896. 我国已知年代最早的玉衣在何时何地出土?

我国迄今已发现的年代最早的一件玉衣,是 1983 年在广州市越秀山西面象岗搞基建过程中被偶然发现的。这里是 2 000 多年前西汉南越国第二代赵眛的陵墓,简称西汉南越王墓(1993 年 2 月已建成博物馆对外开放)。这件玉衣由 2 291 块小玉片组成,原用丝线连缀,故称"丝缕玉衣"。经过考古学家白金荣等人用 3kg 丝线,花了近 3 年时间才修毕复原。

897. 什么是"玉含"?

"玉含"亦称"玉琀",是古人用玉做成一定形式含入死者口中的陪葬玉,多为蝉形,故也称"玉蝉"。

由于古人对玉有一种神秘感,认为玉不会腐烂,可长期食用,因而企望死者能在地下永远食用不完。

20 世纪 60 年代,在上海市青浦县距今约 5 000~6 000 年的崧泽文化墓中发现 3 件含于尸骨口中的玉器。其中一件形若鸡心,一件呈圆饼形,一件为璧形,中央均有孔。它们是迄今所知最早发现用玉做成一定形状的器物含入死者口中的例证。说明中国的这一风俗,最晚在 5 000 年以前已经开始流行。

目前,少数玉雕厂仍有大小不等的玉蝉出售,大者长达 15cm,小者长仅 2cm,但其用途已不是陪葬,而是作陈设品或装饰用的小挂件。

898. 什么是玉"九窍"器?

玉"九窍"器是汉代葬俗中用的一整套玉器。1968 年,在河北省满城县一山上施工时,发现一座石洞墓,出土了包括两套"金缕玉衣"在内的许多珍贵文物,经考古工作者考证,该处为西汉中山靖王刘胜夫妻合葬墓。在墓中,出土两套完整的由九件玉器组成的奇特玉器,每套计有:一对耳塞、一对鼻塞,一对眼盖,一片口琀,一件肛门塞,一件生殖器盖(男性用)或阴道塞(女性用),合称"九窍"器。出土时为刘胜夫妻各一套,均发现在所用的人体各器官处。

晋葛洪《抱朴子》中载:"金玉在九窍,则死人为不朽"。刘胜夫妻墓"九窍器"的出土,为古人的这一流行的看法提供了实物证据。同时也证实了金玉在九窍而死人不朽的说法只不过是一种迷信或愿望而已。

899. 什么是“十八子”？

十八子，也称手串，或叫念珠、数珠。本来念珠、数珠一般均为108粒，是佛门弟子念经时用来记数的。十八子是由18粒圆形珠串连而成，有说十八子为十八罗汉之意，常佩戴可以避邪驱灾，可用翡翠、碧玺、琥珀等制成，有时也用菩提子。今人常将菩提子串成的十八子用作装饰品——手链。

900. 什么是“鼻烟壶”？其由来如何？

鼻烟壶是装“鼻烟”的小瓶子。它以小巧玲珑、用料精良、做工细致、千姿百态，在传统工艺品中占有重要地位。鼻烟即细末烟，是用上等烟草加各种珍贵药材及香料，磨成粉末，供人们吸闻用的。它由印第安传入欧洲，后又由欧洲的商人输入远东地区。鼻烟壶传入我国时，正是明末清初的时代。由于吸鼻烟最适合喜欢狩猎又尚武的游牧民族的特性，故首先被刚刚建立的清王朝的皇亲国戚、达官贵人所接受。而且一段时间在全国渐成风气，鼻烟也成为当时西方向我国输入的大宗商品之一。一直到1912年辛亥革命，才慢慢地被纸烟(即今香烟)所代替。鼻烟壶从此便成了被人喜爱的小巧工艺品。

901. 鼻烟壶是用哪些材料制成的？

制作鼻烟壶的材料，初期为瓷土(高岭土)、料器；后来发展到白玉、象牙、犀牛角、琥珀、珊瑚、玛瑙、翡翠、水晶等。其中透明的水晶、玛瑙、琥珀等制作而成的内画壶，最为国内外收藏家所喜爱。

902. 什么是“内画鼻烟壶”？

内画鼻烟壶的基本要求是，在鼻烟壶内作画，在壶外能清晰地看得见，亦即必须采用透明材料做成鼻烟壶。

鼻烟壶最初由欧洲商人传入我国，是在明末清初。到了19世纪初，我国出现了水晶、玻璃等透明材料制成的内画鼻烟壶。其绘制方法是：画师们用特别的毛笔和精细的鬃毛，采用适当的角度在鼻烟壶内壁上绘出微型图案，并配以优雅的书法，最后使之成为别具一格的艺术精品。内画鼻烟壶颇受国内外的爱好者和收藏家的青睐。

903. 鼻烟壶的最早出现和成长、兴盛各在何时？

据宇欣于2001年1月15日在《中国宝玉石周刊》提供的鼻烟背景资料指出：鼻烟壶最早出现于何时，至今尚无定论。从存世遗物中，发现清朝顺治时期程荣章造的铜雕云龙鼻烟壶20余件，推断中国鼻烟壶制作的上限应为顺治时期。顺治时期战乱频繁，海禁未开，鼻烟输入量很少，鼻烟壶的制作也未成规模。

康熙时期是中国鼻烟壶的发育成长期。鼻烟壶诞生不久，就迅速成熟、完美。康熙五十八年，法国来华的珐琅匠陈忠信送旨入养心殿珐琅作，传授里莫日的画珐琅技艺。康熙对画珐琅鼻烟壶异常钟爱。

中国鼻烟壶制作的兴盛期为雍正、乾隆两个时期。

904. 刘守本在美国表演“内画”绝技影响如何?

据叶寅生于 1992 年 12 月 30 日刊登在《宝玉石信息》报上的《鼻烟壶传奇》一文介绍,1981 年,北京“内画”工艺美术师刘守本访问了美国华盛顿、纽约、旧金山、洛杉矶、休斯敦等城市,历时 4 个月,表演了早已闻名欧美的鼻烟壶“内画”绝技,使成百上千的围观者惊讶不已,认为能在这么小的壶内做出如此精巧的画,简直不可思议。

刘守本带去美国的内画鼻烟壶艺术品有《水浒一百零八个好汉》、《百子图》、《梅兰芳剧照肖像》、《马连良剧照肖像》等,当时均以上千美元一只的高价被抢购一空,连当地唐人街的古玩店的生意也随之兴旺起来。

905. 鼻烟壶为何至今还很流行?

辛亥革命以后,国人虽然革除了吸鼻烟的坏习惯,但鼻烟壶并没有停止生产和制造,因为它已成了达官贵人宠爱和收藏的艺术珍品。

到了 19 世纪初,我国出现了用水晶等透明材料制成的内画鼻烟壶。1915 年,内画鼻烟壶大师马少宣送展的 16 件内画鼻烟壶精品,在旧金山举办的巴拿马万国博览会上引起轰动,并获嘉奖。此后,我国制造的各种鼻烟壶便引起了全世界的注意,被世界收藏家誉为能与邮票相提并论的“东方立体方寸艺术品”,尽力搜集和收藏。

目前,国际上存在着两个鼻烟壶协会,一个在英国,一个在美国,他们办期刊,开年会,活动频繁。在国际协会中,收藏鼻烟壶最多的会员是毛斯先生(美国人),他收集了大约 2 万个,他的家中成了真正的鼻烟壶博物馆。

906. 什么是古代玉器的“沁色”?

玉器埋入土中,经过一定的年代,受土里所含其他物质的作用而产生的颜色变化叫沁色。

古玉鉴赏家们在鉴别古玉时,往往要观察沁色,以此作为断代的参考。了解和掌握玉器沁色的变化规律,对于鉴别玉器很重要。

907. 古代玉器的沁色主要有哪些种类?

据陈性在《玉纪》,刘心瑶在《玉纪补》,张广文在《玉器史话》中的介绍,玉器沁色的形成原因及特点是个极复杂的问题。简单地说,古代玉器的沁色有“十三彩”(即十三色),其中主要的有:①土沁——指黄色沁;②水沁——白色沁;③铜沁——绿色沁;④血沁——紫红色沁;⑤银沁——黑色沁。

908. 什么是“羊玉”和“狗玉”?

“羊玉”和“狗玉”是伪制古玉者利用羊和狗的血的影响伪造出来的两种伪古

玉。据张广文《玉器史话》中转引刘心瑶在《玉纪补》中记载的两种方法是：

(1)把活羊腿割开，植入小件玉器，用线缝好，几年后取出，玉上有血色细纹，如同传世旧玉上的红丝沁，以冒充传世古玉，这种方法做的旧玉，称为“羊玉”。

(2)将狗杀死，趁狗血未凝，将玉器放入其腹中，缝好埋入地下，数年后取出，玉表面产生土花、血斑，称之为“狗玉”。

909.“夜光杯”因何而得名？

史载，距今2 000多年前的西周时期，在甘肃酒泉就有夜光杯产出。相传西周穆王远游西域，与西王母在昆仑山“瑶池”欢宴，西王母以玉杯相馈赠，月夜美酒入杯，登时光彩熠熠，周穆王爱不释手，遂有“夜光常满杯”之称，“夜光杯”也因此而得名。

910.“夜光杯”用何种原料制成？

夜光杯的原料是中低档玉料，属超基性岩受热液蚀变交代作用的产物，地质名称为“蛇纹岩”，工艺名称为“岫玉”或“蛇纹石玉”。由于化学成分的差异，其颜色有绿、墨绿、黄绿、白、黄白等多种。久负盛名的酒泉夜光杯，利用当地祁连山中的蛇纹石玉及“酒泉玉”精制而成。

酒泉夜光杯主要以优质墨绿色蛇纹石玉为原料。该玉种光亮度好、半透明，致密块状结构，油脂或蜡状光泽，密度2.6g/cm^3，硬度5左右。

酒泉夜光杯是一种晶莹典雅的饮酒器皿，由于生产历史悠久，选料考究，工艺独特，造型美观，玲珑剔透，既具实用性，又有观赏性和收藏价值，其产品曾在国内多次获奖。

911.酒泉夜光杯厂生产的夜光杯有何特色？

据《宝玉石大典》介绍：甘肃省酒泉市夜光杯厂原名“酒泉市工艺美术厂”，于1956年由王、杨、冯三姓作坊经公私合营而成。它是闻名中外的夜光杯厂家。

该厂生产的夜光杯包括两大类：

(1)传统夜光杯：有大、中、小高杯和大、中、小平杯等品种，其造型美观大方、玲珑剔透、温润光泽。

(2)仿古夜光杯：是在传统夜光杯的基础上，根据商周、春秋战国时代的青铜器所设计和生产出来的夜光杯新品种，如凤杯、牛头觥等。

上述两类夜光杯的共同特点是：构思巧妙而简朴，造型深厚庄重，纹饰神秘严谨。耐高温，抗严寒，盛酒后不变色、不变味。既可用作饮酒器物，又可作陈设艺术品。

912.什么是宝玉石器物的纹饰？它有何重要作用？

纹饰是指在宝玉石器物上由人工琢制的装饰花纹。各种宝玉石文物上不同种类的花纹及其演变，可以反映出各种宝玉石器物的科学和艺术特征，并体现出作品的不同时代风格。因此，各种宝玉石文物纹饰的差异就成了对其进行科学鉴定的重要依据，专家们通过对各种宝玉石文物的花纹进行鉴别、分类和评判，就能对文物的历史时代进行对比和划定。

913. 宝玉石文物上常见的重要纹饰有哪几种?

据赵松龄先生在《宝玉石大典》一书中介绍：据不完全统计，宝玉石文物上的花纹至少有 100 种。主要按形态的差异，结合加工工艺等特征，可将其划分为动物纹饰、人物纹饰、植物纹饰、自然风光纹饰、几何纹饰等类别及其所属的若干品种和亚种。

现摘要赵先生列举的一批常见重要纹饰中的几种简介如下：

(1)龙纹：龙是古代传说中的一种有鳞有须、能兴风作雨和腾云驾雾的神异动物，龙纹则是古代宝玉石器物上的具有龙形图案的花纹。

(2)乳钉纹：指古代宝玉石器物上造型犹如人和哺乳动物的“乳钉”(乳头)作规律排列而构成的纹饰。

(3)云纹：指古代宝玉石器物上造型犹如空中云状的纹饰。它是历史上沿用时间最长、最为常见和最受世人喜爱的一类宝玉石纹饰。

(4)几何纹：指古代宝玉石器物上造型犹如规则几何图形的纹饰，常见的几何图形有直线形、圆弧形、三角形、正方形、长方形、菱形、梯形、五边形、六边形、椭圆形等。具有这些形状的纹饰在古代宝玉石器物上常可见到，但它们大多不是主体纹饰，而常为辅助性纹饰。

有需要较详细了解古代宝玉石器物纹饰起始朝代及各朝代发展、演化特征的读者，请参阅李劲松、赵松龄主编的《宝玉石大典》上册 980～992 页。

第九章

珠宝产销和质量监督检验

就珠宝玉器及珠宝古玩的爱好者来说，对珠宝的产销和质量检验的概况和重要性不可不知，否则，即使吃亏上当买到假货还以为是捡到了宝，岂不可笑可悲！

本章对“世界五大宝石出产国”（914 问）、“世界著名宝石出产国”（915 问）、“世界五大产金国”（917 问）、“世界五大金刚石生产国”（920 问）以及“中国玉石雕六大产销基地”（954 问）、广东“四大翡翠玉器市场”（964 问）和广东“四大宝石加工基地”（971 问）等信息，作了大量的介绍和指引，全章共有 122 问。

914. 世界五大宝石出产国是哪些?

世界上宝玉石的著名出产国有20多个,其中以澳大利亚、缅甸、哥伦比亚、斯里兰卡和南非最为著名,合称“世界五大宝石出产国”。

(1)澳大利亚:已发现和开采的宝石有金刚石、欧泊、蓝宝石、红宝石、缟玛瑙、黄宝石、绿宝石、海蓝宝石、锆石、橄榄石、碧玺、石榴石、紫晶、芙蓉石、蔷薇辉石、萤石及软玉等20多种重要宝石。其中以欧泊和蓝宝石最著名。欧泊产量占世界的98%,所产的黑欧泊尤负盛名。它有300多处蓝宝石矿山,占世界蓝宝石产量的80%,产值的50%。近年又成为世界最大的金刚石生产国。

(2)缅甸:是世界著名的翡翠和红宝石生产国。所产优质翡翠,在中国、中国香港地区和东南亚一些国家制作成高档玉器后极受欢迎,长盛不衰。

该国抹谷矿区所产的优质红宝石——“鸽血红”,艳红如鲜血,光彩灿烂夺目,在国际市场享有盛名。此外,还产蓝宝石、橄榄石、锆石、月光石和水晶。

(3)哥伦比亚:以产出优质祖母绿著称于世。每年所产祖母绿占世界总产量的90%左右。所产纯绿而无瑕疵的祖母绿,其价格比钻石还要贵10倍。

(4)斯里兰卡:以盛产红宝石、蓝宝石、猫眼石、海蓝宝石和星彩石闻名于世。已知为世界最大的蓝宝石(重19kg)和保存于美国纽约博物馆的著名星彩蓝宝石,均产自斯里兰卡。它所产的变色金绿猫眼,质量极佳,每克拉价值1万美元以上。

(5)南非:多年以来,非洲大陆的金刚石产量常占世界总产量的90%以上。而南非(阿扎尼亚)的产量名列前茅,尤以出产100ct以上的巨粒金刚石所占的比例最大。1905年产出的重达3 106ct的特大金刚石,被誉为“金刚石之王”。南非还盛产祖母绿,1966年产出一颗重达2.4×10^4ct的祖母绿,堪称世界之最。

915. 世界上还有哪些著名的宝玉石出产国?

除上面介绍的五大宝石出产国以外,还有以下几个国家,以出产某种或几种宝玉石而闻名于世。

泰国:蓝宝石、红宝石、锆石及尖晶石。

印度:红宝石、蓝宝石、祖母绿、东陵石及石榴石。

中国:和田玉(新疆)、独山玉(河南南阳)、绿松石(湖北郧县)、岫玉(辽宁岫岩)、南方玉(广东信宜)、广绿玉(广东广宁)、梅花玉(河南汝阳)、孔雀石(广东阳春)。也产金刚石、红宝石、海蓝宝石、水晶、橄榄石、天河石、黄玉、煤精、琥珀。

阿富汗:青金石、蓝宝石。

俄罗斯:祖母绿、金刚石、紫晶、软玉、青金石、绿松石、碧玺、黄玉、亚历山大石等。

巴西:玛瑙、祖母绿、红宝石、海蓝宝石、紫晶、碧玺、黄玉、水晶、金绿玉(猫眼)。

美国:碧玺、绿松石、石榴石、橄榄石、绿柱石、水晶、黄玉和软玉等。

加拿大：软玉、紫水晶、碧玺、蓝光长石（有变彩）。

墨西哥：玛瑙、欧泊、黄玉。

智利：孔雀石、青金石。

玻利维亚：紫晶、方钠石、宝石级锡石。

坦桑尼亚：坦桑石（黝帘石）、金刚石、红宝石、蓝宝石、碧玺。

扎伊尔：金刚石、孔雀石。

津巴布韦：祖母绿、猫眼石。

赞比亚：紫晶、祖母绿。

马达加斯加：芙蓉石、蓝宝石、碧玺。

916.世界主要的宝玉石供应国、需求国和加工转销国有哪些？

随着20世纪70年代世界上出现"宝石热"以来，经营宝石进出口和加工转销的国家或地区越来越多，其中：

宝玉石供应国：主要分布在亚非拉地区宝石资源丰富的发展中国家，有缅甸、斯里兰卡、澳大利亚、哥伦比亚、巴西、泰国、印度。

宝玉石需求国：主要是工业发达、人民生活富裕而宝石资源较少的国家，有美国、日本、法国、科威特。

宝玉石加工转销国：主要是那些靠进口宝玉石原料，进行加工后再出口的国家和地区，有德国、瑞士、比利时、英国、印度和中国香港（地区）。

917.世界五大产金国是哪些？

世界五大产金国：

(1)南非——是世界最大的产金国。20世纪80年代，南非黄金年产量始终保持在600t以上，1988年达到690t，以脉金生产为主。

(2)前苏联——是世界第二大产金国。自1982年以来，黄金年产量一直稳定在260t以上，1988年产金量上升到328t，以采金船开采砂金为主。

(3)美国——是世界第三大产金国。1987年黄金产量为134t，1988年一跃上升到204t，以露天开采脉金矿为主。

(4)加拿大——是20世纪80年代后期的产金大国，自1986年黄金产量突破100t大关后，1988年又上升到155t，成为世界第四大产金国。

(5)澳大利亚——是历史上的产金大国，具有"新金山"之称，自1903年黄金产量达到119t以后，产量逐年下降，到1976年降至15.4t，由世界第二位降至第六位。20世纪80年代后，由于广泛采用炭浆法提金新工艺，使低品位金矿石得到利用，1987年黄金产量递增到100t，1988年又上升到148t，成为世界第五大产金国。

918.世界上出产铂金的国家主要有哪些？

世界上铂金矿产资源是很少的，因此仅有少数几个国家或地区出产铂金。在每年全世界的铂金总供应量中，南非占68%，俄罗斯占25%，北美洲占5%，其余的2%产自其他国家——主要是津巴布韦。

919. 全世界天然钻石产量概况如何？

1990年全球天然钻石产量为1.01×10^8ct，1995年达到1.045×10^8ct。2000年产量达到1.174×10^8ct。

目前，非洲天然钻石产量占世界总产量的近一半。其中：博茨瓦纳、南非、安哥拉、扎伊尔和纳米比亚五国的钻石产量占非洲总产量的95%。到2000年，非洲天然钻石产量达$5\ 850\times10^4$ct，远远超过1995年的$4\ 920\times10^4$ct。2000年，澳大利亚、俄罗斯、加拿大、中国和印度等非洲以外国家的天然钻石总产量达$5\ 900\times10^4$ct，比1995年增长6.7%。

920. 世界五大金刚石生产国是哪些？

据郭贤才先生在《珠宝科技》杂志的报道，世界五大金刚石生产国及其产量概况如下：

(1)澳大利亚：世界最大的金刚石生产国。1988—1989年度共生产金刚石$3\ 630\times10^4$ct，价值达2.07亿美元。其中钻石级181.5×10^4ct，占产量的5%；准宝石级$1\ 448.5\times10^4$ct，占40%。1989年出口金刚石$3\ 260\times10^4$ct，其中宝石、准宝石级$1\ 460\times10^4$ct。可切割钻石绝大部分送印度加工。

近年在澳大利亚探寻金刚石的至少有15家公司，其中包括中国一家公司。

(2)扎伊尔：曾经是世界第一大钻石生产国，1986年澳大利亚后来居上。扎伊尔每年约产金刚石$2\ 000\times10^4$ct，其中宝石级占5%～6%，准宝石级占20%～25%。1988年该国生产金刚石$1\ 820\times10^4$ct，价值超2.78亿美元。

(3)博茨瓦纳：盛产宝石级的名贵钻石，1988年生产的$1\ 522\times10^4$ct金刚石中，有一半以上可切割，价值10亿美元，其钻石产值占国民生产总值的70%。

(4)俄罗斯：在过去的十几年中，建立了稳固的钻石加工工业，已成为世界主要的金刚石生产国。俄罗斯的钻石磨光产品数量比较大，质量高，均匀性好，在市场上有竞争力。

雅库特为主要产区，受极地气候条件影响，产量增长不快。1988年估计产量为$1\ 200\times10^4$ct，大宗产品通过西方国家出售。

(5)南非：金刚石产量超过$1\ 000\times10^4$ct，1987年首次下降为905×10^4ct，次年再次下降为850×10^4ct，总产量居世界第五位，1990年戴比尔斯集团控制下的南非各矿，钻石产量为835×10^4ct，价值8.61亿美元。

南非钻石以颗粒大、品质优著称，产量中有近一半是可切割的，就产值而言，南非是世界最大的钻石生产国，1988年销售额曾经高达41.7亿美元。

安哥拉和纳米比亚，也是世界钻石的主要生产国之一。

中国天然金刚石的年产量约为十几万克拉，而人造金刚石年产量则已高达 $2\,000\times10^{4}$ ct 以上。

921. 世界四大钻石加工中心和五大宝石加工中心是哪些？

据《珠宝科技》杂志 1992 年第 1 期（总第 6 期）介绍：

世界四大钻石加工中心是：

(1)小颗粒钻石加工中心——印度孟买。

(2)大颗粒钻石加工中心——美国纽约。

(3)精湛钻石加工城——比利时安特卫普。

(4)精致小件钻石加工中心——以色列特拉维夫。

世界五大宝石加工中心是：

(1)世界宝石城——德国依达尔-奥伯斯坦。

(2)祖母绿粗加工城——印度贾普尔。

(3)蓝宝石城——泰国曼谷。

(4)翡翠及“四皇一后”[1]加工中心——中国香港。

(5)中低档宝石加工城——日本甲府。

922. 世界上最大的一家未琢磨钻石购销机构在何处？

当今世界上最大一家未琢磨钻石购销机构是戴比尔斯公司下属的中央统售机构(Central Selling Organisation，简称 CSO)，其总部设在英国伦敦查特霍斯大街 19 号。

该组织控制着世界钻石产量大约 70％的几大生产国（或生产矿山）的全部钻石毛坯，其余的 30％则由世界上各个钻石销售中心的钻石商人所控制。

中央统售机构控制着广大的钻石毛坯国际市场，与其签订供销合同，其中包括俄罗斯、博茨瓦纳、澳大利亚的阿盖尔矿山、扎伊尔、安哥拉、纳米比亚及其所属的部分南非矿山。这种合同是中央统售机构用来控制世界绝大部分未琢磨钻石的主要手段。按照这类合同，签约双方都有各自应尽的责任。对于中央统售机构来说，它的责任就是必须买进签约另一方生产的绝大部分钻石毛坯，即使在市场疲软的情况下也不能毁约；而这些钻石生产者（澳大利亚和俄罗斯除外）则只能通过中央统售机构来销售它们的所有钻石毛坯。

923. 世界上规模最大的金刚石公司是哪家？

世界上规模最大的金刚石公司是英国的戴比尔斯(De Beers)，该公司已有 100 多年的历史，它的业务范围涉及金刚石行业的各个领域，在金刚石界有着举足轻重的作用，在世界珠宝钻石界，很少有人不知道戴比尔斯的存在。

---

① “四皇一后”指钻石、红宝石、蓝宝石、祖母绿和珍珠。

数十年来，戴比尔斯以其神奇的力量，成功地控制了全世界70%以上的金刚石毛坯的购销，创造、巩固并发展了它在钻石贸易中的主宰地位。

该公司巨大力量的表现之一是：当市场上某级别的金刚石滞销时，其下属的中央统售机构(CSO)有足够强大的财力，将这些金刚石收购储存起来，待需求上升时再有秩序地投入市场，以保持价格平稳。因此，该公司每年成交的钻石交易额，常高达近50亿美元。

924. 戴比尔斯公司的主要组织机构有哪些？

戴比尔斯(De Beers)是这个庞大钻石集团总的称呼，它的主要下属机构有5个：

(1)戴比尔斯联合矿业有限公司。它成立于1888年，在南非注册，驻地是南非的金伯利(Kimberley)。目前，它几乎控制了南非的整个金刚石行业，它的主要任务是在南非从事金刚石的找矿及开采，它拥有全球闻名的6个金刚石矿，其中包括南非的金伯利和普列米尔等。

(2)戴比尔斯百年公司。它成立于1990年，在瑞士注册，驻地是瑞士卢塞纳。它主要从事南非以外的金刚石矿的找矿及开采。近年来它在全球11个国家投资进行金刚石找矿工作(其中包括俄罗斯及中国)。

(3)中央统售机构(简称CSO)。它由戴比尔斯及其联营机构于1934年成立，总部设在伦敦。其成立的目的是建立一个长久而可靠的制度去平衡供求，维持整个金刚石的价格稳定和销售兴旺。

(4)戴比尔斯工业金刚石部。它的任务是负责研究工业级金刚石在工业、科学领域的应用及人造金刚石的生产。

(5)戴比尔斯推广部。它的主要任务是做钻饰的广告宣传，提高社会大众对钻石的认识及对购买钻饰的欲望，培训零售商更了解钻饰及销售技巧，以保持及提高钻饰的销售额。

推广部通过它下属的“钻石推广中心”和“钻石咨询中心”在世界29个国家用21种语言做广告宣传与促销活动，每年耗资1.8亿美元左右。

925. 戴比尔斯公司在中国有何业务推广活动？

1986年，戴比尔斯公司通过中国香港钻石推广中心，在中国作业务推广活动，如1987年、1988年及1989年在中国举行了钻饰设计及钻石知识培训研讨会。

1993年4月，戴比尔斯公司在广州开设第一家在中国大陆的钻石推广中心。1994年4月又在上海设立了钻石推广中心。1995年1月在北京开设了第3家钻石推广中心的中国办事处；在上海增设培训经理，负责戴比尔斯在整个中国的钻石培训工作及钻石咨询工作，负责中国的钻饰公关宣传活动。

926."钻石恒久远,一颗永留传"这句广告词是谁提出来的?

"钻石恒久远,一颗永留传"的英文是"A diamond is forever"。这句在全世界影响最广泛的广告词,是由戴比尔斯中央统售机构下属的市场推广部提出来的。

该市场推广部几十年来在全世界进行钻饰的广告宣传活动,使社会各界人士长期保持对钻饰的兴趣,并不断扩展新市场,以促进钻饰的销售,这句响亮的广告词早已在世界各地的城镇中家喻户晓。

927.斯里兰卡出产哪些宝石?

斯里兰卡原名"锡兰",其宝玉石资源丰富,是世界五大宝石生产国之一,素称"宝石之岛",历史上宝玉石从业人员常占全国人口的1/3。该国宝石资源丰富、品种多、分布广、埋藏浅、开采易。宝石砂矿资源断续地分布在从中部至南部$1.5\times10^4km^2$范围内,约占国土总面积的1/4。这里的含宝石原岩为古老的变质杂岩群。经过长期风化、剥蚀而变为砂砾,又经雨水、河流搬运,自然重力洗选富集,形成了现在的宝石砂矿床。砂矿中宝石种类繁多,其中主要有红、蓝宝石及星光红、蓝宝石、金绿猫眼宝石和变石。中低档宝石则有尖晶石、锆石、碧玺、石榴石、黄玉、绿柱石、石英猫眼和月光石等。

斯里兰卡宝石矿中,以金绿猫眼宝石最为著名,被称为锡兰(即斯里兰卡)猫眼,优质猫眼石价格昂贵。该国出产的蓝宝石也是驰名全球的,曾出产过不少蓝宝石大晶体,被欧美国家的博物馆收藏。斯里兰卡南部2/3地区盛产青色或无色蓝宝石(俗称白宝石),泰商将白宝石进行热处理改成鲜艳的蓝宝石,其价格由原来的每克拉0.1~0.3美元,上升到每克拉几百美元。

该国从事宝石业的人员超过100万人,其中技术人员3.8万人,其宝石产品主要出口德、英、日、美、瑞士等国。

928.缅甸出产哪些宝石?

缅甸是世界上五大宝石出产国之一(其余四国是澳大利亚、哥伦比亚、斯里兰卡和南非)。世界上95%的翡翠产自缅甸,特别是颜色翠绿、质地优良、透明度(水头)好的翡翠,几乎100%出自缅甸。有名的鸽血红红宝石也产于缅甸抹谷地区,这种优质红宝石在国际珠宝场上稍大粒的(大于5ct)已经有钱无货。

此外,缅甸还盛产蓝宝石(包括星光蓝宝石和猫眼蓝宝石),红蓝色尖晶石及彩尖晶石、锆石、碧玺、紫水晶、海蓝宝石、月光石及世界上块度最大的橄榄石等,其宝石总品种竟超过50种。

缅甸的宝玉石产品,大部分通过每年定期举行的珠宝贸易展销会卖给外商。其翡翠原石主要销往中国香港、中国台湾、日本、中国、泰国;红、蓝宝石则主要销往西方国家,如澳大利亚、德国、法国、意大利及美国等。

929. 日本的翡翠资源情况如何?

众所周知,缅甸是世界上出产翡翠数量最多、质量最好的国家,其翡翠产量占全世界的90%以上。

久闻日本也产翡翠,但所见资料却是凤毛麟角,少之又少。最近出乎意料,竟在15年前出版的某杂志上,找到署名白华所写《日本的翡翠》一文,文中介绍到日本不仅在半个世纪以前发现了翡翠原生矿,而且到20世纪80年代已经成为"国际宝石市场上重要的出口国之一,其出口额仅次于缅甸而居世界第二位。在品质上,据日本著名宝石专家崎川范行认为:"日本所产宝石级翡翠,是除缅甸外首屈一指的。"

19世纪50年代以来,日本出土绳文时代的硬玉佩件遗迹约有100余处,遂引起专家们的注意和对玉料来源的争论(缅甸来源论和本国来源论)。直到1929年,在新潟县糸鱼川市小泷川河谷开始发现含翡翠的滚石以后,古玉器原料产自日本国内的呼声渐高,自国外运入之说才少了下来。

直到1937年,开始在新潟县糸鱼川及青海川流域连续发现了翡翠原生矿,经过进一步勘探开发,产量不断增加,出口贸易在国际宝石市场占有的地位不断提高。同时,一个世纪以来在出土玉器的原料来源方面,国内存在的分歧意见也得以解决。

日本翡翠产于蛇纹石化超基性岩中,这种原生矿经剥离后落入河内成为滚石或漂砾。

翡翠中的硬玉矿物属单斜晶系辉石矿物,其化学成分为$NaAl[Si_2O_6]$。其集合体坚韧异常。硬度6.5～7,密度3.33～3.75g/cm^3,颜色有白、灰、深绿或浅绿、黄、紫等多种,玻璃光泽,透明或微透明。

日本发现翡翠的过程,对于我们在如此广大的中国境内能否找到翡翠是有启发作用的。

930. 日本珍珠养殖技术先进,为何近年来还要大量进口中国珍珠?

这主要有两方面原因:

(1)20世纪90年代后期,日本连续遭受天灾人祸,诸如海水与淡水污染,发生强烈地震,密集养殖珍珠带来的灾难致使2亿只珠贝中的9 000万只死亡,造成珍珠品质下降,产量连年严重下滑。致使300多家珍珠企业倒闭,使全国珍珠业严重受挫。

(2)中国劳动力多且廉价,养殖场地辽阔,珍珠产量大且价低。

日本的珍珠加工技术先进,进口中国的廉价珍珠加工后供应其国内市场和出口到中国香港、美国、加拿大和欧洲市场,是非常有利可图的。

931. 金色珍珠产于何地?

金色珍珠是天然形成的一种金黄色珍珠,它的产量非常少而价格十分昂贵。

据1997年11月的《亚洲珠宝》报道:瑞士日内瓦有一家专营金色珍珠的供应商名叫卡雅(Chaya)先生,据他介绍:他供应的金色珍珠主要来源于印尼的独立养珠场。为了收集足够数量的金色珍珠,以制成相配的珍珠串,他们必须购买大量的珍珠。因为一批珍珠中大多数是米色至黄色,金色珍珠占的比例很小,所以成本价格就很高。近几年来由于印尼金色珍珠供应量下降而消费者的需求量却上升,因此在4年内的金色珍珠价格已上涨3倍。

日本也产金色珍珠,但在金色中略带铜绿色;澳大利亚金色珍珠则从淡黄至金黄。

卡雅先生称:大约15年前,缅甸及马来西亚曾经生产一些最好的金色珍珠,但近年来似已停产。

932. 金色珍珠的价格高到什么程度?

据瑞士日内瓦金色珍珠主要供应商卡雅(Chaya)先生介绍:"较优质的小颗金色珍珠的价格已升至每克400~600美元"(按:这比黄金还要贵30倍以上)。

"印尼的优质金色珍珠尺寸由9~14mm,由这种珍珠组成的珍珠串(项链),每串价格高达3万美元至10万美元。"

卡雅先生很自豪地指出:"金色珍珠的市场是非常专门化的,我们每年向全世界大约20个高档珠宝商家售出近100串宝石级金色珍珠饰品;还有一些则经由拍卖会售出。"

933. 金刚石的6个"80%"是什么?

说出金刚石的2~3个"80%",恐怕是珠宝界很多人都能做到的,但要全面而正确地数出这6个"80%",则只有像严阵先生这样实践"处处留心皆学问"这句名言的有心人才能做到。下面就是严阵先生归纳出来的6个"80%":

(1)世界上金刚石总产量中,80%用于工业(亦即仅有20%达到宝石级——被称为钻石)。

(2)金刚石贸易额占珠宝总贸易额的80%。

(3)金刚石砂矿占全部金刚石矿床产量的80%。

(4)澳大利亚、扎伊尔、博茨瓦纳三国金刚石产量约占世界金刚石总产量的80%。

(5)英国戴比尔斯公司控制着全世界约80%的钻石市场。

(6)美国、日本及西欧是钻石消费的三大市场,共占全世界钻石消费量的80%。

值得指出两点:①上述的6个80%带有一定的巧合性,而且多数是大约80%;

②这 6 个 80%决不是长期稳定不变的，如近年加拿大发现了大型的金刚石原生矿床，有关产量的两个 80%[如上述的(3)、(4)]很快就会起变化。

934. 我国最大的金刚石矿概况如何？

我国最大的金刚石生产基地——辽宁瓦房店金刚石矿已于 1990 年 10 月 24 日正式建成投产。至此，我国金刚石依赖进口的历史宣告结束。

经过多年详细的地质工作，发现瓦房店矿区有 3 个含金刚石的金伯利岩矿带，18 个岩管和百余条金伯利岩脉。该金刚石矿总储量达数千万克拉，为大型金伯利岩田。它的发现，使我国金刚石探明储量跃居世界第 10 位。

935. 我国最大的金刚石生产基地在何处？

1995 年建成的山东省蒙阴国际金刚石开发有限公司，其设计生产能力为年处理金伯利岩 $100\times10^4 m^3$，年产金刚石 $10\times10^4 ct$，是目前我国最大的金刚石生产基地。

为什么处理金伯利岩就能得到金刚石呢？因为“金伯利岩”是一种富含原生金刚石的岩石。

936. 我国宝玉石资源最丰富的是哪个省区？

我国宝玉石资源最丰富的省区是新疆维吾尔自治区。仅在祖国边陲的阿勒泰山区，就已发现富含稀有金属和多种宝石矿物的花岗伟晶岩脉上万条。新疆出产的宝石矿物品种很多，而且陆续又有新的发现。主要有：海蓝宝石、碧玺、石榴石、方柱石、透辉石、方钠石、红宝石、蓝宝石、蛋白石、水晶、玛瑙。另外还有金刚石、尖晶石、磷辉石、锂辉石、锡石、冰洲石、黄玉、天河石(浅绿色的微斜长石)和绿松石等。其中含有猫眼和星光效应的宝石达 10 种之多。而开采价值最大的是海蓝宝石和碧玺，还有开采历史悠久的和田玉等。

(1)海蓝宝石：是一种透明到半透明，达到宝石级的绿柱石矿物。主要产于阿勒泰地区，在西昆仑山也有部分产出，其矿床属花岗伟晶岩类型。密度 2.59～2.99g/cm^3，硬度 7.5，玻璃光泽。颜色以蓝色和浅蓝色为主，其中有少数具有猫眼效应，质量上乘的主要用于做戒面及吊坠。为当地经济发展起到巨大的推动作用。

(2)碧玺：是电气石矿物的宝石学名称。主要产地与海蓝宝石相同，其矿床类型也是花岗伟晶岩型。颜色多种多样，密度 3.01～3.11g/cm^3，硬度 7～7.5，玻璃光泽，主要矿物晶形为三方柱状。1993 年以来，在可可托海发现了丰富的红碧玺，并已进行大量的开采。

(3)此外，新疆的方柱石、红宝石、蓝宝石、绿色钙铝榴石，以及水晶等宝石矿物都有较大的储量，并已投入开采及加工。

(4)和田玉：开采历史悠久，经济价值巨大。因在本书中另有专题介绍，在此从略。

从20世纪70年代末80年代初开始，新疆宝石开采业迅速兴起。初期群众自发地在原来开采稀有金属矿山的尾矿渣中寻找宝石。随着宝石知识的普及，一部分人已能进山寻找含宝石的矿脉，加上国营企业和集体企业都开采宝石矿。随着宝石开采业的发展，宝石加工业也应运而生，并像雨后春笋般迅速发展，珠宝经营企业也遍地开花，并进一步向采、工、贸一体化方向发展，形势十分喜人。

937. 我国第一个祖母绿矿的概况如何？

众所周知，南美洲哥伦比亚的祖母绿矿储量多、质量好，用它加工的饰品人见人爱。那么，中国是否找到了自己的祖母绿矿呢？据龙建明先生在1994年第4期的《中国宝石》上作了具体报道，可以给读者一个满意的答复。

中国的第一个祖母绿矿（即翠绿色的绿柱石矿），发现于1992年初，位于云南与越南边境大丫口矿区，矿体不少于6条，长20～280m，宽20～120cm，延深50m左右。矿体呈脉状、透镜体状产于细晶二云母花岗岩中。

矿体产出形态可分两类：①祖母绿在花岗伟晶岩中与长石一起产出，色较好，多为深绿；②产于云英岩脉中，晶体多呈柱状，最长20cm，直径2.2～2.5cm，也有呈不规则块状者。共生矿物有石英、电气石等10余种。

大丫口矿区祖母绿的特征：晶体呈自形、半自形，玻璃光泽，透明至半透明，密度2.7g/cm^{3}左右，摩氏硬度7.5。较大晶体色深，裂纹及绵较多，小晶体色浅（即淡绿），裂绵、脏点较少。

938. 著名的雨花石产地六合县雨花石产销概况如何？

江苏省六合县是我国著名的雨花石产地，其境内丰富的雨花石、纹石和彩石，或色彩绚丽，或纹路奇特，或形状别致。这些巧夺天工的观赏石，具有较高的观赏价值，其中少数具有重要的收藏价值。

为使宝贵资源得以充分利用，该县已办起县、乡、村和个体工艺厂逾100家，对雨花石有选择性地进行就地加工增值，以使其中的优质产品畅销国内外。

939. 我国最大的珍珠核生产基地在何处？

珍珠是由贝类分泌的珠母质反复包裹核株（或称珠核）而逐渐形成的。

天然珍珠是海中的贝壳碎屑或砂粒进入贝类体内，形成核珠刺激贝类分泌珠母质。而人工养珠则是使用人工植入核株刺激贝类分泌珠母质。由于人工养殖珍珠需要大量的、粒度不同的核株，故需建立生产核株的专业户或基地。

我国最大的珍珠核生产基地就在名不见经传的江西省都昌县周溪镇。该镇1万多名妇女以户或联户加工珍珠核，年产珍珠核逾3亿粒，产值达1 000万元以上，其产品供应全国各地的海水珍珠养殖场。

940. 我国玉商在瑞丽等边城为何难觅优质翡翠原石？

近几年来，在广东等地长期从事玉器加工的中国玉商，常为前往我国边城瑞丽等地采购不到优质翡翠而发愁。是否缅甸的优质翡翠资源已经枯竭？非也！其中缘由，可从计莲芳等写的有关专题文章中找到答案。

从1990年3月开始，缅甸政府采取了允许私人与国家合营的方式开采宝玉石，以杜绝偷采并提高宝玉石产量和增加国内外汇收入。规定私人开采的范围为政府宝玉石公司废弃的地点，所采出的宝玉石归国家收购，获利对半分成。其中：优质宝玉石交“缅甸宝玉石贸易公司”收购后，在缅甸展销会上出售；允许私商和合作社企业将较次的宝玉石在国内销售；三级毛料玉石可销往国外，政府提成20%。

因此，许多韩国和中国香港地区玉商花大本钱直接到仰光参加每年两次的缅甸宝玉石展销会能够买回上等优质翡翠，而中国大陆玉商仅到中缅边界的瑞丽等地采购，就很难寻觅优质翡翠原石了。

941. 世界“三大珠宝展览会”在何处举办？

由于世界珠宝业的迅速发展，促使全球国际性珠宝展览会不断增加，参展客商、参观人数和交易额都连年上升。据有关资料统计，仅1990年，全球国际性珠宝展即多达79次（其中欧洲36次，亚洲27次，美洲13次，澳洲3次）。号称：“世界三大珠宝展”的是下列三处：

(1)美国纽约的J. A国际珠宝展：原由美国珠宝商协会主办，1991年转让给全球最大的展览机构英国博览公司主办。

(2)瑞士巴塞尔的欧洲钟表珠宝展：该大展每年4月份定期在瑞士巴塞尔举行，其开办历史已有20多年，从1986年起，接受欧洲以外的厂商参观，规模逐年扩大。到1991年，其参展商已达1954家，分别来自22个国家和地区。展览场地近$10\times10^4\,m^2$，参展者近10万人次。该大展以展质量贵重的珠宝及钟表为主。但目前该大展只接纳推行自由贸易法的国家，致使像泰国这样的重要宝石出产国虽然数次申请参展，仍被拒之门外。

(3)中国香港国际珠宝钟表展：创办于1983年，展览场地$2.6\times10^4\,m^2$，是世界第三大珠宝展。该大展由精英国际展览有限公司主办，定于每年9月举行，其每届的规模都很壮观。如1991年9月举办的第9届展览会，有28个国家和地区的1 000多家厂商参展；有57个国家和地区的32 000名重要买家到场参观和采购。

942. 世界七大黄金交易市场在何处？

据1999年1月4日《中国黄金报》王成文摘录报道：目前，世界上已经形成七大黄金交易中心。它们是：

(1)苏黎世：瑞士苏黎世由于其银行业雄厚实力的支持，20世纪30年代就已成为世界黄金交易中心之一。自60年代起，苏黎世成为世界第二大黄金交易市场，由于瑞士三大银行的共同努力，使得苏黎世一直保持着世界黄金交易的中心地位。

(2)伦敦:英国伦敦黄金市场堪称世界最古老的黄金交易市场,已有近300年的历史。1968年以前,其在南非黄金的收购上及黄金储备上都居于垄断地位。但在1968年,伦敦金市临时停市,给了苏黎世金市一个机会,由此伦敦金市结束了它的垄断时代。

(3)纽约:美国纽约商品交易所是世界最大的黄金期货交易市场。自1974年12月31日黄金非货币化以后,该市就在世界黄金交易中占据了重要地位。在美国购买黄金往往由小黄金交易商提供服务,因此通过电话进行期货交易就成了交易主体。

(4)东京:日本是一个贫金国家,其黄金几乎全部依赖进口。自1973年后,日本黄金交易商允许直接进口黄金。到1980年,日本黄金市场全部解禁,因而得到迅速发展。日本的黄金期货市场有着重要的作用。东京的黄金交易量相当于纽约的2/3。

(5)新加坡:新加坡的黄金市场成立于1869年,1973年后,新加坡成为自由黄金交易市场。1992年,新加坡的黄金进口量占全球黄金总交易量的20%,更确立了该国在黄金交易上的重要地位。

(6)香港:香港高度发达的首饰制造业注定了该地在世界黄金市场的重要地位。香港的"金银业贸易场"日交易量为15万至20万两。而在交易活跃期间往往超过100万两。香港市场的交易仅仅限于黄金,同时有中国内地黄金市场的巨大潜力,香港足以保持它的地位。

(7)悉尼和墨尔本:悉尼和墨尔本作为黄金交易中心,是基于澳大利亚产金大国的优势地位。亚洲庞大的市场和日益增长的需要,为悉尼和墨尔本黄金市场的成长和发展提供了良好的条件,该市场正在世界黄金交易中起着越来越重要的作用。

943. 世界三大珠宝首饰消费国是哪些?

世界珠宝首饰主要消费国,主要是经济最发达的国家和地区。第一位是美国,其次是日本和西欧(地区)。

以上三地的珠宝首饰消费量占世界总量的80%。如1990年,美国珠宝首饰消费额高达260亿美元,日本珠宝消费额甚至超过了美国而跃居全球第一。西欧则是世界珠宝首饰第三大消费市场。号称"首饰王国"的意大利,人均消费额居世界首位。

944. 世界三大钻石消费市场在何处?

世界上三大钻石消费市场是美国、日本和中国香港。

(1)美国:是世界上最大的钻石消费市场,也是国际上最大的珠宝市场。如1988年的钻石消费额达到31.7亿美元,占琢钻的85.6%。1992年珠宝市场规模达 300 亿美元，其中进口占 1/10。美国珠宝崇尚新潮款式，花样翻新很快，产品更新周期一般不超过 6 个月。在美国妇女中，有钻石首饰的高达 75%。1996 年钻石销量已高达 179 亿美元。

(2)日本：1986 年进口宝石级金刚石，占世界总供应量的 27%。1987 年进口首饰用钻石 23.56×10^{8} ct，比上年增长 50%，仅次于美国而成为世界第二大钻石市场。1996 年钻石进口激增 144 亿美元。

日本青年人订婚，要送钻石戒指，这已成为一种时髦；日本妇女中有钻石首饰的占 38%。

(3)中国香港：既是珠宝首饰也是钻石的五大销售市场之一。1987 年进口 1ct 以下钻石，价值 58 亿港元，占同年各类珠宝首饰进口总额 97.35 亿港元的59.5%。1993 年进口精钻石 150 亿港元，比上年增长 8%。

此外，新加坡是极具潜力的钻石消费市场；中国大陆也是一个潜在的钻石消费大市场。

945. 世界消耗铂金较多的国家是哪些？

据前几年的资料，日本是最大的铂金消费国，它的消费量占世界总需求量的 41.5%；其次是北美，占 23%；欧洲约占 17%；剩下的西方世界占 14.5%。中国每年投放市场的消费量仅占 4%。

据 2000 年 7 月 25 日《全国宝玉石周刊》的最新报道：由于中国首饰用铂量的高速增长，早在 1990 年，世界首饰用铂总量为 288 万盎司时，日本用铂量为 119 万盎司，居世界首位，而中国当年的用铂量已达 95 万盎司，稳居世界第二位。

1996 年以后，日本首饰用铂的需求量一再大幅度下滑，到 1999 年才开始以 2%的年增长率回升；中国 1999 年的增长率却高达 53%，遥遥领先于日本。据此分析，中国实际上已经成为世界上首饰用铂的最大消费国。

946. 世界七大珠宝城在何处？

据《中国矿业报》的《财富珠宝周刊》2000 年 2 月 3 日报道，世界七大珠宝城如下：

(1)金伯利——1867 年英国人在南非发现了钻石，价值昂贵的钻石使这块本很贫瘠的土地富裕起来，一个城市很快就在矿山周围出现了。它以当时英国殖民大臣金伯利的名字命名。

(2)安特卫普——钻石加工中心。全世界有 16 个规模较大的钻石交易所，其中有 4 个就设在比利时的安特卫普。

(3)拉特纳普拉——宝石生产城。斯里兰卡因盛产宝石而被誉为“宝石岛”，拉特纳普拉则是该国的宝石生产中心。

(4)仰光——位于“翡翠王国”缅甸的北部，盛产红宝石和翡翠，这里从 1964 年起，每年都要举办世界性的缅甸珠宝交易会，因而成了世界珠宝交易的中心。

(5)伊达尔——德国的一座山城，主要从事宝石来料加工，那里从事加工业的老板和工人成千上万，就连小孩都是玩着宝石长大的。

(6)鸟羽——日本最著名的珍珠港，盛产各种优质的天然珍珠，世界特有的“海女采珠”就在这里进行。

(7)古贝佩迪——被誉为“世界蛋白石宝库”。全世界有90%的蛋白石(欧泊)都产自澳大利亚的古贝佩迪。

947.缅甸每年举办珠宝玉石展销会的概况如何?

据《珠宝科技》和《中国宝玉石》有关专题文章介绍：从1964年起，缅甸每年2～4月举办一次珠宝玉石展销会；从1992年起，又增加一次年中展销会(每年内的二次展销会属于同一届)。1993年的年中展销会首次启用了新建的缅甸珠宝展销馆。该馆落成后取代了茵雅湖宾馆，成为此后承担一年两次由政府举办珠宝展的场所。在非展销会期间，同样对外经营珠宝玉石。

在缅甸珠宝展销会上，销量最大的是翡翠，参展的主要客商来自韩国和中国香港地区，拍卖场上竞争相当激烈。由于珠宝展销会是缅甸政府赚取外汇的主要来源之一，所以政府对每年连续参加珠宝展销会的外商还给予积极的奖励。如连续参加20次的奖励翡翠鸳鸯；15次的奖励翡翠龙；10次的奖励镶满红宝石的玉象等。

缅甸珠宝玉石展销会是世界珠宝界的一个盛会，它由政府出面，邀请世界各地客商前来参加。珠宝以拍卖的形式进行交易，拍卖的具体做法是：先将珠宝玉石划分为三大类，即珍珠、宝石原料和翡翠原石，然后再将每大类细分为几百组，每组展品都标上底价；先用两天时间让各地客商进行全面参观；然后在展销大厅里一组一组地逐组进行招标拍卖。当某一组招标时，有关信息——摊号、宝玉石种类和底价便被投影到大屏幕的一角，当宣布成交时，卖价(落槌价)和中标人的姓名也会由投影报出。

缅甸珠宝玉石展销会已办了40多年(到2010年已是第47届)，其经验越来越丰富，买卖也越做越精。从珠宝玉石展出、投标拍卖，到为顾客装箱投运、办海关手续及起运，都组织得井井有条，而且对客商服务周到；珠宝展销、拍卖和客商住宿同在一处，通讯设施齐全，客商不出宾馆就可把所有的事情办好。

948.美国的“钻石珠宝一条街”在何处?

美国纽约曼哈顿西47街，云集了上万家钻石珠宝店，每年交易额逾40亿美元，美国80%的钻石交易在这条街进行。由于有许多著名的钻石珠宝公司在这条街都设有分店，这里被誉为世界最大的钻石珠宝交易中心。

漫步西47街，但见一家家钻石珠宝店，金碧辉煌，光芒四射，引人驻足难舍。

这里店铺密集，单位面积营业额令人咋舌，真可谓“寸土寸金”。由于店铺众多，竞争激烈，破产关门的报道也时有所闻。

“钻石珠宝街”的形成，说来才半个世纪。当年一些为逃避战争、迫害和饥荒的人流落到此，因而有人把它形容为“劫后余生街”。

西47街的保安工作十分严密，街头巷尾都设有灵敏的通讯防盗装置，全副武装的警察在街头站岗巡逻，每间珠宝店都有保安人员随时警戒，各大公司的底层备有一支小型武装部队守候，随时待命，以保护店铺的安全。

949. 美国图森国际宝石和矿物展销会为何闻名全球？

在美国西部的亚利桑那州，有一座世界闻名的宝石名城，每年2月都在此举办一次国际宝石和矿物展销会，它就是世界宝石学家和珠宝爱好者所向往的宝石名胜——西部古都图森。

图森是亚利桑那州的第二大城市，这里的金、银、铜和宝石矿资源丰富。图森市人口近40万，从洛杉矶乘班机，1小时15分可抵达这里。

图森宝石和矿物展销会是一项国际性的大型集会，它自1955年开始举办，到2010年已是第56届。该展销会一般设15～20个会场和宝石、矿物的批发和零售展场，在主会场外的停车场和空地上还有许多人摆地摊，其规模庞大壮观。

图森宝石和矿物展早已闻名全球，世界各地的宝石商人、珠宝专家、矿物学者在这里相聚，展示各国著名博物馆的馆藏珍品及洽谈贸易，交流技艺和举办各种讲座，中国也曾多次派员组团参加图森宝石和矿物展。

950. 千禧年举办的第46届图森国际宝石和矿物展销会概况如何？

2000年1月27日至2月13日举行的第46届图森宝石和矿物展销会上，中国有色金属工业总公司矿产地质研究院考察团参加了展销会。据陈远胜先生报道：这次展销会的规模十分庞大，来自世界各地的工商企业竟多达2 913家，他们在总共27个展区展销会上向同样来自世界各地的3万多名参观者，展示了自己的产品。这届展销会有以下几个特点：

(1)钻石的份量较小，而有色宝石如红、蓝宝石和祖母绿所占份量明显上升。

(2)珍珠仍然受到西方人的偏爱，交易活跃。

(3)合成宝石参展户有53家，呈现强劲发展势头。

与中国市场相比，明显的差别是：国外市场上天然宝石价格比国内低；而合成宝石的价格比国内至少高出一倍以上。

陈远胜先生的评价是：图森宝石和矿物展销会是珠宝商人展示自身实力的理想的国际舞台，是国际珠宝市场的晴雨表，必将越来越受到人们的广泛关注。

951. 20世纪90年代在我国形成了哪些较重要的珠宝玉器市场？

20世纪90年代形成的专业珠宝玉器市场主要有：

(1)云南瑞丽的珠宝翡翠市场。

(2)河南镇平的玉雕市场。

(3)浙江诸暨的珍珠市场。

(4)江苏东海的水晶市场。

(5)广东揭阳阳美的翡翠市场。

(6)广州荔湾的珠宝玉器市场。

(7)广东四会的玉器城。

(8)广东南海平洲的玉器街。

(9)北京的五寰珠宝批发市场。

952. 广州市番禺在首饰加工业中为何有“珠宝王国”之称?

据《全国宝玉石报》和《羊城晚报》等媒体多次报道:近 10 年来,广东省番禺市(从 2001 年起,已改为广州市番禺区)金银首饰加工业发展迅速,年出口金银珠宝首饰逾 2 亿件,总重量在 50t 左右。目前,其珠宝首饰年产值已达 5 亿美元,是香港首饰来料加工的主要基地。香港 2001 年出口贵金属首饰升为世界第 3 位,但其产品有 60%左右委托番禺加工。

番禺自 1996 年开始,以来料加工方式启动首饰加工业,很快就已拥有番华、东宝、茉莉、莲花山珠宝城等 4 家经中国人民银行总行批准可承接境外来料加工金银珠宝首饰的大企业。

目前,番禺金银首饰出口总值已近 5 亿美元,占全区出口总值的 15%。番禺市桥的小平工业区、大罗塘工业区等形成了 15 个珠宝首饰加工园区,其业务涵盖了珠宝首饰设备制造、钻石打磨、铂金黄金镶嵌首饰、K 金首饰、银首饰、贵金属工艺品制造等领域;其产品除主要供应香港地区外,还远销美国和欧洲等地。

目前,番禺从事珠宝首饰生产的企业已达 200 多家,技术工人达数万人,超过香港该产业的从业人数。番禺正迅速成为我国金银珠宝首饰加工中心和东南亚最大的珠宝首饰加工基地,因而有“珠宝王国”之美称。

953. 我国产销玉器的 4 个重要城市是哪些?

多年来,北京、上海、扬州、广州一直是我国产销玉器的 4 个重要城市。

其中,北京、上海产销的玉器有摆件和首饰,规格、档次、款式多,品种齐全;扬州以产销多品种、多规格、多款式的玉摆件为主;广州则以产销翡翠玉镯和挂件为主。

954. 我国玉石雕六大产销基地是哪些?

据《中国现代玉雕精品大全》一书归纳,我国玉石雕产销基地主要有下列 6 处:

(1)辽宁岫岩玉雕产销基地——以加工岫玉为主,已形成 10 余个玉雕专业村,还先后建成了“玉都”、“玉雕艺术馆”、“东北玉器交易中心”等玉器展销大市场,已成为远近闻名的“中国玉乡”。

(2)河南镇平、南阳玉雕产销基地——在镇平县城中心设有“中国玉雕大世界”,还有“中国玉雕第一镇”的石佛寺镇,早有“中国玉雕之乡”的美誉。南阳市有“卧龙岗玉器一条街”;在市火车站前还有“玉器城”。

(3)广东四会、揭阳和南海平洲翡翠首饰产销基地——四会市有“玉器城”、“玉器街”和“玉器天光墟”;揭阳有“阳美玉都”、展场总面积达 $6\times10^4 m^2$ 的“阳美玉器展馆中心”;南海市平洲镇有“平洲玉器街”。

(4)云南昆明、腾冲、瑞丽、盈江翡翠产销基地——昆明市从事翡翠加工、经营厂商、公司总数已近 3 000 户;腾冲全县翡翠加工专业户已有 1 600 多家;瑞丽、盈江也都开辟了翡翠玉石产销集散市场,不少国内外客商纷纷前来这里办厂开店。

(5)福建福州石雕产销基地——这里从事寿山石开采、加工、销售的专业户已超 500 家。主要贸易区有:“中国寿山石交易中心”、“鼓山樟林村寿山石一条街”、“福州特艺城”、“福州五四路古董街”等 9 处。

(6)浙江青田石雕产销基地——全县已有 10 余个乡镇从事青田石雕业,建有“青田中国石雕工艺品市场”和“青田石雕城”,也是全国著名的“石雕之乡”。

955. 我国玉雕产品存在的“三多三少”问题是什么?

据 2002 年新出版的《中国现代玉雕精品大全》一书指出,许多年来,我国玉雕行业存在的玉雕题材、款式落后,是造成产品销路不畅、效益不佳的一个重要原因。并将其存在问题概括为“三多三少”:

(1)仿制的多,创新的少。

(2)古代的多,现代的少。

(3)神多,人少。

该书接着指出:这种缺乏新意、多年变化不大的局面,不能再继续下去了。并号召玉雕行业广大设计、制作人员正确处理继承与创新的关系,努力奋斗,使玉雕产品迅速出现更新换代的新局面。

956. 什么是珠宝漂白处理技术?

利用强氧化剂漂白,使珠宝玉石颜色变浅或消除的处理技术,称为珠宝漂白处理技术。

常用的漂白剂有过氧化氢(H_2O_2),其他可用于漂白剂的强氧化剂有氯气(Cl_2)、次氯酸盐类和亚硫酸盐类等。

957. 珠宝漂白处理技术可用于哪些珠宝?

主要用于有机宝石,如珍珠、象牙、珊瑚等;也可用于无机宝石的漂白,如木变石。

958. 珠宝玉石的化学处理技术得到认可了吗?

据沈才卿先生介绍:由于在化学处理中,都要向被处理的珠宝玉石中加入一定量的外来物以达到改变颜色的目的。所以,除玛瑙染色被人们认可(因玛瑙染色效果最好),属于"优化"以外,其他的化学处理珠宝玉石样品至今没有得到珠宝界和广大消费者的认可,仍属于"处理"的范畴。在销售时要加以说明,价格也要相应降低。

959. 云南省珠宝市场概况如何?

自20世纪70年代改革开放以来,云南的珠宝业有了很大的发展。"到云南,买珠宝"已成了人们的共识。到20世纪末,昆明的珠宝公司、珠宝店已近500家。形成了以白塔路珠宝一条街、景星花鸟世界、亚盟云澳珠宝城一带、昆明百货大楼、西南商业大厦一片及石林路五大区带。

除昆明外,全省又以滇西的德宏、保山、大理、丽江四州、滇南的西双版纳、滇东南的河口县和个旧市为重要。

据有关部门统计:目前云南省各地已有来自国内外的珠宝经营者近5 000家,从业人员近30万人。1988年珠宝玉石交易额达10多亿元,占全省旅游业收入的10%以上。

960. "滇西边境三大珠宝交易市场"在何处?

云南西部边境三大珠宝交易市场是指腾冲、瑞丽和盈江。

腾冲自古以来就是翡翠玉石的集散地和加工贸易的发祥地,人称之为"翡翠城"。

瑞丽因是各种宝石和玉石的集散地,所以有"宝石城"之称。它是20世纪90年代初开始迅速发展起来的有特色的珠宝市场之一。

盈江的翡翠巨额贸易,每年都占县财政总收入的80%以上。因为距盈江170km的帕敢是缅甸最著名的翡翠产地之一,而帕敢开采和贩运翡翠的人十有八九是盈江人。盈江已成了全国最大的翡翠毛料(原石)市场。

961. 瑞丽翡翠市场的贸易概况如何?

瑞丽是一个远离省城上千千米,仅靠一条公路与外界相连的边城,但却是一座美丽而繁华的珠宝之都。改革开放以来,在瑞丽江上架设了姐告桥,瑞丽的商贸、旅游业获得了空前的发展。商贸旅游业又带动了珠宝业,仅瑞丽珠宝市场,就有个体摊位200余个,企业门市80余间,年成交额逾1亿元,且呈上升趋势。

瑞丽珠宝市场随处可见肤色不同、衣着各异的缅甸人和缅籍巴基斯坦人。在这里,既有不少档次较高的真翡翠,但出现的假货也多且做假巧妙,真可谓惟妙惟肖,致使不少客商甚至著名的专家都受骗上当,即使有些人由于十分谨慎而没有买到假货,买到的大部分真货也难免质次价高。

在20世纪90年代初开业的瑞丽珠宝街，几十家正式商铺中，虽然是以卖真货为主，但还是要多看少买，打起十二分精神。而在旁边的一些临时摊位和一些流动"倒爷"中，则是明显的真假货混杂，向他们购货就要凭你的水平和眼光，还价则更要凭你的经验了。至于有些人说："瑞丽到处都可能是陷阱"。的确是值得人们提高警惕的，但说在那边买的宝石"百分之九十是假货"，就未免有些草木皆兵和言过其实了。

962. 腾冲珠宝贸易概况如何？

如果说，南方丝绸之路今天已是闪耀着翡翠珠宝光彩之路，那么，腾冲和瑞丽则是这条路上两颗最为璀璨夺目的明珠。

在中缅边境的珠宝贸易中，以腾冲、瑞丽最有影响。据统计，腾冲经营翡翠的正规商号、公司已逾100家，4家颇具规模的集体所有制专业加工厂；城乡个体加工经营者则为数众多，仅珠宝玉器交易中心，就有固定摊位160个，门市90余间。当地珠宝从业者逾5 000人，来自天津、河南、贵州、广州、昆明、大理等地的玉雕师傅、能工巧匠更是云集腾冲，从而使腾冲的玉雕加工业跃上一个新的台阶，翡翠原料的经营和加工业又成为腾冲的重要支柱产业。

963. 香港著名翡翠市场——"广东道"概况如何？

朱而勤教授将他在香港"广东道"考察两日的收获，以《我所见到的"广东道"》为题，写了一篇内容丰富的游记，刊登在《全国宝玉石报》上，现摘录于下：

"广东道"位于香港九龙区，此处专指该道中北起甘肃街，南至佐敦道，呈南北向展布，长约400m的一段街道。此路段玉器商店及摊点密集，贸易活跃，是世界著名的翡翠集散地，高档翡翠的交易场，也是世界翡翠贸易"圣地"。

广东道是20世纪60年代开始兴起的玉器生产、批发、零售市场，发展迅速，现已形成相当规模。

在广东道附近的炮台、油麻地及广东道北一带的平民化市场，设有400个以上的卖低档货摊位，翡翠A、B、C货均有出售。但一到广东道，就几乎是清一色的玉器商店，约有200多家，以经营翡翠为主，但亦买卖其他玉器和珠宝。这里经营的翡翠低、中、高档都有。据说，卖出的翡翠玉器最高价达1 000万港元。店铺中摆出数十万至百万元单价的翡翠玉器（手镯、挂件、珠链等）待售。该处及其附近地段，散布着众多的加工作坊，多为拥有几台加工机的加工小作坊。广东道的翡翠毛料大都沿街摆放，少数进店经营，多为明货、半明货，赌货较少。该区所产中、高档翡翠玉器多销往中国台湾。

广东道的部分贸易（如游商、毛料）以秘密方式进行，多在掩盖物覆盖下以手语完成开价、还价、定价过程。

964. 广东的"四大翡翠玉器市场"是哪些?

广东虽然不产翡翠,但因广东人特别喜欢佩戴玉器,他们中的许多人相信佩戴玉器能够保平安、行好运,有些人甚至达到"不戴玉器不出门"的程度。加以广东又毗邻港、澳、台地区和东南亚国家,因而更加有利于促进广东玉器市场的兴起和发展。

广东的"四大翡翠玉器市场"是:

(1)从昔日玉器墟发展起来的广州华林玉器城。

(2)从阳美村成长起来的揭阳"阳美玉都"。

(3)由玉器街、玉器城和天光墟三大板块组成的四会市玉器市场。

(4)南海市平洲玉器街。

965. 广州"华林玉器城"为何闻名遐迩?

华林玉器街位于广州市下九路与长寿路之间华林街的"西来初地"内,以华林寺前为中心,包括西来正街、华林新街、茂林直街、新胜街、长胜街等,在连绵500余米的内街中,开设了各式玉器摊、店过千家,聚集了广州八成以上的玉器商,囊括了广州玉器交易量的90%以上。其交易辐射至我国大陆、香港及台湾地区,日本、韩国及东南亚等国家;其生意吸引力使缅甸及香港、台湾、云南、河南、福建、广西等国内外玉器客商纷纷前来经营,从而使华林玉器街成为全国闻名的玉器交易场所和集散地。

2005年以来,由于得到中外商家的巨资支持,新建的"华林玉器城"的首期工程已经竣工,由几座三层商业大楼代替了昔日的部分旧平房,面貌焕然一新。据悉,今后尚有改造旧街的多期工程陆续兴建。届时,整个"华林玉器城"必将成为一座巨大的珠宝玉器交易平台而扬名中外。

966. "阳美玉都"的翡翠玉器经营生产有何特色?

"阳美玉都"是由广东揭阳市阳美村发展成长起来的广东四大玉器市场之一,而且是以经营、生产高档玉器为主的佼佼者。

阳美村民自1905年开始从事玉器加工贸易至今,已有近百年历史。从清朝末年至全国解放,是阳美人从事玉器加工贸易的萌芽阶段,约有10%的农户参与贩卖玉器。从20世纪50年代初至70年代末,是阳美玉器初步发展阶段。从20世纪80年代初至今,是阳美玉器生产、经营飞快发展阶段。

阳美的翡翠玉器生产、经营具有很多特色,但主要有以下两点:

(1)灵活经营:阳美人都讲诚信,他们在采购玉料和赌玉时,都实行松散的股份制,实行有利共享,有险同当。几乎每块5万元以上的玉料,都有一个由几人至几十人组成的股份合伙。这样做的结果,虽不能使某人在一夜暴富,但也避免了一夜之间倾家荡产的大风险。

(2)工艺精良:由于长期的学习和钻研,绝大多数阳美人都会加工玉器,而且全村拥有很多专业水平高超的玉雕人才。他们擅长因材施艺,并能充分发挥精雕细琢和技艺一流的潮汕传统工艺优势,把著名的潮汕木雕和潮绣工艺融合在玉雕工艺之中。同时,近年来的快速发展,更吸引了大批北京、上海、广州、苏杭一带的能工巧匠到阳美落户,丰富了玉雕工艺流派的风格。

967.广东阳美翡翠市场概况如何?

隶属于广东汕头地区揭阳市的阳美村,是20世纪90年代新兴的翡翠市场。该市场位于揭阳市的西南,距揭阳火车站约7km。

从1905年开始,阳美村就有人从云南运回翡翠原石进行加工销售。

改革开放以来,阳美村逐渐发展成为颇具规模的翡翠市场,村内几乎家家都参与翡翠玉器的生意。但至2000年,尚无大型翡翠集散市场,市场分散在村里的家家户户。部分村民就在家中接待顾客,一般上档次的好货,都留在家中,以便拿给上门求购的客人选购。

村里的习俗是,若有买主在某家看货,左右邻居闻风而至,待买主与主人谈完生意后,依次一一展示各自的翡翠,洽谈生意,主人对此并不反感。这种方式为买主提供了方便,这是目前阳美市场最大的特点。即使是以这种看来较原始的方式进行销售,但阳美每年的玉器销售额还是相当可观,如1997年,全区从业人员约3 000人,玉器加工贸易额竟达2.6亿元。

从1982年起,阳美人便从云南中缅边境直接进料。进料时,多采用合伙的方式购买较大件的好料,这样既便于筹集较大一笔资金,又能分散化解大的风险。于是,阳美人就能以做A货中、高档翡翠玉饰的美名享誉海内外,并有“玉都”之称。

阳美的翡翠玉器做工较好,尤以蛋形戒面为佳,其造型完美,厚度饱满,戴在手上感到很舒服。

阳美玉器以天然的缅玉A货为主,但也有少数处理得很好以至真假难分的B货,选购时不能掉以轻心。

968.广东四会市玉器城有何特色?

四会位于广州西北方向,距广州窖口客运站76km。每天有十几趟班车来往于广州与四会之间,在四会大酒店门口下车即到了四会玉器城,交通十分方便。

四会从最初加工玉器至今,已有近百年历史,先是在迳口镇和大沙镇等地零散生产。改革开放后(即从20世纪70年代末开始),许多当地农民看好玉器这个投人较少、劳动强度较轻的行业,很快就掀起了一股玉器热,先是集中在四会县城的沙尾一路那条狭窄的街道上,约有上百家小型玉器店,玉器品种少说也有上百种,生意做得红红火火。

1990年,四会县经济开发总公司在沙尾一路北边的小河上建成了一座南北方向的沙尾桥，意即要将大有经济发展潜力的玉器街转移到桥北去。1993 年，四会县改制为四会市，市容迅速改观，1994 年，人们盼望已久的新玉器街建成了，东西方向的玉器街全长约 600m，两侧均由三层楼房组成，共有铺面近 300 家，在东端街口，有广东省前省长刘田夫题写"四会市玉器街"6 个大字的牌坊大门。接着，1995 年又在新玉器街的东南侧建起了由 8 幢 6 层楼组成的玉器城，由广东省省长朱森林题写的"四会市玉器城"6 个大字耸立在楼顶，即使在 1km 以外的游客，也能看到玉器城的轮廓。玉器城 8 幢大楼的一楼铺面共有 260 档，加上前述的玉器街，共有 500 多个铺面。纵观四会玉器城的商铺和产品有以下特点：

(1)商铺规模都不大，有的是前店后厂，有的是楼下开店、楼上加工。大部分为夫妻店、姐妹店或兄弟店。玉器档次大都是低档货，约有 1/10 的商铺经营一部分中高档玉器，其中包括几家中国台湾老板经营的精品店。

(2)四会玉器品种以各种花牌挂件为主，约有一半以上是未经抛光打磨就准备出售的半成品，这些半成品都以较低的价格卖给批发商。四会当地的玉器雕琢工艺大部分比较简单，加工费也较低。但自 2004 年中央有关部门将四会命名为"中国玉器之乡"以后，四会玉器街和玉器城的建设有了更快的发展。如今，所有的玉器商铺都挂上了整齐的新招牌，并建成了面貌一新的步行街，并于每年 12 月举办一次"四会玉器节"，从而使得四会玉器加工水平和商业贸易档次都有了较大的提高。

(3)在四会玉器城和玉器街，还有几十户专做玉雕摆件的厂家，其产品有龙凤呈祥、三羊开泰、大笑佛、大观音、玉壶和大如意摆件，也有大的三脚蟾等招财摆件，以及应顾客订货要求加工的各种大小摆件。在工艺制作和俏色利用方面都达到较高水平，几千元至几万元的俏色摆件颇受港、澳、台客户欢迎。

近几年来，陆续有擅长制作玉雕摆件的河南南阳、镇平及福建等地的师傅到四会打工或应聘，从而充实和提高了四会玉雕产品的加工队伍和工艺水平。

969. 广东平洲玉器街近几年有何新发展?

平洲镇属南海市管辖，距广州 26km。从广州火车站乘 275 路专线车，在 1 小时内即可到达平洲汽车站。

平洲加工玉器的历史不算长，但名气却不小。20 世纪 80～90 年代，在平洲平东大道旁的僻静处，有一条很不显眼的苏豪街，整条街长不过 200m，挤满了几十家个体玉器加工小作坊，且以加工翡翠 A 货光身玉器出名，主要是玉镯、玉扣、鸡心和吊胆 4 种产品。其加工技术精湛，各种规格的玉扣从直径 50mm 的袈裟大扣，到 30mm 左右的中扣，20mm 左右的小扣，到 10mm 以下的手链扣和微型扣，样样俱全，统称"平洲扣"，已是闻名遐迩。不少港、澳、台游客常常慕名而来，他们往往是一家人从广州包乘出租车开到苏豪街街口停车，再步行到街内选购玉器。虽然条件如此简陋，还是引来不少回头客，那些价廉物美的玉镯和“平洲扣”常常是一出货就售完，大有供不应求之势。因为这些货买来自己用可省很多钱，成批买来出售就更是保证有赚。

平洲镇有关部门看到原来的苏豪街（实为当时的“平洲玉器街”）实在太短、太窄、太挤了，于是在全长近千米的平东大道及与之连接的六坊工业街上筹建起了一条像样的“平洲玉器街”，并在大街两端街口都挂上大字招牌，让过往旅客一眼就看到“平洲玉器街”的所在。

平洲玉器街从 1998 年全面开展营业，并且有了很大的发展，玉器店铺共约 200 家，其中有揭阳、普宁等多家老板到平洲开店经营较高档的玉器产品。其附近还有两家规模较大的玉镯加工厂、多间个体的玉镯和玉扣加工厂。

早在几年前的苏豪街时期，平洲玉器除一两家外来户出售 B 货、C 货及杂石玉器外，几乎清一色出售让买主放心的天然翡翠 A 货。现在平东大道的平洲玉器街出售八三玉 B 货和当地人所谓的“AB 货”（说是 A 货 B 种，实际为 B 货）店铺已明显增多，值得顾客提防。

平洲人（也有外来户）为何要一改专营翡翠 A 货的好传统呢？据说是 A 货很难做（好料价高，低档料难出手），B 货（价低，外观漂亮）反而好做些。但当买家询问哪些是 B 货时，绝大多数的平洲人都会如实地相告，而很少以 B 货或 B+C 货冒充 A 货出售的厂，但这并不等于买主的眼光和经验就不重要或用不上了。

970. 广州市古玩市场概况如何？

广州市毗邻港、澳，为我国的南大门，历来为国内外商家的必争之地。

在广州带河路、源胜街一带，有着经营古玩、玉器的悠久历史，早已闻名四方。那里的古玩品种繁多，但真假都有，有的甚至是真假难辨，初涉者投资时要慎重！

2000 年初刚建成的，设在带河路惠城花园 1～3 楼的华瀚古玩玉器市场，是“赏历代珍宝、集古今工艺”的多品种展销场所，是收藏爱好者和古董商的好去处。

华瀚古玩玉器市场总建筑面积为 14 000m²，各种规格商铺 630 个，市场内空调、自动电梯等各种设施一应俱全，是华南地区硬件设施最先进、规模最大的古玩玉器专业市场。该市场安装了市场通讯平台，各商户可以上网交易，并与国内外有关信息网联网，为用户提供优惠服务。

目前，由原来狭窄拥挤的带河路拆建扩宽的康王路尚在建设中，待其扩建完工后，华瀚古玩玉器市场的外部环境条件将大为改观，其前景也将看好。

971. 广东“四大宝石加工基地”在何处？

广东凭借其毗邻港、澳、台三地区和东南亚各国的地理优势和外商投资优势，在珠宝首饰加工业务方面已经取得巨大进展，其产值和出口额均居全国前列。广东“四大宝石加工基地”是：

(1)有“钻石城”美称的从化旗杆镇：1988年以来，以中外合资或外方投资兴建的一批厂家，以来料加工为主，钻石出口量占全国1/3以上。

(2)起着“龙头”作用的深圳珠宝首饰加工基地：有珠宝企业800余家，从业人员10万之众，珠宝首饰产量占全国总产量一半以上。

(3)有“珠宝王国”之称的番禺首饰加工基地：1996年开始，以来料加工方式启动首饰加工业。目前，已有首饰加工企业200余家，技术工人数万人，年出口首饰逾2亿件，总值40亿元以上。

(4)正在兴建中的花都国际金银珠宝城：2000年开始快速兴建，将在5年内投资近10亿元，建成年产值约10亿美元的“国际珠宝城”。目前建设和投产进展迅速，2003年珠宝首饰出口额可达6 000万美元以上。

972. 台湾的金饰和钻饰市场概况如何?

1999—2000年期间，台湾的金饰市场，由过去购买金饰的顾客以中年人为主(着重于保值)，转向年轻化、个性化，年轻群的消费能力反而更高，使得金饰或珠宝首饰设计，多以迎合年轻人的小饰品消费为主。过去许多金饰珠宝店都集中在旧社区的金饰街，现也渐渐转向百货公司专柜，以吸引年轻、高消费的顾客群。面对这些竞争，许多业者采取结盟或联合采购的方式，以降低成本。

钻饰市场在戴比尔斯公司强力推广千禧钻的攻势下，加上千禧年的结婚热潮，使得钻饰的销售额节节上升。根据戴比尔斯公司所作的一项调查表明，63%的人认为钻饰珠宝的销售增长与千禧年活动有关。

973. 台湾翡翠市场概况如何?

据台湾的国际宝石鉴定研习中心吴舜田鉴定师在武汉出版的《宝石和宝石学杂志》2000年第2期上报道：在台湾翡翠市场上，高档翡翠价位仍居高不下，中低档则直落不振。虽然大量的铁龙生玉(一种满绿而透明度欠佳的新种翡翠玉)在市场上热了一阵子，但很快就退烧了。

由于大多数顾客仍不了解B货或B+C货与A货的区别，认为B货或B+C货物美价廉，因此影响了A货的销售，使业者(按：指翡翠商)叫苦连天，而这种买卖纠纷也层出不穷。

974. 台湾同胞为何忽视祖母绿而热衷于水晶圆珠链?

据台湾珠宝专家吴舜田先生介绍：在台湾，由于国人传统上偏爱翡翠，因此对具有同样绿色的祖母绿则常被忽视。与翡翠相比，祖母绿在台湾的市场很小，而懂得欣赏的人则对祖母绿品质要求很高。

天珠、琥珀、水晶等宗教珠宝，曾在台湾市场上掀起很高的热潮，但现已渐渐低落。惟独水晶圆珠链，因宗教或练气功的需求，往往供不应求，加工者感到有起死回生的势头。

975. 镇平玉雕业使用哪些玉料？其来源于何地？

据《中国矿业报》财富珠宝周刊记者李永广、李峤于2000年3月30日报道：镇平县是著名的"玉雕之乡"，从事琢玉、贩玉的工商企业达1.1万多家，从业人员12万人之众，年产值达10亿元左右。其使用的主要玉料有：翡翠、和田玉、俄罗斯玉、加拿大碧玉、独山玉、密玉、岫玉、青金石、孔雀石、绿松石、虎睛石、梅花玉、东陵石、水晶、玛瑙和珊瑚等几十个品种。

镇平玉雕工业所用上述多种玉料来源广泛，国外远自巴西、加拿大、美国、南非、澳大利亚、俄罗斯、阿富汗、缅甸、韩国等；国内则有新疆、辽宁、西藏、云南、河南、甘肃、青海、内蒙古、黑龙江、湖北、广东等省(自治区、直辖市)。

976. "中国玉雕之乡"镇平县有哪些玉雕专业村和玉器批发专业市场？

在被形容为"村村都有机器响，家家一片琢玉声"的"中国玉雕之乡"镇平县，已有各具特色的玉雕专业村近百个、玉器批发专业市场多处，现择要介绍如下：

(1)主要的玉雕专业村。石佛寺镇榆树庄村的手镯、贾寨村的水晶球、田庄村的兽类、大仵营村的花鸟、常营村的印章、罗营村的小件、石佛寺村的龙船、晁陂镇街北村的木鱼石茶具、梁堂村的玉枕、王岗乡姑坡村的玉珠、朱庄的玉面杖、慕营村的茶具和酒具、高丘镇村寨村的独山玉杂件、安子营乡闫庄村的玉石纽扣等，都已畅销国内外。

(2)主要的玉器批发专业市场。①镇平县城珠宝玉雕大世界(全国最大的玉器批发专业市场)；②石佛寺镇玉雕湾、榆树庄玉镯批发市场；③姚营村阿富汗玉白菜批发市场等。

977. 河南镇平的"阿富汗村"因何得名？

河南省的镇平县是由国家命名的"中国玉雕之乡"。该县的许多乡、镇都有乡镇企业及非公有制经济创办的玉雕厂，形成各种规模、各具特色的专业村近百个。有的村专做手镯，有的村专做水晶球，而石佛寺镇小仵营村几乎家家雕琢阿富汗玉白菜，村中街边店店出售阿富汗玉白菜，故该村被戏称为"阿富汗村"，而却没有一个阿富汗居民。

阿富汗白玉是产于阿富汗的一种由纯净方解石组成的优质大理岩。它的加工性能和抛光后的光洁度都优于一般的大理岩。用它雕制的白菜(工艺品)洁白无瑕、清澈光亮、物美价廉，颇受消费者欢迎。

阿富汗白玉与新疆和田白玉及北京白玉有何区别，请参阅本书第三章中"其他玉石"部分的有关条目。

978. 扬州玉雕有何特色？

江苏扬州琢玉工艺源远流长，现代扬州玉器的特点是：秀丽、典雅、玲珑剔透。其玉器产品构思新颖，造型优美，无论是传统器皿的规整浑厚，人物的清灵秀美、花卉的婀娜多姿，还是妙趣横生的飞禽，形象逼真的走兽，意境深远的籽雕作品，都较好地表现出玉器的朴实自然、气韵生动的装饰美。

979. 扬州玉器厂有哪四件珍品被国家永久收藏？

在20世纪的1985—1990年间，古今闻名的江苏扬州玉器厂共有四件玉雕珍品被国家征集为永久收藏品，现简介如下：

(1)1985年收藏的白玉《宝塔炉》——选用新疆和田白玉，以香炉、宝塔、人物为内容，采用立雕、镂空雕、浮雕相结合的手法精心雕琢而成，体现了端庄浑厚中显挺秀精巧的扬州玉器风格。

(2)1986年收藏的白玉《五行塔》——选用新疆优质白玉，采用玉塔建筑群形成，玉塔以玉链相连，浑然一体，配以香炉、对狮、玉片和红木台座，整个造型刚柔并济，气势宏伟。

(3)1987年收藏的碧玉山《聚珍图》——选用新疆巨型碧玉山籽，将我国四大石窟艺术融于一块玉山之上，充分体现了山籽自然美和人工雕琢美浑然一体的艺术特色。

(4)1990年收藏的大白玉《大千佛国图》——选用罕见的新疆和田优质白玉，重达473kg，以释迦牟尼为主体的83尊佛教人物各具情态，配以亭台楼阁，山水树木，生动地勾画出一幅西方极乐世界的圣境。1990年获国家珍品金杯奖。

980. 七彩云南实业公司销售翡翠玉器的五项承诺是什么？

据晓辰在《中国宝石》2001年第4期报道：昆明七彩云南实业股份有限公司位于昆明安石公路12km处，是一家大型综合性旅游购物企业，现有员工800余人。

“诺仕达翡翠”是七彩云南公司推出的，经国家工商局注册的第一个翡翠商标。该公司提出的五项《郑重承诺》是：

(1)本商场对所经营商品负责，绝无假货。

(2)对所售诺仕达翡翠饰品价格负责，绝不附加其他费用。

(3)所售商品明码实价，童叟无欺。

(4)诺仕达翡翠饰品，原料来自缅甸，全为天然翡翠(A)货。顾客对已售出翡翠饰品如因价格、质量、款式不满意，6个月内可退换。

(5)本商场售出的单价500元以上的“诺仕达”翡翠饰品，均配有《品质保证书》。

由于实践了上述承诺，该商场生意越做越旺。

981. 何谓上海珠宝市场的“一城、一带、一环”？各有何特色？

据记者兴华于2001年3月12日在《中国艺术报》珠宝玉石周刊报道：经过10多年的发展，上海珠宝首饰业已形成“一城、一带、一环”三足鼎立的经营格局。

“一城”：豫园“黄金城”——坐落于城隍庙的豫园商城，以其独特的购物氛围和传统商品吸引着各方来客。“亚一金店”、“老庙黄金”、“老凤祥银楼”等一批老字号黄金、白银首饰行业云集豫园商城，并赢得了几代人的青睐。“买金器到豫园”已得到大多数上海人的认同。

“一带”：四川北路“首饰带”——从20世纪90年代中后期开始，从武昌路至武进路1km左右的距离间，四川北路沿线拥有数十家首饰专卖店，一路珠光宝气，形成了一条名副其实的“首饰带”。

“一环”：徐家汇“钻饰环”——徐家汇共汇集了20余家饰品专卖店或专卖柜，汇金店百货的维多利亚，港汇广场的天宇和亚一，还有金亚金店等，环绕着徐家汇商圈中心，形成一个以金饰和钻饰为主的“钻饰环”。

谈到特色，从经营品种上看，豫园“黄金城”以经营传统黄金饰品为特色；四川北路“首饰带”以海派饰品见长；徐家汇“钻石环”的饰品则以款式新颖而著称。

在惠顾群众方面，豫园“黄金城”以中老年人和外地顾客为主；四川北路“首饰带”的消费者多为精明的上海人；徐家汇“钻饰环”的消费群则以年轻白领居多。

982. 商场销售的“南非钻石”都产自南非吗？

当前，我国大多数的珠宝商场钻石柜台售货员，都喜欢将其天然钻饰称为“南非钻”，这一方面是出自珠宝行业的习惯性称谓；同时，“南非钻”在人们的心中印象最佳、口碑最好，因而无形中成了广大顾客认可的著名品牌，销售起来也往往是“货如轮转”。

其实，目前世界上已有近30个国家产出金刚石矿，产量最多的5个国家是：澳大利亚、扎伊尔、博茨瓦纳、俄罗斯和南非（阿扎尼亚），这5个国家产量共占世界总产量的90%左右。这些主要的钻石出产国和其他次要的出产国产出的钻石，只要按“4C”标准达到宝石级，都称为“钻石”，而不宜加上“南非”等产地名称。

我国国家标准明文规定，“产地不参与定名”，天然钻石就命名为“钻石”，其质量等细则按“4C”标准（即重量、颜色、净度、切工——这4个名词的英文都以C打头）来评定。

983. 戴比尔斯钻石从何时开始更名为“恒久钻石”？

据戴比尔斯集团钻石咨询中心陈雪梅于2001年2月12日在《中国宝玉石周刊》报道：原先以De Beers名称为主的钻石标志，已于2001年1月1日起，使用全新的“恒久钻石”标志。此标志的主题为“恒久”，由形似钻石毛坯的菱形图案及早已声名远扬的广告语“钻石恒久远，一颗永留传”两部分组成。新的“恒久钻石”标志正在全球范围内取代原先的旧标志，并将出现在所有钻石广告、钻石咨询中心的公关活动和宣传文章中。

关于“戴比尔斯”这个优质品牌的名字，今后将仍由戴比尔斯集团保留作为集团名称。

984. 评价玉雕精品有哪些标准?

据北京珠宝首饰研修学院玉雕系鲁克化教授,在《宝玉石周刊》发表专题文章指出:评价玉雕精品的标准主要有3个方面。

(1)选料要美:包括玉质美和颜色美。玉质美指质地细腻、韧性强、比重大、无脏、无棉绺、通透。颜色美指翡翠的翠绿纯正而不偏邪、翡红和紫色鲜艳而不暗淡;和田羊脂玉洁白无瑕,其他玉种要求单色鲜艳、多色绚丽,或有俏色、绝色可供利用。

(2)设计要精:玉雕是立体造型艺术,在设计中要以写实为主,重视造型艺术美,因材施艺,充分利用原料的俏色、绝色等特征。

(3)工艺要绝:玉雕是一门手工性极强的特殊工艺,玉雕精品的雕琢更需要高超、精湛、娴熟的技艺。如镂空雕、深浅浮雕、阴阳浅雕、立体圆雕等,都要求技法利落、线条流畅、动态传神,才能做出绝活,为美玉产品提高身价和经济效益。

985. 什么是"品牌"? 它对珠宝业有何意义?

"品牌"就是产品的符号、标识或是一种形象。当今在全球,人们之所以追求"品牌",无非是因为著名的"品牌"产品有质量的保证,而这种保证就是一种信誉,或者说是一个公司、一家企业的信用美誉。

最近,在中国加入世贸组织(WTO)的前后,我国珠宝界最热门的话题可能就是"品牌",许多大小公司都在通过各种渠道、传媒在为自己的拳头产品作宣传、树"品牌",以求在中国入世后可与国外的洋"品牌"抗衡,争市场,求得一席发展之地。

珠宝业如何才能更快、更好地树立自己的著名品牌呢?"宣传"工作虽然是加速建立"品牌"的手段之一,但却不能在根本上树立一个驰名的"品牌"。能为珠宝企业销售可持续发展保证的,更重要的还是"品牌"的实质——对产品质量和服务的保证和对顾客的尊重,也就是顾客对公司的信用和信誉。

986. 消费者认识品牌有哪几个阶段?

据包丰源先生在《中国宝石》2001年第4期上的"品牌与消费者"一文中指出:按照全球知名的广告与品牌策划公司——奥美公司的观点,品牌就是"消费者与产品之间的关系"。眼下,几乎没有一家企业不在口头上提倡重视品牌,但却有不少商家受困于竞争的压力,往往以削价促销策略,解决现实的市场问题。

而削价促销无形中引导消费者以价格为购买基准,急速削弱品牌的忠诚度。于是,品牌的价值在不断地削价促销下荡然无存。

包先生又指出:品牌与消费者的关系,是一个从无到有,从疏远到亲密的过程。随着时间的推移,消费者经历对品牌毫无印象→产生兴趣→唤起欲望→采取行动→开始满意→重复购买6个依次推进的阶段,最后成为品牌的忠诚顾客。

987. 什么是“可持续发展”?

“可持续发展”的理念是1972年由罗马俱乐部一批学者在《增长的极限》一书中提出的。他们借助计算机的模拟得出结论:如果持续以往的发展,全球100年内就会达到增长的极限。1997年,联合国在巴西里约热内卢召开的环境与发展大会,使“可持续发展”理论获得全球高度重视,成为20世纪以来,21世纪人类社会发展的共同意向。虽然这一问题是因为地球资源的有限性而提出的,但其核心是有限的资源将难以满足无限的欲望。因此,探讨如何才能达到可持续的发展,将成为人类今后继续发展的关键。

丘志力先生等在其“可持续发展的珠宝销售”论文中指出:上述“可持续发展”原理从另一个意义上说,也适应于我国目前珠宝业发展的现状。即中国珠宝市场虽然潜力很大,但毕竟是有限的,而市场参与者的欲望是无限的。因此,珠宝销售者如何更好地利用有限的市场潜力,达到自身可持续的发展,将成为值得探讨的重要议题。

988. 翡翠玉器商人代语中的“一元”是指多少钱?

在翡翠玉器贸易中,因涉及的金额往往较大,故爱用1%的货币单位为代语。如开价18元,就是人民币1 800元;5毛钱就是50元;5分钱就是5元。但用这种代语的人并不普遍,大约有一大半人仍然对人民币500元就直接说成500元(其余类推)。所以买主在问价时,要听清楚、问明白,并按玉器的质量、大小对其价格有所估计,从而避免相差100倍而闹出笑话来。

989. 中国第一个国家级“钻石交易中心”将建在何处?

据2000年6月20日的《广州金银珠宝》报道:上海市外经贸委于2000年3月20日宣布,国务院最近已正式批准在上海筹建国家级的“上海钻石交易中心”。它的总体构架为:一个联合管理办公室,一个钻石交易所,若干个为交易所提供配套服务的机构,一批资质良好的钻石加工企业。上海钻石交易所设在浦东金茂大厦内,总建筑面积为10 400m^2。

上海钻石交易中心是上海又一个重要市场,它的总体构架与国际通行模式相吻合,上海钻石交易的运作规则与国际惯例接轨。钻石交易所实行会员制交易方式,采用封闭式管理。同时,还建立钻石鉴定中心、钻石培训中心等配套服务机构。

990. “中国珍珠城”在何处?

“中国珍珠城”在广西壮族自治区的北海市。该珍珠城占地面积60亩,总面积近6 000m^2,是华南地区规模最大的多功能现代化水产品交易集散中心。它于1996年7月8日开业以来,呈现出良好的发展势头。

珍珠城二楼的珍珠产品厅,由珠宝展销厅、原珠交易厅和南珠文化厅组成。三楼为大型或短期举行的国际珍珠节期间增设的展销会或精品拍卖会会场。

珍珠城内的珍珠品种有：天然海水珍珠、天然淡水珍珠、海水养殖珍珠（约占市场份额的90%）。此外，还有仿制珠、塑料珠、玻璃珠、贝壳涂料珠、仿真性很好的涂层珠等。

近年来，养殖黑珍珠者日多，直径有8～15mm；还有辐射黑珍珠、染色黑珍珠等。也有不少的淡水养殖珠（约占市场份额5%～10%）。

该珍珠城由于珍珠品种多，挑选度大，价格较低，是选购珍珠原珠和饰品的好去处。

991. 我国最大的珍珠市场在何处?

浙江省诸暨是绝代佳人西施的故乡。这里有着养珠、采珠的传统和经验。为了适应珍珠生产、流通形势的需要，诸暨珠宝首饰公司、诸暨工商局和山下湖镇三家于1985年联合创办了大型珍珠市场，场址就在距市中心20km的山下湖镇，占地16亩。几经扩建后，建筑面积共10 200m²，内设1 000多个摊位，每天参加交易人数达2 000人左右。这里已经是我国目前最大的淡水养珠交易市场。

目前，在诸暨的山下湖和渭池一带，拥有淡水育珠水域1万余亩，养珠人数超过1万人；诸暨市现有珍珠首饰和珍珠粉加工企业100余家，专业生产珍珠首饰、珍珠粉、营养液等系列产品，年产值超过1亿元。除广销国内市场外，并已远销法、美等国，年出口创汇达数千万元。

992. 江苏东海水晶市场有多大规模?

我国水晶主要产区之一的江苏省东海县，以水晶量大质优且多巨大晶体而闻名于国内外。

1992年，东海县建成全国首家水晶专业市场，到1997年的5年中，该市接纳国内外商家游客超过100万人次，累计交易额近10亿元，成为全国较有影响的特色市场。

为了进一步扩大市场规模，东海出台一系列优惠政策面向海内外招商，引资扩建市场，并于1997年投资4 000万元进行市场扩建，1998年完成扩建工程，建成了拥有$3\times10^4 m^2$营业大厅的国家级水晶市场，从而成为全国水晶原料、产品和工艺品的交易中心。

目前，东海县从事水晶开采、加工、贩运、营销、科研及配套服务的人员已经超过10万人。

993. 江苏东海水晶展示中心的概况如何?

据苏红于2000年10月20日在《全国宝玉石周刊》报道：集中展示水晶珍品、奇品、绝品的水晶展示中心，目前在全国最大的水晶交易中心东海水晶城内建成并开放，成为人们了解、欣赏水晶的窗口。该“水晶展示中心”由东海县投资60万元兴建，占地500m²。

东海水晶展示中心共分水晶饰品、水晶挂件、水晶景石、水晶球、水晶摆件5个展示区。100m^2 的接待室内配有放像、图画、文字等各类资料，并聘有专业导购服务人员。展示区内还配备相应的检测仪器，帮助顾客鉴赏。

994. 我国两年一度的"水晶节"在何地举办？

我国两年一度的"水晶节"，于 1991 年 10 月 1 日起在江苏东海县举办。到 2003 年已举办了7届。

东海县是我国著名的"水晶之乡"，其水晶的储量和质量均居全国之首，水晶的年产量约占全国的一半。现存于北京中国地质博物馆的重达 3.5t 的"水晶王"即产于该县。该县在首届水晶节上提出了"以水晶为桥梁，让东海走向世界"的响亮口号。

995. 我国最大的观赏石市场在何处？

据专家调查认为，江苏省已形成全国最大的观赏石市场，其主要表现如下：

(1)在苏南，以南京为主要集散地。南京营销观赏石、奇石的商店、小摊数以千计；1992 年建成的"中华奇石馆"(在南京清凉山公园)，规模庞大，品种丰富，堪称华夏奇石文化艺术殿堂，吸引着众多的游客和奇石收藏家及爱好者前来观赏和交易。每年到南京的旅游者及参展商户总人数在 800 万人以上，其中约有十几万人购买雨花石等观赏石和奇石，形成了巨大的观赏石市场。

(2)在苏北，以东海县最引人注目。在"东海水晶市场"，不仅有几十家水晶商店，还有数百个摊位，主要销售水晶、紫晶和玛瑙等品种，还有其他美丽稀少的水晶观赏石和奇石，加上 1991 年开始举办的每两年一届的"东海水晶节"，更是盛况空前。全国各地客商云集于此进行交易，在江苏形成了全国最大的观赏石市场。

996. 我国最大的饰品产销基地在何处？

据《中国矿业报》的《财富珠宝周刊》记者吴江于 2000 年 5 月 18 日报道：国内最大的饰品产销基地在浙江省义乌市崛起，1999 年全市饰品销售额超过 80 亿元。

目前，义乌市的饰品行业产品包括合金、铜金、白银、爪链、水晶、贝壳、猫眼石、玛瑙石、乌刚石、布类、塑料等 11 大系列；项链、耳环、戒指、胸花、发圈、纽扣、丝巾扣、领带夹、皮带扣等 20 余大类 15 万余个品种。

义乌饰品行业现有 1 300 多家生产企业，近 9 万从业人员。涌现出"新光"、"希宝"等 10 多个知名品牌。其中浙江新光饰品有限公司成为全国饰品行业最大的龙头企业之一。

据义乌市饰品电镀行业协会会长周晓光介绍，起步于 1995 年的义乌饰品产业，是依托当地闻名海内外的"中国义乌小商品市场"发展起来的。这里的饰品生产成本低、品种多、更新快，竞争优势明显。目前，义乌饰品不仅俏销国内，且出口欧美各地，年出口额占全国流行饰品行业出口总量的 50%以上。

997. 我国钻石首饰消费呈现哪三大群体?

据《信息快报》1999 年 1 月 25 日报道:一项专题调查显示,当前中国钻石首饰消费呈现出三大群体:一是青年婚姻消费的钻石首饰产品约占 46%,价值占 42%;二是富裕阶层购买的钻石首饰产品约占 15%,价值却占 35%;三是广大中等收入的群众购买的钻石首饰产品占 39%,价值只占 23%。

有关业内人士预测:近年内,我国钻石消费群体将会逐步定型;内地将是钻石首饰消费的一个巨大市场。

998. 什么是我国珠宝市场的八大忧患?

《珠宝科技》杂志在 1995 年第 1 期上,转载了《中国香港商报》的"中国珠宝市场八大忧患",内容全面,很符合当时的实际。现已时过 8 年,虽然在珠宝和贵金属的检测人员培养、检测能力和手段的提高以及珠宝知识的普及等方面有所加强和改善,但这八方面的问题仍然不同程度的存在,故有必要再摘录如下,以供有关的管理部门和广大珠宝爱好者参考。

(1)珠宝的理论研究明显滞后于珠宝的加工营销及检测工作。

(2)宝玉石和贵金属的检测机构尚不健全,在检测能力和检测手段上尚难承担起准确无误和提供保证的责任。

(3)珠宝知识尚不普及,一些珠宝爱好者不懂得识别真假,这给假冒伪劣的珠宝以可乘之机。

(4)一些民间的珠宝掮客,以牟取暴利为目的,给一些珠宝爱好者以误导。

(5)主管部门宏观调控不力,一些地方珠宝业发展过快,大有一哄而上之势,其中一些珠宝从业人员有的不懂珠宝,有的心术不正,唯利是图,欺骗消费者。

(6)一些城市虽已成立宝玉石协会,但主要是作为珠宝业的联谊组织而存在,发挥行业协会职能还不够;没能在制定行业营销规范及行业与政府主管部门之间发挥组织、协调作用。

(7)优质的珍宝级宝玉石产品越来越难寻觅。高科技用于人工合成宝石后,对宝玉石进行优化处理越来越高明,越来越广泛,而准确的检测、鉴定技术却跟不上形势。

(8)一些低档宝石、人工合成宝石、人造假宝石材料,正源源不断从境外涌来,强烈地冲击着正常的珠宝市场。

999. 当今中国人的第三大消费热点是什么?

据《楚天都市报》报道:当今珠宝首饰的消费正成为继住房、汽车之后中国百姓的第三大消费热点。

权威统计显示,中国珠宝首饰业近年来发展迅猛。2001 年,中国珠宝首饰总销售额已超 800 亿元人民币。其中,首饰黄金用量跃居世界第 4 位;铂金首饰的销售量从仅占全球市场的1%跃升到52%。

有关专家预计，到2010年，中国珠宝首饰的销售额将超过1 800亿元人民币，占世界总销量的10%以上。

1000. 我国各种成色的黄金首饰销售比例如何？

据《珠宝科技》杂志报道：我国金饰市场中，足金首饰的市场占有率为80%，18K金占16%，22K金占3%，14K金占1%。当然这些数字仅供参考，它是会随着人民生活水平的不断提高和对金饰品需求的变化而不断改变的。

1001. 我国珠宝首饰市场生意不景气的主要原因是什么？

从20世纪90年代后期至新的世纪之交，我国珠宝首饰市场普遍存在不景气，经营者常常叹息"生意难做"，主要原因何在呢？这除了受世界经济特别是东南亚的金融风暴冲击的大环境影响外，内部原因有以下3点：

(1)国内珠宝首饰市场过于饱和，高档货不足，中低档货供大于求，导致供求关系失衡。

(2)缺乏规范统一的标准，使珠宝首饰市场良莠不齐(在1997年5月正式实施"三项国家标准"以后，已经有所改善)。

(3)假货多，真假难分；打折多，价格混乱。顾客(买主)怕上当而不敢轻易掏钱。

以上问题如不及时调控和改善，市场情况很难有根本性改变。

1002. 当今珠宝市场的发展趋势如何？

云南珠宝界知名人士李贞昆先生在其专著《玉王翡翠》一书中，对"珠宝市场新浪潮"提出了较全面的看法，现摘要如下以供参考。

如果说，20世纪的消费热点是黄金首饰，那么，21世纪的热点就将是多姿多彩的珠宝玉石。这不仅是承前启后，一浪高过一浪的市场发展走向，而是多极化时代精神的一种体现。无论富国或贫国，对珠宝的消费几乎都出现了新的态势。

黄金在市场上的"霸主"地位，早已受到珠宝的有力挑战，新一轮的消费浪潮正在酝酿和集聚。据不完全统计，全球四大类畅销商品分别是时装、珠宝、化妆品和卧房用具。珠宝已由原来的第5位上升为第2位，估计全球珠宝年交易额近1 000亿美元。纵观全球，目前拥有珠宝首饰的人数还不到10%，但各国珠宝市场的消费潜力都十分丰富而深广。

东方人内在含蓄，以不外露为美，对个性化的追求不如西方人突出；西方人则强调个性的自由发展，以个性化来完善自身。尽管民族观念不同，消费文化有差异，但对铂金镶嵌钻石、翡翠、红宝石、蓝宝石和珍珠，却有着共同的选择和需求。虽然在款式和档次上有分别，但都以饰用珠宝翡翠来体现当代人的风采和气质，随着高消费意识的增强，追求精神和物质双重满足的现象，已具有相当的普遍性。人们不仅有购买珠宝的愿望,而且普遍具有购买珠宝的能力。珠宝市场已不再是商家的单方市场,而是以买家为主的共同市场。那种挤兑抢购的风气也成为过去,持币待购是当今市场的基本趋向。

在新的浪潮推动下,珠宝玉器市场行情逐渐看好。各地商家们捷足先登,迅速调整商品结构,突出精细的新款镶嵌,开发新的花色品种,同时加强宣传,引导消费,大大加强了竞争力度,随着新的商业契机不断出现,前景将是颇为乐观的。

1003.中国加入了世贸组织,珠宝首饰市场已经和将要产生哪些主要变化?

世界贸易组织(英文名称的简称为 WTO)共有 135 个成员国,中国已经加入 WTO。

中国加入 WTO,珠宝市场已经和将要发生以下几方面变化:

(1)黄金正在走入市场,实现自由交易,国际上的黄金饰品将大量地进入中国市场。

(2)珠宝首饰的进口关税正在逐步降低,国外珠宝首饰将大量进入中国市场。

(3)国外珠宝首饰名牌产品将进军国内市场。

(4)宝玉石原料也将大量进入中国市场,其价格可能会降低。

1004.中国已经入世,珠宝首饰业为了争取市场,应采取哪些基本对策?

中国已经入世,珠宝首饰市场进入一个全新的时期,同时也带来新的商机与挑战。胜负的关键在于要打有准备之仗。因此,我们应当调查研究,对市场进行预测,采取对应措施。以下几项措施将是行之有效的,可供参考。

(1)以强大的经济长堤应对新形势。如某些企业变分散为集中,组织机构走向集团化等。

(2)创品牌,争市场。品牌形成后,再搞连锁经营、统一商标和价格等。

(3)抓生产技术保质量,抓款式设计求新颖,抓工艺水平赶潮流。

(4)既要保国内市场,也要竞争国际市场。首先,要让国货占领中国市场;同时,也要利用入世后的权利,获得的优惠政策和待遇,拿出自己的拳头产品去竞争国际市场。

(5)改善售后服务,求信誉,争市场。售后服务能保证信誉,争夺市场,使消费者买得放心,买后安心,再买有信心,增多回头客。

1005.我国珠宝玉石国家标准何时颁布实施?

国家技术监督局和原地质矿产部于 1996 年 11 月 16 日正式颁布《珠宝玉石名称》、《珠宝玉石鉴定》、《钻石分级》三项国家标准。

这三项国家标准是由国家珠宝玉石质量监督检验中心负责起草,经全国地质矿产标准化委员会评审通过后,经国家技术监督局批准并颁布的。

这三项国家标准已于 1997 年 5 月 5 日正式实施。

1006. 三项“国家标准”主要包含哪些内容?

珠宝玉石的三项“国家标准”的名称和主要内容如下:

(1)《珠宝玉石名称》标准中给出了珠宝玉石的种类、定义、定名规则,对珠宝玉石优化处理后的定名方法尤其作了规定。该标准明确规定了“优化”和“处理”的不同内涵。

(2)《珠宝玉石鉴定》标准主要包括 14 种仪器鉴定方法和 105 个品种珠宝玉石的鉴定标准。

(3)《钻石分级》标准与国际珠宝首饰联合会《钻石手册》中的 4C 评价规则基本相同。

1007. 实施三项“国家标准”对我国珠宝市场管理有何作用?

实施三项“国家标准”后,将对国内珠宝首饰业,尤其是珠宝鉴定业进行严格规范,统一珠宝玉石的名称叫法和统一鉴定标准及钻石分级标准,逐步消除混乱现象,因而是国内珠宝首饰业界的一件大好事。

1008. 中国钻石色度如何分级?

我国钻石分级标准中规定,用 100～90 及＜90 的数字表示钻石的颜色级别。可与美国宝石学院的颜色分级相对应。其中 100～90 分别对应于 D—N 级,而＜90 则相当于 O—Z 级(或＜N 级),即分为 12 个级别。也可用文字描述分级,即用极白(D—E)、优白(F—G)、白(H)、微黄(褐、灰)白(I—J)、浅黄(褐、灰)白(K—L)、浅黄(褐、灰)(M—N)和黄(褐、灰)(O—Z,或＜N)来表示。

目前,钻石的颜色分级仍沿用传统的比色法。在适宜的环境、标准的照明条件下,将所测钻石与一系列标准比色石进行对比,以确定其颜色的等级。中外钻石色度分级对比见表 9-1。

1009. 中国钻石净度分级如何规定?

在我国《钻石分级标准》中,将钻石净度分为以下级别:

(1)镜下无瑕级(LC)。在 10 倍放大镜下,钻石的内部和外部无瑕疵。下列情况下仍属镜下无瑕级:①额外刻面,位于亭部,冠部看不见。②原始晶面位于腰围部,不影响腰部对称,冠部看不见。③钻石内、外部有极轻微的瑕疵,经重新加工可除去。

(2)极微瑕级(VVS)。钻石具极微小的瑕疵。在 10 倍放大镜下极难见到时,定为 VVS_1 级;在 10 倍放大镜下很难见到,定为 VVS_2 级。

(3)微瑕级(VS)。钻石具细小的瑕疵。在 10 倍放大镜下难以见到,定为 VS_1 级;在 10 倍放大镜下较容易见到,定为 VS_2 级。

表 9－1　中外钻石色度分级对照表

美国宝石学院(GIA)	中国			国际钻石委员会(IDC)及国际珠宝首饰联合会(CIBJO)	斯堪的纳维亚钻石委员会(Scan D. N.)
D	D	100	极白	Exceptional white＋ (极白＋)	River (净水色)
E	E	99		Exceptional white (极白)	
F	F	98	优白	Rare white＋ (优白＋)	Top Wesselton (高级韦塞尔顿色)
G	G	97		Rare white (优白)	
H	H	96	白	White (白)	Wesselton (韦塞尔顿色)
I	I	95	微黄(褐、灰)白	Slightlg tinted white (浅黄白)	Top crystal (高级晶钻色)
J	J	94			
K	K	93	浅黄(褐、灰)白	Tinted white (黄白)	Top Cape (高级开普色)
L	L	92			
M	M	91	浅黄 (褐、灰)	Tinted Color 1 (一级黄)	Cape (开普色)
N	N	90			
O	＜N	＜90	黄 (褐、灰)	Tinted Color 2 (二级黄)	
P					
Q				Tinted Color 3 (三级黄)	
R					
S—Z				Tinted Color 4 (四级黄)	

(4)瑕疵级(SI)。钻石具有明显瑕疵。在10倍放大镜下容易见到时，定为SI_1级；很容易见到时，定为SI_2级。

(5)重瑕疵级(P)。肉眼可见瑕疵。细分为P_1、P_2、P_3级。钻石具明显瑕疵，肉眼可见，定为P_1级；若钻石具很明显瑕疵，肉眼易见，定为P_2级；如钻石具极明显瑕疵，肉眼很易见，定为 P_3 级。

对于镶嵌钻石的净度分级不分亚级，即分为 LC、VVS、VS、SI 和 P 级。

中外钻石净度分级对比见表 9－2。

表 9－2 中外钻石净度分级对照表

美国宝石学院	FL (Flawless)	IF (Internally flawless)	VVS_1	VVS_2	VS_1	VS_2	SI_1	SI_2	I_1	I_2	I_3
中国	LC(内、外部无瑕)		VVS_1（一级极微瑕）	VVS_2（二级极微瑕）	VS_1（一级微瑕）	VS_2（二级微瑕）	SI_1（一级瑕疵）	SI_2（二级瑕疵）	P_1（一级重瑕疵）	P_2（二级重瑕疵）	P_3（三级重瑕疵）
国际珠宝首饰联合会	LC(Loupe clean)		VVS_1	VVS_2	VS_1	VS_2	SI_1	SI_2	P_1	P_2	P_3
斯堪的纳维亚	FL (Flawless)	IF (Internally flawles)	VVS_1	VVS_2	VS_1	VS_2	SI_1	SI_2	PK_1	PK_2	PK_3
国际钻石委员会	LC(Loupe clean)		VVS_1	VVS_2	VS_1	VS_2	SI_1	SI_2	P_1	P_2	P_3
鉴定特征	用 10 倍放大镜观察，钻石内部无内含物，外部无缺陷	用 10 倍放大镜观察，钻石内部无内含物，但外部有极小的经重新抛光可除去的缺陷	含极小的内含物，10 倍放大镜下，极难（VVS_1）或很难见到（VVS_2）		含很小的内含物，10 倍放大镜下，难以见到（VS_1）或较易见到（VS_2）内含物		含小的内含物，10 倍放大镜下，容易（SI_1）或很容易见到（SI_2），但肉眼下看不到内含物		含有明显瑕疵，10 倍放大镜下清楚可见，肉眼不易见到	含很明显瑕疵，肉眼易见	含极明显瑕疵，肉眼很易见到

1010. 什么是“热导仪”？

热导仪是一种用途较为专一的鉴定仪器，主要是根据宝石的导热性能设计制造的。由于在所有的宝石中，钻石具有极高的导热性能，故热导仪主要用于鉴别钻石及其仿制品。

热导仪的结构包括热探针、电源、放大器和读数表四部分。读数表可由信号灯或鸣叫器代替，显示测试结果。电源为热探针供电，热探针是整个热导仪的关键部件。

在 20 多年前，当合成立方氧化锆刚推向市场时，由于它的特性非常接近钻石，因而给珠宝界带来很大困扰。后来发现它的导热性能远不如钻石，随之发明了热导仪，使得合成立方氧化锆与钻石的分辨易如反掌。

1011. 如何鉴别合成碳硅石？

合成碳硅石是美国C3公司于1998年6月推出的一种新的钻石模仿品。由于它的各种特性比合成立方氧化锆更接近于钻石，采用热导仪来辨别合成碳硅石已经无能为力，但多种新的鉴定仪器已经研制成功。在仪器尚未普遍化的情况下，可先采用中国台湾“国际宝石鉴定研习中心”吴舜田教授介绍的下述3种方法加以鉴别。

(1)肉眼观察。①目前市场上推出的合成碳硅石的颜色常略带灰绿色，且七彩光比钻石强。将宝石夹起离白纸约1cm，桌面朝下，尖底朝上，以笔灯(聚光电筒)垂直底层照射，可见到合成碳硅石反射到白纸上的七彩极强，而钻石、合成立方氧化锆则只反射白光，七彩较弱。②也可将宝石置入透明杯中，并加水盖过宝石，以笔灯垂直照射，可见到与上述①同样的现象与差别。

(2)放大观察：用10倍放大镜或高倍显微镜。

刻面棱线：合成碳硅石的硬度虽达9.25，但仍远不如钻石，故刻面棱线仍不及钻石锐利。

复影现象：钻石和合成立方氧化锆都是单折射，而合成碳硅石则为双折射，且两个值相差很大，因此会产生复影(双影)，即刻面棱线会变成两个影像。值得注意的是，在厂家切割合成碳硅石时，常会把没有复影的方向(即光轴方向)垂直于桌面，所以必须倾斜一个角度或由侧边观察，才能看出复影现象。

(3)测比重。合成碳硅石的密度为3.22g/cm^3，钻石密度为3.52g/cm^3。对未镶的裸钻可投入3.32比重液中测试，钻石会沉下去，而合成碳硅石会浮起来，可迅速而正确地将其区分开来。

1012. FS－1型数字式反射仪如何鉴别合成碳硅石？

以往在钻石经营和钻石鉴定工作中，人们通常根据钻石良好的导热性，使用热导仪迅速鉴别钻石。从1998年下半年起，国际及国内珠宝市场上出现一种新的仿钻石制品——合成碳硅石(又名合成莫桑石)，其导热性能与钻石相仿，其硬度亦可达9.25。因此，用热导仪对合成碳硅石进行测试，会得出与钻石相同的测试结果，这就使合成碳硅石更能以假乱真。所以碳硅石被人们称之为“世界级”仿钻制品，给钻石鉴定工作带来困难，单靠热导仪已不能快速、简便、准确地鉴别钻石与合成碳硅石，为解决这一难题，保护钻石珠宝商及消费者的利益，迫切需要新的检测仪器。

江苏省地质矿产测试应用研究所研制的FS－1型数字式反射仪解决了上述难题。该仪器基于钻石与合成碳硅石对某一特定波长光的反射率不同的原理，在FS－1型数字反射仪上，钻石与其他仿制品所显示的反射数值均不同，根据反射数据区分不同宝石，可达到迅速鉴别钻石及碳硅石的目的。FS-1型数字式反射仪操作简单，只需将样品放在测试平台上，打开仪器电源开关，数显屏上就会显示出被测样品的反射数值。测试数值准确、稳定。大于或小于钻石反射数值的样品就是非钻石样品，即钻石的仿制品，合成碳硅石也不例外。

1013. 什么是镀膜钻石？如何鉴别它？

在国外有一种首饰圆钻，其内部为人造立方氧化锆(CZ)，表面镀了一层钻石薄膜，被称为“镀膜钻石”。此种钻石用热导仪检测具有正常钻石的特点(有鸣叫声)；但它的密度很大，为 5.8g/cm³，而钻石的密度为 3.52g/cm³，可将二者加以区别。

1014. 什么是电子探针分析？

电子探针 X 射线显微分析仪，是一种微区成分分析和表面形貌观察研究的大型精密仪器，其原理是用聚焦得很细的高能电子束照射要检测的样品表面，由于电子束与样品的相互作用而产生各种信息。由于电子探针分析是一种无损和微区分析，很适合对珠宝玉石和金银首饰成品进行非破坏性的检测。因此，在珠宝首饰科研与鉴定方面有着独到的作用。

1015. 电子探针在鉴别黄金饰品中有何作用？

K 金首饰的成色鉴定，古老的方法是试金石(比色)与比重法，这虽然可以大致确定首饰的含金量，但只是一种近似方法。化学法虽具较高精确度，但耗时，破坏样品，且只能测定金的含量。使用电子探针检测 K 金首饰可弥补上述不足，因它不仅不破坏样品，而且分析速度快，准确度高，可同时检测 K 金中各种成分含量。

有些黄金首饰，结构比较复杂。由于制作需要，某些部位必须增加硬度，因此各部位的成色不同。利用电子探针微区分析是检测这类首饰各部位成分的惟一方法。

用电子探针能谱定性分析，几十秒钟即可鉴别 K 金与稀金，K 铂金与白色 K 金。从各样品中采集的 X 射线能谱图中，可直观地看到各自所含的主元素(含量 1%以上)的 X 射线谱峰。再用电子探针定量分析，则可将它们所含的各个元素的准确含量测出。

1016. 电子探针对鉴别珍珠种类和提高珍珠质量方面有何作用？

无论海水珠或淡水珠，天然珠或养殖珠，都有相对固定的化学成分，即 CaO 48%～50%，CO_2 38%～40%，有机壳蛋白 3%～8%，H_2O 0.5%～2%及其他微量元素。各项成分含量的变化随母蚌种类、生长环境、珠的质量的不同而异。

电子探针在鉴别分析珍珠中的作用是：

(1)分析其 CaO 和微量元素的含量。

(2)分析其结构部位，包括剖面、表面成分和形貌观察，从而为研究珍珠的养殖、鉴别与优化提供基础资料。

1017. 什么是红外光谱？

红外光谱是指物质在红外线照射下，引起分子的振动能级和转动能级的跃迁而产生的光谱。分子的总能量由平动能量、振动能量、电子能量和转动能量四部分构成。若以连续波长中的红外线照射宝石，那么其间的元素、配位基和铬阴离子团便产生特征的振动和转动能级的跃迁，该能级在跃迁时，往往选择性吸收一定波长的电磁辐射，因而产生特征的吸收光谱。所测得的吸收光谱称红外吸收光谱，简称红外光谱。

红外光谱分析作为波谱分析这一新兴科学中最常见的技术之一，近年来在宝石学领域中得到了广泛的应用。

1018. 红外光谱仪能鉴定哪些宝石？

用红外光谱检测宝石样品，目前主要以实验数据为依据，因此还带有半经验性质。尽管如此，红外光谱还是极大地弥补了常规检测仪器的不足，并成为研究和检测宝玉石的一种新的无损鉴定手段。它的应用范围主要有两方面。

(1)区分天然与合成宝石。尽管宝石内部所含的各种包裹体有助于宝石学家将天然宝石与合成宝石区分开。然而，对于一些内部几乎无瑕或所含的包裹体无所分辨的宝石，常规的宝石检测仪器就往往束手无策。相比之下，红外光谱能在很短的几分钟内提供快速、准确且无损伤的测试结果。

借助红外光谱能够：①区分开天然祖母绿与合成祖母绿；②将内部缺乏特征包裹体的天然金绿宝石与合成金绿宝石区分开；③将天然紫晶与合成紫晶予以区分等。

(2)检测某些经人工优化处理的宝玉石。对于用塑料、环氧树脂和硅基聚合物等高分子材料浸染或充填的宝玉石材料，如欧泊、绿松石、翡翠等，用红外光谱检测亦有独到之处。

随着研究的深入，红外光谱在宝石学中的应用将扩展至宝石的类质同象和同质多象等方面的研究，其应用前景看好。

1019. 红外光谱仪鉴定翡翠 B 货可靠吗？

自从 1997 年 5 月 5 日实施三项“国家标准”以来，鉴定人员对珠宝玉石的鉴定更加认真负责。他们在接到送检的翡翠玉器样品以后，先进行肉眼观察，再作显微镜下观察，并进行长短波荧光试验和作比重测定，在这多项检测中均认为是天然翡翠无疑的情况下，便可出鉴定证书。如若有明显的怀疑，就要作红外光谱鉴定，并加收鉴定费。

由于天然翡翠经过漂白充填处理(俗称“B 货”)后，在红外仪检测结果——红外光谱图的 2 800～3 000cm^{-1}有强吸收峰，产生吸收峰的原因系由于翡翠 B 货注入的高分子材料(即注胶)所引起。而对于未经处理的翡翠样品，则在上述范围内无此特征的吸收峰，便足以区别。其结论是无可争议的，十分可靠的。

1020. 什么是拉曼光谱仪？

拉曼光谱仪是一种采用激光技术的大型分析仪器，在测试领域称它为“拉曼分子微探针”。这项技术是印度科学家 R. V. 拉曼在 20 世纪初期发展起来的。1930 年，R. V. 拉曼先生荣获诺贝尔物理学奖。

拉曼光谱仪除了具备电子探针、红外光谱仪等其他大型测试仪器鉴定宝石迅速准确的优点外，其最擅长的是对宝石内含物的“遥测”。

拉曼光谱仪是最昂贵的鉴定仪器，全世界生产拉曼光谱仪的两家最著名的企业，尼高力和雷尼绍公司的产品报价都在每台 100 万元以上。

1021. 鉴定宝玉石需要拉曼光谱仪这样价格昂贵的精密仪器吗？

近 20 年来，由于自然科学的重大突破，新技术的不断出现，为宝玉石的优化处理提供了许多新方法。今日市场上合成宝石、改色和仿造宝玉石不断涌现。例如红宝石、蓝宝石 90%以上都是经过热处理的天然宝石；我国山东蓝宝石色深，需加热褪色处理；新疆的海蓝宝石色浅，需要加色处理；广东无色透明的黄玉，需辐射加色处理成蓝黄玉；人们利用宝玉石中的微裂隙进行各种染色处理（如祖母绿、翡翠、青金石、玛瑙、蛋白石），以及各种镀膜处理（如金刚石附生在立方氧化锆的表层、祖母绿和翡翠镀膜）等，这些表面改性处理的宝玉石真假难分，光凭一双有经验的慧眼或普通的鉴定仪器是远远不能解决的，就连比较先进的电子探针（它对宝石矿物的结构无能为力）和红外光谱（它对宝石内部的结构特征、包裹体特征无能为力）等，也有其缺陷和局限性，惟有拉曼光谱仪才能担当划时代的重任。

1022. 拉曼光谱仪在鉴定宝玉石方面有何优异功能？

拉曼光谱仪通过激光束的聚焦直接对宝石内部的包裹体进行探测，甚至可以提供最小到 1μm（0.001mm）的包裹体信息，从而能跨越激光束焦距范围内的障碍物进行“遥感”。

由于拉曼光谱仪能对宝玉石裂隙中的充填物进行准确而快速的分析，解决了一直困扰珠宝鉴定业的难题。比如判断翡翠中充填的是优化性质的蜡，还是处理性质的胶；区分祖母绿裂隙中存在的是普通的油，还是具有加固作用的其他有机物。

因此，拉曼光谱是区别天然宝石、合成宝石、处理宝石（包括染色宝玉石和表面涂层或镀膜宝玉石）的无需制样、无损鉴定而且快捷准确的好方法。

1023. 宝石防伪技术的基本要求有哪些？

宝石防伪技术需要在珠宝成品上留下永恒的记号，因此就有一些不可违背的基本要求：

（1）这个记号既不能损坏宝石，又不能影响宝石的美观。

（2）这个记号不容易被别人模仿，只有厂家知道，和作为公正仲裁机构的“指纹库"档案中能找到。

(3)方法要简便,效率要高,成本要低,保密性要强(包含多种防伪技术的综合功能)。

1024. 宝石防伪标记可分哪3个级别?

我国高新技术在防伪领域中的发展水平已相当高,已经可以根据用户的要求,对不同硬度和材质的宝石成品及相对应的厂家质量保证书或鉴定证书做到由简到难作不同等级的防伪标记。一般可分初、中、高三级防伪。

(1)初级防伪:简单的产品标记,适用于企业内部管理中防差错,也为企业树名牌产品防假冒服务。

(2)中级防伪:对宝石及相对应的质量保证书或信誉卡或鉴定证书作可以核查、多种防伪技术综合应用的防伪标记,这些防伪标记内容可以包括比较多方面,可储存在计算机内。

(3)高级防伪:一般对高档宝玉石及价格昂贵的宝玉石进行惟一性标记,标记中可以记录宝玉石包裹体的位置、形状和大小,宝石的重量及特征数据;企业自定的独特标记,甚至存入企业领导的照片等,而包含那么多内容的标记做在宝玉石上,用普通的放大镜是看不见的。其惟一性可确保产品的安全。

1025. 宝石防伪标记和宝石鉴定证书有何区别?

二者的区别在于它们的主体不同,目的不同,技术手段不同,所需经费不同。具体是:

宝石鉴定证书的主体是鉴定机构,是作为第三方的中介服务,其目的是解决争议,技术手段是各种无损检测,鉴定费昂贵(每件从一两百元到上千元)。

宝石防伪的主体是企业本身,目的是实行一种诚实的信誉保证,也是对负责市场监督的行政部门防伪管理市场行为的重要措施,技术手段是各种防伪高新技术的综合应用,使市场上的欺诈行为容易识别,费用上比宝石鉴定证书低得多(在钻石上作一次防伪标记的成本在2元左右;在"证书"或"信誉卡"上作一次标记不超过1元;即使是在宝石上作特别复杂的多次防伪标记,也不超过10元)。

1026.《翡翠物语》DVD包含哪些内容?

由国家珠宝玉石质量监督检测中心、凤凰卫视有限公司、翡翠凤凰文化投资咨询有限公司联合制作的《翡翠物语》DVD已于2003年开始发行,其主要内容包含11集(放映约5小时),现简介如下:

第一集,玉石之王;第二集,翡翠故乡;第三集,绿石传奇;第四集,翠以色美;第五集,巧夺天工;第六集,绿之时尚;第七集,辨伪扶真;第八集,翠饰风情;第九集,翠雕奇观;第十集,翠缘人生;第十一集,翡翠版图。

《翡翠物语》在部分地区播放后,深受观众好评。如广东南海平洲珠宝玉器协会会长梁晃林说："《翡翠物语》的推出，对于宣传推广中国的玉文化，唤起华人的翡翠情结力度之大、效果之好、观众评价之高，真是史无前例！"

据悉，在广东省宝玉石协会秘书处等单位可订购《翡翠物语》DVD。

1027. 什么是"珍珠检测仪"？

珍珠检测仪是一个泛称，而不是一种单独的仪器名称。这个泛称可包括显微镜、珍珠检测台、珍珠灯、珍珠荧光镜等。

1028. 什么是"珍珠灯"？

珍珠灯是专门为观察珍珠而设计的灯具，它可以有效地观察珍珠外部的珍珠层及珍珠的内部结构。

1029. 什么是"珍珠夹"？

珍珠夹是在宝石镊子的基础上加工而成的，呈凹陷半球状，以便有助于稳妥地夹住圆形的珍珠。

1030. 什么是"珍珠内窥镜"？

珍珠内窥镜是一种检测天然珍珠及人工养殖珍珠的小仪器，它的主要工作原理是通过珍珠的孔径观察其内部的纹路，以便作出判断。

1031. 什么是"珍珠荧光镜"？

珍珠荧光镜是利用珍珠的荧光现象作为对珍珠判断的一种小仪器。

1032. 什么是珍珠的"烛光检测"？

珍珠的"烛光检测"主要适用于已串成的珍珠项链或手链。目的是检测其中是否有人工养殖珍珠。其工作方法及原理是：在一个强光源上，外加一个遮护板，遮护板上挖一个小于要检查珍珠直径的小孔，被检查的珍珠依次从孔上转动而过。因其表层相当薄（一般在 2mm 左右）的珍珠质覆盖在人工核的外部，而人工核多是由白蝶贝壳加工而成，贝壳本身有自然生长条纹，条纹与条纹的颜色及密度不同，所以造成光透不均，因而转动时在背景上会出现若干点或条纹影像效应。如果一条珍珠项串大多数珠粒都出现类似条纹，那么这条项串有可能就是人工养殖珍珠了。

上述原理和方法是周国平先生在其新著《英汉宝石学词典》中介绍的，这与在一般小商店中用电灯光照检查鸡蛋的方法是很相似的。但当商家已说明你要购买的珍珠项串是人工养殖的，就无检测的必要了。

1033. 什么是"手镜"？

"手镜"又名"寸镜"，是珠宝商工作中必备的一种小放大镜，行内专业人士又称其为"布眼"。据传说，开始这种小的手镜是用来看布的支数（即棉纱的粗细）的。

宝石商所用的手镜非一般手镜，它必须是无色的、放大标准倍数为 10 倍的放大镜。

1034. 什么是"钻石灯"？

据我国著名宝石学家周国平先生在其2002年出版的新著《英汉宝石学词典》中介绍："钻石灯"是美国宝石学院注册的一个灯具商标名。它是美国宝石学院于1959年设计生产的一种可以从顶部照明的灯具。它适合于有关珠宝店使用。此灯的主要部分是一个日光灯的开关及一个特别的荧光发射管，它可以产生较理想的日光效果，可以使宝石展现出其本来的颜色。它还有一个特别的档板，可以产生单独的光源效果，可以看到色散程度，这些是其他人工光源所不具备的。

1035. 什么是"三溴甲烷"？

三溴甲烷是在测定宝石密度时使用的一种密度液（以前称"比重液"），它的密度为2.90g/cm^3，若所测宝玉石的密度超过2.9g/cm^3，将下沉；若其密度低于2.9g/cm^3，它将浮起来。例如：翡翠的密度为3.3g/cm^3，在三溴甲烷中下沉；有人想将澳洲玉冒称翡翠，而澳洲玉的密度为2.7g/cm^3，将其投入三溴甲烷中必定上浮，其谎言就不攻自破了。

第十章

综合信息

本章共 63 问，对构成珠宝玉石和印石、砚石以及观赏石的物质基础——矿物和岩石之定义、命名、力学和光学性质等基本知识，以及不适宜列入本书前九章的一些容易由新涉足珠宝行业者提出的问题都尽量提出并予以阐述。

1036. 什么是矿物和岩石?

矿物和岩石都是在地壳发展过程中各种地质作用下形成的产物。矿物是自然产出的单质(如自然金、金刚石)或化合物(如水晶、刚玉);岩石是矿物的集合体,由一种矿物组成的岩石叫"单矿岩"(如大理岩),两种以上矿物组成的岩石叫"多矿岩"(如花岗岩)。矿物和岩石都是地壳的组成物质。一般地说,宝石多属于非金属矿物,且以结晶矿物为主;玉石则多属于岩石。

1037. 矿物的主要光学性质有哪些?

矿物的光学性质,是指矿物对光的吸收、折射和反射所产生的各种性质。主要的光学性质有颜色、条痕、光泽和透明度,这些性质对宝石矿物的鉴别和对比很有用。

(1)颜色:即矿物的色彩。矿物表面的不同颜色,是鉴定矿物最直观的重要特征。根据产生的原因不同,可分为自色、他色和假色。

①自色:矿物自身固有的颜色,如红宝石的红色,孔雀石的绿色等,是矿物成分中含有色素离子而引起的,最具鉴定意义。

②他色:指矿物因含有外来带色杂质而引起的颜色。如水晶中的茶色、紫色和黑色等,由于他色常有变化,一般不能作为鉴定矿物的特征。

③假色:由某些物理现象所引起的呈色现象。它与矿物的化学成分和内部结构无关,只对个别矿物(如斑铜矿)具有鉴定意义。

(2)条痕:矿物粉末的颜色。对不透明或深色半透明矿物具有鉴定意义。而对透明矿物(因无条痕)无意义。

(3)光泽:矿物表面反光的强弱程度。根据矿物光泽由强至弱主要可分为四级:

①金属光泽:晶面反光很强,如同金属物质表面的光泽。

②半金属光泽:弱于金属光泽。

③金刚光泽:光泽灿烂,如同金刚石一般。

④玻璃光泽:如同玻璃表面的光泽。宝石矿物有祖母绿、黄玉、橄榄石、水晶、冰洲石等多种。

此外,光泽更弱的还可划分为珍珠光泽和油脂光泽等,对鉴别珍珠和某些玉器有一定作用。

(4)透明度:指矿物透光能力的大小,一般分为三级:

①透明:可透过绝大部分光。如金刚石、红宝石、水晶等。

②半透明:能透过部分光。如辰砂。

③不透明:基本上不透光。如黑云母、方铅矿。

1038. 矿物的主要力学性质有哪些?

矿物在外力(如敲打、碰撞或刻划等)作用下,所表现的物理性质叫力学性质。主要有解理、断口和硬度。

(1)解理:矿物晶体在外力作用下,沿一定方向裂开成光滑平面的性质叫解理。这些光滑的平面叫解理面。了解解理性质,对宝石的加工(切割、琢磨等)有重要作用。

(2)断口:矿物在外力作用下,沿不定方向(即无规律)发生破裂,而形成凹凸不平的断裂面叫断口。了解这一性质也对宝石加工有利。

(3)硬度:指矿物抵抗刻划、压入、研磨等机械作用的能力。

矿物界和宝石界通常都采用摩氏硬度等级来测定矿物的硬度。即以 10 种不同硬度等级的已知矿物为标准,称为“摩氏硬度计”(见表 10-1)。在测定矿物硬度时,用已知 10 种硬度的矿物和其他矿物互相刻划,来确定未知矿物的硬度。由于每种矿物的硬度是比较固定的,所以利用这一特性可帮助鉴定矿物。

自然界的矿物硬度,大多在 2～6 之间,硬度大于 7 且颜色美观又透明的矿物,便可列入宝石的范畴。

表 10-1 摩氏硬度计及矿物硬度的简便测定表

硬度等级	代表矿物	简便的测定
1	滑石	指甲能刻动(＜指甲),硬度小
2	石膏	
3	方解石	能刻动指甲,小刀能刻动(＞指甲、＜小刀),硬度中等
4	萤石	
5	磷灰石	
6	正长石	
7	石英	能刻动小刀(＞小刀),硬度大
8	黄玉	
9	刚玉	
10	金刚石	

1039. 什么是宝石和玉石?

在我国,对宝石和玉石虽然都已有了很长的实践和研究历史,但由于在国内外尚无统一的(也不大可能达到完全的统一)宝玉石分类法,所以在宝石和玉石的定义方面,各家的主张也不完全相同。比较一致(或接近)的看法是:

宝石是石中最美最贵重的一类。它颜色鲜艳,质地晶莹,光泽灿烂,坚硬耐久而又赋存稀少,是可供制作首饰等用途的天然矿物单晶体,如金刚石、红宝石、蓝宝石、祖母绿等;也有少数是天然单矿物集合体,如变彩欧泊,还有少数几种有机质非矿物,如琥珀、珍珠、珊瑚、玳瑁、煤精和象牙,也包括在广义的宝石之内。

玉石也是石之美者。它比宝石在质地和价格上均低一等。但它也具有鲜艳色彩,坚硬而细腻的质地,抛光后具有闪亮光泽等特性。玉石有狭义和广义之分,狭义仅指硬玉(以缅甸翡翠为优质代表)和软玉(以和田玉为优质代表);广义则包括许多种用于工艺美术雕琢的矿物和岩石。至于彩石,则是指大理石等颜色和质地较美观细腻而硬度较低、光泽不强但能符合加工工艺要求的低档工艺美术石材。有的学者主张将彩石包括在广义的玉石之中,或将彩石暂时作为玉石的同义语。

1040. 什么是珠宝?

珠宝是指珍珠、宝石和玉石及其制成的饰物或摆件。它是用一切具有观赏性、装饰性和保值性,并能长久保存的天然矿物及岩石制成的特殊工艺品的总称。

广义的珠宝还应包括有机宝石(珊瑚、玳瑁、琥珀、煤精和象牙等)和彩石(印石、砚石、观赏石、奇石等)。

1041. 宝玉石的命名有哪几种方式?

宝玉石种类繁多,名称相当复杂,因而对其进行恰当的命名是一项严肃而细致的工作。目前,在国内出版的逐渐增多的宝玉石专著中,对宝玉石的命名方式约有以下 6 种:

(1)采用历史沿袭名称:如玛瑙、琥珀、珍珠、珊瑚等。

(2)以产地命名:如坦桑石、澳洲玉等。

(3)以形态命名:如猫眼石、菊花石、木纹玉等。

(4)以颜色命名:如红宝石、蓝宝石、孔雀石等。

(5)以外来语的译音命名:如祖母绿、欧泊、托帕石等。

(6)以矿物名称命名:如锂辉石、堇青石、符山石等。

1042. 以形态命名的宝玉石有哪些?

以形态命名的宝玉石不少,较常见的有:星光红宝石、星光蓝宝石、猫眼石、石榴子石、十字石、虎眼石(也称虎睛石)、鹰眼石(指蓝色的木变石)、松石(即“绿松石”,有铁线的结核块状松石很似松树的果实)、发晶(水晶体内含有细如毛发的针状矿物包裹体)、玛瑙。

1043. 以颜色命名的宝玉石有哪些?

以颜色命名的宝玉石较多,较常见的有:红宝石、蓝宝石、海蓝宝石、黄玉(黄宝石)、橄榄石(呈橄榄绿色)、红柱石、水晶、黄晶(黄水晶)、紫晶、烟晶、茶晶、墨晶、绿松石(别名“土耳其玉”)、孔雀石(其色与孔雀羽毛的绿色相似)、蓝铜矿、芙蓉石(即蔷薇水晶)、桃花石(即“蔷薇辉石”)、白玉、青玉、青白玉、墨玉、鸡血石。

1044.以产地命名的宝玉石有哪些?

以产地命名的宝玉石,随着宝玉石勘查与开发事业的发展而逐渐增多。现将一些较重要的列举如下:

锡兰猫眼(又称"东方猫眼")、坦桑石(一种黝帘石宝石)、澳洲玉(或称"绿玉髓")、马来西亚玉等国外宝玉石。

和田玉、蓝田玉、独山玉(曾称"河南玉"或"南阳翠")、南阳玉(又称"密玉")、岫岩玉(简称"岫玉")、信宜玉(又称"南方玉")、荆州石(或称"襄阳甸子",即旧称湖北荆襄一带所产的松石)、东陵石(亦称东陵玉,早年曾称"印度玉")、寿山石、青田石、昌化石、巴林石以及端砚石(产于广东肇庆——古端州)、歙砚石(产于安徽歙县)和多种以产地命名的砚石。

1045.宝石必须具备哪些条件?

严格地说,宝石矿物经过人的加工,再用于人们的装饰,才可称为宝石(或称珠宝)。作为合格的宝石,至少应具备下列 3 个条件:

(1)美观:这是宝石的基本的首要条件。要求颜色艳丽纯正,透明无瑕又光泽灿烂,或呈现变彩、变色、星光或猫眼等特殊光学效应。

(2)耐久:宝石不仅要求一时的美观,更重要的是具备保持艳丽和闪光的耐久性,即必须坚硬(珍贵宝石应在摩氏硬度 7 以上)耐磨和具有良好的化学稳定性。

(3)稀罕:宝石以产出稀少为贵,即使是很艳丽的宝石,若其资源分布很广泛,其商业价值就会受到影响。例如在几个世纪以前,当欧洲发现紫水晶初期,由于美丽新颖,曾被视为珍贵宝石。但当在巴西等地发现优质紫晶大型矿床后,紫晶就不再享有珍宝之名了。又如质地上乘的祖母绿宝石,每克拉售价高达 2 万美元以上,比钻石还要贵得多。这并不意味着祖母绿的性能优于钻石,而是由于优质祖母绿在世界上的产量比优质金刚石还要少。

1046.宝玉石矿物有多少种?

目前,自然界已经发现的矿物及矿物集合体近 3 000 种。其中,可作为宝玉石的矿物及其集合体约有 230 余种,而较常见的宝玉石原料仅有 30 余种。其化学成分分别为自然元素、氧化物、氢氧化物、硅酸盐和磷酸盐等。

较常见的 30 余种宝玉石是:钻石(金刚石)、红宝石(刚玉)、蓝宝石(刚玉)、祖母绿(绿柱石)、猫眼石(金绿宝石)、海蓝宝石、欧泊(贵蛋白石)、托帕石(黄玉)、青金石、水晶、紫晶、碧玺(电气石)、紫牙乌(石榴子石)、坦桑石(黝帘石)、芙蓉石(蔷薇水晶)、勒子石(蛋白石)、澳洲玉(绿玉髓)、大红宝石(尖晶石)、土耳其玉(绿松石)、橄榄石、粉翠(蔷薇辉石)、孔雀石、软水紫晶(萤石)、翡翠(硬玉)、和田玉(软玉)、岫玉(蛇纹石)、独山玉(蚀变辉长岩)、信宜玉(蛇纹石)、寿山石(叶蜡石)、青田石(叶蜡石)、鸡血石(叶蜡石、辰砂)等。

1047. 世界四大珍贵宝石是哪些?

在世界上已知的230多种宝玉石矿物(或岩石)中,最受人们喜爱而被誉为“四大珍贵宝石”的是金刚石、红宝石、蓝宝石和祖母绿。也有人再加上翡翠,而称之为“五大珍贵宝石”。

1048. 我国名贵宝玉石资源情况如何?

我国目前还是一个名贵宝玉石资源比较贫乏的国家。尤其是祖母绿、猫眼、欧泊、翡翠和青金石等,仍未找到可靠或拥有探明储量的产地;金刚石和红宝石资源虽有发现,但其产地不多,已经探明的储量还较少。近几年来,国内蓝宝石的产地和储量虽有可喜的增长,但大部分蓝宝石的质量不理想。如居全国蓝宝石储量和产量之首的山东潍坊地区所产的蓝宝石,虽以其颗粒大、晶体完整著称,但大部分晶体的颜色深,外观呈黑色,严重地影响着它作为珍贵宝石的价值。有关专家正在运用特定的物理方法,改善这类近似黑色的蓝宝石的颜色,以提高其品级。

1049. 我国传统的“四宝”是什么?

珍珠、玛瑙、水晶和玉石,是我国传统的“四宝”。这与当今世界公认的“四大珍贵宝石”是不能相比的。原因是古人的视野和观念与今天大不相同。例如在古代,人们往往把玛瑙与珍珠并列为珍贵宝石。其实,现代玛瑙的价值并不高,因其产量大而普遍使用,只能算作一种普通的玉石。但由于一些玛瑙的环带式花纹和多样的颜色,尤其是奇特的“水胆玛瑙”,却是那些技艺高超而被誉为“鬼斧神工”的玉器大师们显技的好“伙伴”,用它雕出的艺术珍品,其价值也是相当惊人的。

1050. 透明宝石和半透明宝石的加工琢型有何不同?

宝石的琢磨分为两类:即棱面宝石和素身宝石。这是由宝石本身的透明程度而决定的。

(1)透明宝石的琢磨:这类宝石质地通透,色彩艳丽,利用宝石的折光及色散等光性特点,磨制出各种角度不同的小平面就叫刻面宝石,也叫棱面宝石,或称翻光面,俗称批工。

加工后的刻面宝石,由于角度准确,可以达到最好的反射效果,从而使宝石更加闪烁耀眼,光辉夺目,色泽更加绚丽。

(2)半透明宝石的琢磨:这类宝石多为具有奇光异彩者,如具有猫眼反光,六射星光或变彩效应,或为半透明至透明的翡翠,均多磨制为椭圆形的弧面宝石,或称腰圆戒面,也可以称为蛋形戒面,从而可以最大程度发挥这些宝石的优点。

1051. 棱面宝石有哪些主要的式样?

从前,我国除钻石磨制棱面宝石外,其他类宝石很少加工为棱面宝石。随着珠宝事业的发展,我国不仅对红宝石、蓝宝石和祖母绿等高档宝石采用磨制棱面宝石,而且对碧玺、黄玉、橄榄石、紫晶等中低档宝石也多磨制成棱面宝石。

棱面宝石的主要式样有：

(1)圆形：适于加工钻石、红宝石和蓝宝石。

(2)长方形：适于加工祖母绿、橄榄石和碧玺。

(3)椭圆形：适于加工红宝石、蓝宝石、橄榄石、黄玉和紫晶。

1052. 素身宝石有哪些主要的式样?

素身宝石，也叫光身宝石，对其琢磨的关键在于两方面：一是使颜色发挥到最艳美的水平；二是使星线尽量居中而又使戒面成品保持其最大可能的重量。

素身宝石的式样很多，常见的式样有：①蛋面(腰圆形戒面)；②鸡心(心形)；③吊胆(水滴形)；④尖石(榄尖形)；⑤方石(长方形戒面)；⑥长石(马鞍形戒面，广东称鞍头)。

1053. 磨制宝石戒面的大小取决于哪些因素?

在磨制宝石戒面或吊坠之类饰物时，决定其大小的因素很多。如颜色浓淡、透明程度、原料本身的特点、瑕疵和杂质、裂纹等，都会影响到磨制宝石的大小。以翡翠为例来说，若颜色均匀，可以大一点；翠绿浓淡不均时，应小一点；没有裂纹时，可大一点；有裂纹时，要避开裂纹就会小一点；透明度好时，可大一点；透明度较差时，宜小一点，并要薄一点。

1054. 玉器加工的主要工序有哪些?

从翡翠或其他玉石原料到加工成玉器成品，主要有下列工序：

(1)原料处理：包括选料和开料。翡翠玉料一般都很贵重，必须量料取材，充分利用，做到“基本无废料”的地步。

(2)设计工艺：一件完美的玉器，应是材质美和造型美的巧妙结合。有些玉料必须重点突出其颜色美，如在设计制作一件弥勒佛，应尽量将翠绿安排在其肚部而不宜安排在头部；而若要将一件有翡红(红皮)的玉料加工一只鹅，就必须将翡红安排在鹅头上；又如将翡翠玉料上看来是脏的黑块雕成济公的黑扇，则不必将黑挖去，反而会使玉器价值更高。

(3)琢磨工艺：一般有下列步骤：

①铡：用金刚石轮铡去墨线以外无用的部分。

②錾：用金刚石轮根据凸凹深度进一步錾去无用部分。

③冲：用直径 3～4cm 的小圆砣(或金刚石轮)，将高低不平的部分冲成玉器粗坯。

④磨：用大小不同的磨砣磨出大样。如磨出人头、手和飘带等。

⑤轧：用轧砣加细。如开脸、开眉、轧出嘴、鼻、耳等。

⑥勾：用勾砣勾出更细微的花纹。如勾出龙鳞、凤毛和人物的头发等。

(4)抛光装潢工艺：

①玉器抛光:一般有两种方式,对光身玉器(如玉镯、玉扣、鸡心、吊胆和戒面)多用手工抛光;对观音、弥勒佛和各种花件等,则下浸机抛光。浸机抛光所需时间长,大约经过一星期左右才能完成,但一次能抛光一大批。

②玉器装潢:装潢的目的有两个方面:一是美化产品;二是保护产品。装潢的形式有座和匣两种,座是提高玉器身价的主要装潢;匣是放置玉器的包装品。

1055. 高、中、低档翡翠玉料在使用上有何讲究?

高、中、低档翡翠原料的价值相差可达几十倍甚至几百倍以上,所以在用料上要特别讲究。

总的说来,高档翡翠玉料种好,常为晶莹的玻璃地(底),高色(浓翠、正色),用于做玉镯、戒面、耳丁等高级首饰;中档翡翠玉料的种和色都较逊色,只能用于做一般的首饰及高、中档雕件;低档翡翠玉料或有种无色,或有色无种(干巴,不通透),常有玉纹、石花、脏点甚至细小的裂纹,故只能做一般雕件、花件或摆件。

1056. 我国宝玉石业的十大成就有哪些?

据《中国宝玉石业大全》一书综述,新中国成立 40 多年来,我国宝玉石业进入了一个新的历史时期。在宝玉石的资源勘查、开采、加工技术、经营销售、科研和人才培养等方面都有较快的发展。简而言之,主要有下列十大成就:

(1)宝玉石资源的勘探与开采工作成绩显著。

(2)宝石矿物学(包括玉类岩石学)的研究有了可喜进展。

(3)人工合成宝石生产和科研取得了双丰收。

(4)宝玉石改善(宝石的人工改色和玛瑙染色等)有了重大进展。

(5)宝玉石鉴定技术水平有了明显提高。

(6)宝玉石加工技术发展迅速(在国际比赛中多次获奖)。

(7)宝玉石加工生产和购销空前繁荣(仅以被誉为"玉器之乡"的河南南阳为例,现有玉器行业的从业人数已达 10 万人以上)。

(8)观赏石的开发与研究日益受到重视。

(9)宝玉石教育有了较快发展。

(10)宝玉石学术交流十分活跃,宝玉石学术著作相继问世。

1057. 中国宝玉石协会于何时何地成立?

中国宝玉石协会是中国全国性社会团体法人,是中国政府有关业务主管部门联系宝玉石企事业单位和宝玉石工作者的纽带和桥梁。它于 1991 年 1 月 21 日在北京正式成立。

"中国宝玉石协会"以团结宝玉石业广大从事勘查、开采、加工、销售单位和专业科技人员艰苦奋斗,开拓进取,努力振兴和发展我国的宝玉石事业为宗旨。该协会由从事宝玉石工作的专家和学者,以及企事业有关领导和职员等人士组成。设会长1人，副会长18人，常务理事85人，秘书长1人，副秘书长10人，理事230人；会员分布在北京的10个部门和内地的30多个省、自治区、直辖市。

1058. 河南南阳市何以被誉为中国宝玉石协会的发源地？

中华人民共和国成立后，南阳的宝玉石业迅猛发展。为了有序、健康和更快地发展，产生行业组织就成了历史发展的需要。

1983年，在南阳行署的支持下，由河南省地质局地调四队牵头，在全国率先成立了“中国南阳宝玉石学会”。1989年，又组织成立了“中国宝玉石研究联谊会”，具有了全国性行业组织的雏形。并在南阳召开三次全国宝玉石交流会，两次全国珠宝玉器展销会，对推动我国宝玉石业发展起到重要作用，为1991年初在北京成立中国宝玉石协会作了思想、学术、组织上的准备。目前，全国绝大多数省、市都已建立了宝玉石协会，南阳宝玉石协会的带头作用可谓功不可没。

南阳宝玉石协会自成立以来，在协调政府与行业、行业与行业的关系，组织学术交流、珠宝玉器展销，普及宝玉石知识，培训宝玉石加工人才等方面摸索和总结了大量的宝贵经验，为全国宝玉石业的发展作出了重要的贡献。

1059. “北京玉器会馆”何时创立？

据《中国商报》拍卖收藏周刊1999年5月22日报道：由中国收藏家协会玉器专业委员会创办的“北京玉器会馆”，已于1999年5月9日在什刹海东岸正式挂牌。

玉器专业委员会主任曲石表示：北京玉器会馆将开展各种玉器联谊、讲座、咨询、鉴定等活动，竭诚为古玉研究、收藏活动服务。

1060. 至今已出版的全国性珠宝报刊有哪些？

直至2002年为止，我国珠宝行业自改革开放以来已经出版的全国性珠宝报刊主要有以下8种：

(1)珠宝刊物(均为季刊，以创刊先后为序)。

①《珠宝科技》(1992年以前原名《珠宝》)：1990年创刊，在桂林出版，总编余平。

②《中国首饰》：1990年创刊，在上海出版，主编陆小春。

③《中国宝玉石》：1991年创刊，在深圳出版，原主编李梦杰、郭晓飞，现任主编郭力。

④《中国宝石》：1994年创刊，在北京出版，原主编李道桴，现任主编孙凤民。

⑤《宝石和宝石学杂志》：1999年3月创刊，在武汉出版，主编姚书振。

(2)珠宝报纸(以创刊先后为序)。

①《宝玉石信息》：1988年11月20日创刊，在郑州出版，总编吴瑞淇。它是国内创刊最早的珠宝报纸，对发展我国珠宝事业起到很好的宣传、推动作用。可惜因

故于 2001 年停刊。

②《全国宝玉石报》：1994 年 4 月 26 日创刊，为四开 4 版，在北京出版，首任总编彭觥。该报于 2001 年 8 月改名为《全国宝玉石周刊》，每期对开 8 版，现任主编无为。

③《财富珠宝》（周刊）：2000 年 1 月 6 日创刊，为对开 4 版，在北京出版，首任主编无为，现任主编郭金池。

1061. 国内已出版的珠宝书籍主要有哪些？

在 20 多年以前，我国出版的珠宝书籍还是寥若晨星。由地质出版社在 1979 年出版的梁永铭的《宝石和玉石》和 1983 年出版的张仁山的《翠钻珠宝》是两朵早开的报春花，为我国的珠宝热高潮的到来和珠宝知识的普及起到了鸣锣开道的积极作用。

随后，王福泉的《宝石通论》（1985 年）、栾秉璈的《宝石》（1985 年）和《中国宝石和玉石》（1989 年）、周国平的《宝石学》（1989 年）、李兆聪的《宝石鉴定法》（1991 年）、王实主编的《中国宝玉石业大全》（1992 年）和赵松龄、陈康德的《宝玉石鉴赏指南》等 7 本重要珠宝著作的相继出版，深刻地阐述了珠宝翠钻的科学原理；广泛地介绍了国外珠宝业的先进经验，全面地总结了我国珠宝业的丰硕成果，为我国珠宝业的进一步发展打下了坚实的理论基础。

1994 年以来，全国各地又出版了一大批珠宝书籍。其中较重要的有：王曙的《真假宝石鉴别》（1994 年）、袁奎荣等的《中国观赏石》（1994 年）、周佩玲的《有机宝石与投资指南》（1995 年）、邓燕华的《宝玉石快速鉴定》（1995 年）、李娅莉等的《宝石学基础教程》（1995 年）、张蓓莉主编的《系统宝石学》（1997 年），王实主编的《中国宝玉石资源大全》（1999 年）、欧阳秋眉的《翡翠 ABC》（1997 年中国香港出版）、董振信的《宝玉石鉴定指南》（1995 年）、《天然宝石》（1994 年）和董振信等著的《翡翠》（1999 年）、《钻石》（2000 年）等。

值得一提的是：2000 年出版的欧阳秋眉的《翡翠全集》（中国香港天地图书出版社）和李劲松、赵松龄主编的《宝玉石大典》（北京出版社）两部巨著，在珠宝界产生了重大的影响。

此外，还有地质、轻工、文物、紫禁城等出版社和许多省、市级出版社共出版了几十种珠宝专著和普及读物，真像雨后春笋，使人目不暇接，为全国广大的珠宝从业人员、大专院校师生和更广大的珠宝爱好者提供了丰富的精神食粮，为加速我国珠宝业的发展作出了重要的贡献！

1062. 什么是“限定宝石学”？

所谓限定宝石学，主要有三方面的内容和任务：一是研究宝石品种之间的关系；二是研究某种宝石与其代用品之间的关系；三是研究宝石代用品与代用品之间的关系。

1063.《中国珠宝年鉴》是一本怎样的工具书?

据《中国珠宝玉石周刊》2001 年 4 月 30 日综合消息:《中国珠宝年鉴》为中华全国工商联珠宝业商会组织编撰的专业性年鉴,是中国目前惟一逐年编录中国珠宝业发展的综合性编年史、权威性文献和介绍世界珠宝业现状及发展的资料性工具书。

该书的 2000 年版为首卷,面向海内外发行,有中文和英文两种版本。

1064.我国 20 世纪 90 年代的“珠宝首饰热”与 80 年代有何不同?

在 20 世纪 80 年代,国内兴起“黄金饰品热”,除生活必需品、家用电器外,人们有了余钱都爱购买金饰品,并都偏爱足金首饰。

进入到 90 年代,情况逐渐发生变化,“万物金最贵”的旧观念有了突破。足金市场相对减少,K 金及镶嵌珠宝翠钻的首饰市场兴起并有迅速扩大的趋势。在全国一些地区,尤其是大中型及沿海城市,镶宝首饰占整个首饰的销售比重,从前几年的 15%～20%,增加到 40%～50%(据曲华资料)。人们对镶宝首饰逐渐从认识、欣赏到喜爱,广大青年成了珠宝首饰的消费大军。同时,由于出售 K 金镶宝首饰比卖足金首饰的利润明显提高,因而又大大激发了珠宝商们的积极性,使“珠宝首饰热”更加增温了。

到了 20 世纪末,人们对黄金镶嵌宝石、珍珠、翡翠的爱好开始大大降温,而转向热衷于用铂金镶嵌珠宝首饰。详情请参看本书 554 问。

1065.我国珠宝首饰业的发展具有哪些优势和有利条件?

我国珠宝首饰业的发展,具有下列三大优势和两方面有利条件。

(1)三大优势:①人口众多,劳动力资源丰富,市场广阔。②工资水平低,与发达国家相比,生产成本低。③中国人心灵手巧,耐心细致,很适宜从事珠宝首饰业。

(2)有利条件:①国内:30 多年改革开放,珠宝首饰业得到迅速发展,在科研、生产和经营等方面积累了不少的经验。②国际:由于近年西方经济不景气,珠宝首饰生产成本上涨,生产加工转向东南亚,我国沿海城市的珠宝首饰业正好利用这一大好时机。

1066.河南南阳为何称为“玉器之乡”?

河南南阳是历史名人诸葛亮的家乡,早有“玉器之乡”的美称。人们为何称它为“玉器之乡”呢?其主要原因如下(就目前情况而言):

(1)现有玉器行业的从业人员已逾 10 万人,占全国宝玉石业从业人员的 1/5 以上。较大的厂商有 150 余家。玉雕产品有:传统的人物、花鸟、禽兽等摆件;集实用和观赏为一体的新产品,如佩饰品、健身品、健美品、旅游纪念品、餐具、茶具、烟具等。

(2)“镇平珠宝玉雕大世界”已经建成开业;“南阳火车站珠宝玉器城”已初具规模;“卧龙岗珠宝玉器一条街”也已建成,这3个大型珠宝玉器市场共有商店700余家。如此壮观的珠宝玉器市场,堪称南阳宝玉石界的创举,也是南阳地区玉雕业兴旺发达的重要标志。

1067. 我国主要宝玉石的最重要产地有哪些?

在广大地质人员和人民群众的努力下,我国的宝玉石产地正在不断地有新的发现,新产地的规模和质量超过老产地的情况将会陆续出现。下面介绍的重要产地并不是绝对的,更不是永久不变的。这里仅将现有的部分资料,提供给读者参考。

(1)金刚石——辽宁瓦房店。

(2)红宝石——云南哀牢山。

(3)蓝宝石——山东昌乐县。

(4)祖母绿——云南南部大丫口。

(5)海蓝宝石——新疆阿勒泰地区(有中国海蓝宝石“宝库”之称)。

(6)碧玺——新疆阿勒泰地区。

(7)橄榄石——河北张家口市万全一带。

(8)水晶——江苏东海县(中国的“水晶之乡”)。

(9)琥珀、煤精——辽宁抚顺市。

(10)软玉——新疆维吾尔自治区。

(11)独山玉——河南南阳市独山。

(12)绿松石——湖北郧县。

(13)岫玉——辽宁岫岩县。

(14)南方玉——广东信宜市。

(15)中国台湾玉——中国台湾花莲县。

(16)梅花玉——河南汝阳县。

(17)玛瑙——辽宁阜新市(中国的“玛瑙之乡”)。

(18)虎睛石——河南淅川县、内乡县。

(19)鸡血石——浙江临安市昌化,内蒙古赤峰市巴林右旗。

(20)田黄石——福建福州市北郊寿山乡。

(21)雨花石——江苏六合县玛瑙河。

(22)菊花石——湖南浏阳市永顺镇。

1068. 20世纪90年代我国宝石资源勘探取得了哪些突破性进展?

随着20世纪80年代全球“宝石热”的兴起,大大地推动了中国宝石矿床资源的勘探和开发力度。在找矿思路和手段方面,发生了很大的变化,除了传统的重砂找矿方法以外,配合先进的物探和化探方法,使我国的宝石矿床资源勘探取得了长足的进步,发现了一批有经济价值的宝石矿床。

(1)1992 年辽宁省地矿局第六地质队在辽宁瓦房店岚崮山地区发现了 3 个新的含金刚石的金伯利岩体,取得了金刚石找矿的突破性进展。

(2)90 年代初,云南省区调所在哀牢山地区发现了具开采价值的红宝石资源。

(3)90 年代初,在云南省南部大丫口发现了具有一定规模和较高经济价值的祖母绿矿床。

(4)在新疆发现了新的红碧玺和西瓜碧玺,以及宝石级的方钠石和钠柱石矿床。

(5)在河北省康保地区发现了新的海蓝宝石资源。

1069. 20 世纪 90 年代我国宝石人工合成技术取得了哪些重大成果?

人工合成宝石是一项技术含量很高的高新技术,它的产生源于无线电工业和军事工业的需要。我国在这一领域的研究与世界先进国家相比起步较晚,但发展势头迅猛,尤其是近 10 年来取得了一系列令世人瞩目的成果。主要有:

(1)上海硅酸盐研究所李达明等,经过艰苦努力地工作,大单晶钻石的合成获得成功。

(2)广西桂林宝石研究所研究完成了水热法合成祖母绿技术,并于 1993 年 8 月正式投入生产,取得了良好的经济效益;1994 年又成功地用水热法合成了红宝石。

(3)1998 年 4 月,浙江巨化集团成功地合成了尖晶石。

1070. 20 世纪 90 年代我国宝石优化处理技术取得了哪些研究成果?

宝石的优化处理技术是提高宝石价值的重要手段,是世界各国宝石学家共同面临的重要研究课题,也是宝石学研究中最活跃的前沿领域。我国的宝石学家面对这一重要课题,积极投入研究,取得了一批重要的研究成果。如:对宝石级锆石的改色研究;对宝石辐射改善及放射性的研究,对无色托帕石(黄玉)及其改色的研究,对托帕石优化的实验研究;对绿柱石类宝石和电气石的优化研究等。

尤其是对山东省昌乐蓝宝石的颜色及改色研究,成为近 10 年来中国宝石学研究的最热门的课题之一,取得了丰硕的成果,有的成果已运用于生产并取得了良好的经济效益。

1071. 20 世纪 90 年代我国珠宝教育有哪些重大进展? 还存在什么偏向?

申柯娅在其《中国珠宝首饰业 10 年发展评述》的新作中,对近 10 年来我国珠宝教育取得的重大进展和存在偏向作了较全面的评述,现转载于此,以供有关人士参考借鉴。

申柯娅指出:我国的珠宝教育,与珠宝市场一样发展迅猛。虽然起步时间较晚,但起点高,发展快。如,桂林工学院(原桂林冶金地质学院)率先在 1989 年招收珠宝专业本科生,开创了我国现代意义上的珠宝教育。

进入 90 年代后,珠宝教育更是蓬勃发展,中国地质大学(武汉)、中国地质大学

(北京)、同济大学、上海交通大学、中山大学、南京大学、天津商学院等院校相继开设了珠宝专业,开展以大专、本科学历为主的珠宝教育。与此同时,许多城市的职业高中和中等专业学校,也相继设立了珠宝专业,开展了职高和中专层次的珠宝专业学历教育。

此外,进入 90 年代后,我国的珠宝职业教育也迅速发展。中国地质大学(武汉)率先在 1988 年成功地引进了英国宝石协会的 FGA 证书教学和考试,这是我国大陆最先引进的宝石学证书教育,带动了我国珠宝职业教育的全面发展。在此基础上,中国地质大学(武汉)珠宝学院在 1994 年推出了 GIC 宝石学职业证书教育,融入了适应我国珠宝市场特征的内容和教学方法,其发展势头强劲,得到了英国宝石协会的认可,并承认 GIC 证书的获得者可以直接参加 FGA 证书考试的资格。与此同时,其他的珠宝教育机构,如中国宝玉石协会教育专业委员会、国家珠宝玉石质量监督检测中心、北京高德珠宝鉴定研究所、同济大学宝石学教育中心等,都在努力发展着各自的珠宝职业教育。

申柯娅评论道:综上所述,我国的一些高等院校、中专和高职学校开设珠宝专业,培养不同学历层次的珠宝专业人才;一些院校和研究单位引进国外的宝石学职业证书教育,无疑为我国的珠宝首饰产业的发展作出了很大的贡献。但综观我国的珠宝教育,还存在过分侧重珠宝玉石鉴定方面的偏向,对珠宝玉石鉴定以外的珠宝首饰设计与加工制作、珠宝首饰营销与企业管理等诸多领域,则还重视不足。可喜的是,有些院校已经认识到这方面存在的缺陷,正在着手解决。

其次,对珠宝普及教育也还重视不够,因为只有在广大消费者中充分地普及珠宝首饰知识,培养消费者的首饰消费观念和成熟的消费者群体,才能进一步繁荣我国的珠宝首饰消费市场,在这方面,珠宝教育应责无旁贷。

1072. 我国珠宝首饰教育存在的“三重三轻”偏向是什么?

我国珠宝教育在取得显著成就的同时,也存在相当严重的一些偏向和不足,主要表现在以下的“三重三轻”:

(1)重数量轻质量:我国现有的各种珠宝首饰办学机构,几乎遍布各大中城市。一些综合性大学和工科类院校大都设置了珠宝专业,连同职业中专,其数量已相当可观。但在办学质量上则注意不够,院校之间也缺乏相互交流和优势互补。一些学校还缺乏办学的基本条件,如场地靠租借,师资靠凑合,设备不齐全。

(2)重理论轻实践:珠宝玉器鉴定或首饰设计都是实践性很强的学科,一些院校仪器设备陈旧、单一,实践课程还不到总学时的 1/3,很不利于培养真正能干的珠宝人才。

(3)重鉴定轻工艺:国内众多院校开设珠宝类专业及各类技能培训,多半侧重在宝玉石鉴定与质量评价上,而对珠宝首饰款式设计、工艺制作等较少涉及,造成泛泛的鉴定人员趋于饱和，而市场急需的款式设计与制作人才严重不足。

1073. 我国入世后，珠宝首饰业应尽快实现哪些转变？

中国入世后，将很快促使我国经济发生两大变化：一是使我国经济更快地融入全球经济一体化；二是用国际贸易准则来规范我国的经济活动。为此，我们在珠宝首饰业中就应较快地做好以下的九项转变：

(1)从政策依赖向制度约束的转变。

(2)从补贴生存向效益支撑的转变。

(3)从负担社会向利用社会的转变。

(4)从价格竞争向创新取胜的转变。

(5)从自我奋斗向借助中介的转变。

(6)从生产观念向金融思维的转变。

(7)从人才依附向大力竞争的转变。

(8)从单一生产向多种经营的转变。

(9)从你死我活向谋求双赢的转变。

总的来说，我们的珠宝首饰企业应该从生产一直到流通，甚至跨行业、多方位地与外资企业竞争，壮大我们自己企业的实力。

1074. 发展中国珠宝业应注意哪 10 个问题？

20 世纪 90 年代前半期，美国宝石学院中文教学部主任张瑜生教授（美籍华人）在中国只考察了很短时间，就对中国珠宝业提出了 10 点建议，如今虽已时过多年，仍有重要指导意义，录此以供参考：

(1)广泛普及珠宝知识，提高投资人（指顾客"上帝"）对珠宝的认识水平。

(2)开展咨询业务和服务，提高获取信息的能力和途径。

(3)培养和引进人才，包括管理和销售人才。

(4)匡正社会风气和职业道德。

(5)提高珠宝鉴定水平，解决市场混乱。

(6)由于国内劳动力低廉，应努力提高切磨（加工）水平，以便在国际上争得一席之地。

(7)充分利用国内资源，建立开发、保护、管理和经销的一条龙体系。

(8)避免同行的恶性竞争，这常是华人的恶习。

(9)政府也应在政策、税收、管理等各方面予以支持和配合。

(10)私人商业的兴起，将大大推动珠宝业的发展，因为中国台湾和中国香港大多都是私人经营的小规模珠宝店，这种商店有它的优势。

1075. 什么是"ICA"组织？

ICA 是英文 International Colored Gemstone Association 的缩写，是国际珠宝

协会。从字面直译是“国际彩色宝石协会”，主要是区别于分类更加专门的钻石协会和珍珠协会。实际上，ICA 的业务范围也包括了珍珠、钻石、珊瑚及其制品，因而译为“国际珠宝协会”更能体现其性质。

ICA 是 1984 年 1 月 29 日成立的，其宗旨是促进天然有色宝石产业的发展。ICA 联络世界各国的宝石学家、国家有关的宝石协会和组织以及与宝石业有关的政府官员、宝石开采者、加工者和批发商。通过组织会员讨论国际珠宝贸易、技术问题，及时交流有关新工艺、新科技、新资源等信息，制定和发布国际统一的珠宝贸易规则，奖励宝石勘察、开采、科研和贸易方面有贡献的人员。

ICA 自成立以来不断壮大，至其 10 周年之际，已发展近 40 个国家和地区的 400 多名会员。ICA 每两年召开一次系列会议并举办珠宝展销会，使宝石原料供应者、加工业者、制造商、批发商及宝石鉴定专家等进行国际性的合作，以保护和推动珠宝行业的全面发展。

1076. 世界珍珠协会于何时何地成立？

1994 年 11 月，在日本神户举行了一个国际性的珍珠高峰会议，会期两天。出席会议的都是有关珍珠生产国和消费市场的代表，中国珠宝首饰进出口公司总经理何乃华出席了会议。

会议的头一天，对世界性的珍珠生产过剩、品质粗劣、珍珠命名、处理过程、珍珠仿制品及推广珍珠所需的经费等问题进行了热烈的讨论。为了更好地解决上述这些带有普遍性的问题，于是在会议的第二天经协议成立了世界珍珠协会，英文全称是：World Pearl Organization（缩写为 WPO）。

1077. 北海国际珍珠节创办情况如何？

据周佩玲教授在 1998 年第 1 期《珠宝科技》介绍：北海是一个历史悠久的城市，珍珠是这个城市的象征和信物，故北海有“珍珠城”之称。

为了传播中国特色产物和民族文化，北海市的决策者作出明确规定，从 1991 年起，逢单年举办北海国际珍珠节。为此，1991 年隆重举办了首届珍珠节，参加的贵宾达 30 万人次，是北海建国以来最热闹的场面。1993 年 10 月举办第 2 届珍珠节，有 17 个国家和国内 26 个省市的宾客聚首北海，签订合同 126 项，投资额为 7.43亿美元。1997 年 10 月举办了第 3 届珍珠节，有 18 个国家和国内 26 个省市宾客参加。签订合同 38 项，投资额高达 71 亿元。

通过三届珍珠节，北海的知名度有了很大提高。更由于经过改革开放 30 多年来的努力，北海已由一个南国边陲小城发展成一座新兴的初具规模的沿海港口城市。

1078. 什么是日本国的“四大国粹”？

日本国的“四大国粹”是指珊瑚艺术、茶道、花道和珍珠。

据悉，不仅是日本国人民普遍喜爱珊瑚和珊瑚工艺品；日本皇室也与珊瑚有着密不可分的关系，日本天皇和皇后就喜欢经常观赏珊瑚艺术品。珍珠饰品更是受到日本人民的普遍喜爱，而且他们将自己养殖珍珠的技术一直对国外采取严格保密的原则。

1079. 日本的“宝石日”是哪一天?

明治42年(即1909年)11月11日，日本农商务省颁布了第54号命令，即关于“在日本正式采用国际统一重量单位——克拉来计量宝石的重量”的公告。

为了纪念这个日子，由日本宝石界最有权威的团体——日本宝石协会发起了以11月11日为“日本宝石日”的纪念活动。此活动到1991年才举办第6届，参加的单位和人数空前，达到百万人以上。

第6届“宝石日”纪念活动1991年11月1日拉开序幕，到12月31日才结束，历时两个月，被誉为“美与爱的宝石月”。这次活动分别在东京、大阪、名古屋、北海道、广岛等几十个城市展开。整个纪念活动期间，全日本报道过纪念活动的有20家电视台，37家新闻社，4家无线电台。经商者借此机会宣传产品，指导消费，扩大销售面，提高知名度；广大消费者从中增加了知识，开阔了眼界，通过多方面选择，买到了满意的珠宝。这些正是第6届“宝石日”纪念活动的主要目的。

1080. 戴比尔斯“国际钻饰设计比赛”从何年开始举办?

戴比尔斯“国际钻饰设计比赛”从1953年开始，每两年举办一次，该项重大比赛被誉为国际珠宝首饰界的“奥斯卡”盛会。

该项比赛是由戴比尔斯的下属机构戴比尔斯推广部的钻石咨询中心负责组织的，其宗旨是不断提高世界钻饰设计水平，并以此带动整个钻饰行业的发展。

1081. 什么是西方“三大有机宝石”?

西方三大有机宝石，是指贵重珊瑚、珍珠和琥珀。

1082. 什么叫“金伯利岩”? 它最早发现于何时何地?

金伯利岩是一种火成岩，旧称“角砾云母橄榄岩”，是一种偏碱性的超基性岩，形成时代以白垩纪为主。金伯利岩多呈深色，以绿色居多。其矿物成分很复杂，其特点之一就是常含金刚石。由于富含金刚石的金伯利岩在形状上呈筒状或管状，故又称金伯利岩筒或岩管。

上述这种特殊的岩石于1870年首次发现于南非瓦尔河南边的杜多伊斯潘附近。由于这种岩石中含有十分贵重的金刚石，致使上千名勘探者和冒险家蜂拥而至。到1872年，在金刚石矿体周围的居民竟多达45 000人。各方的统治者或领头人为了争夺这块迷人的宝地还引起了种种政治风波，斗争的结果是英国获胜。大概是为了“纪念”这件事，就以当时英国在南非(原名阿扎尼亚)的殖民大臣金伯利勋爵的名字来命名，于是出现了金伯利城，“金伯利岩”也因此得名。

1870年南非金伯利岩的发现，不仅是该国金刚石找矿方面的重大突破，而且在世界金刚石开发利用历史上也具有划时代的意义。自那以后，许多国家都积极开展了以寻找金伯利岩为主体的原生金刚石矿藏的找矿勘探活动，发现了不少大大小小的原生金刚石矿。于是，富含原生金刚石的岩石就被统称为“金伯利岩”。

1083. 我国于何时开始找到金伯利岩？

自19世纪后期至20世纪前半期，南非和其他几个非洲国家以及俄罗斯，都是通过探寻金伯利岩而探明并开采出丰富的金刚石矿产，这对中国和其他不少国家都是很好的启示。

20世纪50年代中后期，原地质部地质博物馆陆续收集了前苏联西伯利亚的一些金伯利岩标本，但没有举办专题展览。1963年，地质部派专家去非洲坦噶尼喀姆瓦堆岩管考察，带回了丰富的金伯利岩标本，交给了地质博物馆收藏。地质博物馆当即把磨成的金伯利岩薄片同标本一并寄到了全国有关地质队观察研究。

1963年冬至1964年，原地质部和地质博物馆为了配合原生金刚石的找矿工作，在北京举办了国外金伯利岩展览，使有关的地质工作者大开眼界，从而得知金伯利岩在颜色、形态、物质成分、内部结构等方面都不同于一般火成岩。

1964年，在山东召开了全国第一次金刚石工作会议，与会者通过观摩、讨论，增强了信心。1965年，贵州省地质局101地质队首次发现了金伯利岩。1965年8月，山东省地质局809地质队又发现了全国第一个有重要意义的金伯利岩型金刚石矿藏，这对我国更多原生金刚石矿藏的发现起到了积极的推动作用。

1084. 铂金的物理化学特性如何？

铂金的物理化学性质可与黄金和银作一比较。铂金的摩氏硬度为4～4.5；黄金和银均为2.5。铂金的密度为24.5g/cm^3；黄金和银分别为19.3g/cm^{3}和10.5g/cm^3。铂金的熔点高达1 773℃，黄金为1 063℃，银为960℃。

此外，铂金具有优越的耐酸碱性，除在70℃用王水可将它溶解外，没有任何其他酸碱溶液能将它溶解。它还耐高温，一般的加热不能使它变形。

正因为铂金具有以上许多特性，故在1795年采用以十进制为基础的公制时，用铂金制作了米和千克的标准样版，它们至今还在巴黎被馆藏。

1085. 我国古代的“翡翠之路”在何处？

据资料记载，云南腾冲素有“翡翠之乡”和“玉石城”的美誉。早在500多年前的明代，腾冲的汉、傣、景颇等各族群众就已形成加工玉器谋生的习惯。每年大批翡翠玉料从产地运进腾冲，经过加工，再运销全国及世界各地。这就是中国大西南的一条有数百年历史的“翡翠之路”。

具体地讲，这条“翡翠之路”从腾冲出发，途经甘拜地、苦栋、密支那，到达盛产翡翠的勐拱、帕敢、麻磨湾、会卡、龙塘、金鸡坦等地采集翡翠原石，然后折回腾冲，加工成各种玉器，再经玉器商人长途运销到保山、大理、楚雄、昆明、贵阳、重庆、武汉、长沙、西安、天津、北京、上海、广州、中国香港等地，再转口东京、伦敦、巴黎、纽约、渥太华等世界各地。

1086.清朝官职等级与宝石有何关系?

清王朝取代明王朝之后，推行了等级森严的九品官制。并以不同的宝石制成帽顶，以资区别，其情况简介如下：

一品官帽顶为红宝石：红宝石常见的颜色有玫瑰红、大红、蔷薇红和暗红等。

二品官帽顶为珊瑚：名贵珊瑚的颜色有桃红、绛红、粉红等色。

三品官帽顶为蓝宝石：以海水蓝色最名贵，深蓝色较次。

四品官帽顶为青金石：青金石的颜色有鲜艳的天蓝色、深蓝色或紫蓝色，由于它具玻璃光泽，经琢磨成帽顶后十分漂亮耀眼。

五品官帽顶为水晶：一般多用紫水晶或茶晶。

六品官帽顶为砗磲：这是海水中一种软体动物的贝壳，壳大而厚，略呈三角形，呈黄、绿、紫等各种颜色，颇为美丽。

七品官帽顶为素金。

八品、九品都用镂花金顶。

1087."献宝女村民"魏振芳的近况如何?

凡是1965年前出生的人，都在报上看过或听说过魏振芳献金刚石的事迹。那是1977年12月21日下午，山东省临沭县岌山乡常林村女村民魏振芳，由于她手脚麻利，早已干完了包工的农活。有一个社员干活慢，看到别人都走了，便把未挖完的地头草挖了几下也走了。魏振芳不满意，便替她干收尾活，就在最后一刻，她发现了泥里的钻石。三天后，她将钻石献给了国家。这颗钻石晶莹无比，重158.786ct，是我国发现的最大一颗宝石级金刚石，被命名为"常林钻石"而被国家珍藏，其价值连城。

魏振芳做梦也没想到，这颗钻石从此改变了她的人生轨迹。国家安排她当了工人，并发奖金3 000元。她用这些钱为父母盖了房子。1990年，她参加筹建临沭县晶体材料厂；1994年，她被选为女工主任；1998年，厂里成立工会，她又被选为工会主席。

在这些年里，魏振芳获得不少荣誉，如临沭县人民代表及第四届全国妇代会特邀代表等。

早在1978年8月，魏振芳因献宝名声大振，求爱者络绎不绝。但她还是同与自己在14岁就已订婚的邻村青年李洪轩结了婚。1988年是她献宝10周年，县里又奖励她3.5万元。有人曾对她说："你为国家作了那么大的贡献，你仅仅要求当个工人，要求太低了。"魏振芳却不那么看，她说："钻石本来就是国家的，谁捡到都会这么做的。"

1088. 什么是珠宝界的"树大引小"战略?

"树大引小"是第三届中国宝玉石协会新领导和国土资源部珠宝玉石首饰管理中心的领导为企业服务而实施的新的战略方针。"树大"即帮助大型企业树立形象,提高综合实力;"引小"即引导扶植中小型企业健康发展。

由于这一方针的实施,已使全国一批珠宝首饰品牌在社会上和消费者中的知名度、信誉度有了显著的提高。

1089. 什么是"机器宝石匠"?

"机器宝石匠"即能加工宝石的机器人。据《全国宝玉石报》1996 年 8 月 16 日报道:英国剑桥大学最近研制成功一种能加工宝石的机器人,从而可使宝石加工的速度和精度大大提高。这种机器人首先利用低强度激光照射宝石,分析宝石的形状、透明度、反射和折射性能和宝石晶体的自然对称轴。然后,将上述各种数据输入到计算机中。计算机即利用模糊智能技术分析这些数据,得出多种加工方式,然后从中选择出最佳方案进行加工。

1090. 什么是"百宝盒"?

百宝盒是珠宝商平时用来收装一些破碎的宝石及暂时不能利用的宝石的小盒子,其数量可以有若干个。

1091. 什么叫"小黄鱼"?

"小黄鱼"是对一种黄金成形材料的俗称。这种名称的由来是:黄金的颜色为黄色,铸成一根条子形颇像鱼的身子,故称"小黄鱼"。

在我国解放前,各家金店或银楼,均可买到"小黄鱼"。在那时,黄金形材同黄金首饰的买卖一样方便。一般来说,买黄金形材是为了储藏和保值,买黄金首饰是为了装饰。为了便于计价和买卖,各种黄金形材基本上都是整数,如 1 至 2 两的小条形称"小黄鱼";5 至 10 两的大条形称"大黄鱼",还有 10 两以上的金砖及各种重量的金元宝。黄金形材出售时,上面均印有重量和含金量等文字说明。

1092. 世上有不含钯的白色 18K、14K 黄金吗?

据《中国艺术报》宝玉石周刊 2001 年 1 月 15 日报道:世界首饰潮流的白色浪潮中,白色的 18K 或 14K 黄金,已成为世界各国首饰生产厂家和消费者喜爱和首选的白色首饰黄金材料。

传统的白色 18K 或 14K 黄金材料(即简称的"K 白金"——实际不含铂金成分)是含有铂族金属钯的一种合金,但随着钯金属需求量的不断增加,价格也不断上涨,这就导致有关首饰生产成本的增加。

为了降低成本,最近由德国的福尔茨姆市开发研制出两种不含钯的白色 18K、14K 黄金材料。这些不含钯的白色 K 黄金材料,与含钯的传统的白色 K 黄金材料(即所谓"K 白金")相比,其成本更低,在使用后黄金回收过程中所需的费用也低,浇铸时所产生的残碴也可以重新铸造。预计这种新型材料不仅在欧洲，而且在欧洲以外的世界其他地区的需求量也会前景看好。

1093. 什么是“水晶文身”？

据周玉琴在 2001 年 6 月 4 日的《中国珠宝玉石周刊》介绍：传统的文身要刺青，将给人体留下难以消除的花纹。当前最方便省时的方式，是采用水晶文身。

奥地利水晶世家施华洛世奇推出的水晶文身，让爱追随潮流的人们可以往身上贴水晶，缀成自己喜欢的各种图案，不需要时又可除掉，在身上不留任何痕迹。

施华洛世奇过去水晶文身都是采用透明五色水晶石，近期则创新推出多种颜色水晶，其中有红色、蓝色、紫色和黄色，让前卫女性更加靓丽。同时，也有适用男性的水晶纹身贴饰。

用于文身的水晶彩粒的使用方法是，先将白色贴纸撕开，然后将粘着水晶粒的透明纸稳当地贴在肌肤上，只需按压 10 秒钟左右就行。粘贴水晶粉和皮肤的专用胶纸，可贴在皮肤上长达几天不脱落。

1094. 我国的宝石手机何时开始进入国际市场？

据雨阳于 2001 年 3 月 5 日在《中国艺术报》宝玉石周刊报道：我国首创的 TCL 宝石手机于 2001 年情人节上市，是 TCL 移动通讯公司专为成功白领人士研制的时尚手机，它象征爱情、珍贵、吉祥和永恒。目前，TCL 宝石手机有 TCL999D 蓝宝石手机和 TCL999D 红宝石手机两个系列。紫罗兰、玫瑰红、香槟黄、象牙白等时尚外壳和珍贵天然宝石的完美结合，使手机既充满浓郁的科技信息，又散发着迷人的文化色彩。仅在情人节上市当天，TCL 宝石手机就实现了销售 3 000 部的业绩。

在 TCL 宝石手机上市才 10 天，就与国外公司签订了多笔出口协议，其中，与英国签订的 5 万部 TCL 宝石手机购销协议成为最大一宗生意。目前，世界上已有美、英、法、印度等多个国家和地区有 TCL 宝石手机出售。

1095. 如何查算各个人的属相？

在珠宝商场或珠宝展销会上，销售人员常常会遇到下列尴尬情况：一位顾客想给自己的家人或亲戚购买 1 个或几个翡翠或水晶生肖，而他（或她）只知道对方是何年出生，却不知其属相为何，如果营销员不会查算，生意就丢了。其实，由一个人的出生年份查算其属相并不难，只要按照下述方法即可。

（1）首先要记住（或抄于小卡片上）12 生肖的序号：0 猴；1 鸡；2 狗；3 猪；4 鼠；5 牛；6 虎；7 兔；8 龙；9 蛇；10 马；11 羊。

（2）查算方法：将出生年（公元）÷12，将余数对应生肖，就能准确无误。

举例：①1931 年出生÷12＝160，余数 11，此人属羊。②1963 年出生÷12＝163，余数 7，此人属兔。其余类推，均可一一查算出来。

1096.《亚洲珠宝》是一本怎样的刊物?

据记者方玉报道,《亚洲珠宝》中文版在中国香港创刊于1994年,当年为季刊,于2000年转为双月刊,从2001年起又改为月刊。该刊读者群广泛,不仅含有京、津、沪、渝、广州和南京等37个城市,还包括我国香港、台湾及东南亚地区的珠宝业者。

该刊以促进世界各地华人珠宝界的资讯为宗旨,力当业内信息交往的桥梁,促使业内人士相互认识,加深了解,掌握商机,共创珠宝业更新更美好的明天。

《亚洲珠宝》中文版将继续针对世界华语珠宝业者,提供珍珠、有色宝石、钻石、贵金属、首饰、加工技术、设计以至互联网发展等第一手商业信息。

1097.古代"和氏之璧"的故事情节如何?

春秋时代,楚国有个名叫卞和的人,在楚山(即荆山)中获得一块玉璞,高兴地捧着去献给楚厉王。厉王命令玉匠来辨认,玉匠说:"这是普通的石头呀!"厉王认为卞和欺骗他,极为愤怒,随即以欺君罪派人砍掉卞和的左脚。

等到厉王死了,武王登位,卞和又捧着那块玉璞去献给武王,武王仍叫玉匠鉴别。玉匠又说:"这是一块普通的石头。"武王也认为卞和是有意欺骗他,一怒之下,又下令截除了卞和的右脚。

武王死后,他的儿子文王继位。这时,失去了双脚的卞和怀着悲痛不堪的心情,抱着那块玉璞在楚山脚下痛哭,一连哭了三天三夜,由于过分伤心,泪水流尽,连血也哭出来了,过往的行人也都为之同情落泪。当文王得知此事后,派人去问卞和:"天下因犯罪而被截掉脚的人很多,你为何哭得如此悲伤呢?"卞和回答说:"我并不是因为被砍掉两只脚而伤心,我是伤心那珍贵的玉被人说成是普通的石头,正直的人被当作骗子!"

文王于是下令玉匠剖开这块玉璞进行琢磨,果然中间是一块珍贵的玉石。文王很高兴,亲自给它命名为"和氏之璧"。

这个故事告诉人们,美好的东西,开始时往往不被人认识和接受,如果掌握了真理,就要不顾安危,坚持到底。

1098."米芾拜石"是怎么回事?

宋代大书画家米芾是闻名古今的第一石痴,他举止颠狂,人称"米颠",他玩石如醉如痴,"米芾拜石"就是有关他的著名故事。

宋人叫梦得《石林燕语》记载:米芾初入州廨,见奇石便"呼为兄弟",见之三拜九叩,"米颠拜石"从此被传为美谈。

米芾曾在涟水为官,因该地毗邻美石产地——灵璧县,因而米芾藏石甚多,他一一品题其名,藏于雅斋,"人玩则终日不出",遇有石中珍品,他便藏于袖中,随时取出观赏,谓之"握游"。

参考文献

安妮.西太后的翡翠西瓜是谁琢的[J].中国宝石,1992(2)

白大穗.首饰的魅力[M].北京:轻工业出版社,1988

白立仑,董桂琛.山东泰山玉[J].中国宝玉石,1993(4)

巴山.百鹤玉石为亚运会添彩[N].宝玉石信息报,1990-08-30

才文博.台湾的宝玉石资源[J].珠宝科技,1997(1)

蔡国声.鉴识鸡血石[M].福州:福建美术出版社,2001

蔡怀能,林坚毅.中国南珠[M].南宁:广西科技出版社,1991

曹海英.拍卖的范围和特点[N].中国矿业报(财富珠宝周刊),2000-06-29

曾卫胜.波兰琥珀市场[J].中国宝石,1993(2)

曾湘敏.岫岩"玉石王"出土[N].人民画报,1993(2)

陈墨.斧凿夺神鬼,人巧胜天然[J].中国宝石,2001(4)

程光耀.关于染色及注色翡翠的鉴别[J].珠宝,1992(1)

成大均,田树谷.地质与矿产[M].广州:科学普及出版社广州分社,1986

成大均.天然成趣木纹玉[N].矿产开发报,1989-04-04

成大均.WTO契机,珠宝首饰业关注的焦点[J].宝石和宝石学杂志,2000(2)

董振信,栾胜胜.钻石[M].北京:地震出版社,2000

杜晓东,杜晓辉.翡翠[M].成都:四川人民出版社,1992

方东亮.巧夺天工,宝玉生辉[J].中国宝石,1993(2)

冯子棠.中国古玉器分类与鉴定[J].珠宝科技,1993(3)

冯国荣,丘志力.国际性珠宝大展一瞥[J].中国宝玉石,1993(1)

傅广生,张建军.长白石[N].宝玉石信息报,1992(3)

郭贤才.国际钻石的生产、销售、加工及消费[J].珠宝科技,1995(1)

高力.怎样选购珠宝用放大镜[J].珠宝科技,1993(4)

高国治.南阳翡翠独山玉[J].中国宝玉石,1993(3)

高国治.白玉的鉴别.宝玉石信息报[N].1999-03-28

关涛,徐欧光.珠宝首饰[M].北京:兵器工业出版社,1993

顾龙友.水晶之乡话水晶[J].中国宝石,1992(2)

韩振武等.求吉避凶吉祥物[M].北京:中国旅游出版社,1995

奥岩.翡翠鉴赏[M].北京:地质出版社,2001

奥岩.缅甸翡翠考察纪实[M].北京:地质出版社,2002

郝亚萍.日本的"宝石日"[J].中国宝石,1992(2)

何乃华.话说珍珠[J].中国宝玉石,1998(4)
何乃华.珍珠鉴赏[M].北京:地质出版社,2001
胡绍清.中缅边境珠宝市场概要[J].中外珠宝大观,1996(3)
黄宜镇.世界宝玉珍闻[N].宝玉石信息报,1992
霍有光.珊瑚琐谈.宝玉石信息报[N],1990-06-25
季涛.拍卖师最忌主持定势[N].中国商报(拍卖收藏周刊),1999-04-03
计莲芳等.缅甸的宝玉石业管理及其贸易[N].中国宝玉石,1995(1)
金生辉.美玉出岫岩[J].中国宝石.2001(4)
康宁.欧泊变彩之谜[N].矿产开发报,1993-03-01
李睿.翡翠巨作"四大灵山"[J].中国宝石,1993(2)
李饶.中国观赏石事业的发展及预测[J].中国宝玉石,1993(1)
李建平.红宝石、蓝宝石:闪烁之星[M].北京:地质出版社,1999
李劲松,赵松龄主编.宝玉石大典(上、下册)[M].北京:北京出版社,2001
李维亚.镀膜翡翠及其鉴别[N].宝玉石信息报.1992-08-31
李娅莉.染色石英岩——"马来西亚玉"的特性研究[J].珠宝,1992(1)
李贞昆.玉王翡翠[M].昆明:云南科技出版社,1997
李立文,方邺森.秦淮河畔雨花石[J]. 地球,1984(4)
李海负.巴林鸡血石[J].地球,1992(4)
李海负.内蒙古的佘太翠[N].中国地质报,1985(9)
李海负.巴林石.宝玉石信息报[N].1990-06-25
李海负.巴林鸡血石及其工艺性能[J].珠宝科技,1994(3)
李海负.观赏石膏[J].珠宝科技,1998(1)
李兆聪.宝石鉴定法[M].北京:地质出版社,1991
李雪梅主编.民间收藏指南[M].北京:中国国际广播出版社,1991
李雪梅主编.中国古玩辨伪全书[M].北京:北京燕山出版社,1993
利剑.红外光谱在宝石学中的应用[J].珠宝科技,1994(2)
梁永铭.宝石和玉石[M].北京:地质出版社,1979
刘一达.玉文化与北玉四怪[N].宝玉石周刊,2002-03-07
刘昌辉等.朝觐翡翠圣地帕敢[J].珠宝科技,2002(2)
刘吉瑜.扬州玉雕甲天下[N].宝玉石周刊,2002-01-24
刘树忠.杨富绪.中国虎睛石[J].中国宝石,1993(1)
刘克全.稀世工艺原料——菊花石[J].中国宝石,1993(1)
刘馥凝.天珠.中国宝石[J].2001(3)
刘宝建.珠宝饰物的缕缕情愫[J].中国宝石,1993(2)
鲁纪.男性珠宝及选佩[J].中国宝石,1992(2)
栾秉璈.当前我国宝石业的几个问题[N].宝玉石信息报,1992-08-31
栾秉璈.怎样鉴定古玉器[M].北京:文物出版社,1984

栾秉璈.宝石[M].北京:冶金工业出版社,1985
栾秉璈.中国宝石和玉石[M].乌鲁木齐:新疆人民出版社,1989
栾秉璈.戒指与男款戒指[J].中国宝石,1992(1)
栾秉璈.古今夜明珠[M].北京:文物出版社,2003
652地质队.水晶[M].广州:广东人民出版社,1974
罗励泽.鸡血石[N].宝玉石信息报.1990-05-30
罗励泽.田黄[N].宝玉石信息报.1991-09-30
罗励泽.石帝田黄[N].人民日报(海外版),1998-03-27
罗励泽.印石纵横谈[J].中国宝玉石,2000(3)
罗励泽.论金顶红[N].宝玉石信息报,2000-12-31
罗励泽.印石观赏随想[J].中国宝玉石,2001(4)
罗励泽.美国金顶红与中国鸡血石[J].中国宝玉石,2002(3)
龙建明.中国祖母绿[J].中国宝石,1994(4)
马愚.漫话珠宝首饰[M].北京:地质出版社,1993
马德华.金银与首饰[M].北京:中国金融出版社,1988
穆道俊.今日东海水晶宫[N].矿产开发报,1993-07-12
孟宪松.河南梅花玉[J].中国宝玉石,1992(4)
摩傣.摩傣识翠(一)、(二)[J].中国宝玉石,2002(2)(3)
聂尚元等.首饰200问[M].沈阳:辽宁科技出版社,1989
欧群叶.漫谈变色宝石[J].中国宝石,1997(2)
欧鑫娈.走近翡翠(上)[J].时尚珠宝,2003(9)
欧阳秋眉.翡翠鉴赏[M].香港:香港天地图书有限公司,1993
欧阳秋眉.天龙生翡翠及其对市场的影响[J].中国宝石,2000(1)
潘建强.翡翠:玉石之冠[M].北京:地质出版社,2001
潘宗福等.首饰购买使用手册[M].北京:中国妇女出版社,1992
彭明生等.红蓝宝石拉曼光谱研究[J].中国宝玉石,1993(4)
曲华.挑战与机遇——谈"复关"前后的中国珠宝首饰业[J].中国宝玉石,1993(3)
其蒙.古代饰物写照[J].中国宝石,1992(2)
青白等编.中国珠宝故事(上、下册)[M].武汉:中国地质大学出版社,1997
任思明.鉴别翡翠B货的新方法[J].中国宝石,1994(4)
(日)近山晶.宝石手册[M].北京:地质出版社,1992
申柯娅.中国珠宝首饰业10年发展评述[J].宝石和宝石学杂志,2000(2)
孙未君,王书林.宝玉石商贸实用手册[M].天津:天津科技出版社,1992
孙倩.形状、色彩、光泽——珍珠设计的三大要点[J].中国宝石,2001(4)
沈才卿.合成宝石、人造宝石、仿宝石[N].宝玉石信息报,1997-10-15
沈才卿.珠宝玉石的化学处理技术(上)、(下)[J].中国宝玉石,2002(2)(3)
沈追鲁.王树森及其翡翠杰作[J].中国宝石,1992(3)

汤德平等.福建华安玉的“宝石学研究”[J].宝石和宝石学杂志,2002(2)
汤耀翔.珠宝玉器大观[M].广州:广东人民出版社.1990
田军等.翡翠赌石轶事[J].中国宝玉石,2002(3)
田树谷.闻名遐迩的广东四大翡翠玉器市场[J].宝石和宝石学杂志,2002(3)
田树谷.浅谈国石[J].地球.1982(4)
田树谷.国外的诞生石[J].地球,1983(4)
田树谷.挑选玉镯的诀窍[J].中国宝玉石,1993(3)
田树谷.中国台湾蓝宝石之谜[J]. 地球,1985
田园.年轻姑娘,什么玉器令你倾心?[N].南方都市报,1998-06-14
万珺.鉴识翡翠[M].福州:福建美术出版社,2003
王时麒等.水沫子——钠长石玉的研究[J].全国宝玉石报,1998-03-27
王时麒等.翡翠市场“四大杀手”[J].珠宝科技,2002(1)
王寒竹等.玉石鉴赏与商贸指南[M].武汉:中国地质大学出版社,1997
王福泉.中国锆石[J].中国宝石,1993(2)
王福泉.翡翠B货[J].中国宝石,1993(4)
王福泉.中国锆石[J].中国宝石,1993(2)
王曙.怎样识别珠宝[M].北京:地质出版社,1988
王曙.珠宝玉石和金首饰[M].北京,中国发展出版社,1992
王清廉.商州桃花玉漫话[N].宝玉石信息报,1992-08-31
王奇.朱浩云.中国收藏风云际遇五十年[N].羊城晚报(今日收藏版),1999-10-01
王福泉.宝石通论[M].北京:科学出版社,1985
王顺金.宝石与玉石——鉴别加工与选矿[M].武汉:中国地质大学出版社,1991
王顺金.红宝石、蓝宝石、尖晶石与宝石商贸[M].武汉:中国地质大学出版社,1995
王实主编.中国宝玉石业大全[M].北京:科技文献出版社,1992
王实总编.中国现代玉雕精品大全[M].北京:科学文献出版社,2002
吴瑞华,刘琼林.宝玉石星光消除[J].析出和再造.中国宝石,1997(2)
吴瑞华.水晶及水晶仿制品的肉眼鉴别[N].宝玉石信息报,1997-07-30
吴锡贵.谈谈假翡翠[J].宝玉石信息报,1992-02-29
吴舜田.翡翠B货的鉴定[J].珠宝科技,1993(2)
吴舜田.最新钻石模仿品——合成碳化硅的鉴别步骤[J].宝石和宝石学杂志.1999(2)
吴舜田.中国台湾珠宝市场概况及前景[J].宝石和宝石学杂志,2000(2)
吴培德等.中国岭南蜡石[M].广州:广东科技出版社,2000
无为.明珠值几何?美价倾皇都!?[N].宝玉石周刊,2002-06-20
王志坚.古老宝石——水晶[M].北京:气象出版社,1998
王致诚.世界著名珠宝博物馆与珠宝首饰城[J]. 珠宝科技,1995(3)
肖少赓.翡翠的传说[N].广州日报,1993-09-12
秀云.足戒指漂亮又时尚[N].宝玉石周刊,2001-01-24

湘音,剑鹰.古董文物精品鉴赏(珍藏本)[M].西安:陕西科技出版社,1993
徐军.翡翠赌石技巧与鉴赏[M].昆明:云南科技出版社,1993
谢之城,聂尚元.中外首饰大全[M].海口:海南出版社,1991
阎一宏.拍卖会上的电话竞投[N].全国宝玉石报,1996-03-08
严亮.水玉玛瑙[J].中国宝玉石,1993(1)
严阵.翡翠赌石行话录[N].宝玉石信息报,1993-01-28
严阵.世界十大名贵首饰[M].海口:海南出版社,1991
严阵.天然祖母绿与合成祖母绿的判别[N].宝玉石信息报,1993-09-28
姚士奇.玉宝和中国文化[M].南京,江苏古籍出版社,1990
杨富绪.中国岩石类观赏石[J].中国宝石,1992(2)
杨冬梅.日趋兴旺的世界天然钻石市场[J].珠宝科技,1998(2)
杨兆仁.谈谈夜明珠[N].宝玉石信息报,1995-09-13
杨德立.赌石与翡翠毛料[N].中国宝玉石,2002(3)
向天明,李新强.宝石玉器实用知识[M].成都:四川科技出版社,1993
英雄编.中国玉精品图录[M].海南:海南国际新闻出版中心,1998
俞家骅.龙安水晶城崛起[J].宝玉石周刊,2001-11-10
叶明鉴.中国护身符[M].广州:花城出版社,1993
叶金毅.首饰知识200问[N].上海:上海科技出版社,1988
叶寅生.鼻烟壶传奇[N].宝玉石信息报,1993-01-28
叶寅生.千奇百怪的水晶包裹物[J].中国宝玉石,1993(5)
易爽庭.新疆宝石业的现状及发展趋势[J].中外珠宝大观,1996(3)
余平.摩傣先生谈云南珠宝业[J].珠宝科技,1992(2)
邱怀荣.为毛主席水晶棺选矿[N].全国宝玉石报,1995-09-22
邱东联.中国翡翠钻石目录[M].海口:南方出版社,2000
邱东联.中国珠宝钻石目录[M].海口:南方出版社,2001
张凭.多姿多彩的水晶[J].宝石和宝石学杂志,2002(3)
张仲.古玩商的生意经[M].北京:蓝天出版社,2002
张蓓莉,柯捷.浅谈翡翠"B货"的鉴别[J].中国宝石,1993(3)
张蓓莉主编.系统宝石学[M].北京:地质出版社,1997
张位及.关于缅商所称的"马来西亚玉"[J].中国宝玉石,1992(4)
张位及.也谈八三玉[N].宝玉石信息报,1998-09-15
张位及.翡翠表面微波纹[J].宝石和宝石学杂志,2000(2)
张秋明.钻石毛坯的销售[J].中国宝石,1992(3)
张志纯译.钻石世界[M].台湾:台湾徐氏基金会,1978
张文骥.世界珠宝[M].香港:香港艺美图书公司,1979
张文广.玉器史话[M].北京:紫禁城出版社,1991
张仁山.翠钻珠宝[M].北京:地质出版社,1983

张庆麟.宝石材料的六种类型[N].矿产开发报,1989-01-24
张庆麟.翡翠并不等于硬玉[N].矿产开发报,1989-12-26
张庆麟.宝石的传说与鉴赏[M].上海:上海教育出版社,2000
张竹邦.翡翠探秘[M].昆明:云南科技出版社,1993
章用秀.收藏的学问和窍门[M].北京:蓝天出版社,2002
钟石.国际市场小件玉雕俏销[N].矿产开发报,1991-11-28
赵怡,孙坦.珠宝与首饰[M].北京:科学普及出版社,1992
赵永魁.玉石简介[M].北京:轻工业出版社,1983
赵永魁.中国玉器概论[M].北京:中国地质报社,1989
赵汝珍编述.古玩指南[M].(根据1942年线装本影印).北京:中国书店,1984
赵松龄.话说食玉[J]. 中国宝石,1992(1)
赵松龄,陈康德.宝玉石鉴赏指南[M]. 北京:东方出版社,1992
赵瑞华.保值增值话玉器[J].中国宝玉石,2002(3)
郑一星,胡思颐.与金刚石有关的组织机构[J].珠宝科技,1998(2)
郑恒有.黑色珍珠市场剖析[J].中国宝玉石,1996(3)
郑恒有.半边珍珠的若干特点[J].全国宝玉石报,1997-01-31
郑恒有.日本珍珠业现状[J].珠宝科技,1999(1)
郑旭晔.鼻烟壶[J].中国宝石,1992(3)
郑巧荣.电子探针分析在金银首饰和珍珠研究方面的应用[J].珠宝科技,1995(1)
朱成林.珍珠变色之谜[J].地球,1984(4)
朱丽贤.砚王东渡日本[N].羊城晚报,1998-12-03
周国平.宝石学[M].武汉:中国地质大学出版社,1989
周国平.彩霞半面珠走俏珠宝首饰诵场[J].中国宝玉石,1997(1)
周国平.英汉宝石学词典[M].北京:地质出版社,2002
周经纶.云南相玉学(新版)[M].台湾:中国台湾号角出版社,1992
周南泉.古玉器[M].上海:上海古籍出版社,1993
周佩玲.象牙饰品真伪辨[N].宝玉石信息报,1994-02-13
周佩玲.有机宝石与投资指南[M].武汉:中国地质大学出版社,1995
周佩玲.玳瑁真伪辨[N].宝玉石信息报,1995-07-13
周佩玲.珍珠:珠宝皇后[M].北京:地质出版社,1999(3)
周世全,胡立坤.南阳的墨绿玉[N].全国宝玉石报,1998-03-20
珠宝科技编辑部.摩公笑谈翡翠买卖[J].珠宝科技,1996(2)
珠宝首饰时尚佩戴(彩色图示)[J].中国珠宝首饰杂志(特辑),1999(1～2合刊)

后 记

《珠宝千千问》出版之际，谨与各位简要回顾此书编著出版的来龙去脉和其中的珍藏细节。

1988年11月20日，中国第一份珠宝行业报纸《宝玉石信息报》(月报)在河南省郑州市出版发行。1990年9月30日，本书第一作者田树谷即在该报总第19期开辟了《宝玉石知识问答》专栏，三年内先后刊发文章40余篇。由于读者反响热烈，该报总编吴瑞淇多次来信表示："《宝玉石知识问答》的成功连载大受读者欢迎，大幅增加了该报的订阅量，引发了社会关注宝玉石知识的兴趣和热潮。"吴总编提议尽快扩版，并委托地质出版社以《珠宝五百问》为书名结集出书。就这样，1995年1月《珠宝五百问》正式出版。由于深入浅出，实用性极强，《珠宝五百问》一经面世，就成为爱宝读者初入行的良师益友，迅速在市场上掀起了一轮抢购热潮。应热情读者的要求和出版社的一再邀约，于是便有了2001年的升级版《珠宝八百问》，2004年3月又由中国大地出版社出版了《珠宝千问》。到2010年的秋天，中国地质大学出版社又发出邀请，最后就有了今天与大家见面的《珠宝千千问》。

《珠宝千千问》得以顺利出版，首先要感谢中国地质大学出版社的领导，尤其是编辑室的段连秀主任，是你们的慧眼发掘了该书出版的潜力，并为出版提出了宝贵意见，为该书锦上添花。

同时，我们还要特别感谢广州印石专家罗励泽高工，他不顾年迈体弱，为作者提供了大量印石资料和图片，此心此情令人感动。此外，还要衷心感谢本书主要参考文献中的近200位作者，他们的著作和文章大大丰富了本书的内涵。

另外，还要对广州市人民政府欧阳永晟先生、广州市泰源丰翡翠珠宝公司郭兰鹏总经理、广东工贸技术学院易淑霞工程师和有志青年欧阳泽武、林钟汉、欧阳春等几位的鼓励和支持表示衷心感谢！

最后，由于本书涉及的专业范围广泛，编著者力有未逮之处，请同行和专家们批评指正。珠宝玉器行业发展日新月异，书中部分总结数据可能会具有时效性和局限性，希望各位读者给予理解和原谅。

编著者：田树谷　田园

2010年11月11日

附表 常见宝玉石、印石物理特征鉴别表

工艺名称	矿物或岩石名	化学或矿物成分	产出特征	颜色	密度 (g/cm^3)	硬度	光泽	透明度	用途	价值	主要产地
钻石	金刚石	C	等轴晶系、呈晶体或粒状	无色、淡蓝、淡黄、黑等	3.5	10	金刚光泽	常透明	高级首饰	极珍贵宝石	南非、扎伊尔、澳大利亚
红宝石 蓝宝石	刚玉	Al_2O_3	六方柱状晶体或粒状	玫瑰红、深红、蓝、蓝黑、淡蓝	4	9	玻璃光泽	透明、半透明	高级首饰	极珍贵宝石	缅甸、越南、斯里兰卡
猫眼石	金绿宝石	$BeAl_2O_4$	斜方晶体或粒状	葵花黄、绿、蓝	3.5～3.8	8.5	丝绢光泽	透明至微透明	高级首饰	极珍贵宝石	斯里兰卡、巴西
祖母绿	纯绿宝石	$Be_3Al_2[Si_6O_{18}]$	六方柱状晶体	浓艳绿色	2.6～2.8	8	玻璃光泽	透明	高级首饰	极珍贵宝石	哥伦比亚、俄罗斯
碧玺	电气石	成分复杂的硅酸盐	三方晶系柱状晶体	桃红、粉红、绿或多色	3	7～7.5	玻璃光泽	透明、半透明黑色不透明	中级首饰	一般到贵重宝石	巴西、斯里兰卡、美国、中国新疆
晶宝石	尖晶石	$MgAl_2O_4$	等轴晶系晶体产出	红、火红	3.6	8	玻璃光泽	透明	中级首饰	一般宝石	泰国、缅甸、斯里兰卡
风信子石	锆石	$Zr[SiO_4]$	多为砂矿型	红、蓝、黄、紫	4.2～4.7	6.5～7.5	金刚光泽	常透明	中级首饰	一般宝石	斯里兰卡、泰国
黄晶	黄玉	$Al_2[SiO_4](F,OH)_2$	斜方晶系晶体产出	黄、酒黄、无色	3.5	8	玻璃光泽	透明	中级首饰	一般宝石	巴西
橄榄石	橄榄石	$(Mg,Fe)_2[SiO_4]$	粒状为主	黄绿、草绿	3.3～4.4	6.5～7	玻璃光泽	常透明	中、低级首饰	一般宝石	美国、巴西、中国
紫牙乌	石榴子石	$A_3B_2[SiO_4]_3$	等轴晶系晶体产出	深红、淡绿、黄绿	3.5～4.3	6.5～7.5	玻璃光泽	透明、半透明	中级首饰	一般宝石	斯里兰卡
晶石	水晶	SiO_2	柱锥状晶体产出	无色、紫色、茶色、黑色	2.66	7	玻璃光泽	透明	低级首饰	中、低级宝石	巴西、中国江苏东海
欧泊	贵蛋白石	$SiO_2 \cdot nH_2O$	非晶体，块状	乳白、红黑、蓝	2.2	5.5～6.5	变彩光泽	半透明	高、中级首饰	极珍贵至一般	澳大利亚
珍珠	（非矿物）	$CaCO_3$占91.5%	圆粒状或不规则	乳白、淡粉、淡黄、金、黑	2.6～2.8	3.5～4.5	珍珠光泽	不透明	中、高级首饰	珍贵至一般	日本、中国等
珊瑚	（非矿物）	$CaCO_3$	树枝状	红、粉红、白	2.6～2.7	3.75	油脂光泽	不透明	低级首饰	中级至珍贵（红珊瑚）	日本、中国
琥珀	琥珀	$C_{10}H_6O$	卵石状	桃红、金黄、淡黄	11	2.5	油脂光泽	透明、半透明	高级至低级首饰	珍贵至一般	波罗的海、中国辽宁
象牙	（非矿物）	无机和有机物	—	白色、淡黄	1.7～1.9	1.95～2.5	脂肪、蜡状	透明、微透明	高级工艺品	珍贵	印度

续附表

工艺名称	矿物或岩石名	化学或矿物成分	产出特征	颜色	密度 (g/cm^3)	硬度	光泽	透明度	用途	价值	主要产地
翡翠	硬玉	$NaAl(Si_2O_6)$	致密块状	绿、紫、红、灰、白、黑	3.25～3.4	6.5～7	玻璃光泽	透明(少)至微透明	高级至中级玉器	极珍贵至中高级玉石	缅甸
玉	软玉	透闪石或阳起石	致密块状、细腻	脂白、粟黄、青黑	2.98	6～6.5	油脂光泽	微透明	中级玉器	中高级玉石	中国新疆、新西兰、加拿大
玛瑙	玉髓	SiO_2	隐晶质结核状	红、蓝、绿、黑、白	2.65	6.5～7	玻璃光泽	半透明	低级首饰	中低级玉石	世界多国
澳洲玉	绿玉髓	SiO_2	块状产出	嫩绿色	2.6	7	玻璃光泽	半透明	低级首饰	中高级玉石	澳大利亚
虎睛石	硅化石棉	硅酸镁	致密块状	金黄、淡黄、黑	3	6～7	丝绢光泽	不透明	低级首饰	中级玉石	巴西、中国河南
河南玉	密玉	含铁锂云母石英岩	致密块状	绿、橙红	2.65	7	玻璃光泽	半透明	低级首饰	一般玉石	中国河南密县
东陵石	(石英岩)	含铬云母石英岩	致密块状	绿、淡黄	2.65	6.5	玻璃光泽	半透明	低级首饰	中级玉石	印度
岫玉	纤维蛇纹岩	蛇纹石集合体	致密块状	淡绿、淡黄	2.6	4.5	油脂光泽	半透明	低级玉器	低级玉石	中国辽宁岫岩县
独山玉	黝帘石化斜长石	斜长石为主	致密块状	绿、紫、黄、黑、白	2.9	6～6.5	玻璃或油脂光泽	透明	摆件或首饰	中级玉石	中国河南南阳独山
松石	绿松石	铜铝磷酸盐	隐晶质结核状产出	天蓝、浅蓝、绿	2.83	3～5.5	油脂至蜡状	不透明	低级首饰	中高级玉石	美国、中国湖北
青金	青金石	含钠、钙、铝硅酸盐	致密块状	蓝色、深蓝色	2.89	5.5	玻璃光泽	不透明	低级首饰	中高级玉石	阿富汗、智利
孔雀石	孔雀石	$Cu_2(CO_3)(OH)$	致密块状、同心圆状花纹	浓绿至淡绿	4	4	金刚、油脂	不透明	低级首饰	中高级玉石	俄罗斯、中国
田黄	地开石、伊利石		卵石为主	黄、红、白、黑	2.65～2.9	2.5	油脂光泽	微至半透明	印石及摆件	珍贵	中国福建寿山
昌化鸡血石	高岭石、地开石、辰砂		致密块状	大红、鲜红	2.7～3	2.5～3	油脂光泽	微至半透明	高中级	浙江昌化	
青田石	叶蜡石等多种		致密块状	灰绿、淡黄	2.7	2.5～3	油脂光泽	微透明	摆件卵石	一般	中国浙江青田县
广绿石	蚀变绢云母		致密块状	翠绿、淡绿等	2..85	3.5～4	蜡状光泽	微透明	玉雕摆件及印石	中低级玉石	中国广东广宁县
菊花石		$(SrSO_4)CaCO_3$	放射状	菊花呈白色	3.9～4	3～3.5	玻璃光泽	微至半透明	摆件及砚台	中级	中国湖南等多处

(本“鉴别表”系由田树谷根据赵永魁《玉石简介》一书附表精简补充而成)